海岸空间：

规划·修复·景观设计

COASTAL ZONE: PLANNING · RESTORATION · LANDSCAPE DESIGN

杨波　著

中国建筑工业出版社

图书在版编目（CIP）数据

海岸空间：规划·修复·景观设计＝COASTAL ZONE：PLANNING·RESTORATION·LANDSCAPE DESIGN / 杨波著．—北京：中国建筑工业出版社，2022.2
ISBN 978-7-112-27055-2

Ⅰ.①海…　Ⅱ.①杨…　Ⅲ.①海岸带－空间规划－研究　Ⅳ.①P748

中国版本图书馆CIP数据核字（2021）第270246号

本书是作者多年学术研究和设计实践的总结，在海岸工程、环境生态和城市规划、景观设计领域具有交叉学科的创新性。在城市规划和景观设计、海岸工程及生态修复领域具有重要的引领性和学术价值，对于海洋生态文明理念下的海岸的空间开发转型具有重要意义。

一、总结了海岸空间利用的国际经验，对“陆海统筹”规划的经验和发展趋势进行了探索。

二、总结了海岸空间自然环境条件和原理、地理地貌特征，与设计相关的术语及基本概念；论述了海岸景观的海岸动力条件，海岸和近海人工构筑物的基本类型，以及海岸景观的生态化；从规划和景观设计的需求角度，综合海洋环境资料收集、分析、调查，海岸动力研究和试验的技术方法，数学模型和物理模型的基本原理和运用。

三、对海岸滨海基础设施、海岸旅游景观规划设计、海岸生态修复和景观设计、港口更新规划、海岸土壤改良和植栽等分类论述，结合案例进行了系统分析。

四、作者近年在“海岸新遗产保护”，以及“基于自然的解决方案”（NbS）导向的海岸生态修复和景观的理论和设计探索。

责任编辑：刘文昕
责任校对：张　颖

海岸空间：规划·修复·景观设计
COASTAL ZONE: PLANNING·RESTORATION·LANDSCAPE DESIGN
杨波　著
*
中国建筑工业出版社出版、发行（北京海淀三里河路9号）
各地新华书店、建筑书店经销
北京建筑工业印刷厂制版
北京富诚彩色印刷有限公司印刷
*
开本：880毫米×1230毫米　1/16　印张：19¼　字数：550千字
2022年10月第一版　2022年10月第一次印刷
定价：**180.00**元
ISBN 978-7-112-27055-2
（38869）

前言

从地球的整个地理环境看，海洋面积约占 70.8%，陆地面积约占 29.2%，也就是说地球的表面大致是“七分海洋三分陆地”。人类与海洋既互相依存，从渔盐之利、国际航运到滨海旅游的魅力风光；又互相博弈，潮起波涌的海洋灾害，如风暴潮、海啸威胁着沿海居民的安全和生活，人类在利用海洋丰富资源的同时也为海洋带来污染、物理损害和生物多样性的威胁。海岸带地区是人类和海洋互动最为密切的区域，既是产业和资源富集高效利用区，也是海洋灾害波及最频繁和严重的地区、海洋环境损害的聚集带，更是海洋与人类关系最密切的纽带。

中国海岸拥有大陆岸线 1.8 万多千米，海岛 1000 余个，地形地貌和岛屿类型复杂多样，分布有丘陵、平原、海盆、潮流沙脊、河口三角洲、基岩岛、冲积岛和珊瑚礁岛，海岸带、潮间带广阔，海洋生物多样。除了海洋石油和天然气储藏外，波浪能、潮流能、潮汐能等可再生能源理论蕴藏量也非常可观，海岸及海上风光能利用方兴未艾。中国海岸跨越温带、亚热带和热带，具有季风性气候特征，温度、降水、光照的区域和季节性差异明显，是西北太平洋热带气旋的主要登陆区，潮汐类型有全日潮、半日潮和混合潮等，近海常年受黑潮影响，渤、黄、东、南海沿岸流受季风和径流的影响，流速流向具有明显差异；中国海岸带生态系统具有丰富各异的生态环境特征和生物群落，拥有农田、森林、滨海湿地、河口、海湾、浅海、岛礁等生态系统，以及红树林、珊瑚礁、海草床等典型海洋生态系统，易受自然环境变化和人为活动影响。同时，中国的海岸也是自然灾害频发的地区，以台风、风暴潮、洪涝等为典型代表，海岸侵蚀、海水入侵、赤潮等灾害也在不同地区发生，海平面上升对于滨海地区和城市的长期影响也是非常重要的课题。

自改革开放以来，中国海岸带地区经济社会发展迅速，资源开发和空间利用强度增加，生态保护修复力度持续加强，但依然存在资源开发粗放低效，生态环境受损，空间利用协调不足，安全风险隐患增加等问题。尤其是 21 世纪初以来，受经济发展方式的影响，沿海区域经济和海洋经济基本上沿袭了以规模扩张为主的增长模式，海岸带地区的空间利用快速扩张且粗放，如众多滨海城市的扩展，港口及临港产业区的大规模建设，海滨旅游开发、围填海建设，海岸空间载体在为经济发展做出巨大贡献的同时，环境生态也受到严重威胁。2019 年《中共中央国务院关于建立国土空间规划体系并监督实施的若干意见》将“坚持陆海统筹”摆在首要位置，明确建立包括海洋在内的“多规合一”体系，并通过海岸带专项规划对海洋国土空间规划做出专门安排，体现了“统一行使所有空间用途管制和生态修复职责”下国土空间管理的新框架新思路，是海洋生态文明理念下海岸空间保护和利用的重要里程碑，为不同专业领域学科的交叉融合创造了机遇和发展创新空间。

本书作者曾经在海岸带环境、海岸、港口工程和城市规划、景观设计等领域从事规划、设计、教学工作，在海岸带空间互相联系又跨领域交叉的专业实践，使作者有机会思考和比较相关专业领域基础理论、技术方法、设计表达、工程建造实施等，进而引发了作者“交叉学科，跨界融合”的设计体系思考，并致力于多专业综合在海岸空间的探索应用，这是写作本书的缘起。

诚然，在设计实践中理解海岸带地区的环境及空间条件，不同的专业领域之间客观存在“隔行如隔山”的知识和理论差异。既有一些海岸带地区空间规划沿用了内陆地区城市规划的技术路线和分析方法，可能脱离客观环境条件和海岸带科学演化的规律，导致环境、生态、经济的负面影响乃至较大的环境生态损害以及经济损失。另外，从海岸带环境、生态、工程角度，城市规划和景观设计的理念转化到海岸工程和生态修复的过程则经常存在理解上的差异，容易使匠心独运的规划设计创意因实施不当而难以落实初衷和效果。本书希望通过对海岸环境条件、基本技术概念的梳理，进而引申到对海岸空间规划与景观设计的理性技术支持，弥补专业领域之间的裂缝，为海岸空间的利用和保护，海洋环境保护和生态修复尽绵薄之力。

当人类在海洋及海岸带地区从事开发建设的能力，或者说人类干预自然的能力尚弱小的时候，对于海岸海洋空间仅止于低干扰，例如初级生产力的渔盐之利等，但随着人类改造自然的能力的逐步增强，在海岸带进行建设开发活动的影响和干扰不断强化。20 世纪 60 年代以来，全球海岸带地区的规划建设出现了绵延至今的高潮。在中国，尤其 21 世纪以来，海岸带空间开发利用比较二三十年以前，发生了显著的变化：

首先，人类的工程能力愈益强大，对于海岸和海洋空间的开发，从原来的被动低影响、服从型和因循型，向强影响和强干扰转化。以港口海岸建设为例，在近现代航运港口建设选址总体上是以港湾和河口及潟湖港湾等条件较好的自然港湾利用为主，而近二三十年则从技术条件和工程能力上已经转型到基于经济地理布局的需求，突破传统港口建设的许多技术禁区，例如渤海湾淤泥质海岸三十万吨级航道的成功建设，洋山离岸岛屿的大型港口建设，一系列大规模海上风电场的建设等，深海石油的开发亦出现了突破性的进展，这些都是在传统的工程能力和资源的条件下是难以想象的。其次，海岸带空间的利用，从过去的相对单一的产业功能，如港口航运建设、滨海电厂、海水养殖、盐业生产和近海石油开发等对于海洋和海岸资源依存度较高的产业，转化到全方位综合开发；海岸防护也从过去相对单一地防潮、防洪涝灾害，向结合旅游和城市开放空间的复合功能转化。我们难以单一地评价这些变化所带来的利害，但是人类介入和改造自然能力的加强，意味着对于海洋和海岸保护应该有更大的责任和义务。在海岸空间的开发中，寻求发展与保护的平衡与自然和谐相处的海洋生态文明是人类共同的责任，规划设计工作者首当其冲。在习近平总书记“绿水青山就是金山银山”的理念指导下，海洋生态文明建设成为主流认识，中国政府的相关政策法规及专业界的技术建设逐步完善，为本书的主要理念和学术建议提供了良好的政策环境和实施背景。

既有海岸规划、设计、工程的著述一般集中在海洋科学、海岸工程、环境评价、政策指引等方面，结合项目进行前期可行性论证，如具体项目的选址、填海方式及形态规模，而针对海岸空间的整体规划管控、生态修复景观建设及环境生态综合解决方案的成果较少。海岸空间规划、环境、安全，生态修复及景观格局的统筹协调是城市规划与海洋科学、海岸工程相关学界一个新课题，同时在海岸生态修复结合城市规划和景观建设领域，本书也希望是集各专业之长的探索和引介。

作者在海岸空间的基础知识架构上，尽量选择适于城市规划和景观设计专业工作者理解的概念体系和专业深度，避免繁复的专业理论；在空间规划和景观设计的知识架构上，力图通过作者参与、主导，或在行业内具有影响的国际国内案例，说明海岸环境及工程与城市规划及景观设计的结合。本书是写给城市规划、旅游规划、景观设计专业工作者和管理者，在进行海岸规划设计时参考；也是写给海岸和港口工程师、海洋科学工作者，环境生态工程师在理解和实施城市规划、景观设计，进而落实到建设实践时参考。作者由衷希望本书的理论建构和案例，可以为海岸生态保护和修复起到积极的促进作用，对于在滨水地区从事研究、规划、设计的其他专业人士也有所裨益。

对本书的"海岸空间"定义需要特别说明："海岸带"作为一个专业术语，是指海岸线向陆、海两侧拓展一定区域的带状区域，1985年开展的"全国海岸带和海涂资源综合调查"规定，海岸带调查工作的范围为"海岸线向陆延伸10千米，向海延伸-15米等深线"。另外，所谓"海岸线"则是海水面和陆地面交界，海水有涨落；海岸线并不是一条固定线，《中国海图图式》将海岸线定义为平均大潮高潮时水陆分界的痕迹线。考虑规划设计空间的要素变化、陆海的延续性、陆海空间的互相影响的强度等，结合城市规划和景观设计与海岸工程及环境生态等专业互相影响，沿"海岸线"区域，陆地和海洋在统一的主体规划区内的毗邻空间，是本书关注的主要对象，为了保持一致性本书统称为"海岸空间"，这是一个包含在"海岸带"空间内，以陆侧实体空间为主体，海域水深范围因应规划设计对象会有较大弹性的区域。

本书共九章，包括了以下三部分主要内容：

第一部分，海岸空间规划导论和介绍。包括海岸空间利用和保护的发展趋势，对海岸生态保护及生态修复领域的经验和发展趋势进行总结和回顾。

国土空间规划体系将海岸带规划作为专项规划，在规划成果上，相关规划成果统一按照"多规合一"要求纳入同级国土空间规划。目前"陆海统筹"指导下的海岸保护与利用规划专项实践方兴未艾，本书作者结合参与部分沿海地区不同层级国土空间规划和海岸带规划专项的实践，对基于陆海统筹理念的海岸带利用和保护规划的技术路线、逻辑框架和要素进行了探索。

第二部分，海岸空间规划和景观设计的基本概念和技术工具。理解海岸空间自然环境条件，建立基本的知识框架，建立海岸带区别于陆域的基本地理地貌特征和基本概念，如：海岸类型、不同的高程体系的关系、潮汐、波浪、海流等动力条件的基本特征；海洋环境、生态基础条件，基础资料的收集、分析、调查；海岸动力研究和试验的辅助技术方法，数学模型和物理模型的基本原理，在海岸空间规划与景观设计中的恰当运用。初步介绍了海平面上升对于城市规划的影响和部分重要沿海城市采取的规划、预防措施。

海岸生态修复和恢复是海岸空间规划和景观设计的基础条件，是海岸空间规划设计的基础之一，而海岸生态修复与城市规划、生态景观建设的结合目前尚处于探索和尝试阶段，这两个发源于不同专业领域的技术路线兼具理性和感性的特点，在统一的国土空间管控理念下，将殊途同归成为人类塑造美好生活建设美丽海岸的重要途径。同样，要利用海岸空间创造美好的生活，植物和盐碱土壤改良方面的专业知识就成为海岸景观和生态修复的基础知识之一。近年结合工程的生物防护和海岸绿色基础设施在海岸空间建设中越来越重要，工程型与生态型措施的结合愈加紧密，基于自然的解决方案（NbS）于海岸空间应用将愈益深入和广泛。

第三部分，不同类型海岸空间规划和景观设计总结和案例分享。在海岸景观设计中海岸环境和动力条件，传统海岸和近海基础设施的类型，以及近年海岸景观规划设计领域的创新型解决方案，包括：海岸基础设施景观、海岸旅游景观、湿地型和沙质海岸等分类型海岸生态修复、港口城市更新等，并结合案例进行了分析。

作者近年在“海岸新遗产保护”规划和景观设计方面，以及海岸带领域基于自然的解决方案（NbS）“设计结合自然”引导下进行的理论和设计探索，在本书不同章节都有所涉猎，以期抛砖引玉，探讨业界对于这些理念在设计实践中的关注和使用。

目 录

注：本书图片除标注（取得授权使用，或公开数据）之外，均为作者所有（绘制或摄影）。

第一章　海岸空间规划概论

全球人口的60%居住在距海岸100km内的沿海地区；在中国，海岸带面积仅占国土总面积的13.5%，但却承载了全国43.3%的人口，贡献全国57.7%的GDP。城市化的进程，人口迁移，产业制造需要土地资源和港口运输的支持，富裕起来的人们需要旅游休闲度假的滨海风光。近三十年来，对海岸空间和海洋资源具有较强依赖性的产业乃至非依赖性产业，都在海岸带地区急剧扩张，并主要通过海岸带过渡区与海洋产生相互影响。海岸带这一特殊区域的环境、生态、地貌、景观发生了巨大改变，人类利用海洋资源的能力和对海岸空间改造能力的增长，极大地改变和促进了海岸空间利用的方式和速度，同样带来的环境和生态冲击也是前所未有的。这些现象使我们必须关注它的建设和保护、生态和景观价值的平衡，并涉及多学科，兼具生态性、安全性、产业发展乃至艺术价值的探讨。

本书涉及的海岸空间规划对象包括三种基本的形式：其一是基于自然岸线和海岸空间自然地形地貌为主体，对海岸空间低影响的开发（LID）利用；其二是较大部分改变了原海岸物理形态和局地地貌特点，以人类的力量改造并影响了相邻一定范围的海岸生态禀赋和物理空间特征，例如以填海造陆（陆进海退）形成新的岸线，地表层改造如近岸湿地、盐田改造为工业用地或城市建设商住用地等海岸空间形态的变性开发；其三即以浮式、锚泊、局部架空，或点状利用，总体为透空结构，基本不改变海岸地貌和岸线，结构物本身构成海岸空间利用主体的类型。本书的研究和讨论集中于前两者，浮式空间和半透空间型式在本书的某些技术解决方案中或有借鉴。在前两种形式中，第二种类型是对于海岸物理空间和地表及近海生态环境具有更大影响的一类，本书给予了较多的关注。第一种类型则着重讨论了如何提高其适应性和建立低影响开发的策略，例如基于自然的解决方案（NbS）等理念的引入，但总体上本书的导向是对于海岸空间基于保护的开发利用，尤其是对于不同岸线特征的适应性保护和开发利用的平衡。

海岸带是陆地资源与海洋资源汇聚之带，链接城市发展、港口贸易、海洋开发以及文化交流。从生态系统的角度，陆海生态系统相互融合，陆地与海洋是循环的生态圈，海岸带的水、土、生物等各生态要素之间普遍联系，“山水林田湖草海”之间存在生态连通性。因此，海岸空间规划、景观建设、生态修复、安全防护等须从全局视角出发，多要素综合，根据多要素的内在联系、兼容关系及空间影响范围，寻求系统性的解决方案。

一、海岸空间的特点

陆地和海洋两大系统在空间上连续分布、交互影响最密切的区域即海岸带，陆海间自然生态要素的交流和自然资源利用空间状态虽然各有其特征，但是并没有确切的界线。海岸地区的空间规划，在把握“陆海统筹”理念与“陆海统一”的基本规律的同时，需要尊重海岸带空间的特殊区位和自然特征，打通陆海空间的互联性，区分陆海资源的互补性，遵循陆海生态的互通性，挖掘陆海产业的互动性，统筹陆域与海洋资源开发保护。除了海洋由于水体的联通进而自岸线体现出来的“互联、互补、互通、互动”的普遍特征，海岸空间规划还要关注到以下特点：

（1）海岸空间的开放性

影响要素包括海水的互通和流动，海流和波浪的作用，局部海域季风、台风导致的风暴潮等区域乃至大洋尺度物理海洋现象的影响；同时，海气环境的影响最终亦大部分通过海岸带地区作用于陆地，如溢油、赤潮、藻类爆发等环境现象；反之亦然，海洋空间的规划较之于陆地空间的规划必须在更广大尺度，以更开放的边界条件考虑各类影响。

（2）海岸空间的多维性

海岸空间平面维度从陆地到海洋，垂直维度从海空、海面到海底，对应不同的自然地理与生态环境条件。在多维复杂性的同时，其优势也在于同一点位或区域可具有多种空间利用如能源、海运、旅游等的可能，具备开展立体重叠空间规划的可能。海洋空间还不像陆地空间可以通过直接观察获取规划对象的大部分直观地形地貌判断，需要借助海洋技术手段，如水下测量和遥感、水文数据的长期观测获得其信息特征。海洋和陆地空间共存于海岸带区域，陆海之间特色各异，陆海统筹不是简单的陆海同质同化，而应该是在“统”的基础上体现“筹”的创新。

（3）海岸空间的环境脆弱性

海岸各类空间的复杂性，使其既有纲举目张的优势，也有一触即发的脆弱劣势，生态资源的损失和地貌环境资源的破坏，很难在短期内修复，且经常会取决于自然环境条件的偶然性因素。因此，海岸带空间规划的保护优先和生态优先是基础。

（4）海洋文化积聚性

海岸是人类与海洋博弈最频繁的区域，人类文化的印记和历史在该区域呈现出与内陆文化差异的海洋文化，既是人类历史传承的一部分，也构成海岸空间的重要文化基础，在海岸空间保护和开发中海洋文化特色的发掘和继承具有重要价值。

（5）海岸空间产业特异性

海岸空间在产业和效率方面还具有积聚性优势和特殊的资源禀赋优势，某些产业种类和优势是其他陆域空间所不可替代的，具有唯一性、特异性和排他性。

海岸带空间规划、生态修复、景观建设等，应从全局视角出发，根据自然生态功能内在联系、兼容关系及空间影响范围，寻求系统性的解决方案。规划应尊重海岸带空间环境特点，实现海洋、岸线、滩涂等资源生态保护，有效修复和集约利用海岸带空间资源，以融合海洋科学、海岸生态、海岸工程、城市规划、景观设计等多学科交叉的视野和方法论，为陆海统筹提供空间落地工作，实现海岸空间价值与城市及其他丰富的类别空间建立契合和良性互动。

二、海岸空间利用和保护的国际实践

经济的发展、产业以及人口向沿海城市和地区集中的大趋势使海岸带生态系统承受的压力日益增大、环境与资源的稀缺性更为凸显[1]。各个国家和地区由于地理位置以及经济发展等需求各不相同，在海岸空间利用和保护中呈现出各自不同的特点，既有共性也有符合其各自国情的个性，主导因素不同：荷兰主要通过修筑堤坝、填海造陆保证国土安全和经济发展；日本、新加坡、中国香港等地由于城市空间拓展需大量土地资源支撑而填海造陆；阿联酋迪拜则是谋求石油资源枯竭之后，为旅游服务业等第三产业的发展创造和开发利用的临海和近海空间。

从地理位置上来说，全球的四个地区，东亚、西欧、阿拉伯半岛及墨西哥湾是海岸空间利用比较典型的区域（图 1–1），从海岸空间利用的发展进程上来看，与人类产业发展的历史相关联，总体上可以划分为三个阶段：第一阶段是人类为生存的基本需求，海岸空间利用多是渔盐之利为主，同时为了发展农业增加农耕空间和面积，这一阶段由于受到技术条件和改造自然的能力限制，规模一般不大且多在海岸动力条件相对优越的海岸地区因循和利用自然条件和资源富集的区域实现；第二阶段多是以发展工业、经济贸易等从而扩大沿海的城市和基础设施，谋求更大的经济价值，工程技术能力的升级以及经济发展驱使海岸空间利用的规模和面积扩大，同时对海岸生态环境影响的认识尚缺乏全面的认识，某种程度加剧了人与自然海岸、海洋空间的矛盾；第三阶段则逐步进入环境友好的空间利用和生态修复并重的阶段，海洋生态环境的保护受到高度重视，各个国家与地区对海岸空间利用工程更加谨慎，填海的工程措施和方法亦有革命性的进步，整体更加偏重于对海洋的保护以及海岸生态修复基础上的海岸空间利用。

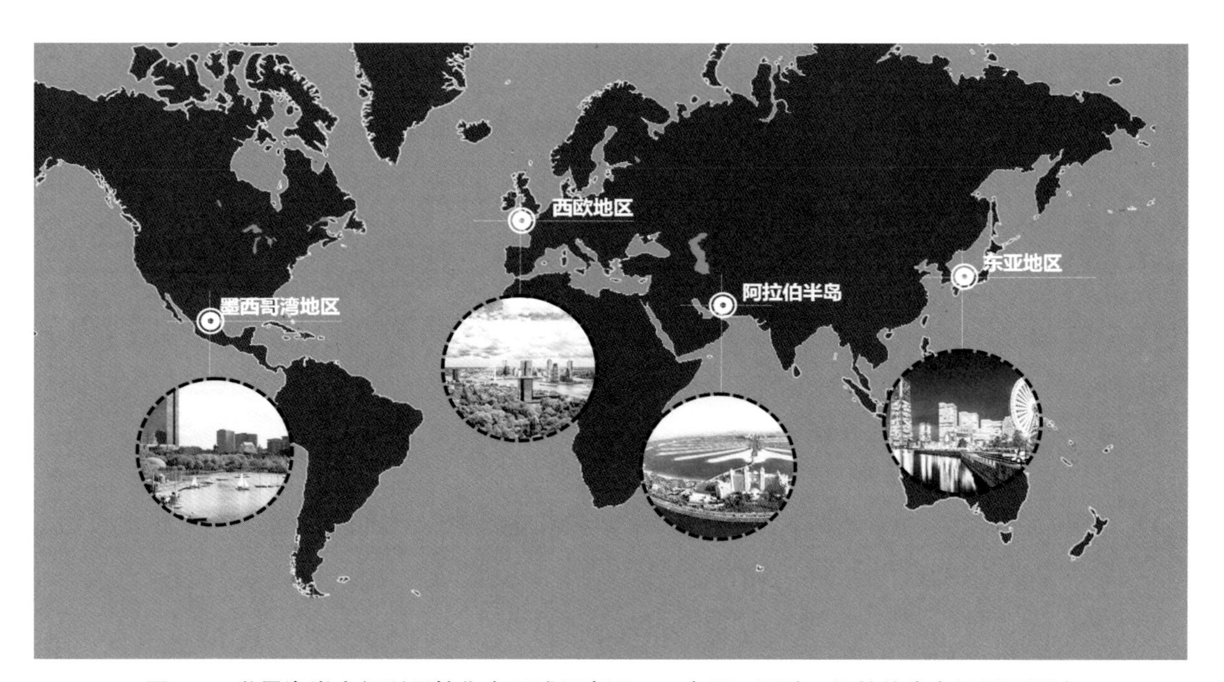

图 1-1 世界海岸空间利用较集中区域示意图——东亚、西欧、阿拉伯半岛及墨西哥湾

1. 西欧地区——荷兰

荷兰国土总面积41526km^2，海岸线长约1075km，地势整体较低洼，约一半土地需要长期防洪，其中 1/4 的土地低于海平面，另有 1/3 的土地仅仅高出海平面 1m 左右[2]；荷兰为了保证生存空间，抗击洪水灾害，开展了长期且持续的海岸空间改造利用。

须德海工程（图 1–2）位于荷兰阿姆斯特丹以北 60km，整体工程利用堤坝围拦—淡化排水—围垦填筑的方式获得了约 16.5 万 hm^2 的土地。整个工程主要包括建造拦海大坝和五个垦区：1927 年，拦海大坝开始施工，于 1932 年建成，拦海大坝的完成致使荷兰的海岸线缩短 300km，大大减轻海水对内陆的侵袭，而须德海也逐渐从外海变成了淡水湖。五个垦区的建设是随着时间发展陆续展开，从 20 世纪 30 年代开始，大约每 10 年启动建设一个垦区，完成建设大体需要 20 年 [3]；而随着荷兰整个国家的发展历程，各个垦区的主要建设内容与用途变化如表 1–1 所示：30 年代主要用作农业发展，50 年代以城镇化建设为主，而 70 年代至今，主要以生态修复作为侧重点进行开发建设。

图 1-2　荷兰须德海工程（1932 年至今）平面和拦海大坝

须德海工程不同阶段的垦区建设内容表　　**表 1-1**

时期	代表造陆垦区	主要建设内容	主要用途
20 世纪 30 年代	维灵厄梅尔垦区	堤防和排水工程建设	农业：果园、混合农场
20 世纪 50 年代	东弗莱沃兰垦区	城镇开发建设	自然保护区的创建和城镇发展
20 世纪 70 年代	南弗莱沃兰垦区	新区生态重建	为森林、河湖创造自然生态成长空间

三角洲工程（1956～1986 年）

三角洲工程位于荷兰西南部莱茵河、马斯河、斯凯尔德河三河交汇入海处。三角洲地区经济发达，人口密集，涵盖鹿特丹港、安特卫普港，但由于地势低洼，易受洪水灾害影响。1958 年荷兰国会批准了三角洲委员会提出的治理方案，开始进行治理。该工程是一项大型挡潮和河口控制工程，主要包括 5 处挡潮闸坝和 5 处水道控制闸 [4]。

为保护该地区的一些海生动、植物不受工程影响而消失，在兴建东斯凯尔德海湾 8km 长的大坝时，采用了非完全封闭式大坝的设计方案。这项工程的完成将一些海湾的入口被大坝封闭，致使荷兰海岸线缩短了 700km，能够有效防止高潮洪水灾害，改善鹿特丹港和安特卫普港的航运条件，并使莱茵河下游两侧河网完善，形成的淡水湖能确保工业和生活用水，还可以开辟新的游览区。

长期以来，对海岸空间的多种形式的利用有效拓展了荷兰的生存空间以及海岸的经济价值，近些年则更加看重如何修复被干扰和破坏的海岸生态环境。为解决海岸开发对生态环境造成的负面影响，荷兰制定了一系列的生态保护的相关政策（图 1–3）：从 1989 年的国家环境政策计划减少荷兰 25% 缺水地区，到 21 世纪“退滩还水”计划 [5]，实施与自然和谐的海洋海岸工程，不再将海域直接围填造成新的陆地，而是尽量保留海域，修复海岸生态环境。

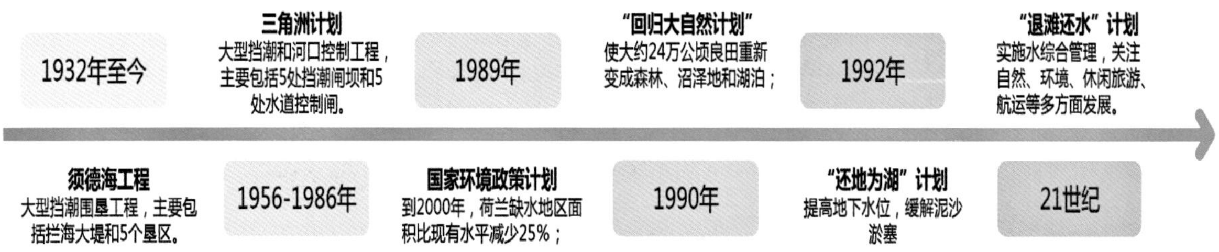

1932年至今
三角洲计划
大型挡潮和河口控制工程，主要包括5处挡潮闸坝和5处水道控制闸。
1989年
"回归大自然计划"
使大约24万公顷良田重新变成森林、沼泽地和湖泊；
1992年
"退滩还水"计划
实施水综合管理，关注自然、环境、休闲旅游、航运等多方面发展。
须德海工程
大型挡潮围垦工程，主要包括拦海大堤和5个垦区。
1956-1986年
国家环境政策计划
到2000年，荷兰缺水地区面积比现有水平减少25%；
1990年
"还地为湖"计划
提高地下水位，缓解泥沙淤塞
21世纪

图 1-3　荷兰生态保护相关计划时间发展图（作者绘）

2. 日本、新加坡、中国香港

东亚地区的代表性地区和国家主要是中国香港、日本以及新加坡。它们皆由于地域相对狭小城市发展进程较快，为了解决地狭人稠的问题对海岸空间的利用非常重视，而且与之相应的在海岸边界不敷承载时将目光转向了填海造陆获取土地，但每个国家地区结合实际需求在不同阶段又有所侧重。

（1）日本

日本国土面积中山地、丘陵等约占 66%（包括火山则占全国面积的 75%），平原小且分布零散[6]。海岸线约 3.3 万 km，海岸曲折，有利于形成优良港湾，原始岸线空间的利用效率已经很高，且其平面形态便于沿岸填海造地。

从日本以填海造陆为索引的海岸空间利用进程看，如表 1–2 所示，大体上可以分成四个阶段：农业化阶段主要是通过海岸空间及填海造陆增加农业用地的面积，增加国内粮食产量，维护当时幕府统治的稳定发展；工业化发展阶段主要为了解决工业迅速发展的用地紧张情况，并通过大面积填海，将工业向临海集中，结合优质港湾资源统一发展；第三产业发展阶段则主要进行了产业转型，以第三产业的开发为主，同时考虑生态效益，与此同时生态修复回归海岸空间利用及填海，主要进行生态治理与修复维护，并严格控制填海的数量与规模。

日本填海造陆进程主要阶段表　　表 1-2

空间发展阶段	时期	空间利用方式	代表地区	填海材料	主要方式
农业化利用	1603～1867 年	农业用地，增加粮食产量	东京湾、儿岛湾	沙石	平推式
工业化利用	1952～1970 年	四大工业地带	东京湾、大阪湾、伊势湾、北九州市	开山填海	平推式
第三产业	1972～1989 年	第三产业	神户、六甲人工岛、迪士尼、关西机场等	垃圾、煤炭、矿石	人工岛
生态修复	1989 年至今	生态修复与维护	多点多岸线	多类型	人工岛 / 岸线 / 海湾

案例：大阪湾

大阪湾西经明石海峡通濑户内海，呈东北—西南向的椭圆形，长轴 60km，短轴 20km。从江户时代（1603~1868 年）开始，大阪湾开始陆续进行填海工程，一直持续到现在；其填海造陆大体可以分成三个阶段：大正时代（~1912 年）之前的滩涂填海，昭和时代（1926~1989 年）的高速平推式填海以及平成时代（1989~2019 年）之后的离岸人工岛式填海时期（图 1–4）。[7]

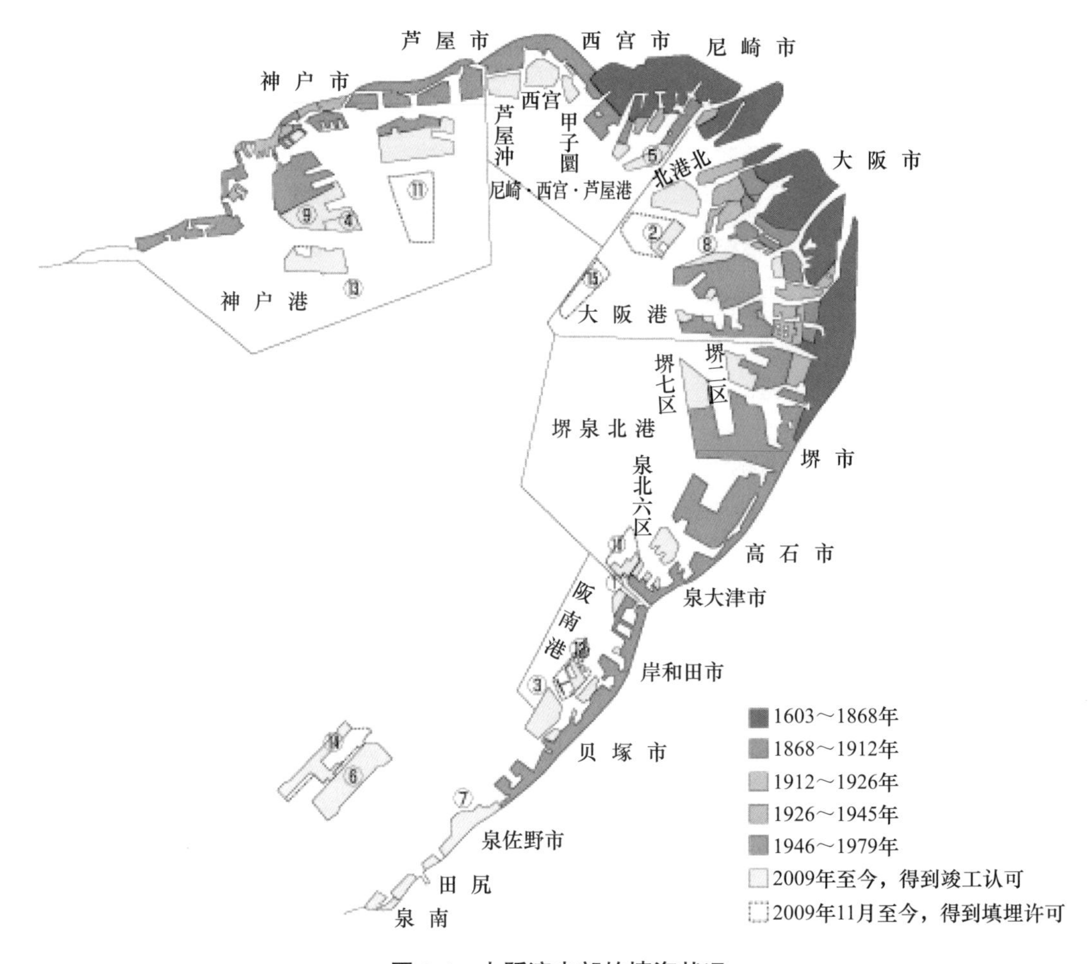

图 1-4　大阪湾内部的填海状况

［出处：日本环境厅主页］

大阪湾填海工程以神户人工岛为例，它被誉为“21 世纪的海上城市”，占地 436hm^2，位于日本兵库县神户市南约 3km 的海面上，是城市功能综合型人工岛，岛上居住、商业办公以及工业产业齐全，各类城市设施完备，并通过神户大桥与神户市相连。

根据日本地理位置以及海岸带条件，其离岸人工岛的填海形式在平面形态设计有突出的特点：从平面来看，所采用的离岸人工岛形式，有效地保护并延长了岸线；平面布局上，填海部分大多采用水道分割，较少采用整体、大面积的连片格局；从岸线形态上，岸线形态多为曲折走向。

日本环境厅曾经发表的调查数字显示，自 1945 年到 1978 年，日本全国各地的沿海滩涂减少了约 390km^2，后来每年仍然以约 20km^2 的速度消失。为了保护生物的多样性，解决城市大规模向海扩张而引发的洪水以及地面沉降等问题，严格控制填海规模，分区管理海岸带并开展了一系列保护生态环境的措施。

为了保证海岸带的生态环境可持续发展，实行对海岸带进行分区管理——将海岸带划分成三个区域，分别为：海岸保全区、一般公共海岸和其他海岸区，进行区别管理。对于海岸保全区，根据用海方式进行细分，形成港湾区、渔港区和临港区[8]，分属不同部门进行管理，通过明确分区，保证管辖范围一目了然。

同时，对海岸保护与利用制定了保全计划——加强岸线防护，减少对岸线的侵蚀危害，在安全用海前提下，进行海岸带的开发利用。以《大阪湾沿岸海岸保全基本计画》(2002）为例，将海岸带划分为海岸保全区、一般公共海岸和其他海岸区分别进行管理。对于海岸保全区，根据用海方式进行细分，形成港湾区、渔港区和临港区；对于岸线的开发利用则依据沿岸的自然特性、社会特性和岸线的连续统一性，将大阪湾海岸线划分为环境保全亲近区、环境创造期待区及环境创造活化区，进行分类的开发建设。

（2）新加坡

1965 年，新加坡独立时的国土面积是 581.5km^2；到 2007 年，国土面积增加到 650km^2。由于填海工程，到 2013 年，新加坡的面积已经达到了 716.1km^2，填海造陆规划已经到 2030 年（图 1–5）。

图 1-5 填海年份梯度

［出处：根据新加坡都市重建局资料自绘］

从 1960 年，新加坡的填海造陆工程一直持续致使国土面积一直扩大，同时海岸线的形态以及空间位置发生了明显的变化。新加坡海岸空间的利用随时间发展，根据基础条件以及填海技术采用了不同的工程类型。

填海造陆工程初期，由于受到工程技术的限制，基本上是在原有的滩涂地、沼泽地等自然地基地上进行填海造陆。随着吹填技术的提升，开始在新加坡主岛外围进行海滨围填，基于原有主岛岸线向外平行推进（平推式）获得建设用地[9]。

之后，全球对生态环境的保护与维护愈加重视，平推填海方式因对海岸及海洋生态环境的影响和破坏较大被逐步淘汰，离岛围填的方式进行填海造陆成为主流方案。离岛围填方式能够增加整体海岸线长度，保持近岸流动性的畅通，同时对于生物多样性敏感的滩涂和近岸线区域生态连续性干扰相对较少，同时为工业产业、旅游、居住等开发提供土地资源（图 1–6）。

除了常规的海岸空间利用，新加坡填海造陆活动持续 60 余年，填海所得土地主要以城镇建设、港口码头建设、工业区开发等为主，通过填海造陆，国土面积增加了 130km^2。从 20 世纪 80 年代起，新加坡对海岸的开发就已进入具有现代工程特点更深层次开发阶段，通过对 1980～2010 年海岸带的长度与类型对比分析（表 1–3），可见：新加坡的人工岸线从 1980～2010 年逐年增长，主要是由于填海造陆工程的推进，而自然岸线相对明显减少，以红树林岸线为例，1980 年岸线长度为

36km，占总比例的 17%，到 2010 年则下降到 6km，所占比例仅为 2%。为此，新加坡进行了生态修复，海岸空间的利用和填海工程也越来越考虑生态环境因素的影响。

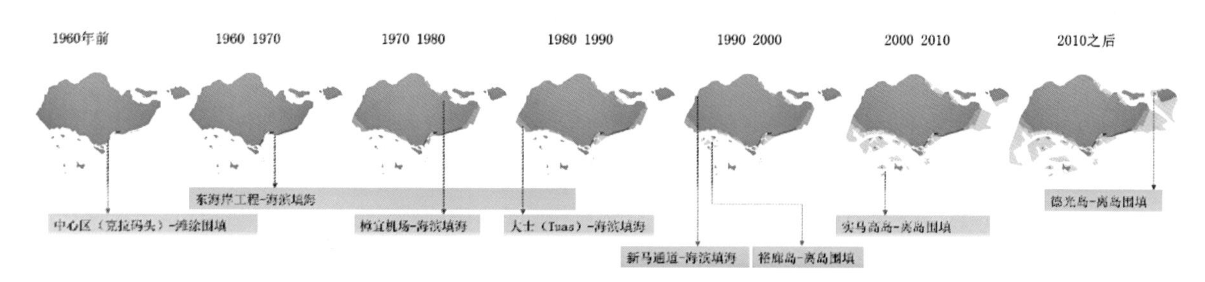

图 1-6　新加坡各时期重要的填海工程项目及持续周期图

［出处：根据新加坡都市重建局资料自绘］

新加坡不同时期各海岸类型长度及所占比例统计表　　表 1-3

海岸类型 \ 时间（年）		海岸类型长度（km）				海岸类型所占比例 (%)			
		1980	1990	2000	2010	1980	1990	2000	2010
人工岸线		85	149	189	225	42	67	78	82
自然岸线	砂质岸线	17	21	18	20	8	10	7	7
	粉砂淤泥质岸线	23	13	7	5	11	6	3	2
	基岩岸线	45	26	24	20	22	12	10	7
	红树林岸线	36	10	6	6	17	5	2	2
	小计	121	70	55	51	58	33	22	18
合计		206	219	244	276	100	100	100	100

案例：实马高岛（1999 年）

1999 年，新加坡关闭最后一个城市垃圾场，启用第一个近海垃圾场——实马高岛垃圾填埋场。它是新加坡第一个由垃圾填埋区建造而成的近海人造岛屿。

实马高岛位于新加坡以南 58km 处，4.4nmile（1nmile = 1852m）由沙砾、岩石、泥土堆砌，利用聚乙烯保护膜形成的海堤保护岛屿不被海水侵蚀。新加坡环境局把垃圾埋置场划分成 11 个区，储存着新鲜海水、准备埋置垃圾，每当一个区的垃圾填到二三米高时，就铺沙种草，然后再继续埋置垃圾。垃圾最高可埋到 30m，到时候，再在上面栽种植物 [10]。

它是世界第一个主要由无机垃圾建成的垃圾埋置岛，上面种植覆盖着红树林与珊瑚礁，实时监控海岸的生态环境，同时这里也成为鸟类和海洋生物的天堂，吸引游客前来参观体验。

在岛屿建设初期，工程人员考虑生态环境的重要性，也为了保证原生生物的生存环境，以每个月一次的水质重金属检测来监控岛屿的生态环境与海水水质，在岛屿附近种植茂密的红树林森林，实时检测整个生态环境（图 1–7）。

2005 年 7 月，新加坡政府对外开放实马高岛，吸引大量游客与学者进行观察研究、休闲活动，为此，岛上设立访客中心配合解说，增强岛屿生态环境的科普教育，为自然资源保护以及填海修复提供了新的可能。

图 1-7 新加坡实马高岛鸟瞰与周边红树林

（3）中国香港

中国香港由香港岛、九龙半岛、新界内陆地区以及多个大小岛屿（离岛）组成。香港海岸主要为山地丘陵海岸，具有良好的水深和对外海遮蔽条件，港口建筑条件优越[11]，但沿岸平陆用地狭窄，由于建设用地的匮乏，自 1842 年起香港开始不断填海造陆，以寻求城市发展中的土地供应需求。香港填海面积占原土地面积的 7% 以上，这些从海上获得的土地满足了全港 27% 的居住人口和 70% 的商业活动需求（表 1–4）。

香港填海造陆工程时间发展表 表 1-4

时期	时间	填海造陆范围	代表工程	填海目的
开始时期	1842～1898 年	集中在港岛北岸	1842 年 首次非正式填海 1852～1859 年 文咸填海计划第一期 1864～1867 年 铜锣湾填海工程 1868 年 文咸填海计划第二期 1875～1899 年 湾仔填海工程	香港开埠以来进行填海工程，兴建香港政府部门及港口设施
起步时期	1898～1945 年	填海规模不断扩大，主要集中于维多利亚港、港岛北岸到九龙半岛南岸	1903 年 西环至中环填海工程 1914 年 九广铁路英段工程 1920～1930 年 九龙湾填海计划 1931～1944 年 海旁东部填海计划 1945 年 启德机场扩张工程	第二次世界大战前，香港发展重心集中在港岛北侧，填海主要为开拓商业区，以及作为军事用地
加速时期	1945～1976 年	多集中于维多利亚港两岸	1945～1958 年 启德机场扩张工程 1959～1966 年 观塘填海工程 1966～1971 年 屯门发展计划 1975 年 葵涌填海计划 1976 年 荃湾填海计划	香港重光后，大规模填海工程持续开展，填海用途趋于多样，以疏解中心过于紧迫的人口、经济压力
快速发展期	1976～1997 年	扩展至大屿山东岸和北岸	1989 年 香港特区政府公布《香港机场核心计划》 1983 年 地下铁路港岛线工程 1991 年 小西湾发展计划 1994 年 大埔发展计划 1996 年 西九龙填海工程	配合经济发展，不仅着重开拓新填地，同时全面规划香港全境整体发展，同步提出一些专项规划
平稳期	1997 年至今	环境问题凸显，填海速度有所控制	1997 年 颁布《保护海港条例》	填海活动速率下降，香港社会对填海计划采取审慎论证的态度，填海工程更加趋于理性

大体上，从统计数据来看，香港从 1842 年开始至今，已经完成了 100 余项填海造陆工程，从最初的维多利亚港两岸扩展至大屿山东岸和北岸，再至香港全境，在这段时期，可将香港填海造

陆分为五个阶段（图 1–8）。

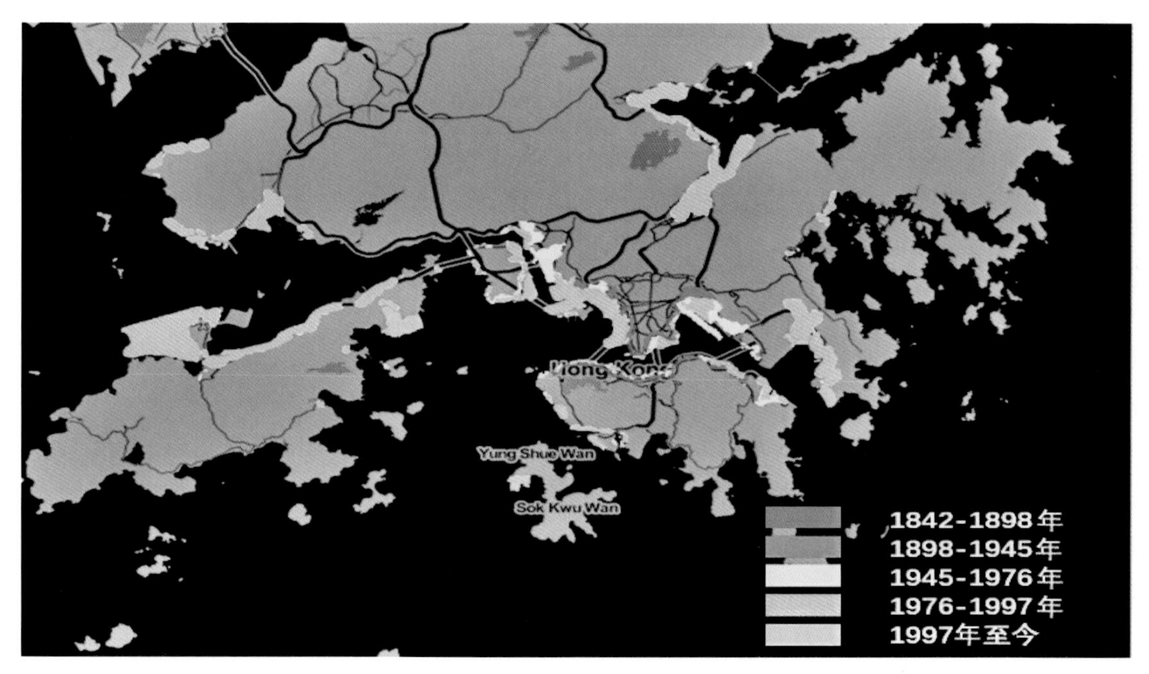

图 1-8　香港不同阶段填海范围示意图

香港自开埠以来，便一直通过围绕海岸及填海造地拓展城市发展空间，百余年来未曾间断，通过对香港填海造地量的统计分析，这些阶段在填海面积上由于发展需求以及侧重点的不同，呈现出不同的变化：从开始填海、起步时期到之后的加速期、快速发展期，填海总量呈现逐步增长的情况，1997 年回归至今，由于环境问题凸显和民众的反对，填海总量进入稳定期。

香港海岸空间利用的影响涉及自然环境、社会经济活动等多方面。维多利亚港港界水域原有约 7000hm^2，由于填海造陆工程的推进，现有水域仅约 4200hm^2，为原水域面积的 60%；港九海峡的宽度也由原来的 1.7～3.7km 缩减到 0.8～1.4km，因此造成港口陆域用地被挤占，船舶活动密度过大，航行条件恶化；同时，受填海工程影响，纳潮面积和纳潮量减小，潮流动力被减弱波浪却更加汹涌，小型船舶安全航行受到威胁。由于经济快速的发展，商业活动和旅游设施，包括制造业以及港口物流产业也多集中于海岸，造成了海水与海底沉积物污染，部分填海工程破坏了红树林和海滩等海岸自然生态体系。

在海岸空间的利用过程，香港对于生态修复与维护逐渐重视，制定了一系列的相关生态保育政策：1991 年《城市规划条例》在发展蓝图内容中增补了郊野公园、海岸保护区、绿化地带等土地使用用途；1995 年颁布《海岸公园条例》，正式划定和管理海岸公园及海岸保护区；1996 年《海岸公园及海岸保护区规例》获得通过，规定了不能在海岸公园和海岸保护区进行的活动[12]。同时科技、工程技术界为了改善和恢复海岸生物多样性，也进行了一系列对香港海岸生态修复的技术探索和试验。例如香港牡蛎礁恢复项目，自 2018 年 5 月起在香港西北部的后海湾大自然保护协会（TNC）与香港大学、后海湾牡蛎养殖协会建造了香港第一个牡蛎礁恢复试验点，希望通过实地的试验实践与数据结果分析总结，确定最适合香港牡蛎礁的可持续发展，期待最终形成可以在粤港澳湾区适宜的海岸栖息地恢复的保护模式，并通过实地示范，在大湾区推广牡蛎礁的生态服务功能。近期（2022 年）达成的东涌海岸生态化堤岸，为香港海岸生态修复建设提供了良好范例。

3. 美国

美国本土东西海岸分别濒临大西洋和太平洋，阿拉斯加则接壤北冰洋，海岸线漫长曲折，大约 60% 的州与海相临。海岸线的自然环境条件多样、种类丰富，生态类型及空间特色丰富，从亚热带延伸至寒带区域。

人口的增长以及城市化进程使美国沿海城市面积迅速扩大，城市迅速发展，带动了贸易、旅游的发展，对海岸带进行大规模的开发利用。也正是这一开发利用进程导致整体的生态环境遭到破坏，为了修复海岸带，保证可持续的发展，美国是较早开始着手海岸修复的国家之一：1972 年颁布的《海岸带管理法》，标志着现代海岸带综合管理的开端，之后持续到 20 世纪 90 年代，对《海岸带管理法》继续深化与发展，由于海岸线漫长且形式变化各异，美国允许各州因地制宜地选择自己的项目和重点，在规定的海岸线内实施具有各自侧重点的发展，如表 1–5 所示，各州重点对应需要解决的生态修复保护对象和问题各不相同[13]。

美国若干州 ICZM 概况（举例）　表 1-5

地区	地理范围	管理重点	管理机构
阿拉斯加州	向海：离岸 4.8km；向陆：有影响的开发项目所必要的范围，在某些情况下，可沿着溯河鱼类流系的方向向陆延伸 3.2km	鱼类和野生生物	海岸政策委员会
北卡罗来纳州	具有与大西洋、河口湾或受潮汐影响水域接界的陆地的县	控制灾害高发区域的开发	海岸资源委员会
新泽西州	所有有潮水域、海湾、大洋水域以及平均高潮位线向陆 30～152m 之间的高地窄带；在其他地方，自高地海岸边界向内陆延展至少 1.6km，最多 32km	保护海岸和大洋水质	州环境保护局海岸资源处
罗德岛州	4.8km 内的领海但不包括渔业，从沿海地形向岸边界和向陆延伸 61km 的区域	整个生态系统	海岸资源管理委员会
佛罗里达州	州的全部陆地面积，海界：向东延伸 5.56km，在墨西哥湾向西延伸 6.68km	基于动植物栖息地的国土利用	部门间管理委员会
夏威夷州	州属水域和除州森林保护区以外的所有的陆地区域	提供和保护娱乐资源	规划与经济开发部
南卡罗来纳州	8 个沿海县，包括潮间带、海滨、原始海滨沙丘和沿岸水域	水质、湿地、海滨和沙丘保护海岸理事会	

4. 阿联酋迪拜

迪拜在石油枯竭的担忧中利用其资金和资源优势推动产业转型升级，使其在海岸空间的利用中具有广泛的国际影响，自 21 世纪初以来引领了以填海造陆形式利用海岸空间的潮流，并被诸多国家和地区仿效，但实际效果和效益褒贬不一，在中国多见于地产和商业开发方面的报道，而对于生态环境影响的复盘目前看来应该具有更大的现实意义。

迪拜位于阿拉伯半岛中部，面积为 4114km^2，与南亚次大陆隔海相望，是中东地区的经济金融中心，也是中东地区旅客和货物的主要运输枢纽。1966 年，迪拜首次发现石油之后石油经济带动了迪拜的整体经济发展，到 1975 年石油经济占国民生产总值的 54%；为了应对之后可能会出现的石油资源枯竭，迪拜开始进行产业转型。归功于石油经济带动下完成的基础设施推动了多元化经济发展，从 2000 年开始，非石油经济已经占到迪拜国民生产总值总量的 90%。如今，迪拜产业通过成功转型，不仅成为重要的观光胜地、港口、国际空港，更是通信技术与金融的产业重镇。

迪拜海岸空间的利用除了常规的既有自然海岸空间的利用，主要体现在填海造陆工程获取离岸特异造型岛屿，平面形态主要采用离岸人工岛的形式，通过区块的多个组合，从而形成具有特色吸引力的平面和景观效果（图 1–9）。同时考虑到填海造陆区域的水动力环境以及水体循环，迪拜棕榈岛采用了防波堤开口的方式进行缓解，基本保证内外水体可以置换维持生态质量。迪拜棕榈岛由主干岛屿、弧形分支岛屿、外防波堤构成，离岸 280m，由于采用了弧形的平面形态，使得城市滨水岸线长度有了大幅度的提高 [14]，创造了丰富的城市岸线资源，但是在其平面结构的指状岛屿内端，由于水动力弱化泥沙淤积现象较严重，成为运营维护的难点之一。

图 1-9　迪拜棕榈岛建成区

迪拜的多个人工岛沿袭了相似的设计特点和技术路线（图 1–10）：岛型规划具有标志性以创造旅游吸引力效应，填海材料主要是附近的泥沙和岩石，填海过程采用 GPS 技术塑造岛屿形态。取自自然的材料和高科技手段的填海技术一定程度上利于海洋生态环境的保护 [15]，在传承城市文化、强化滨海特征和带来社会经济价值的同时，丰富灵活的海岸线优化了空间结构，为滨水景观的塑造提供了条件，实现了海岸景观资源的优化，提升了土地价值。但是迪拜一系列人工岛屿的填筑

图 1-10　迪拜沿岸系列填海造岛

对于生态环境影响，在中国鲜见研究报道，其对于海岸形态的动态影响从工程角度见于棕榈岛内指状航道末端的淤积，以及“世界岛”前期研究不完善导致的地基沉降工程“烂尾”。这一组大规模的填海工程对于海岸及近海的长期生态环境和动力条件的影响尚有待进一步的深入研究观察。作者总结既有的文献如下：

（1）对海岸近海环境的影响

在围填海区域，由于泥沙的转移与抛置，悬浮的细小沉积物会遮挡阳光，导致海底无法得到充足的阳光，海洋生物因此死亡，水中有毒的硫化氢含量增加，海水生态环境的自愈能力下降[16]。着眼未来的自然灾害方面的环境影响，原本容易发生地震活动的迪拜，会在围填海建设后使围填海地区遭受更大的地震活动带来的损害。围填海地区及其区域内的高层建筑，更容易受到地震活动的影响，主要原因是围填海的土木材料为挖掘出的钙质砂，并且人类对区域下面或附近的断裂带和地震活动性知之甚少[17]。

根据海洋探测分析，围填海材料影响了水质，具体体现在总有机碳、生化需氧量、总氮、总磷含量的变化；另外围填海区域建成后，区域内的娱乐活动，会带来短暂的影响，例如水上运动和沙滩运动中使用的机械所产生的排放以及燃油和燃油泄漏。除此之外，围填海区域的出现会改变盐度，导致水体浑浊度上升[18]，这些物理因素的变化会直接导致了生态环境抵抗力下降。

（2）对水动力环境的影响

新生泥沙构成的岸线受到侵蚀速度要远大于原生岸线，未来维持围填海区域需要更多的泥沙作为补充。研究表明，离岛式围填海影响了近岸岸线，加剧了原生岸线的侵蚀速度[19]。例如，朱美拉棕榈岛建造后，原生的沿岸流动遭到破坏，因为从本质上讲朱美拉棕榈岛是一个掩护体，通过消减几英里外的海浪，改变了原本的水流形态。原本沿波斯湾沿岸流淌的水流需要绕过新建的朱美拉棕榈岛外围，如图 1-11 所示 20 年后，侵蚀和岸线形态都将被改变。现在已经有肉眼可见的沙滩形变并伴随严重的局部侵蚀和局部沉积。同时，由于棕榈岛对泥沙来源的阻挡，自然海滩上无法沉积足够的沙子，导致海滩海岸的供应枯竭。

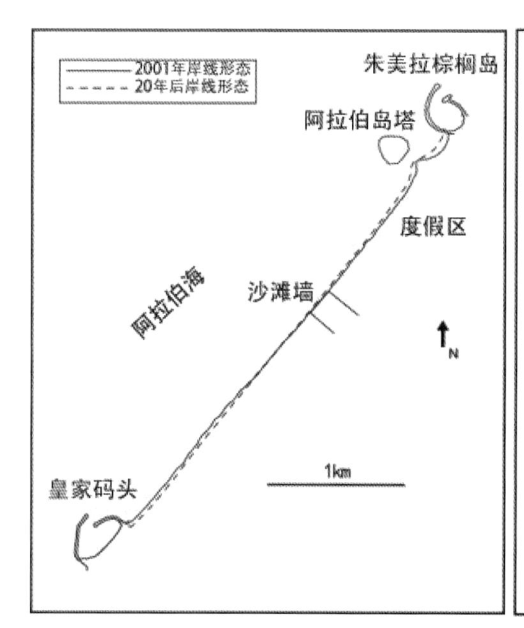

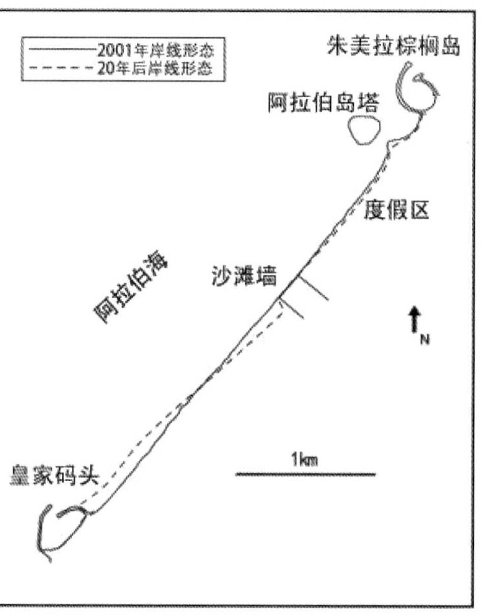

图 1-11　左：无朱美拉棕榈岛的岸线模拟；右：有朱美拉棕榈岛的岸线模拟

围填海使得局部区域水体变深，一些地区出现了沉积物转移运动导致水深持续变化[20]。这些变化直接影响潮汐流和波浪的形态，加速的水流冲刷岸线，并以2m的幅度向岸线移动，这导致了原始岸线提前消失的风险。

在朱美拉棕榈岛建设后的过去一年甚至更长的时间里，主要的沿海开发项目（如棕榈岛）的建设使迪拜海岸线迅速产生变化，导致该岛西南方向的海岸线迅速增长。波浪模型表明，随着朱美拉棕榈岛的建造近海波浪场也发生了变化，从西北（NW）方向的波浪基本上消失了，而北方（N）的波浪在沉积物推进中扮演了重要的角色（图1-12）。棕榈岛遮蔽米娜赛亚赫北部，北向的波浪影响基本消失，从而使东北方向的净输沙率增加，海岸线迅速形成。在棕榈岛的另一边，情况恰好相反。由于棕榈岛有效地阻止了沉积物从西南方向输移，泥沙通过东北方向的沿岸流流失，使海滩侵蚀，海岸线后退。

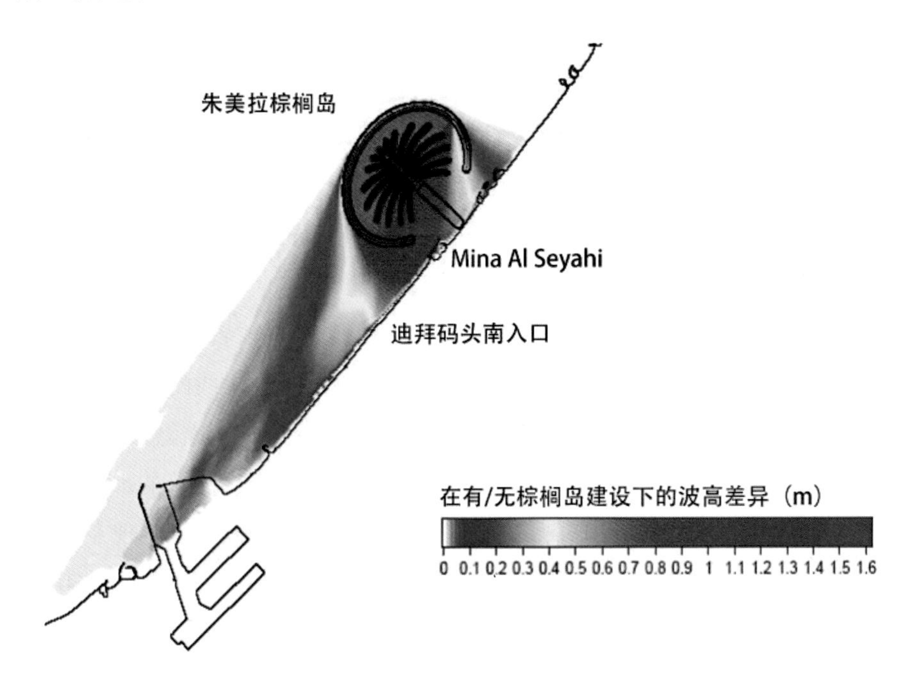

图1-12 SWAN模型显示了棕榈岛对近岸波浪状态的影响

（3）生态环境的影响

迪拜沿海的短期影响：迪拜棕榈群岛和世界岛使用从波斯湾海底泥沙围填人工岛，泥沙的扰动导致建设区海底各种野生动物的掩埋、窒息，甚至死亡。直接的影响是泥沙吸送的过程中被海洋生物吸入导致动物窒息，还有可能因海洋生物随泥沙被吸入泥沙泵而导致其死亡。泥沙被移动之后搅动了周边海水，使悬浮细小沉积物不容易沉降，这些细小沉积物会以更长的时间悬浮在水中；根据研究，喷沙和被破坏的河床产生的沉淀物在每个方向上扩散超过25000m^2，因此，受到过度沉降影响的总面积超过75000m^2，被鱼类和底栖动物吸入后会导致动物窒息，即使是最初位于施工现场的那些试图逃离的物种，也不得不垂直海岸行进超过4.8km或沿着海岸行进35.5km才能逃脱施工影响。而滤食动物会因水中沉积物的增加而减少食物摄入量，阻碍滤食动物生长。水中悬浮物的增加亦会导致珊瑚礁生长减缓和钙化率增加[20]。泥沙转移的影响对鱼类洄游和栖息地的影响不明显，对海洋哺乳动物的影响体现在泥沙的挖掘和机械的碰撞直接破坏了他们的觅食场所。

迪拜沿海的长期影响：尽管有文献记载了围填海对珊瑚栖息地的最初影响，但目前尚不清楚围填海对该地区的珊瑚礁将在几十年后产生怎样的影响。同样，鱼类和无脊椎动物种群的初期影响是显而易见的，但无法说明这些岛屿可能对当地生物造成的长期负面影响，同时对于其他生态系统的影响也缺少判断的依据。总体来说，迪拜海岸填海对于生态环境方面的长期影响目前还难以给出定论。

（4）辐射到波斯湾更大范围的影响

研究表明，波斯湾本身生态环境艰苦，水温变化大（15～36℃），盐度高达生物可容忍极限。尽管环境条件恶劣，波斯湾内依然发育了一系列的海岸和海洋生态系统，比如红树林沼泽、海草床、珊瑚礁、滩涂、沙滩。这些生态系统有助于海洋环境中基因和生物多样性的维持，并提供了有价值的生态和经济效益，为不同的海洋经济生物形成了喂养场和保护地。由于高强度的挖掘泥沙和围填海造陆活动，生物栖息地的破坏是生物多样性流失和生态系统退化的主要威胁。超过40% 的波斯湾海岸被开发，其中大规模的海岸开发活动包括迪拜的棕榈岛和世界岛。通常来说，填海挖掘和造陆的过程会导致短期和长期的生态、物理、化学方面的影响，包括大型底栖动物被直接清除和物理环境的永久改变。填海造陆过程中的泥沙会导致令生物窒息的沿海和潮汐生境，并使下沉的沉积物脱氧[20]。这些物理和化学的改变可能减少生物多样性、物种丰富度、海洋生物量。另外，由于物理的转移和覆盖和浑浊度的上升，挖掘活动可能直接或间接导致海草床的减少[21]。挖掘和填海造陆活动导致支持海鸟生存的滩涂流失，沉积物流失和浑浊度增高导致珊瑚礁退化。总的来说，大量的生物和生境被不可逆转地破坏，对于原本就生活在生境极限的波斯湾生物来说是一种雪上加霜。

三、中国的海岸空间利用和保护

中国现代海岸空间较大规模利用，除了滨海城市建设和对于海岸空间有依赖的港口、滨海电站、海洋化工等产业空间常规动态需求外，先后有四次主要扩张时期：第一次是中华人民共和国成立初期的盐业发展围海需求；第二次是 20 世纪 60 年代中期至 70 年代的围垦海涂扩展农业用地；第三次是发生在 20 世纪 80 年代中后期到 90 年代的滩涂围垦养殖热潮；第四次是进入 21 世纪，随着我国经济快速持续增长，掀起大规模围填海为城市和产业提供沿海土地的热潮[22]。近二十年沿海经济快速发展、城市化进程、滨海旅游、临海和临港产业的快速发展，相对容易获取的填海土地通过围填海的方式实现海岸空间的扩张。而这四次海岸空间的向海扩张，都相应伴随着海岸防护基础设施的大规模建设，从初级的海塘和海堤工程到现代海岸工程。海岸空间的开发活动，一方面可以带来土地资源及经济效益，另一方面也改变了海岸原有生态环境，对生物多样性带来较大影响，因填海被固化的岸线生态恢复困难，而传统的海岸工程建设以海岸安全和经济型为主导的粗放建设理念，对于海陆的生态联系形成了阻隔作用，需要长时间的动态互适和修复恢复过程。

中国沿海地区近三四十年以来，已经在很大程度上改变了海岸地貌和岸线的自然形态，本书作者使用卫星图片，以 5 年为步长对自 1995 年至今的一些重点海湾河口海岸地区的局部海岸线变迁进行了对比，由南向北依次选择了珠江口深圳湾地区、上海临港新城区域、渤海湾的天津段和河北唐山曹妃甸海域进行比较，如图 1–13～图 1–16 所示。

图 1-13 深圳 · 珠江口深圳湾区域影像图（卫星影像图）

图 1-14 上海 · 临港新城区域影像图（卫星影像图）

图 1-15 渤海湾 · 天津海岸区域（卫星影像图）

图 1-16 唐山曹妃甸区域（卫星影像图）

1. 海岸空间利用与保护规划——以渤海湾为例

如图 1–17 所示，将 1984 年的渤海湾遥感图像与 2018 年的图像进行对比可见，经过三十多年的围填海活动，渤海湾的空间轮廓自然淤泥质海岸的弧形海湾，已经成为人工岸线为主的不规则锯齿形岸线。

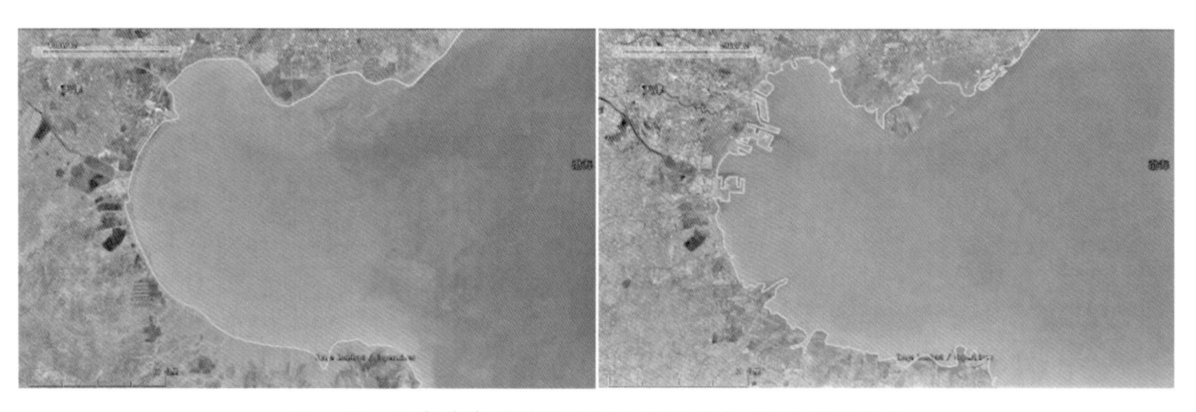

图 1-17　渤海湾海岸带遥感图（1984 年与 2018 年对比）

［出处：根据卫星影像图自绘］

以媒体及官方网站发布的公开数据统计部分环渤海湾沿海围填海规划和已实施数据统计（表 1–6，数据截止到 2018 年 12 月）。

渤海湾部分围填海规划及实施数据　表 1-6

地区	规划区域	规划数据	实施情况（2018 年）	规划填海主要功能
		填海规划图	现状影像图	
河北唐山	曹妃甸港	规划填海面积：300km^2	现状填海面积：230km^2	规划港口、钢铁、化工、电力四大支柱产业
天津滨海新区	含生态城、天津港、临港经济区、南港石化区	规划填海面积：550km^2	现状填海面积：370km^2	生态城：城市开发、旅游度假 天津港：港口、物流仓储及配套服务 临港经济区：装备制造、粮油、物流三大产业板块 南港：石化、冶金钢铁、装备制造、港口物流
河北沧州	黄骅渤海新区	规划填海面积：150km^2	现状填海面积：110km^2	主要为港口、物流和工业，新城建设用地

渤海湾海岸陆域面积增加可以大致划分为两个阶段：第一阶段为 2000 年以前，陆域空间向海增长速度相对较慢，主要原因是局部围垦、河流输沙和港口开发建设；2000 年以后为第二阶段，沿海重要空间节点城市化、旅游开发、临港临海产业规划用地剧增，围填海工程大量发展，海岸线整体向海推进。0m 等深线附近大面积滩涂消失，人工岸线已推进至 −3m 海图等深线附近，对渤海湾整体水动力环境产生较大影响[23]。

除对近岸水动力影响外，对渤海湾整体生态环境也造成影响。受施工影响，水体中悬浮物浓度上升，渤海湾浮游生物栖息地、产卵场、繁殖场以及索饵场不同程度的破坏，浮游生物整体数量呈明显下降[24]，但在施工结束后悬浮物浓度回降，经过自然系统的自我修复，浮游生物整体数量有所回升。

填海为渤海湾沿岸的产业以及城市发展提供了土地资源，同时，由于平推填海占据岸滩，底栖生物种类明显下降，下降的主要原因是滩涂和水域被占用，底栖生物被掩埋或栖息环境变化[25]。另外，滩涂大面积被占据后，浅海"波浪掀沙"的底面积减少，因而近岸水体的含沙量和淤积运移状况局部有所改善。

渤海湾是东亚—澳大利亚候鸟迁徙路线重要节点和组成部分，为白鹤、天鹅等大量候鸟提供迁徙中途的停歇地和部分珍稀鸟类如遗鸥的越冬地。海岸空间不合理建设会导致近岸滨海湿地衰退，潮间带滩涂消失，迁徙候鸟难以休憩捕食，鸟类数量减少，部分种类已不能观察到，近年随着保护力度的加强和海岸湿地的修复和恢复，栖息地质量有了明显地提升和改进，候鸟迁徙的数量和种类有大幅增加。

鉴于本书关注的重点在空间规划，对于上述问题产生的机理作为空间规划的边界条件和应用基础理论成果多有研究文献论述及，在此不做赘述。

2. 国土空间规划与海岸空间

海岸空间的利用和保护随着生产力的发展和人类对于自然与生态文明认识的深入，经历了不同特点的发展阶段：一是从过去的以单一的产业功能，如港口航运、滨海能源、海洋化工、传统渔业和海水养殖、盐业生产等对于海洋和海岸资源依存度较高的产业，转化到为获取海岸带土地资源，包括通过填海造陆、大型的离岸人工岛或半岛建设等方式，获取城市及旅游、产业发展的空间和土地资源，进行全方位综合开发，产业选择中对海洋依存的特殊属性弱化；其次，在人类的工程能力愈益强大的条件下，对海岸空间的开发，从被动低影响、服从和因循型，向多方面影响和强介入因而强干扰转化；此外，海岸安全防护也从过去相对单一的防潮、防波、防洪安全功能，向结合旅游和城市开放空间、绿色基础设施的复合功能空间转化。

利用海洋和海岸创造美好生活，既要利用海岸带的生态环境、空间、景观资源，也要更有效地保护这些资源，海岸空间是陆域生态向海洋生态的必由之路、缓冲带和防线。近年关于海岸带生态建设的相关政策法规及相应的系统性技术逐步完善，这些政策和法规及技术体系，立足于陆海生态的互通性，将"山水林田湖草"生命共同体的理念运用到以海岸带为核心的沿海空间治理，实施生态系统综合管理，推动可持续发展。

海岸带在我国生态文明建设、经济高质量发展、高水平对外开放、高品质生活提升中具有突出的地位，既是重要的资源也是生态脆弱带。长期高强度的开发利用对海岸带地区可持续发展带来很大压力，资源环境承载能力余地有限，部分地区重开发、轻保护所积累的矛盾和问题日益凸显，表现为：

海岸空间资源开发粗放低效。海岸空间资源大量存在"多占少用，占而不用"，临海产业如重化工和港口、临港产业及物流仓储空间和产业布局优化不足；

海岸空间生态环境破坏严重，陆源污染，入海江河及近岸局部海域水质较差。海岸带生态空间碎片化加重，河口、海湾、滨海湿地大幅度减少，天然红树林存量堪忧，珊瑚礁退化，海洋生态系统处于亚健康和不健康状态的占比较高，海岸带生态系统服务功能下降。

海岸空间的利用协调不足。海岸城镇化扩张挤压海岸生态空间，陆海统筹不够，陆海两侧空间利用和生态保护缺乏有效衔接，相当部分区域陆海主体功能不协调。同时，海洋空间的开发利用集中在潮间带和水深 15m 以内的海域，深水远岸空间利用不足。

海岸安全防护风险加大。受全球气候变化影响，台风引发的风暴潮和巨浪等海洋灾害次数和强度呈增加趋势，海平面上升的潜在影响和长期风险加剧，赤潮、绿潮和外来物种入侵等生态灾害风险日益增加，沿海重化工、危化品仓储等带来的安全隐患不容忽视。海岸带地区安全风险防范基础能力和制度体系等需进一步加强。

上述问题，从规划管理和技术层面看，历史上“多规合一”机制未形成，产业规划和城市规划与海岸环境条件及功能区划缺乏统一性，规划的综合性和陆海统筹的专业缺失也是一个重要的原因。我国广袤的国土陆海兼备，依陆向海是高质量发展的要求，目前国家已经将陆海统筹置于更高战略地位，国土空间规划作为整合覆盖全域的空间布局与保护利用顶层设计，既包括了陆域也包含海洋和海岸空间，应准确把握海岸带生态系统整体性与开发利用活动关联性，以资源环境承载力和空间开发适宜性评价为基础，以陆海一体化功能分区为载体，以政策引导和用途管制为手段，统筹考虑陆海空间布局和发展导向。

2020 年 9 月自然资源部印发《市级国土空间总体规划编制指南（试行）》，其中提出海洋空间规划内容，主要包括基础工作及规划编制的要素 [26]。国土空间规划将各类空间性规划统一融合，实现陆海和城乡空间规划全域覆盖、全要素管控。遵循国土空间格局优化对于“陆海一体化格局”的要求：要统筹协调陆海空间，统筹规划分区与用途分类，提出陆海相邻及重叠区域的功能协调原则。做好海域、海岛和海岸带保护利用，以海岸带为重点构建陆海一体化的生态格局、产业布局和基础设施网络，提出陆海统筹的开发保护措施和策略，以及海岸保护与利用规划的主要目标：

空间格局，形成节约资源与保护环境的空间格局，陆海一体的功能分区在不同尺度范围合理精准落地，生态空间面积稳中有增，生产空间布局协调有序，生活空间品质全面提升。

资源利用，土地、岸线、海域、海岛等资源一体化高效配置，水资源和可再生能源供给保障能力不断增强，海岸带开发强度与生态环境相容性和适宜性加强。

生态环境，构建“点 – 廊 – 网”生态安全屏障，提升海洋海岸生态系统恢复能力，生态环境质量明显好转，优质生态产品供给大幅增加。

产业布局，农渔业、综合交通、重工业、能源等产业布局持续优化，循环低碳的生产方式广泛应用，优近用远、集约高效的海岸带产业布局基本实现。

人居环境，海岸带区域新型城镇化水平显著提升，现代化基础设施趋于完善，公共服务水平大幅提高，防灾减灾能力明显增强，形成绿色休闲、高效便捷的海岸带优质生活圈。

管控能力，基于生态系统的海岸带综合管理机制全面建立，陆海统筹的国土空间保护开发制度有效实施，海岸带监管能力大幅提升，政府作用得到更好发挥。

四、海岸空间利用与保护规划

中国海岸线生态禀赋丰富，功能特色各异，海岸空间是沿海不同区域国土空间规划体系重要的空间载体和核心功能区。充分理解陆海统筹的规律，运用陆海统筹的理念，使之落实到不同层次“多规合一”的规划中，需要理念的转变，管理和技术的探索创新。沿海地区应按照陆海统筹原则确定生态红线，并提出海岸线两侧陆海功能衔接要求，制定陆域和海域功能互相协调的规划对策。陆海统筹是规划领域的新生事物，在国际上亦无明确对应的范例可以直接参照，本章着眼于海岸空间利用和保护，对陆海统筹的理念指导下的海岸空间专项规划的技术路线、规划对象和内容进行了初步的探讨。

1. 陆海统筹是海岸空间规划的基础

海岸带区域既是经济增长的空间也是生态保护的重要区域，但在既往的城市规划和土地规划中，海岸带地区生态环境保护通常是海洋部分与后方陆域产业空间、城市空间规划分离，而且生态界限和城市发展边界等开发保护界限不清，在建设中矛盾较突出。陆海统筹理念下的海岸空间规划应该达到对象统一、生态持续、产业协调、布局优化四个目标。

对象统一：解决陆海空间缺少衔接与互动的问题。海洋功能区划与城市总体规划、土地利用规划缺少有机衔接与互动，存在区域性不协调等问题。对此，应将海岸带空间作为统一的对象，制定明确的陆海统一规划框架，实现陆海一体化规划建设和管理，并在尊重陆海内涵和外延的科学规律前提下形成尊重区域个性的有机统筹。

生态持续：海岸空间是陆海相互作用地带，空间交错、生态一体、渐变连续，由于自然要素和生态过程的复杂性，既有别于一般陆地生态系统又不完全等同于海洋生态系统。海岸空间开发的生态均衡问题，既有陆海之间的均衡亦有沿海岸带纵向空间的均衡，还有因应海岸生态的时间响应和适应。陆海统筹的规划应引入城市规划和土地规划的技术手段、提高精细化水平，譬如通过城市设计的手法对于空间的优化；使用海洋科学的手段解决陆海空间关系的科学布局，例如海岸动力分析及生态模拟的定量方法引入，以实现对陆海空间实施后果演变的趋势分析和预判等。

产业协调：沿海发展横向缺少区域间产业协调，结构趋同，重复建设和同质竞争；海岸带空间产业协调联动，缺乏基于陆海物理和生态空间的过渡和链接，效率低下。合理的产业协调导入，提高资源利用率，实现海洋资源、海岸空间资源的保护性开发和综合利用，引进城市发展新引擎推动产业结构调整，提升海洋经济综合实力是海陆统筹规划的目标之一。

布局优化：布局优化的一个重要目标是生态、产业与空间的关系协调（图 1-18）。例如，传统的港口物流产业及临港产业，随着城市的发展会产生港城矛盾、产城矛盾，合理规划布置港口及临港产业，既有来自海洋的基础设施如航道资源的约束和支持，也有来自陆地的空间需求。随着全球产业的转移，港口和临港产业更新的背景下，重塑“港退”“产移”后方土地功能，提升海岸带公共参与性体验性，凸显文化特色，使之成为市民游客的参与活动场所，需要对海岸空间价值和生态价值以及公共价值优化并合理平衡。

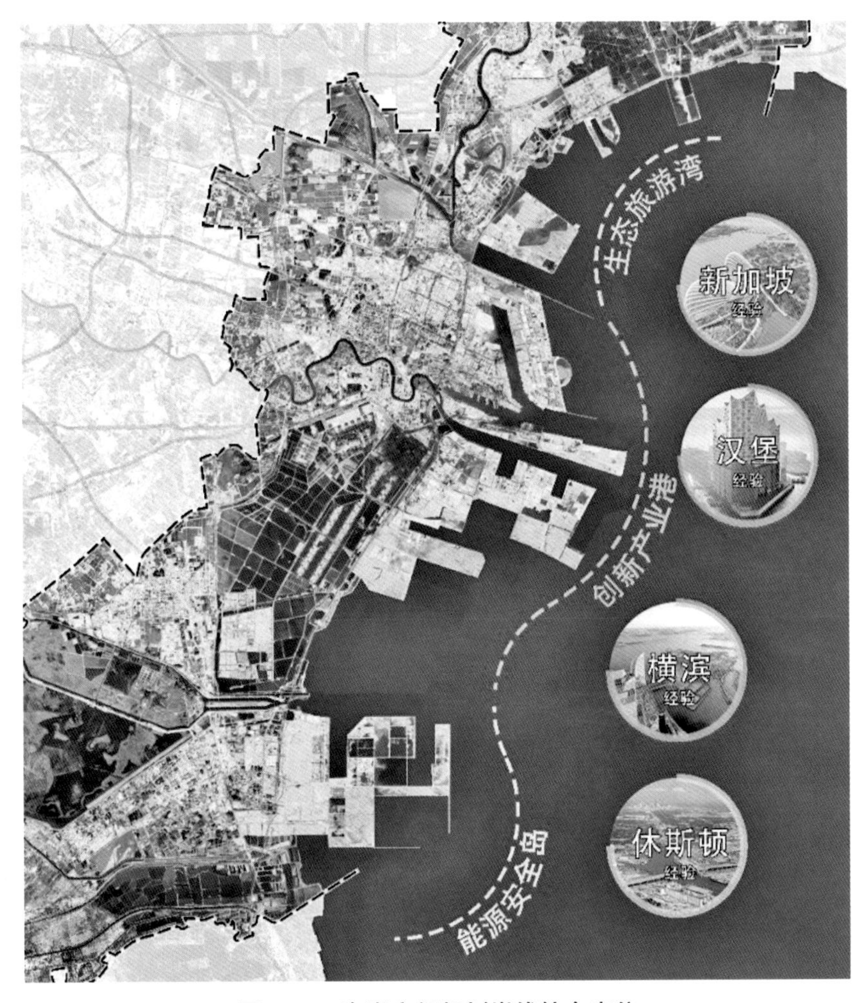

图 1-18 海岸空间规划岸线综合定位

基于陆海统筹的原则，遵循海岸空间发展和保护的科学规律，因循自然的力量，以海岸空间的开发，环境保护和生态修复统筹作为基础，在空间规划的实践和景观生态技术层面重点关注“产业协调”“空间高效”“韧性海岸”“复合功能”。

陆海、城海空间协调。既有国土规划和城市规划大多由陆向海，以产业空间和城市空间需求界定海侧边界。历史上除了专业性用海产业，如港口、滨海能源等出于工艺、运营以及安全的需要，会进行较为全面的自海向陆的前期研究界定海域条件，并且主要以项目成本和效益提升的优化为目标。同样，“海洋主体功能区规划”“海洋功能区划”“海岛保护规划”等规划在构筑陆海协调发展格局，促进海洋空间合理利用中发挥了重要作用，但同陆域空间规划内容分离，海侧与陆域需求匹配不足。

陆海统筹的规划要求产业和城市发展在界定海侧边界时复合以自海向陆的双向视角优化，结合生态、经济、环境等多目标优化决策，核心是统筹海陆生态系统环境系统和经济系统的完整性和可持续性，其基础是对于陆海两侧生态要素和经济资源规律的深入认识和尊重，而规划目标则从单一的经济发展转向与生态性、社会性、发展与保护统筹的多元综合。

集约精明的空间效率，包括对于海岸带空间利用的外延和内涵的统一，即控制外延的扩张，与优化存量的精明发展策略，依托转型机遇重塑海岸空间利用的特色。沿海大规模空间利用，改变了海岸原生态的环境和地形地貌，除非特殊涉海产业的需求，填海型外延扩张应取谨慎的态度，而着力于提高现有填海土地效率和产业内涵质量，同时修复海岸生态系统功能。城市和产业在海岸扩张的边界，应尊重海洋的规律与城市的特点，优化海岸功能与创新海岸产业的协调。包括利用保税港区和自贸港区优势，引入临港经济与新兴产业优势；利用滨海生态与景观资源，实现滨海旅游及服务业的精明发展等。

集约精明的海岸空间还包括人居环境的优良品质。海岸新型城镇化水平，与现代基础设施的完善，公共服务水平的提高，形成绿色休闲，高效便捷的优质生活空间。

生态稳定的韧性格局。人类活动使海岸带生态系统呈现退化，其生态结构和功能发生偏差，固有功能遭到破坏和丧失，包括陆源污染物超标，近岸海域超负荷运转，系统生产力降低、抗逆能力减弱。人为改变海岸线位置，使近海水动力条件发生变化，填海所占海域自然属性丧失，海岸带生态系统呈退化趋势，通过海洋环境修复过程重构海陆间平衡，将是今后一段时期的重要方向。

在海岸城市规划和景观建设中提倡“与自然共生”的规划理念，努力采纳基于自然的解决方案（NbS）。以往海岸基础设施在保证城市安全运作的同时，往往也以硬化的工程措施割裂了陆海生态联系。这就需要从在“自然中建设”的传统方式转向建设遵循自然、利用自然过程，将其作为基础设施建设进程的一部分，发挥工程技术与自然结合，遵循自然方式。例如通过海浪和风的作用合理分配沙滩修复，以自然规划的方式削减海岸侵蚀，确保长期的海岸安全；在一些河口潮滩可以尝试能成礁的贝类作为“生态工程师”，替代人工结构干预，减缓潮滩侵蚀和消浪的同时提供生态系统服务；即便在一些大型工程的作业区，仍然可以通过自然演替，进行生态引导与补偿。比如就海底采砂来说，通过试验预测浅海海床的行为和沙堤的稳定性，制定合理方式加速底栖生态复育，引导更高的生物多样性和生产力，开发和使用自然因子提供多功能丰富生态的沿海岸线。

海岸安全与景观生态复合统筹。海岸安全是陆海统筹的基本保障，通过海洋灾害风险评估，利用大数据与空间可视化技术手段，提高海洋灾害综合防御能力，最大程度减少海洋灾害带来的损失，完善海事安全工程，协调工程及非工程相结合的海洋灾害防御措施。

建立“生态型海岸安全防护的应用”，以复合型绿色基础设施改善海陆生态隔离，软化城市与海洋的硬质灰色边界，使用因地制宜的生态措施构建海岸安全屏障是近年来全球滨海城市韧性建设的方向。将城市与生态景观、景观与海洋之间有机联系起来，营造更丰富、渗透性更强的多重界面和丰富多种滨水空间；塑造城市、人与自然亲和的堤岸空间。借由滨海空间的功能和生态修复基础上的景观创造，重新建立不同的联结，提供兼具生活、工作、娱乐功能的场所典范。

2. 海岸带保护与利用规划的技术框架探讨

无论是“陆海统筹规划”“利用保护规划”“海岸带规划”等，在国际上和国内的实践中，并没有形成成熟统一的可借鉴规划技术流程。2022 年初的“自资部”发布《海岸带规划编制技术指南》（征求意见稿），提供了较系统的框架和探索：对海岸带规划的总体要求，基础分析，战略和目标，规划分区，分类管控等提出了系统的探索和技术指南，对于海岸规划具有较高的参考价值[27]。本书参考国际国内既有的规划经验，结合作者在海岸带空间规划的实践和探索，着重从规划技术和结构逻辑角度总结了海岸空间规划的基本框架（图 1-19）。以这个框架为基础，结合国土空间规划的相关需求和指南，梳理总结了基于“陆海统筹”理念的海岸空间利用与保护规划“十项要素”，这些要素覆盖了海岸空间规划的一般要求，对于具体区域和环境条件，应当结合在地条件和环境予以针对性地优化和完善。同时，本章的基础源于对于海岸环境及国土空间和城市规划的综合分析方法，在后续章节会陆续提及。

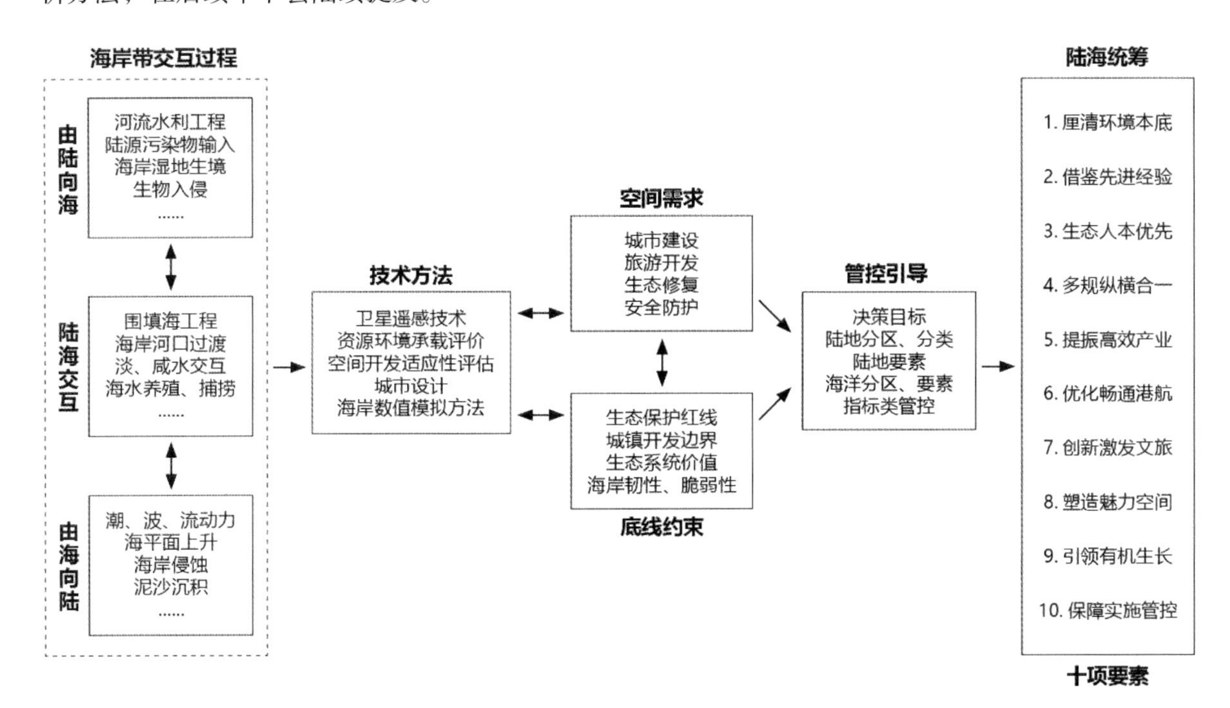

图 1-19　海岸空间规划的技术框架总结

3. 海岸带利用与保护规划“十项要素”

基于海岸空间规划的复杂性和重要性，海岸空间规划应采用“联络型规划”与“开门规划”，搭建多元平台，多行业专家和管理部门的参与，广泛容纳、吸收和整合各行业主体的利益、特征和目标。本章探讨提出的“十项要素”是基于作者在相关海岸空间专项规划中的初步探讨和总结，在不同的地域和海域，由于海岸空间的特点和规划的目标重点的差异，专项规划配合的阶段性和深度，应该在此基础上进行丰富调整深化。

（1）厘清本底——海岸带自然资源、生态环境和建设现状调查

从海岸带及海域自然生态资源现状、海岸带区域土地利用开发现状、海岸带海域安全防护现状、历史已有相关规划和上位规划等方面入手，总结梳理影响海岸及海域发展的各方面基础条件和关键要素，一般包括：

① 区位及交通条件

② 自然生态资源

③ 历史文化资源

④ 功能区及产业现状

⑤ 土地利用开发现状

⑥ 海岸安全防护现状

⑦ 历史相关陆海规划及上位规划总结

⑧ 海岸空间面临核心矛盾和问题剖析

（2）借鉴经验——国内外案例经验分析与借鉴

选取国内外与拟规划海域海岸条件相似、发展情况相近的滨海城市或海岸带区域，借鉴研究总结其在海岸带生态保护、产业发展、港口建设、文化保护与创新发展、岸线功能发展、滨海空间塑造等方面的成功经验和失败的教训作为“他山之石”。

（3）生态优先——修复海陆双向生态系统基底

在海岸带资源环境承载能力的评价的基础上，整合已有的重要生态保护区域，补充存在保护空缺的关键区域，恢复或重塑生态格局基底；划定海陆双向生态敏感区及生态保护边界，进行重点保护；河湾联治，合力推进流域水环境治理；对标国际经验、对标国内经验，设置因地制宜的陆海统筹生态指标体系，海岸韧性指标体系。

① 修复海岸带生态系统基底，提高生态服务功能

a. 保育海域自然生境

b. 修复提升自然岸线比例

c. 探索河海联治规划及项目区

d. 综合整治海岸河口湿地

e. 复育重要生态敏感斑块

② 构建应对海洋灾害防护系统，提高海岸韧性，保障安全

a. 构建因地制宜防潮标准，实施海洋灾害联防联控

b. 加强海岸带公共安全风险评估与预警

c. 工程与非工程措施相结合，生态型海岸防护

③ 生态指标体系，海岸韧性指标体系。

（4）多规合一——陆海空间结合衔接国土空间规划

衔接国土空间规划，有机对接陆域基本生态控制线与海洋生态红线，构建海岸带地区生态安全格局。重视以海定陆，通过生态适宜性分析，建立海岸带地区资源评价准则，协调匹配陆海主体发展方向和管制原则，构筑“三生互动、基线管控、分区引导”的海岸带保护与利用格局。

① 强化陆域空间建设管控，划定海岸滨水城市生长边界

② 海岸带保护与利用分区，明确各类功能分区及空间管制要求

③ 科学合理划定海域生态红线，前瞻海域空间功能，合理设置岸线功能

（5）提振产业——海岸带产业升级转型和可持续发展

依托海岸带空间功能组团的发展优势，探索提升如航运服务、装备制造、文化旅游产业能级，转型升级临港能源、石化产业、传统渔业产业，积极培育科技型产业、智能型产业、文化创意型产业落地发展，持续释放海洋产业发展潜能。

① 划定各片区功能方向

a. 加强不同岸段和湾区之间的区域合作

b. 统筹海岸带整体发展格局，建构不同岸段和湾区差异化定位

c. 优化海岸带产业空间布局，明确各片区功能，划定发展单元，推进不同特色岸段陆海协同发展

② 海洋优势产业提升策略，例如

a. 港航服务业

b. 涉外金融业

c. 装备制造业

d. 旅游产业等

③ 传统产业转型策略，例如

a. 临港能源石化产业

b. 传统渔业等

④ 新兴产业培育策略，例如

a. 科技型产业

b. 智能型产业

c. 文化创意产业等

（6）优化港航——航运功能和港口合理布局规划

中国的港口通过近三十年的快速发展，初步建成了世界领先的沿海港口群。通过优化海岸空间布局提升港口空间的有机辐射和带动作用，转型升级传统渔港，创新推动港口资源要素合理配置。

① 完善港区基础设施，推进港口合理分工

② 创新多式联运体系，实现绿色智慧发展

③ 对于腹地旅游和市场港口城市，对邮轮港及城市融合和空间效率予以精细化配置。邮轮产业宜结合老港区改造和城市更新，释放邮轮港服务产业圈层的空间潜力；

④ 游艇码头规划选址，与城市开放空间和商业业态布局有机结合，推动形成以海岸旅游基础设施带动滨海城市旅游业发展的节点；

⑤ 传统渔港向现代渔港转型升级，关注保护保存渔业文明历史遗存和“海岸新遗产”，优化提升渔港旅游空间，通过规划落实必要且合理的配套土地资源供应。

（7）激发文旅——打造休闲度假活力海岸

构建高品质滨海旅游，在继承和发扬海洋文化同时丰富提升海岸带地区休闲度假功能：

① 推进海岸带文化设施建设，修复海洋文化遗迹，丰富海洋文化设施

② 构建活力共享的海上活动空间，推进公共沙滩和海滨浴场等亲海空间的高品质开放

③ 结合在地文化开发出海游、渔村游，因地制宜发展海上运动

（8）塑造空间——复合型可持续的魅力滨海空间

引进海岸带地区城市设计方法，对建筑、道路、景观、开放空间等要素进行合理整合管控，提升海岸带地区海洋文化特色，塑造滨海城市文化，助力多元魅力滨海城市风貌建设。

① 塑造沿岸多样化开放空间，打通滨海绿道；结合交通体系构建滨海风景道系统

② 统筹海岸安全与环境生态，创新海岸景观

③ 构造系统化的海岸公共开放空间布局

④ 制定海岸空间城市设计，指引海岸街区、海岸道路、海岸建筑形态等

（9）有机生长——引领海岸带区域有机有序生长

① 结合国土空间规划布局，构建海岸带区域便捷高效的海陆交通系统，统筹陆海交通基础设

施；编织陆海公共交通系统

② 陆海统筹规划应与国土空间规划有序衔接，规划海岸带分期发展形态

③ 引导海岸带区域空间结构实现分阶段有序演进，明确近期、中期、远期建设目标及重点

（10）保障实施——建构综合管理机制健全信息平台

① 完善体制保障，建构管理平台，探索构建海岸带综合协调平台

② 推进智慧海洋、智慧海岸，为完善信息平台提供空间规划基础

③ 健全技术保障，探索海岸带详细规划及技术指引路径

④ 建立海岸带规划和生态保护与修复的实施评估机制

4. 海岸空间规划的辅助技术

海岸带地处陆海交界区域，其环境敏感性较高。因此，除了常规城市规划和城市设计的技术手段外，规划还应引入海洋、生态环境等多方面的技术资源，在陆海统筹规划中融入生态景观、海岸环境、水动力学、城市规划和城市设计等多专业多学科交叉技术，达到资源优化利用、环境生态保护、海岸安全防护等多目标综合优化，保障陆海统筹规划的可实施性。这些基本工具包括：卫星遥感技术分析海岸空间格局，数值模型评估海岸环境条件，物理模型验证重点区域详细规划，以城市设计引入空间形态的优化创新，提升空间品质等。

五、海岸空间与城市设计

城市设计是营造人居环境和空间场所的基础方法，是国土空间高质量发展的重要支撑，其作为空间设计的技术支持可贯穿于规划建设管理的全过程。城市设计基于人居环境多层级空间特征的系统辨识，多尺度要素内容的统筹协调，运用设计思维，借助规划传导，通过政策推动，优化整体或局部空间布局，塑造优美城市形态，营造宜人场所和活力空间，提升空间品质，实现美好人居环境塑造。

城市设计在规划中的应用主要包括：在总体规划、详细规划和专项规划不同类型和层次的规划编制中，运用城市设计手段，改进规划编制方法，提高规划的协调性和空间效率与质量，在规划选址、土地供应及方案审查等规划管理环节中，加强城市设计内容的运用，提高用途管制和规划许可的科学性和可操作性[29]。

1. 海岸空间有效高品质组织的需要

城市设计在海岸空间规划中主要有以下运用：一、在区别于单一陆域地形地貌的海岸特色地域上，城市设计的运用将有利于推动人工规划建设与海岸自然生态的融合度，协调城市环境空间与海岸动力环境以及空间形态演变、景观地貌的和谐；二、从海岸带生态环境修复的特定需求上，通过城市设计方法分析研究和预判特定功能下自然、历史和人文环境、生态修复和生态恢复的效果，有助于技术和方案决策的效果呈现。但是，必须注意到城市设计的主观性与海岸生态环境的客观性之间的衔接，与陆域空间规划建设状态的区别，即海岸空间的时空效果演进和变化的客观动态特征；三、在对特殊的海岸空间地块的精细化研究和管控应用中，城市设计为海岸开发

强度、海洋环境生态承载状况的评价提供基础和数据，在海岸空间的规划设计中城市设计对于空间的三维表达和开发强度、密度等数据，具有不可替代的优势。总之，城市设计引进到海岸空间规划设计，将是对于海岸空间规划的补充完善和精细化，是陆海统筹规划理念实现和落实的重要手段。

海岸空间处于海陆交界，具有较强的自然生态属性，在遵守生态保护红线的基础上，运用城市设计可以加强人工建设与海岸自然生态环境的融合，借以综合评估海岸带区域的潮波流等海岸动力和地貌特点、自然和人文资源，明确保护要求与利用限制，加强对原生态的自然海岸格局和原真性的海洋文化资源保护（图 1-20）。尤其值得关注的是，海岸动力为“基于自然的解决方案（NbS）”理念创造了良好基础条件，这些在传统的海岸工程及城市规划中并未得到应有的重视，城市设计方法引入海岸空间的规划，与 NbS 相结合，在设计手段和方法论上将是有力的推动和完善。

图 1-20　城市设计协调城海关系（浙江某海岛）

海岸空间的城市设计，应从自然和谐、空间特色和人文体验视角协同确定区域内建设用地的空间布局；加强滨海风貌的分段导控，明确各段风貌控制要求。在后续的案例中可见，基于城市设计与海岸生态和场地特点的耦合，海岸空间的城市设计衍生出一系列独具特色的设计原则和技术手法，如建筑和开放空间对海岸线的开放，视线的层次和建筑高度的梯度问题，向海视廊以及沿海生态缓冲带的空间关系，注重滨海慢行道、公共空间以及休闲服务设施，注重保护山、树和礁石等自然山海背景，塑造疏密有致、高低起伏的滨海轮廓线，关注沿海廊道和通海廊道的延续等。

海岸空间具备生态、景观和城市空间多重属性，运用城市设计方法减少特定功能对自然、历史和人文环境的分隔、破坏和视觉影响，加强功能混合和空间复合利用，激发各类自然要素的空间活力（图 1-21）。提出基于功能性并融合生态性、人文性和艺术性，融入完备的海岸整体风貌体系。

从景观要素上，在严守生态保护红线的基础上，提升海岸带蓝绿空间活力；注重生态空间与开发界面的融合和缓冲，协调周边风貌；对海岸特色景观予以引导，尤其应关注自然动力对地貌景观演变的影响预期。

图 1-21　城市设计协调海岸生态修复与城市关系

从海岸生态保护与修复出发，将海岸生态与海岸安全，绿色基础设施相结合，构建韧性海岸，并增强生态修复的人文属性；将工程设施与公共开放空间相结合，提高海岸工程的生态属性和人文价值及城市功能。

受损海岸生态空间的修复和恢复与地域景观、城市风貌融合。本书在沙质海岸的生态修复，湿地海岸的生态修复中，都引入了城市设计的方法案例与具体场地条件结合，以协助海岸空间规划的生态基底恢复和城市风貌的塑造。

2. 海岸空间管控的专业技术手段

正如我们在后续章节中所涉及的众多海岸空间类型，如海岸城市更新、自然和人工岛屿、海岸城市片区和海岸旅游风景区等，由于其历史渊源或空间区位的特殊性，需要通过精细化的城市设计，结合发展规划、产业布局、用地权属、空间影响性编制面向实施的城市设计。

在海岸空间城市设计中，一般基于滨海岸线的城市设计，从城市功能、交通组织、开放空间以及建筑控制与引导四个层面展开。对于边界条件复杂精细的地块，应精细化研究界面、高度、开敞空间、交通组织、地下空间、建筑引导、环境设施等内容，并将其要点纳入规划条件。这将为海岸空间的管理提供三维多层次的、与大数据结合的现代管理手段，从而避免单一层次的平面管理的问题，为海岸空间的复合，多层次利用和保护理念和举措提供基础条件。

六、海岸空间规划及管控的国际案例——旧金山湾

美国加州海岸的整体规划始于 1978 年，美国国家海洋和大气管理局（NOAA）批准了《加州沿海计划》（*The California Coastal Program*）。该计划有三个部分，加州沿海委员会（California

Coastal Commission）负责管理除旧金山湾以外的加州沿海地区的开发工作，旧金山湾保护和发展委员会（San Francisco Bay Conservation and Development Commission，BCDC）负责旧金山湾的指定沿海管理。第三个机构是加州沿海保护区（California Coastal Conservancy），负责购买、保护、恢复和增强沿海资源，并提供通往海岸的通道。沿海计划的主要权力主体是《加州沿海法》（*California Coastal Act*），《麦卡特尔–佩特里斯法》（*McAteer-Petris Act*）和《苏伊桑沼泽保护法》（*Suisan Marsh Preservation Act*）[30]。与整个加州海岸线开发与保护相关的主要机构及职能如表 1–7 所列。

加州海岸线开发与保护相关的主要机构及相关职能 **表 1-7**

机构	职能
加州沿海委员会 California Coastal Commission (CCC)	CCC 负责监管加利福尼亚沿海（旧金山湾除外）的土地和水的使用。它在其管辖范围内执行《联邦沿海地区管理法》（*The Federal Coastal Zone Management Act*，*CZMA*），并审查地方政府的《地方沿海计划》（*Local Coastal Programs*，*LCPs*）并批准
旧金山湾保护和发展委员会 San Francisco Bay Conservation and Development Commission (BCDC)	BCDC 是一家州政府机构，在旧金山湾，该湾的海岸线和 Suisun 沼泽地区拥有区域权限。它在其管辖区域内执行 CZMA
加州沿海保护区 California State Coastal Conservancy	沿海保护协会是一家非监管机构，与 CCC，BCDC，地方政府和其他合作伙伴合作，以恢复和增强沿海资源和公共通道（public access）
加州自然资源局 California Natural Resources Agency (CNRA)	CNRA 的使命是“恢复，保护和管理该州的自然，历史和文化资源。”它是海洋保护委员会，州土地委员会和海岸保护区的总括机构
加州海洋保护委员会 California Ocean Protection Council (OPC)	该委员会负责协调加州与海洋有关的州立机构的工作，并对州和联邦法律与政策进行必要的修改

旧金山湾保护和发展委员会（BCDC）的存在是出于历史原因，当《加州沿海法》（提案 20）（*California Coastal Act*，*Proposition 20*）和《沿海地区管理法》（*Coastal Zone Management Act*）于 1972 年通过，BCDC 已经存在了七年，并作为常设机构已管理沿海地区三年以上，州政府认为不需要尝试，立即将两个委员会合二为一或是建立相同的边界，旧金山湾作为一个特殊的湾区由 BCDC 管理[31]。

1. 旧金山湾海岸空间规划和管理

旧金山湾保护和发展委员会成立于 1965 年，由《麦卡特尔–佩特里斯法》（*McAteer-Petris Act*）法案获得州政府授权通过《旧金山湾计划》（*Bay Plan*）中采用的政策来计划和规范湾内及周边的活动和发展[31]。1977 年的《苏伊桑沼泽保护法》（*Suisan Marsh Preservation Act*）扩大了 BCDC 的许可管辖权，覆盖了面积达 85000 英亩的苏伊桑沼泽（Suisun Marsh），这是加利福尼亚剩余最大湿地。这两个法案构成了加州沿海地区旧金山湾部分的管理基础[32]。

该委员会的授权着眼于限制海湾填海，增加海湾及其沿岸的公共通道，并确保有足够的土地用于对滨水资源依赖程度高的开发（high priority water–dependent uses）。BCDC 根据旧金山湾计划，要求旧金山湾的填海及疏浚，以及距离海岸线向内陆 100ft 内的开发活动均需申请许可证。委员会的海湾管辖权包括特定的水道、管辖内湿地、盐塘以及受到潮汐作用的所有部分，包括泥沼、沼泽地、潮汐带和淹没的土地[33]。旧金山湾计划管理涵盖的内容包括鱼类和野生动植物、水污染、水表面积和体积、沼泽和滩涂、淡水流入、疏浚、与水有关的产业等方面。

图 1–22 是最新旧金山湾计划中的沿海规划图，整个旧金山湾分为六个区域，其中每张图中红色竖线区为野生动物保护区，绿色为海滨公园及海滩，蓝色区为与水有关的产业及港口，黑色斑块地区代表潮汐沼泽区域，灰色代表盐塘及管辖内的湿地。

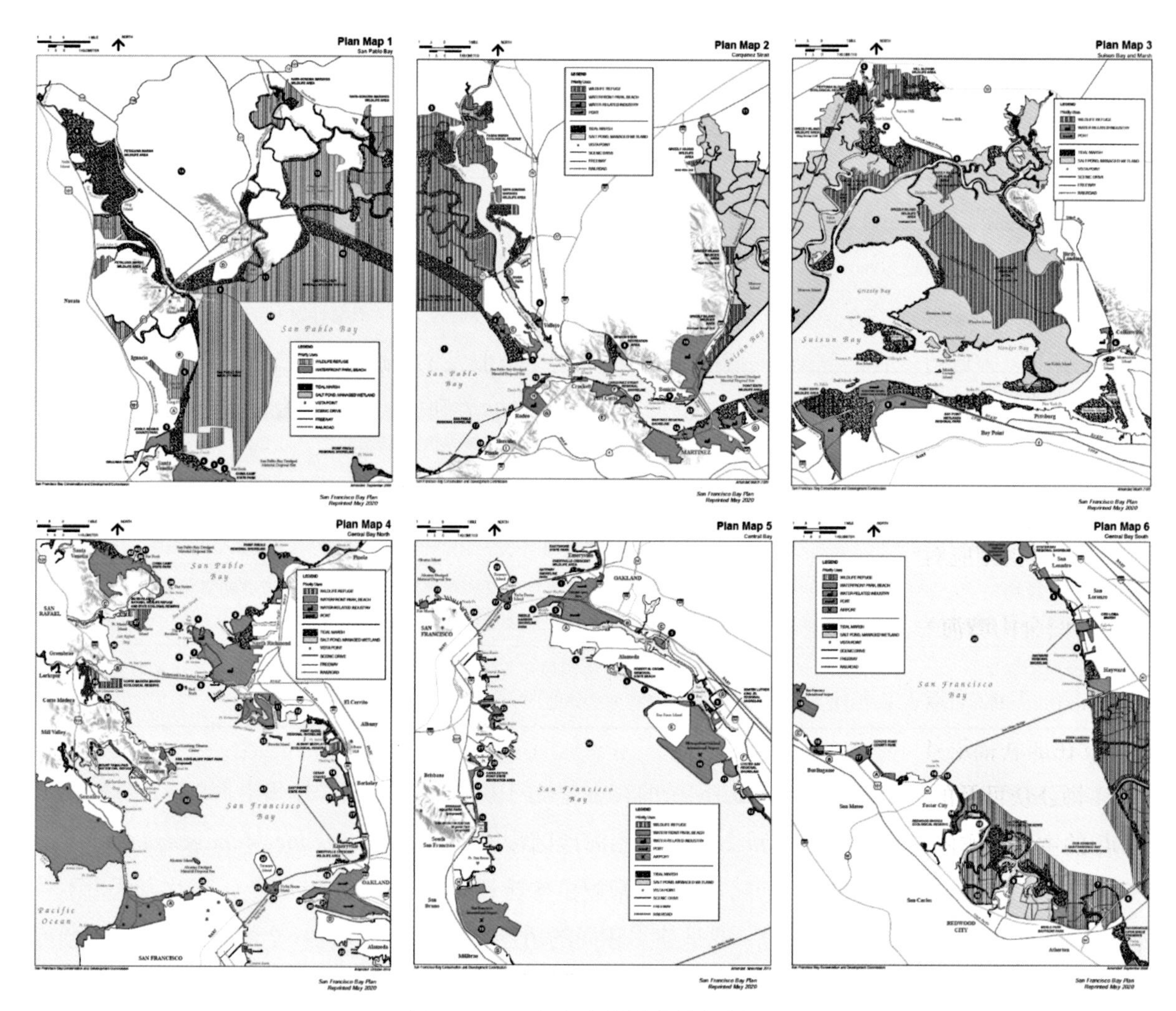

图 1-22　旧金山湾计划中的规划图

［出处：旧金山湾保护与发展委员会］

例如，以 BCDC 与海岸海水有关的能源设施的规划流程为例，首先是产业布局研究，BCDC 认定极有可能设立在沿海地区的能源设施包括：（1）火力发电站；（2）石化工厂；（3）海上石油平台建造和修理厂；（4）用于天然气勘探、生产或注入的管道；（5）电力传输等十多类。

规划该类能源设施的背景数据包括：经济和人口增长，海上贸易和港口，腹地交通运输，海湾土地所有权，发展法规，地质及充填土地稳定性，执行计划，公共设施，以及海滨工业等多个报告。与能源设施选址最密切的“海滨工业报告”，评估了海湾附近适合海滨产业的潜在场所，包括需要在航道接收原材料或通过船舶分配加工材料的能源设施，在旧金山湾计划中，指定特定海岸线供其优先使用，要求 BCDC 确定并建立优先使用区域的边界，并将与优先使用用途不一致的设施和活动排除在优先区外。

在签发项目许可之前，确定该项目与旧金山湾规划相符，包括以下因素：该项目地点是否已被指定为与海水相关的行业（water-related industry）优先使用；拟建设施是否为与海水或海洋空间有关；该地点是否适合拟建的设施。如果项目同时满足所有三个条件，并且其他方面均满足《麦卡特尔－佩特里斯法》及旧金山湾计划，则该项目有权获得该地点的优先权并取得许可。

为应对气候变化和海平面上升，BCDC也致力于因应旧金山湾的条件，探索栖息地的生态修复和恢复，包括研究放宽现行的旧金山湾计划中对于潮汐水域填埋区的管理以促进生境的弹性。2015年完成的索诺玛溪修复项目（Sonoma Creek Enhancement Project）即是一项在旧金山湾成功实施的生态回归项目[34]。在这个项目中，美国鱼类和野生动物服务局（USFWS）为给当地沼泽生物提供在涨潮和洪水期的生存陆地，在沼泽中投放了18501m^{3}的沉积物及淤泥，将大约3英亩的潮汐沼泽转变为潮上型（upland）栖息地[35]。

BCDC在2019年提出，有价值的栖息地将随着时间的流逝而遭受更频繁的洪水侵袭，同时平均水位升高可能威胁到当地动植物的生存，如牡蛎和鳗草（eelgrass）等动植物栖息地将会下沉到更深的水下。因此可以在修复地点放置更多的沉积物（类似人工渔礁），为旧金山湾物种，例如本地牡蛎，提供生长的硬表面（hard surfaces）。当然BCDC也在研究，为了栖息地而增加在海湾中的充填可能会导致某些不利影响，例如将某些栖息地类型转换为其他栖息地类型（例如，沼泽变为高地，会导致更多的沼泽迁移），其后果难以预测。为了应对潜在的危害，BCDC建议应增加栖息地监测并提供相应对策。

2. 旧金山湾海岸线的开发与公共绿带

除了BCDC重点保护旧金山湾海岸，另一个与之对应的是绿带联盟（成立于1987年，是一家总部设在加利福尼亚州的组织），该联盟致力于推动旧金山湾区开放空间的建设。过去20多年来，BCDC将公众可及的海岸线长度从开始的6.4km延长到近322km，其中海岸线总长约644km。现在，BCDC的主要工作依然是严格审查海岸线的建筑许可，维持公共通道，并尽可能减少对海湾的填埋。

与之对应，绿带联盟在湾区为约20个城市制定了生长边界。“城市生长边界”的重点是决定公共和私人投资的优先权，将他们向城市核心外蔓延的压力转移到现有的“棕地”或城市边缘的紧凑型聚居地中。这些边界需要得到一项可确保高效、及时且环保的开发策略的支持，在这一绿带概念下，类似蔓延式居住区与带状商业开发等不兼容的功能被严格禁止。

“城市生长边界”是一项长期管控的工具，规则有效年限在20年以上。为了对开发商和自然资源保护者更加有说服力，这些边界很少被修改，甚至永久有效。例如，在波特兰地区，它们负责保护400多公顷的原生态土地不被开发，同时要确保30多万个新的居住单元只能在“绿线”以内建造。华盛顿州、俄勒冈州的其他地区、佛罗里达州、肯塔基州、科罗拉多州和明尼苏达州以及丹麦和加拿大现在也已经开始引入城市生长边界。

在美国有多种方式来创建与维护绿带。例如，土地所有者可将城市外的空地捐赠或出售用于自然保护。这些所有者也可签订一项约束性协议，限制新用途或禁止开发，即使土地依然在私人手上。这些协议被称为“保护地役权”旨在保护水质和水量、野生动物栖息地、迁徙通廊和优质农田等。在保护地役权中，一位土地所有者放弃开发权（通常以减税优惠作为交换），一家公共或私人自然保护实体同意执行监控永远不开发该土地的承诺，即该协议对当下签订协议的土地所有者和未来的土地所有者都有约束力。今天，旧金山湾区绿带成为美国所有都市地区中最大和最多产的开放空间系统。超过4000km^{2}的绿地受到永久免于开发的保护，较2000年呈现出了大幅度的增长[36]。

旧金山湾的经验，对于我们正在进行的生态红线和城镇建设边界划定或有参考价值。

参考文献

[1] 陈伟琪．围填海对海岸带生态系统服务功能的负面影响分析及其货币化评估技术探讨［A］．中国海洋学会、广东海洋大学．中国海洋学会2007年学术年会论文集（上册）［C］．中国海洋学会、广东海洋大学：中国海洋学会，2007：6.

[2] 张军岩，于格．世界各国（地区）围海造地发展现状及其对我国的借鉴意义［J］．国土资源，2008（8）：60-62.

[3] 董哲仁．荷兰围垦区生态重建的启示［J］．中国水利，2003（21）：45-47.

[4] 穆雪男．天津滨海新区围填海演进过程与岸线、湿地变化关系研究［D］．天津大学，2014.

[5] 孙晖，张路诗，梁江．水土整合：荷兰造地实践的生态性理念［J］．国际城市规划，2013，28（1）：80-86.

[6] 胡斯亮．围填海造地及其管理制度研究［D］．中国海洋大学，2011.

[7] 张赫，陈天，周韵．国外典型填海造地区域建设规模驱动因素的历史回顾性定量研究［J］．城市发展研究，2015，22（7）：45-51，70.

[8] 文超祥，刘圆梦，刘希．国外海岸带空间规划经验与借鉴［J］．规划师，2018，34（7）：143-148.

[9] 周韵，陈天，张赫．新加坡填海造地区域的空间演变与规模变化趋势［J］．国际城市规划，2016，31（3）：71-77.

[10] 少才．新加坡垃圾变废为宝［J］．上海房地，2010（2）：57-58.

[11] 罗章仁．香港填海造地及其影响分析［J］．地理学报，1997（3）：30-37.

[12] 刘健枭，文超祥，蒋梦帆．香港滨海生态保育的友好性及其反思——基于生态保育政策制定的视角［J］．城市建筑，2018（12）：26-31.

[13] 张灵杰．美国海岸带综合管理及其对我国的借鉴意义［J］．世界地理研究，2001（2）：42-48.

[14] 杨春．基于可持续理念的城市填海区域平面形态规划设计研究［D］．天津大学，2012.

[15] 韩丕龙．填海新区海岸带景观生态化建设［D］．山东大学，2014.

[16] Kumar, Arun.Reclaimed islands and new offshore townships in the Arabian Gulf: potential natural hazards.[J]. Current Science, 2009.

[17] Petrovski J T.Seismic risk of tall buildings and structures caused by distant earthquakes[C]//Gulf Seismic Forum, UAE University, Al-Ain, UAE.2005: 35-40.

[18] Naser H A.Marine ecosystem diversity in the Arabian Gulf: threats and conservation[J]. Biodiversity-The Dynamic Balance of the Planet, 2014: 297-328.

[19] Elgaali E, Ziadat A H, Alzyoud S.Environmental Effects of New Developments in the Coastal Zones of Dubai[C]//2019 Advances in Science and Engineering Technology International Conferences (ASET).IEEE, 2019: 1-4.

[20] Mangor K, Mocke G, Giarrusso C, et al.‘Shoreline management of the Dubai coast’[J]. COPEDEC VII, Dubai,

2008: 24–28.

[21] Do V T, de Montaudouin X, Blanchet H, et al.Seagrass burial by dredged sediments: Benthic community alteration, secondary production loss, biotic index reaction and recovery possibility[J]. Marine Pollution Bulletin, 2012, 64(11): 2340–2350.

[22] 宋红丽，刘兴土．围填海活动对我国河口三角洲湿地的影响［J］．湿地科学，2013，11（2）：297–304.

[23] 张立奎．渤海湾海岸带环境演变及控制因素研究［D］．中国海洋大学，2012.

[24] 房恩军，马维林，李军，王麒麟，陈卫．渤海湾(天津)潮间带生物的初步研究［J］．水产科学，2007（1）：48–50.

[25] 孟亮．填海造陆的海洋生态环境影响研究——以天津临港经济区为例［D］．2013.

[26]《市级国土空间总体规划编制指南（试行）》自然资源部，2020.9.

[27] 张志峰，索安宁，许妍．海岸带规划指南［M］．北京：海洋出版社，2020.

[28]《省级海岸带综合保护与利用规划编制指南（试行）》．自然资源部，2021.7.

[29]《国土空间规划城市设计指南（征求意见稿）》，中华人民共和国自然资源部行业标准，2020.9.

[30] Description of California's Coastal Management Program (CCMP) [EB/OL].California Coastal Commission.

[31] Berkeley Law.The Past, Present, and Future of California's Coastal Act: Overcoming Division to Comprehensively Manage the Coast[DB/OL]. UC Berkeley, 2016.

[32] Management Program for San Francisco Bay[EB/OL]. San Francisco Bay Conservation and Development Commission.

[33] San Francisco Bay Coastal Management Program Final Assessment and Strategy, 2016 to 2020 Enhancement Cycle[EB/OL]. San Francisco Bay Conservation and Development Commission, 2015.

[34] San Francisco Bay Plan[EB/OL].San Francisco Bay Conservation and Development Commission, 2020.

[35] Fill for Habitat Amendment Fact Sheet[EB/OL]. San Francisco Bay Conservation and Development Commission, 2020.

[36](美)寇耿，恩奎斯特，若帕波特著．城市营造：21世纪城市设计的九项原则［M］．赵瑾等译．南京：江苏人民出版社，2013.7.

第二章 海岸环境要素及规划设计基础

广义的海岸带是海洋和陆地相互接触和相互作用的过渡地带，包括径流直接入海的流域地区、狭义的海岸带以及大陆架三个部分。狭义的海岸带则指海岸线向陆、海两侧拓展一定区域的带状区域[1]。中国于1985年开展的“全国海岸带和海涂资源综合调查”规定海岸带调查工作的范围为海岸线向陆延伸10km，向海延伸−15m等深线[2]。海岸线为海水面和陆地面交界，海水有涨有落，海岸线并不是一条固定分界线。《中国海图图式》将海岸线定义为平均大潮高潮时水陆分界的痕迹线[3]。从空间形态和范围上，考虑规划设计空间的变化、海陆延续性、陆海空间的互相影响，在较大尺度的空间规划，如国土空间规划、总体城市设计等应更多地关注广义的海岸空间；而对于海岸景观设计，笔者认为可重点关注聚焦狭义的海岸带区域。在离开海岸线的一定距离海、陆各自的属性特点基本趋于一致性，而在海岸线周围空间则存在较强的差异化，两者都不能忽略沿海岸区域陆地和海洋在统一规划区内毗邻的带状空间特点和潮间带部分重叠的范围，考虑本书研究对象的三维特点，为了保持定义的一致，称之为“海岸空间”。从景观学意义上，景观地貌是在成因上彼此相关的各种地表形态的组合，如山地景观、河谷景观、湖泊景观、岩溶景观等。地貌作为景观要素之一，它们常是以某一种或两种主导自然地理要素（如气候、水文、地貌、土壤、植物、动物）来命名的[4]。海岸景观是海岸在地质构造运动、海浪潮汐的冲刷堆积，以及生物、气候，包括人类干预改造等多种因素共同作用下形成的一系列特别的地理特征、文化特色、物质形态，以及视觉影响及功能的地貌和空间类型。在海岸和滨水的规划设计中，无论是海岸港口、水利工程，还是城市规划或景观设计对海岸、海洋基本规律认知的角度，都应该对于一些基本术语和概念建立基础认识。

规划设计与环境条件的统一，并在最大程度上尊重和利用大自然赋予的多方面的优势，规避劣势条件是规划设计创造优秀作品的基本素质。在海岸空间规划和设计中环境条件的约束性更强，为把握海岸空间的基本特征，需要对于海岸带地区包括海陆两侧的地形地貌和环境特征的充分理解。由于海岸和海洋的地形地貌除了潮间带和陆域部分以外，大部分被海水所覆盖，难以通过观察获得直观认识，同时，海洋环境和动力条件对于海岸空间规划设计的影响，较之于陆域的规划设计约束性和刚性更强，在一些重要结构和空间安排上的要求甚至是决定性的。这使在海岸空间区域的规划设计方案仅有有限的可行选择，对设计创作设置了更多的限制和赋予较小的自由度。海岸工程更着眼于局部工程尺度的地形地貌和水文动力条件，因而在中宏观尺度的规划中，城市规划师和景观设计师更应该掌握必要的科学工具，以使规划设计基于科学合理的基础。

一般在海岸空间项目规划设计的初期，进行大范围的海洋测绘和水文环境调查工作，所费不赀，因而有效地选择利用一些通用的辅助工具和图表以及共享性、开放性数据，可以提供前期的基本支持，更好地避免盲目性。这些工具和数据基于国际和国内长时间的观测积累，大部分是开放型数据，而且覆盖范围广泛，可以很大程度上支持规划初期分析和概念性的理解，包括不同地区的海图，不同海区的潮汐、波浪，以及卫星遥感图等。

由于海岸带地区尤其是水下地形地貌的多变，同时大部分海洋环境和动力地貌参数非人类直接的观察感知可以获得，在海岸工程及港口工程中，数值模拟和物理模型是帮助校验或优化设计的重要手段，物理模型方法解决大型水利和海岸设施的技术与现代工程技术同步发生和发展，具有悠久的历史和渊源，而现代计算机技术的发展、信息技术的成就、海洋观测技术的进步、大数据的应用、为规划设计和决策如虎添翼，提供了更高效的支持。

本章针对城市规划和景观设计的知识结构需要，对于海岸空间环境的要素和术语，海岸空间规划和设计基础资料的获取方法及来源，支持规划设计的数学模型和物理模型等，进行综合介绍，以建立不同专业在海岸空间规划和景观设计中统一的基本术语，本章提供给的仅是基础性的知识，和科普性质的说明解释，以满足规划和景观专业人士的基本需求。

一、海岸分类

从不同专业的视角，海岸有多种分类形式，但从海岸空间规划及景观设计的应用角度，我们采纳直观且具有普适性的分类——按照海岸的浅表层物质形态和主要组成对海岸进行命名及分类。岸、滩的物质组成与其形成机理有必然的联系，由此我们在本书中沿用工程界的常用方法，将海岸分为基岩、砂砾质、淤泥质海岸以及生物海岸四个基本类型，除非特别的需要，对于这几种海岸类型的理解和认识可以初步建立海岸空间规划和景观设计逻辑的科学基础，便于在规划设计中分类施策。

1. 基岩海岸

基岩海岸的海岸物质主要由岩石组成，受地质构造活动及波、浪、潮汐、风化等外力作用日复一日的塑造形成。中国的基岩海岸主要分布在山东半岛、辽东半岛及杭州湾以南的浙、闽、台、粤、桂、琼等省（图 2–1）。基岩海岸的特征为岸线曲折且曲率大、海湾与岬角相间、坡陡水深，通常为天然港湾状态并能提供有利的遮蔽条件，但在海岸开发利用中也经常因为地形起伏变化较大而带来难度。也有受断层控制的断层海岸，海岸线平直，岸坡陡峭。

基岩海岸一般海水清澈，从景观的角度基岩海岸具有较好的形态稳定性，而且一般与陆地植栽有良好的相容性。基岩海岸与绵延的沙滩、突出的岬角、葱绿的海岸互相呼应，是海岸旅游具有吸引力的目的地[5]。中国著名的海滨旅游城市大连、烟台、青岛、厦门、深圳东部、海南岛的大部分海岸，尽管有局部的湾顶淤泥海岸，但是总体上是以基岩海岸为主体。近年这些城市和旅游区在基础设施的建设上，因地制宜的进行了海滨旅游提升和建设，海岸观光和度假休闲成为当今中国游客的重要消费方式之一。

2. 砂砾质海岸

沙质海岸物质主要由松散的砂、砾、粗砾、卵石等粗颗粒物质组成，多由平原堆积物被搬运至海岸边堆积形成（图 2–2）。沙质海岸的岸线特征为岸线平顺、岸滩或宽或窄、相应坡度较缓或较陡，常伴有沿岸沙坝、潮汐通道和潟湖发育。此类海岸具有发展旅游的良好基础，如海南岛的亚龙湾、广西北海的银滩，青岛的金沙滩等。中国沙质海岸主要分布在辽东半岛、辽东湾西侧、滦河口三角洲、山东半岛北部、海州湾北部、浙江福建部分海湾湾顶、粤东、广西部分岸段、台湾西海岸以及海南部分岸线。如前所述，砂质海岸通常与基岩海岸间隔呈现，互为补充或者有部分学者认为砂质海岸也是基岩海岸的一种特殊类型。近年，随着旅游经济的发展，沙滩作为海滨旅游的良好载体，在一些沿海地区进行了人工沙滩的建设，这些人工沙滩弥补了该地区海岸沙滩公共空间资源的短板。

图 2-1 典型基岩海岸

左上：青岛浮山湾海滨；右上：广东下川岛海岸；左下：英国白岩海岸；右下：大连旅顺海岸

图 2-2 沙质海岸

上左：澳大利亚黄金海岸；上右：青岛西海岸金沙滩；下左：海南亚龙湾沙滩；下右：秦皇岛人工修复沙滩

（1）沙质海岸剖面

沙质海岸自陆向海大致分为海岸、海滩及外滩（图 2–3）。

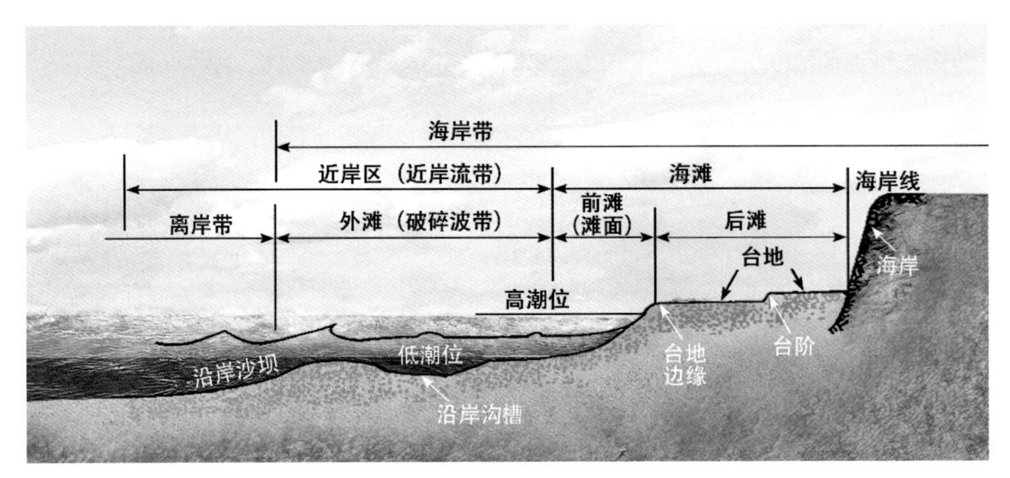

图 2-3　沙质海岸的剖面结构

海岸指海岸线以上的沿岸陆地部分，包括海崖、上升阶地、海滨陆侧的地平地带、沙丘或稳定的植被。在本书后续章节中我们会专门关注海岸以上部分的空间规划和组织。

海滩主要为海岸线与低潮海滨线之间的海水活动地带，根据其环境特征又可分为前滩和后滩。后滩是海崖、沙丘向海延伸到前滩的后缘，为前滨与海岸线之间的海滨或海滩地区，由一个或多个滩肩组成，属潮上带。仅在极端天气时（譬如风暴潮或与天文大潮高潮叠加相遇时）才受到波浪作用。前滩又可称为滩面，位于滩肩前缘外缘，是滩肩顶至低潮线之间的滩地。当潮位升降时，波浪上冲与回冲一般通过这一地区。

外滩又称外滨，属潮下带，为破波点到低潮线之间的滩地。是低潮海滨线向海延伸，经过宽度不等的破波带，该区域是波浪破碎后强烈作用的泥沙运动地区。通常会在水下发育与岸线平行的水下沙坝。

（2）海岸沙丘

海岸沙丘是海岸生态修复和景观设计中需要关注到的一类海岸地貌，指平行于海岸的丘陵岗状砂质堆积地形。在开阔且有大量松散沉积的海岸地带，向岸的海风将沙粒吹到近岸处堆积，同时又不断拦截从海滩刮来的物质加宽、加长、加高，从而形成沙丘。

沙质海滩在波浪作用下常形成多条海滩脊，露出水面的海滩脊受风的作用而改变其形状并增加高度，特别是在其上长有植物时，拦挡了风沙，便逐渐发育成一条狭窄的、由不规则沙丘与洼地组成的沙丘带，称为水边低沙丘或海岸前丘（fore dune），它们形成一条高出高潮水位若干米的屏障，风暴潮可冲击沙丘，但如有植物生长则经过一定时间沙丘脊又可恢复。当植被遭破坏，沙丘形状改变，发展为横向沙丘，向内陆移动，沙丘分布范围逐渐扩大，沙丘既是阻挡海岸破坏性潮位和波浪的重要屏障，也可能因无序蔓延造成沙埋灾害。

在中国沿海一些地区也分布着海岸沙丘，例如海南文昌、河北昌黎和福建长乐等地的海岸沙丘规模巨大，具备良好的景观旅游价值和海岸防浪能力。海南文昌的海岸沙丘带曾长达 100km，宽 3～5km，高 10～30m，面积达 400km^2；河北昌黎的黄金海岸也分布着长 30km，宽 1～4km，由 40 多列链状沙丘组成的沙丘带（图 2–4）。置身于海岸沙丘带，如同进入西北大漠。绵长的金色沙丘与浩瀚的波涛起伏的大海交相辉映，构成一幅海岸“大漠”景观。同时海岸沙丘与其适生植物和动物群落构成具有生态价值的柔性天然海岸生态系统（图 2–5），其生态修复和利用得到越来越多的关注，并产生了一些有趣的自然沙丘与建筑或工程结合的设计案例，如荷兰卡特维克的沙丘海岸项目、我国秦皇岛的 UCCA 沙丘美术馆等。

图 2-4　渤海昌黎的海岸沙丘

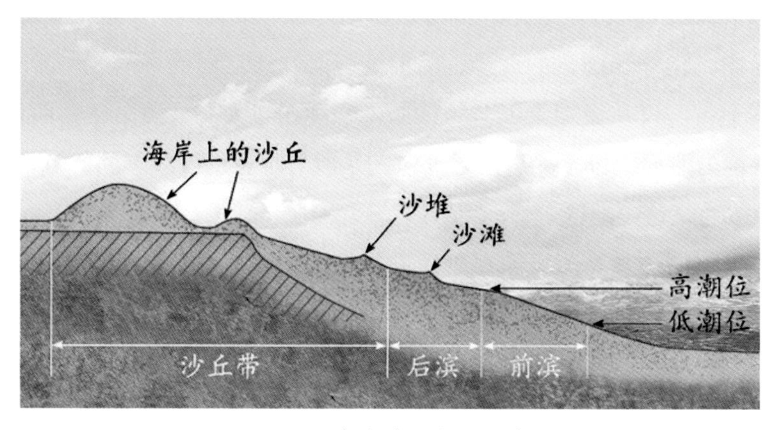

图 2-5　海岸沙丘断面示意

案例：维持沙漠化——日本鸟取沙丘沙漠生态维护

鸟取沙丘位于日本鸟取县东部，面向日本海，东西长 16km，南北宽 2.4km。鸟取沙丘是由河流输送而来的泥沙，在日本海冬季波浪与风的共同作用形成。从沙丘纵剖面可看到，其基底是由花岗岩质岩石构成，其上堆积着厚厚的古沙丘。而后，大山的火山喷发活动所带来的火山灰等进一步覆盖古沙丘层。最终经由新沙丘覆盖，历经漫长岁月多层泥沙堆积形成了现在的沙丘。鸟取沙丘的景色变化丰富，既有 40m 深的凹地也有 50m 高的丘陵，沙丘与大海连为一体形成独特的景象（图 2–6）。

鸟取沙丘自 1970 年起，由于外来杂草繁茂而导致沙丘的移动减少，往昔美丽的风纹和沙帘逐渐消失，沙丘景观严重受损，草原化问题日趋严重。为维护沙丘的景观和荒漠状态由自然保护团体牵头于 1985 年起开展沙丘除草活动，主要以拔草、喷洒除草剂等为主。

“荒漠化”是指那些由于自然条件干旱、植被破坏等因素造成的无法耕作难以生存的荒漠式土壤。为了防止沙漠的面积扩大，很多国家都在沙漠上植树，不过，鸟取沙丘反其道而行，在沙丘上去除植物，让这片沙漠没有植被的存在。这项工程断断续续已经进行了长达 30 年，现在鸟取沙丘也基本没有植被的存在，维持了一种相对纯粹的沙漠的生态和景观。

图 2-6　鸟取沙丘地貌景观组图

［出处：杨秀娟摄影］

3. 淤泥质海岸

淤泥质海岸多分布在输入细颗粒泥沙的大河入海口沿岸或其遗址，河流携带大量细颗粒泥沙在潮流和波浪作用下沉积，如我国长江口、黄河口、珠江口、苏北海岸、渤海湾等。海岸物质主要由粒径 0.01～0.03mm 的淤泥、粉沙、粘土等细颗粒物质组成 [6]。淤泥质海岸的岸线特征为岸线平直、岸坡坦缓、潮滩发育较好，滩宽水浅。由于其滩涂宽阔，且上游河流入海携带大量营养物质，因此淤泥质海岸滩涂资源丰富，有利于发展养殖业、制盐业等。淤泥质海岸还可分为平原型、河口型以及港湾型。其中平原型淤泥质海岸，如渤海湾，其沿岸是黄河三角洲以及滦河三角洲冲积平原，有延绵数十公里长的贝壳堤，外缘有 4～6km 宽的潮滩，潮滩上大量泥质沉积层。水下岸坡平缓，并向海分布黏土和粉质沙土，在潮流作用下发育潮流沙脊。

淤泥质海岸一般坡度较缓，滩广潮阔，淤泥质海岸即海岸湿地的重要构成部分之一，景观单一面积广阔，但是就是在这看似其貌不扬的泥滩下却蕴藏着丰富的不同类型生物的世界，构成了海岸生态系统的重要底蕴。它们通常也是候鸟长途迁徙的停歇地、珍贵鸟类越冬的栖息地（图 2–7）。淤泥质海岸剖面形态构成与沙质海岸基岩海岸有很大区别，其受海水动力作用的影响更直接，景观的宏观一致性较强但动态特性更显著，局部沉积的稳定性差。

淤泥质海岸可分为潮上带、潮间带和潮下带三个部分。潮上带位于平均大潮高潮位以上，是极端天气下（特大潮汛或风暴潮）时潮水所能到达的范围。该地带地势略有起伏，有暴风浪冲击留下的痕迹，沉积物以细粒物质和一些生物碎屑为主，滩涂上生长耐盐植物。潮间带，顾名思义为平均大潮高潮位到平均大潮低潮位之间的海水活动地带，即高潮淹没低潮出露。该区域宽度较广，一般为几千米，泥沙活动频繁，侵蚀淤积变化复杂，滩涂上发育有受落潮影响的树枝状潮水沟。潮下带为平均大潮低潮位向海一侧潮滩的水下岸坡，其水深较浅，组成物质较细，此区域阳光充足、氧气丰富、波浪作用频繁携带营养物质，故海洋底栖生物较为发育（图 2–8）。

图 2-7 淤泥质海岸

左：广阔淤泥质海岸滩涂；右：天津海岸遗鸥越冬滩涂

图 2-8 淤泥质海岸

左：平原海岸潮上带湿地；右：淤泥质滩涂潮沟

在一些淤泥质特质的海岸带地区，近海的泥沙特征表现为“波浪掀沙，潮流输沙”，由于近岸宽阔的破波带，波浪搅动底沙，使海水呈现浑浊的状态和不良的视觉感受，湿陷的泥滩和浑浊的水质令人难以亲近。这是淤泥质海岸的景观缺陷，但也是海岸生态构成的自然现象，泥滩下蕴藏着丰富的生物世界，构成了海岸生态的完整系统，在设计中对其存在的客观性和规律应该予以尊重。在此类海岸空间利用和保护中海岸景观宜采用基于自然的解决方案，尊重海岸环境和生态，通过创新的科学方法和对于场所条件的尊重，创造有利于旅游发展或宜居的生态海岸设施。在淤泥质海岸的港口、海岸工程技术领域，中国科技人员有着长期的攻关历史和技术积淀，在全球处于领先位置，这些实践的成果包括在淤泥质海岸人工深水航道的建设，人工港口建设等系列技术。

案例：天津东疆人工港岛

天津东疆港区是利用天津港航道产生的疏浚弃土填海而成，与单纯为获取土地为目的填海有所区别，这是一片利用废弃资源环保型填海造陆形成的土地。东疆港区分为“三大区域，五大功能”。“三大区域”依次为西部的码头作业区、中部的物流加工仓储区、东部的港口配套服务区。“五大功能”依次为集装箱码头装卸、物流加工仓储、商务贸易、休闲旅游、生活居住功能（图 2-9）。东疆人工沙滩在东疆港 -3m 等深线以外，利用该处的海水含沙量较低，外海海水较清澈的特点，通过适当的防波挡沙堤围护，建设感潮型人工沙滩，解决了天津海岸近海不能亲海的困境，为“京津冀”人民提供了一处重要的优质亲海沙滩岸线。

图 2-9　天津东疆港岛

随着人们对生态环境认知的提升，淤泥质海岸的生态环境作为一种特殊的具有丰富生态内涵的海岸类型，亦具备开展生态型休闲旅游的可能，如在有效管理前提下的湿地旅游、海岸观鸟、广阔潮滩在浊浪排空中鸥翔鸟鸣，依托防潮堤建设的绿道系统等都是大自然与人类共同营造的特色景观。

与广阔的淤泥质海滩毗邻的陆域部分，在历史上大部分是海岸河口或潮上带湿地盐田等，其水质由陆向海从依次从淡水，向半咸水、咸水和海水过渡，形成不同类型的滨海湿地风貌。近二十余年以来，为了获取土地资源而发生的围填海，发生在此类近海岸和滩涂区域占较大比例，其生态系统较之于其他海岸类型更趋脆弱和难以恢复，因而对于此类海岸的空间规划及景观设计，较之于基岩海岸有更强的环境生态约束。

淤泥质海岸的景观规划设计，基本可以划分为三种类型：即基于原始海岸生态保护导向的景观，以及基于填海造陆或海岸工程干预后形成的新成海陆界面的生态修复型景观，由于旅游和城市人居环境需求的海岸公共景观（图 2-10）。前两者强调保护和修复，后者强调建设，都包括线性的海岸防护设施譬如防潮堤的建设，绿道的规划建设等，面性的滨海湿地的保护和修复基础上的建设，与旅游和城市公共空间结合的绿色基础设施景观建设。

4. 生物海岸

生物海岸系由生物质生长的活体及其遗留堆积物为主体构成的海岸，包括红树林海岸和珊瑚礁海岸等。红树林海岸为生长着红树植物群落的生物海岸，红树植物是一类生长在海洋潮间带的木本植物[7]，其根系发达、树冠茂密，不但有防风、防浪、保护海岸的作用，还有减弱潮流、促进淤积和加速海岸扩展的作用，是良好的海岸防护林带，又是海洋生物繁衍生息的理想场所。红树林海岸能有效地保护海岸安全，对促进海洋生态良性循环、维护海洋生态平衡具有重要作用，主要分布于我国广东、海南、台湾、福建、浙江沿海等。

图 2-10　中新生态城东海岸（淤泥质海岸，约海图 −3m 等深线）

生物海岸包括以不同种类的生物构成的生物海岸，以及在后方第二三级防护线上，通过耐水性或耐盐碱树种构造的生物堤岸，是营造生态海岸和生态型公共空间的重要类型。

生物海岸为海岸防护的生态工法和绿色基础设施建立了基础和纽带。在处于红树林及其他类型盐生植物可生长的海岸及河口生态修复中，使用生物海岸修复与工程措施结合岸线及提高海岸的抗风浪能力，“南红北柳”是一种被广泛推荐的方式。同时，这些具有光合作用的植物海岸湿地景观，除了具有一般植物的吸收二氧化碳和造氧能力、作为生物栖息地丰富海岸生物的多样性，也便于将休闲旅游设施引入其中，从而创造一种满足海岸防护、生物栖境、景观和旅游开发“三位一体”的海岸生态景观。但是，在某些海区，由于红树林生长条件适宜，其快速蔓延也会对某些历史古迹和海岸建筑及环境造成负面影响（图 2–11），因而在生态修复中，要一分为二地分析红树林及湿地的积极机制和局部的消极影响，对于其范围和适宜水深底质条件合理地引导和控制。

图 2-11　泉州洛阳桥古迹周边蔓延的红树林

珊瑚礁海岸是由珊瑚礁构成的海岸，珊瑚礁是以石珊瑚骨骼为主体，混合其他生物碎屑所组成的生物礁。珊瑚礁有削弱波能及保护海岸的作用，波浪进入珊瑚礁地带，易发生破碎，能量得到削减。除此之外，珊瑚礁以其生物多样性和很高的初级生产力，为渔业、旅游业提供了背景资源，我国珊瑚礁海岸主要分布在南海岛屿、台湾以及澎湖列岛沿岸。

除了珊瑚礁这类生物海岸，牡蛎礁也是生物海岸的一种类型，其在中国海岸分布更为广泛。我们关注到其结构或活动能够改变当地物理环境。这些物种的组合，包括牡蛎礁、盐沼和红树林，可以有效地组合用于加强海岸保护。牡蛎沉积物形成坚硬、复杂的三维结构，改变近床水流，耗散波浪能量，从而影响泥沙在河床附近的输移和沉降动力。牡蛎礁也提供其他几种生态系统服务，如水过滤和提供生境。牡蛎聚集形成的生物结构为无脊椎动物的密集组合提供了栖息地，也为幼鱼和甲壳类动物提供了栖息和觅食的场所，是多样化的海洋栖息地之一（图 2–12）。

图 2-12　贝类礁体生态系统提供的生态系统服务功能

［出处：大自然保护协会］

受海岸组成物质影响以及陆地和流域条件的不同，海岸的构成有所不同。从海岸带空间规划及景观设计的角度，基于自然形态和生态及动力条件的海岸空间规划设计，是值得重视的方向。对于规划师和景观设计师，除了针对海岸环境的条件进行工程设计，建立基于自然解决方案的理念（NbS）在众多可行的方案中选择与自然共生且能借助于自然的力量维护与持续增益的设计，是海岸空间规划与景观设计的主流发展趋势。

案例：利用牡蛎礁保护河口滩涂

潮间带不仅具有价值性多样性和多产的栖息地，而且同样重要的是，它们也会消耗波浪和大潮能量，从而帮助保护腹地免受洪水的侵袭。在滩涂后修筑或加固堤坝可以保护后方的腹地，但是从更广阔的生态视角需要在确保腹地的安全同时还要促进河口的生产力和生物多样性。在荷兰，一些工程师利用生物海岸的物质进行海岸防护的探索，如利用牡蛎礁保护河口滩涂为牡蛎礁创造新的栖息地的同时也能减缓潮滩的侵蚀[8]（图 2–13）。

位于荷兰东部的东施特河口现在是国家公园，是各种涉水鸟类的重要觅食区，也是自然保护区的一部分。自 20 世纪 80 年代中期以来，河口受到工程的严重影响，半开放的风暴潮屏障隔离了河口与海洋，陆侧的一系列水坝阻碍河流和淡水流入，陆海双向影响使河口的潮汐和平均流速减少了约三分之一，河口内的水动力变化，导致了潮滩的逐渐侵蚀。由于水质良好，东部是贝类如贻贝、牡蛎等商品化生产的重要地区。因此，如果不采取干预措施，相邻大片区域以及它们提供的生态系统服务能力就会丧失。荷兰工程师在河口的一个叫作“Galgeplaat”的地区进行了一项贝类礁体试验项目，目的是利用形成礁的贝类作为“生态工程师”，防止泥沙被输送到潮汐通道中。该项目使用的是太平洋牡蛎（Crassostrea Gigas），这是20世纪60年代渔民引入荷兰的一种生物。将牡蛎壳放入钢丝制成的钢丝笼里并平放至潮滩之上，利用牡蛎自然生长的特性，形成由牡蛎建造的三维珊瑚礁结构，并达到消散波浪能量和保护底层沉积物免受侵蚀的作用[9]。在中国的广东、福建、广西沿海将牡蛎壳装入竹笼或钢丝笼的牡蛎礁也被尝试应用于红树林和沿岸生物堤防护中，作为组合修复手段。

图 2-13　利用牡蛎礁阻止潮汐滩的局部侵蚀

二、海岸环境要素与概念

在海岸空间规划及景观设计中，为了概括海洋的基本特征和环境要素，通常会采用专业的术语概念对其进行描述，本节介绍一些常用的基本要素和他们的定义。例如，在海岸景观设计中，亲水平台往往采用多级高程的平台结构来解决，以更好地利用月份周期和每天的水位变化形成亲水空间，而多级亲水平台的设置需要重点考虑临海水域的波浪、水位差以及后方的陆域高程，需要根据设计不同重现期情况的潮位、护岸防浪要求及排水条件确定，而这些水位条件较之于传统的海岸工程需要更细化的重现期分析资料支持。在具体的设计中，波浪和潮汐等数据的使用也是城市规划师和景观设计师应该掌握参考的基本数据参数，以建立与海岸工程共通的技术语言体系。

1. 风和风玫瑰

风主要是空气在水平方向上的气压差形成的水平运动。由于气团发源地不同，全球各个地带风况各异，中国近海风况的主要特点表现为季风、寒潮大风和热带气旋。

季风是由于海陆间的热力差异，随着季节变化而引起的高、低压中心和风带的移动，形成冬、夏两季盛行方向几乎相反的风。我国是世界上著名的季风国家之一，以黄渤海地区为例，每年冬季（10月到次年3月）盛行由陆向海的偏北风，夏季（6～8月）则盛行由海至陆的偏南风，其余月份为季风转换季节。

我国中央气象台规定：冷空气入境后，气温在24h内降低10℃以上，且气温降至5℃以下，称为寒潮；我国北方大多数区域冬季易受寒潮大风影响。寒潮路径比较稳定，其发源于极地，经西伯利亚，主要从偏西方进入我国，风力可达8～9级，阵风10～11级。

热带气旋是发生在热带或副热带洋面上的低压涡旋，是一种强大而深厚的热带天气系统。我国是世界上受热带气旋影响严重的国家之一，根据《热带气旋等级》国家标准（GB/T 19201—2006），按照底层中心附近最大平均风速划分，热带气旋分为热带低压（6～7级）、热带风暴（8～9级）、强热带风暴（10～11级）、台风（12～13级）、强台风（14～15级）和超强台风（16级或以上）六个等级。热带气旋是我国沿海地区的主要灾害性天气，表现为狂风、暴雨以及风暴潮增减水，是海岸规划设计中需要特别注意的灾害性天气[10]。

风通常由风速、风向、频率描述。风速是指空气在单位时间内所流过的水平距离，可以蒲福（Beanfort）风力等级表表示。风向是指风吹来的方向，通常细分用16个方向表示，包括N、NNE、NE、ENE、E、ESE、SE、SSE、S、SSW、SW、WSW、W、WNW、NW、NNW。频率是指在某些年的统计资料中特定风向的数据与总统计数据的百分比。关于风力等级等可参考《热带气旋等级》国家标准（GB/T 19201—2006）相关专业标准。

为方便描述风的年际分布特征，通常根据气象站的统计资料制作成风况玫瑰图（图2-14），常见的风况玫瑰图有风向频率玫瑰图及最大风速玫瑰图。由于风速在时间上和空间上变化较大，因此我国海港工程技术规范规定，对于波浪推算采用海面上10m高度处2min风速的平均值，对于港口建筑物设计采用海面上10m高度处10min风速的平均值[11]。

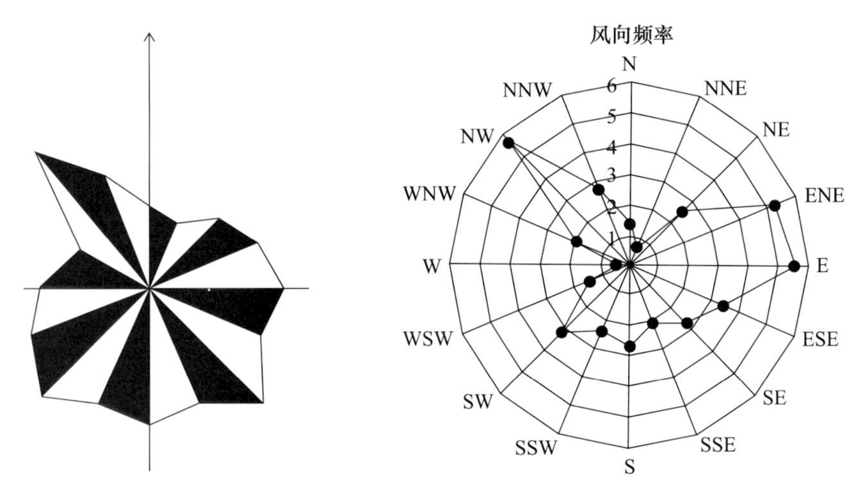

图2-14　某地区风玫瑰图

2. 高程体系和海平面

某点的高程是相对于一个起始面而言的，起始面是确定地面高程或水域水深的依据。1957年利用青岛验潮站1952～1956年的实测潮位值计算的平均海平面，称为1956年黄海平均海平面，作为我国陆域统一的高程基准面。1985年规定统一以青岛验潮站1952～1979年的潮位观测资料所计算的平均海平面为我国高程基准面，为“1985国家高程基准”。中国的地形和地图上的海拔高度均以此零点为基准进行测量确定。海平面测量通常在随时升降的水面上进行，因此不同时刻测量同一点的水深是不相同的，为了修正测得水深中的潮高，必须确定一个起算面，把不同时刻测得的某点水深归算到这个面上，这个面就是深度基准面（图2-15，图2-16）。

海岸空间规划设计需要了解海岸的水深情况，因出发点和功能的不同，与陆地有一些区别。海图所载水深的起算面，又称海图基准面。通常取在当地多年平均海面下深度为L的位置。中国在 1956 年起采用理论深度基准面（即理论最低潮面），它是指根据当地水文站多年潮位资料算得的理论上可能最低水深。由于历史原因及管理部门的不同，中国沿海地区仍保留多种高程基准面，如大连零点、大沽零点、珠江零点、吴淞零点等。

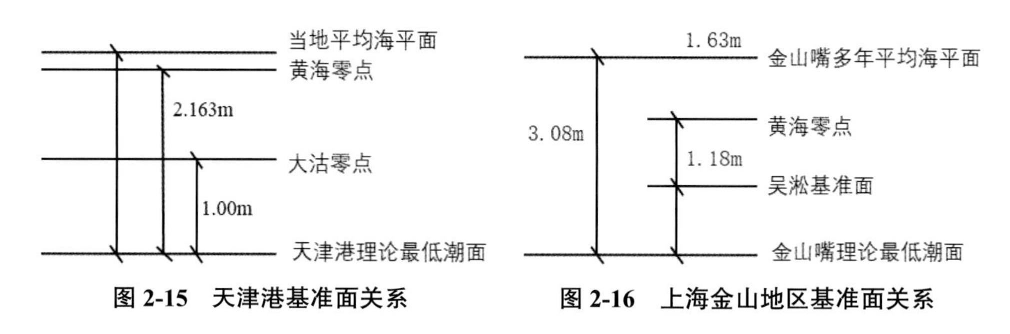

图 2-15　天津港基准面关系　　**图 2-16　上海金山地区基准面关系**

2020 年自然资源部发布的《资源环境承载能力和国土空间开发适宜性评价指南（试行）》对于国土空间规划“双评价”采用的坐标系和高程体系要求：“评价统一采用 2000 国家大地坐标系（CGCS2000），高斯－克吕格投影，陆域部分采用 1985 国家高程基准，海域部分采用理论深度基准面高程基准。”这些不同的高程基准面之间可以互相换算，因而在进行海岸空间规划设计中，一个重要的基础工作是将高程与不同地区“理论深度基准面”之间的关系换算清楚，以避免规划设计过程中竖向高程关系的歧义。

3. 潮汐、潮位特征

地球上的海水，受月球、太阳和其他天体引力作用所产生的一种周期性升降运动，称之为潮汐。由于距离月球和太阳的相对位置不同产生的引力差异以及地球绕太阳转动产生惯性离心力引起的海面升降称为天文潮；而由寒潮、台风等带来的气压剧变引起的水面升降称为风暴潮 [10]。海面上升至最高点时称为高潮，海面下降至最低点时称为低潮。在潮汐升降的每一个周期内，从低潮升至高潮所经历的时间为涨潮历时，反之为落潮历时。在高潮、低潮之际，海平面有短暂时间不作升降，称为停潮或平潮。潮汐通常用以下几个要素来描述：

（1）潮型

在一个潮汐周期（约 24 小时 50 分钟，天文学上称一个太阴日，即月球连续两次经过上中天所需的时间）里，地球上不同地点的潮水涨落次数也不相同，据此，人们将潮汐分为三个潮型，即半日潮、全日潮、混合潮：一个太阴日内出现两次高潮和两次低潮，且两次高低潮之间的历时、水位变幅比较相似的叫半日潮；一个太阴日内之出现一次高潮和一次低潮的叫全日潮；位于半日潮和全日潮之间，一个太阴日内也出现两次高潮和两次低潮，但两次涨潮历时与落潮历时时间不等，最高潮位与最低潮位也差别较大的叫混合潮。

（2）潮汐表

为方便人们掌握任意时刻某地的潮位，海洋管理部门制定了潮汐预报表，简称潮汐表。预报沿海某些地点在未来一定时期的每天潮汐情况并将其通过媒体发布，可在中国海事服务网上查询各地每天的潮汐表。

下述潮汐表（图 2–17，图 2–18）是用曲线表示，为方便某一项目规划设计施工，水文气象站也将某地一月或一年的潮位根据一定的时间间隔绘制成表格，如下面某地 2017 年 6 月的潮汐表——潮汐表一般未计入由于气压影响的水位变化，但是可以作为初期规划设计的参考。

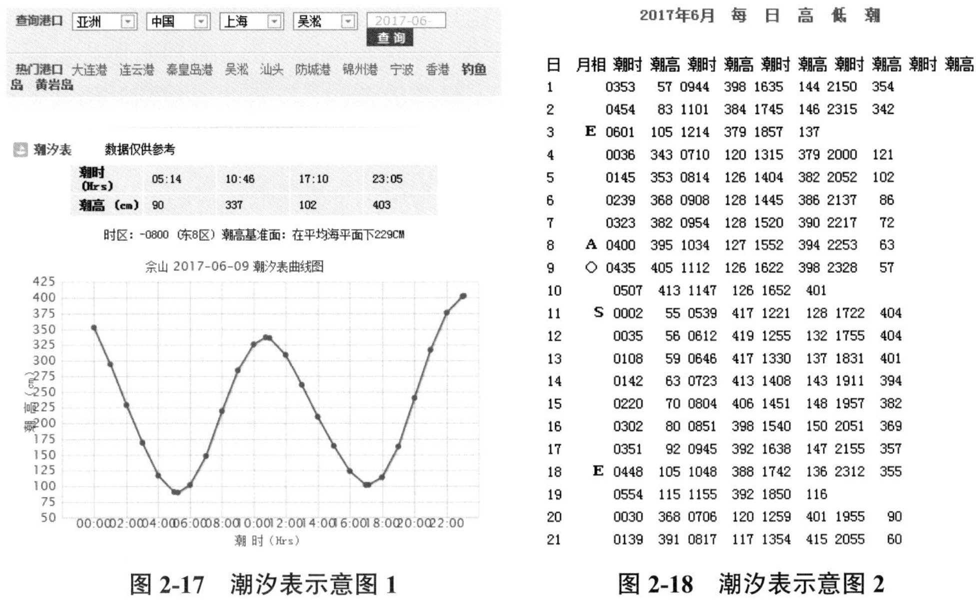

2017年6月　每 日 高 低 潮

日	月相	潮时	潮高	潮时	潮高	潮时	潮高	潮时	潮高	潮时	潮高
1		0353	57	0944	398	1635	144	2150	354		
2		0454	83	1101	384	1745	146	2315	342		
3	E	0601	105	1214	379	1857	137				
4		0036	343	0710	120	1315	379	2000	121		
5		0145	353	0814	126	1404	382	2052	102		
6		0239	368	0908	128	1445	386	2137	86		
7		0323	382	0954	128	1520	390	2217	72		
8	A	0400	395	1034	127	1552	394	2253	63		
9	○	0435	405	1112	126	1622	398	2328	57		
10		0507	413	1147	126	1652	401				
11	S	0002	55	0539	417	1221	128	1722	404		
12		0035	56	0612	419	1255	132	1755	404		
13		0108	59	0646	417	1330	137	1831	401		
14		0142	63	0723	413	1408	143	1911	394		
15		0220	70	0804	406	1451	148	1957	382		
16		0302	80	0851	398	1540	150	2051	369		
17		0351	92	0945	392	1638	147	2155	357		
18	E	0448	105	1048	388	1742	136	2312	355		
19		0554	115	1155	392	1850	116				
20		0030	368	0706	120	1259	401	1955	90		
21		0139	391	0817	117	1354	415	2055	60		

图 2-17　潮汐表示意图 1　　图 2-18　潮汐表示意图 2

［出处：中国海事服务网］

（3）工程潮位特征值

为方便了解潮汐特征，人们根据水文站的潮汐水位统计资料，通过统计分析，给出一些具有代表性意义的值，称作潮位特征值。通常包括，最高（低）潮位、平均最高（低）潮位、平均大（小）潮高（低）潮位、平均潮位、平均潮差等。最高（低）潮位是指历史上曾经观测到的最高（低）潮位值。平均最高（低）潮位是指在多年潮位观测资料中，取每年最高（低）潮位的多年平均值。

（4）设计潮位特征值

设计潮位是海岸涉海规划设计的一类重要参数，其不仅直接关系到规划范围的陆域、海岸建筑物的高程以及临海界面的航道、港池等设施水深，还影响海岸建筑及结构基础的选型和计算。故在海岸规划设计中，根据规划的范围，重要性，规划设计对象的规模、等级和使用情况，需要考虑特殊的水位组合。借用业界在此方面较成熟的海港工程设计潮位举例，应包括设计高水位、设计低水位、极端高水位、极端低水位。另外，随着滨水空间功能的丰富和细分，一些亲水设施的设计对于潮位重现有着更高的细分要求，需要更细化的潮位重现期资料以支持设计。例如 1 年、5 年或 10 年一遇等的潮位通常会对可临时淹没的步道和广场空间的高程确定提供支持，设计者的经验和对于海岸潮位特征值的掌握尤其重要。

设计高、低水位

设计高低水位是指滨水建筑物在正常使用条件下的高、低水位。在其范围内，应保证设计中所考虑的浮体结构的安全停靠与舒适运用以及城市安全运行，同时还应保证在各种设计荷载下，满足结构和地基基础稳定性和强度要求。对于海岸和潮汐作用明显的河口，设计高水位应采用高潮累积频率 10% 的潮位或历时累积频率 1% 的潮位，设计低水位应采用低潮累积频率 90% 的潮位或历时累积频率 98% 的潮位；对于汛期潮汐作用不明显的河口滨水区，设计高水位和设计低水位应分别采用多年的历时累积频率 1% 和 98% 的潮位[12]。为了确定设计高低水位，在进行潮位累积频率统计时，应有多年的实测潮位资料或至少完整一年逐日每小时的实测潮位资料，可采用绘制潮位历史累积频率曲线或绘制高低潮累积频率曲线的方法。

极端高、低水位

极端水位是指在非正常条件下的海岸高低水位，主要指由于寒潮、台风、低压、地震、海啸所造成的增减水与天文潮组合。在出现此水位时，海岸建筑物虽不能正常使用，但其结构安全性需要保证。不同行业对于极端水位的标准有所不同，取决于灾害情况发生的社会和经济影响，例如海港工程的极端高水位采用重现期为50年的年极值高水位；极端低水位应采用重现期为50年的年极值低水位。在应用频率分析法对极端水位进行统计时，要求应具有不少于20年的年最高、最低潮位实测资料，并需对历史出现的特殊水位进行调查校订。城市防潮的标准与城市后方的重要性相关，譬如，有的城市采用200年一遇的潮位和100年一遇的波浪标准叠加；对于核电站等重要基础设施，其防护标准有着更高的要求，譬如需要对于“最大可能风暴潮（PMSS）”及其对应的极限波浪进行分析，以确定护岸和防波的标准。

（5）风暴潮

风暴潮（storm surge）是由热带气旋、温带气旋、强风作用和气压骤变等强烈的天气系统引起的海面异常升降现象，又称“风暴增水”。

风暴潮的空间影响范围一般由几十千米至上千千米，时间尺度或周期为1～100小时，介于地震海啸和低频天文潮波之间。风暴潮影响区域随大气扰动而移动，有时一次风暴潮过程可影响一两千公里的海岸区域，影响时间多达数天之久。

风暴潮是发生在海洋沿岸的一种严重自然灾害，这种灾害主要是由大风和高潮水位共同引起的，使局部地区猛烈增水，酿成灾害。风暴潮会使受到影响的海区的潮位大大地超过正常潮位。如果风暴潮恰好与影响海区天文潮位高潮相重叠，就会使水位暴涨，海水涌进内陆。风暴潮能否成灾，在很大程度上取决于其最大风暴潮位是否与天文潮高潮相叠，尤其是与天文大潮期的高潮相叠。也取决于受灾地区的地理位置、海岸形状、岸上及海底地形，尤其是海岸带地区的社会及经济（承灾体）情况。如果最大风暴潮位恰与天文大潮的高潮相叠，则会导致发生特大潮灾。当然，如果风暴潮位非常高，虽然未遇天文大潮或高潮，也会造成严重潮灾。

在海岸空间规划中应该关注到风暴潮的形成条件：有利的地形，即海岸线或海湾地形呈喇叭口状，海滩平缓，使海浪直抵湾顶，不易向四周扩散；持续的刮向岸的大风，由于强风或气压骤变等强烈的天气系统对海面作用，导致海水急剧升降；逢农历初一、十五的天文大潮，它是形成风暴潮的主体。当天文大潮与持续的向岸大风遭遇时，就形成了破坏性的风暴潮。通常我们可以通过专业人员提供的数据分析和预测，在规划和选址阶段进行分析研究以避免风暴潮造成的影响，或必要时通过海岸工程措施并利用场地的自然条件，避免风暴潮对于规划场地的影响，对风暴潮的弹性防御能力是检验城市韧性的一个重要标准，近年逐步引起城市规划领域和灾害防御的高度重视。

4. 海平面上升对海岸空间的影响

海平面上升是由全球气候变暖、极地冰川融化、上层海水变热膨胀等原因引起的全球性海平面上升现象。研究表明，近百年来全球海平面已上升了10～20cm，并且未来还要加速上升。但世界某一地区的实际海平面变化，还受到当地陆地垂直运动—缓慢的地壳升降和局部地面沉降的影响，全球海平面上升叠加上当地陆地升降值，即为该地区相对海平面变化。

海平面上升影响对沿海地区社会经济、自然环境及生态系统的长期决策，是城市规划应该关注的长期重要因素和环境基础。首先，海平面的上升可淹没一些低洼的沿海地区，加强海洋动力因素向海岸推进，侵蚀海岸，从而变“桑田”为“沧海”；其次，海平面的上升会使风暴潮强度加剧，频次增多，不仅危及沿海地区人民生命财产，而且还会使土地盐碱化。海平面随时都在上升，海水内侵，造成农业减产，破坏生态环境[13]。在中国，预期受海平面上升影响严重的地区主要是环渤海湾地区、长江三角洲地区和珠江三角洲地区，而这些地区与中国发达的大城市群和都市圈范围高度重合。

据联合国政府间气候变化专门委员会（IPCC）报告称，海平面上升还会引起极端风暴潮事件发生频率上升以及极端风暴潮水位上升，可能在本世纪中叶之前每年都会发生极端风暴事件[14]。如图 2–19 所示，极端水位主要受四个重要因素影响，即平均海平面、天文潮、风暴潮以及波浪。海平面的小幅上升也会显著增加沿海低洼地洪水发生的频率和强度，这是因为海平面的上升抬高了风暴潮、天文潮和波浪的基础水位，导致极端水位上升。此外，未来几十年至 21 世纪末，全球包括我国沿海低洼地百年一遇极端水位事件将趋于频繁，也就是说，气候变暖情景下，沿海地区历史上曾发生的极端水位在如今变得更为常见，海平面变化和台风、风暴潮等致灾风险将增加。

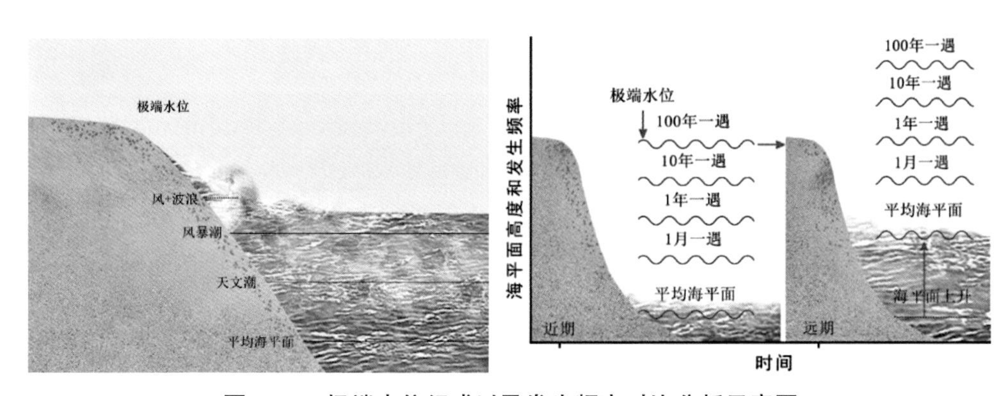

图 2-19　极端水位组成以及发生频率对比分析示意图

不断上升的海平面和极端水位等通过一系列沿海灾害威胁着沿海地区，其中包括：平均海平面升高或使沿海低洼地的永久淹没，沿海洪水泛滥导致更强的洪涝灾害，沿海侵蚀加剧，海岸生境损失和生态系统的变化，土壤、表层和地下水的盐碱化，沿海地区受影响的防洪排涝系统丧失或减低功效。初步预测将有超过 8 亿人生活的 570 多个沿海城市将面临至少 0.5m 的海平面上升和沿海洪水的危险[15]（图 2–20）。为有效抵御这些风险，世界上多个国家规划采用建设防潮堤的方式来阻止极端潮水入侵，例如著名的荷兰三角洲工程、泰晤士河防潮闸、墨西哥湾沿海内封闭系统、俄罗斯圣彼得堡风暴潮屏障、威尼斯“摩西计划”等。

俄罗斯第二大城市的圣彼得堡整体建设在涅瓦河三角洲沼泽地上，水系发达、河网纵横，因此几乎每年都要遭受海潮的袭击，俄罗斯政府规划从戈尔斯卡亚至喀琅施塔得再至罗蒙诺索夫间建立防潮大堤（图 2–21），防潮堤总长 25.49km，包含 2 个通航船闸、11 个堤坝段以及 6 个挡潮泄水闸[15]。船闸拟采用平面双开弧门，在遭遇极端潮水威胁时，船闸和挡潮水闸关闭使涅瓦湾与芬兰湾隔绝，保证涅瓦湾内水位。屏障堤顶建有沟通周边高速公路，道路在闸口处下沉进入隧道，与周边连通。

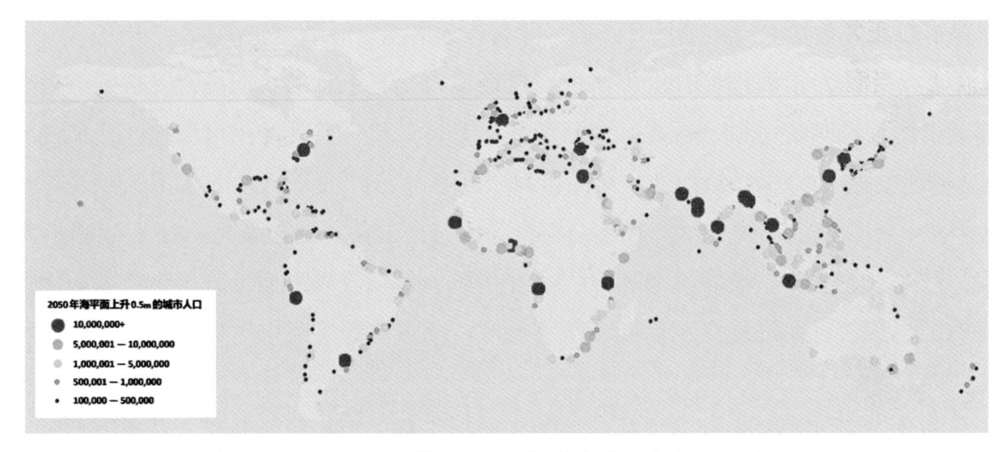

图 2-20　2025 年受海平面上升影响的城市人口示意图

［出处：政府间气候变化专门委员会］

图 2-21　防潮堤设施堤顶高速公路及俄罗斯圣彼得堡的风暴潮屏障规划

威尼斯作为闻名全球的“水城”，自 20 世纪初以来，城镇及村庄沉降达 23cm，城市发展带来的沉降后果以及全球海平面上升，使威尼斯内涝、海水倒灌现象日益严重。种种因素的叠加之下，威尼斯每年要遭受约 100 多次洪水袭击，每 15 至 20 年会遇到一次严重的洪水侵袭，给城市带来了难以估量的损失，所以对威尼斯来说防洪的重要性不言而喻。但是由于城市规划时间较早，城市整体高程较低，且受其文化地位影响，抬高城市本身地形的投资及破坏较大。因此，为了保护威尼斯免受洪水袭击，威尼斯政府规划启动“摩西计划”（MOSE Project）的防洪工程（图 2-22），即在威尼斯潟湖三个入口位置建设 79 个活动水闸以期在高水位期间将威尼斯潟湖与亚得里亚海隔离开来[16]。在水位正常时，闸门内部注满水并平放在海床底部（图 2–23），这样城市里的水和海水可以自由流通。当潮水急速上涨超过 1.1m 时，便有压缩空气注入水闸内部，压舱内蓄水排出，所有闸门将在短时间之内被抬起，甚至抬升角度也能够人为控制，以实现控制海水流入，最高可以阻挡高达 3m 的海潮，大大增强威尼斯的抗洪能力。

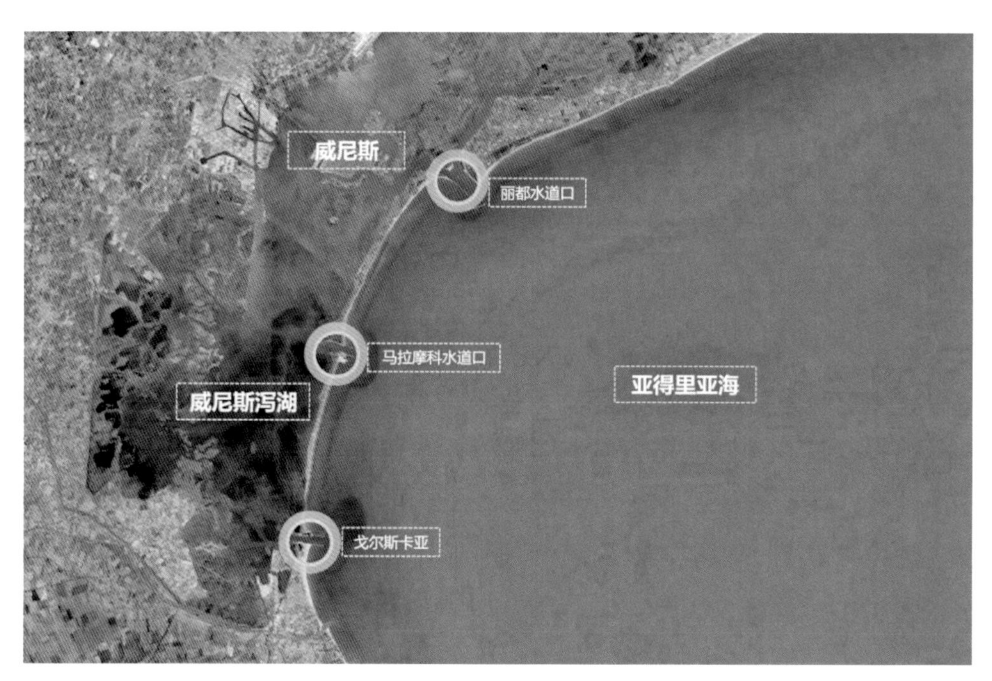

图 2-22　“摩西计划”平面示意图

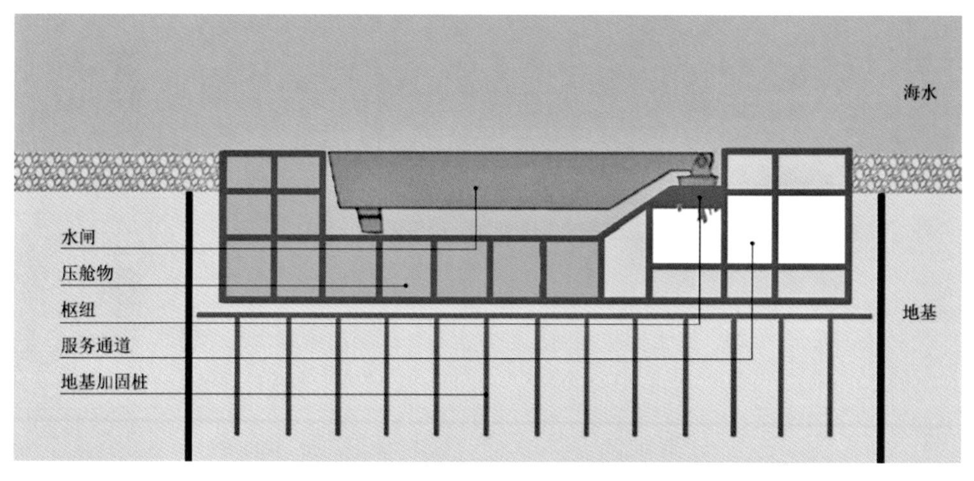

图 2-23　“摩西计划”水闸示意

早在 2011 年，纽约已经公布《愿景 2020：纽约水岸综合规划》，其中对提高城市应对气候变化和海平面上升的适应力制定了明确的战略。但在 2012 年，飓风“桑迪”袭击纽约，造成了 43 人死亡，9 万余座建筑被淹，200 万人流离失所，最终经济损失高达 190 亿美元。布鲁克林大桥隧道的通道、地铁、地下室，还有一些低层的建筑都被洪水侵袭，下曼哈顿区因为洪水断电，陷入了瘫痪。纽约政府再一次修改了洪涝危险区的范围，并通过举办设计竞赛邀请众多设计专家为保护海岸与其居民不受洪涝灾害的影响而出谋划策，规划界闻名的“曼哈顿 BIG U 规划”也应运而生，本书对此案例进行了介绍。波士顿滨水区的开发也遇到了同样的问题，2018 年的一场风暴潮袭击了波士顿，造成了严重的损失。跟纽约的情况一样，海水漫到了波士顿的道路中央，地铁站也被海水浸淹，这是波士顿历史上罕见的灾害。接连不断的风暴潮灾害引人深思，对于纽约、波士顿地区效仿欧洲于外部建设类似上述防潮闸是否可行，一些学者及科学家提出了如下设想[17]。

例如，对波士顿地区的规划包括（图 2–24）：第一种对内港池进行防护，防护范围较小；第二种利用港池和岛屿进行防护，防护范围有所扩大；第三种将整体波士顿港以及昆西湾进行防护，防护范围较大。纽约的风暴潮屏障思路为将纽约上湾、下湾、牙买加湾以及大南湾整体考虑，通过在连通区域建立挡潮闸实现极端天气下与大西洋进行隔离。通过工程手段解决既有重要城市的防潮问题以应对海平面上升，而对于新城的建设则应在选址和规划初期即对海平面上升问题予以重视，包括对于竖向高程体系的科学预测和设定，防御体系和城市基础设施的综合平衡，构成城市海岸韧性的重要部分。

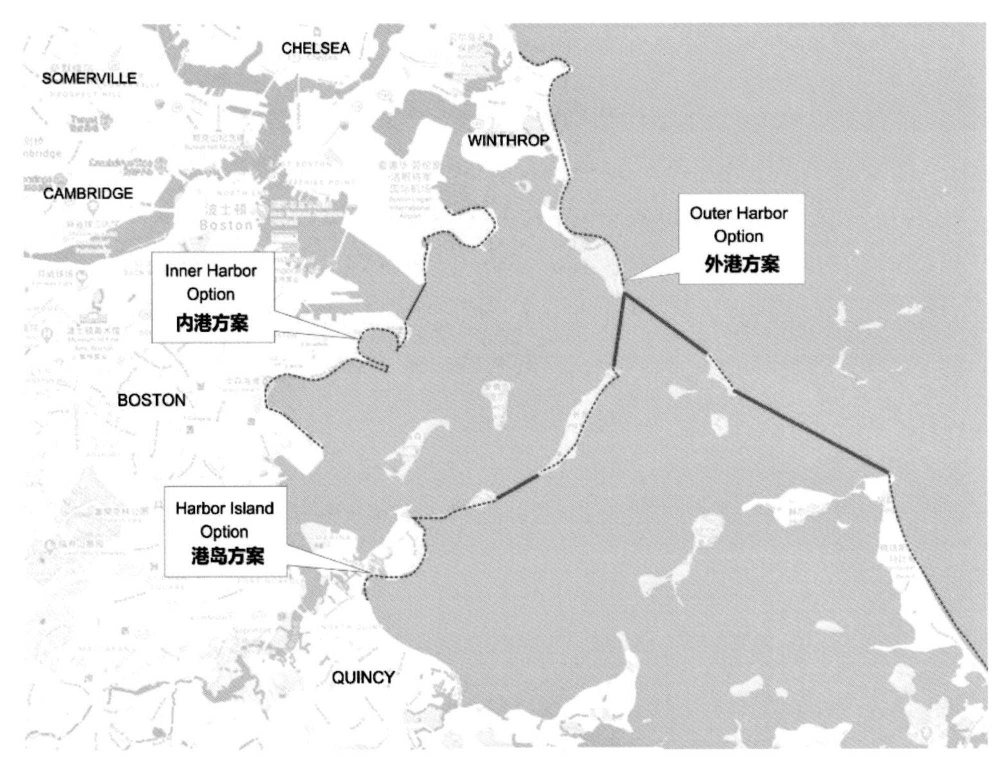

图 2-24　波士顿防潮闸三种方案及外部防潮屏障规划示意

5. 波浪

波浪是海水运动形式之一，是由外力、重力、海水表面张力共同作用形成，由于气压的变化以及风与水体摩擦所引起水面起伏的波动现象称作波浪，它其实是水质点离开平衡位置而作的周期性运动。城市规划或景观设计借助于专业的海岸工程专家的支持来完成波浪对于空间规划和设计方案的影响判断，也包括对于既有设计方案的校核，但是随着近年生态型复合型护岸的产生，创新型的生态型海岸使用波浪断面和平面试验的实体物理模型和计算机模型成为重要的技术支持。

通常近海波浪主要为风浪，即风所引起的海浪，其大小主要取决于风速、风时及风距，属于不规则波。风平息后海面上仍然存在的波浪称为涌浪，涌浪属于自由波，呈现出较为规则的波峰和波谷。

（1）波浪分类

按波浪周期和恢复力可分为表面张力波、重力波、长周期波以及潮波，波浪是一个复杂的动态参数。

按波浪运动状态可分为振荡波和推进波。当质点经过一个周期后没有明显的前后推移时，此时为振荡波。振荡波中波剖面存在明显水平运动的为推进波，否则为立波。若水质点只朝波浪运动方向运动且具有相同速度时，此时为推进波。

按照波浪传播海域的水深可分为深水波、浅水波和有限水深波。当水底地形不影响波浪传播时，此时为深水波。水文上将 h/L（水深 / 波长）比用于区分波形。当 $h/L \geqslant 0.5$ 时，此时波浪与水深无关为深水波；$h/L < 0.5$ 时，波浪受水深和波长影响为浅水波。

按波浪破碎可分为未破碎波、破碎波和破后波。当波浪由深水区向浅水区传播时，由于水深和地形的干扰，波浪产生浅水变形，最后将发生破碎。破碎波依据破碎形式可分为崩破波、卷破波、涌破波及塌破波。

浅水波和波浪破碎，近岸结构消能的概念对于海岸景观设计具有特殊的工程意义，通常为了达到降低波浪直接影响和冲击的巨大能量的目标，会通过一系列的潜堤、半潜堤和浅滩等措施，来消减波能对景观建筑物的影响，由此创造出更好的景观设计条件，衍生出不同型式海堤的处理方式，在本书中相关案例会涉及它们的具体设计应用。

按照波浪形态可分为规则波和不规则波，规则波波峰波谷明显；不规则波（涌浪）波形杂乱，空间上具有明显三维性质；风浪和涌浪可同时存在，称为混合波。

（2）描述波浪的参数[18]

相邻两个波峰之间的长度叫作波长；周期是波浪质点作一次重复运动所需要的时间；水质点所运动的最高点与最低点，分别叫作波峰与波谷；波高是指相邻的波峰和波谷间的垂直距离（图 2–25）。

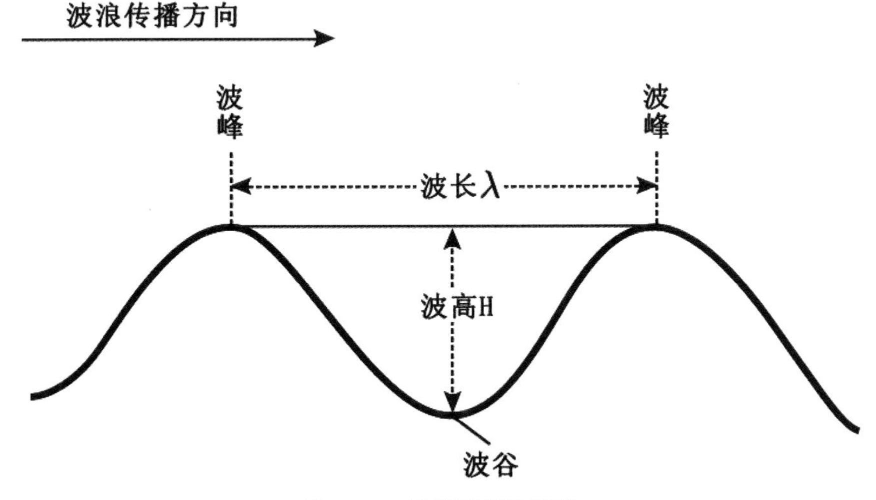

图 2-25　波浪要素示意图

如将观测的波高按大小顺序排列，并把最高的一部分波的波高计算出平均值，称部分大波的平均波高，例如对最高的 1/10、1/3 的波，其平均波高分别以符号 $H_{1/10}$、$H_{1/3}$ 表示。

波浪玫瑰图为更加直观的描述某个区域总体的波浪特征（图 2–26），将某地不同波向、不同波高的波浪按其由统计数据所计算出的统计频率归纳在图中，就形成了波浪玫瑰图。极坐标的径向距离表示频率，径向的横向距离表示波高的大小。绘制波玫瑰图通常需要1～3年的连续资料，或者选择有代表性的典型年份的资料。波玫瑰图可以根据规划设计、工程施工、运营等要求，分别按季节或按月份绘制。

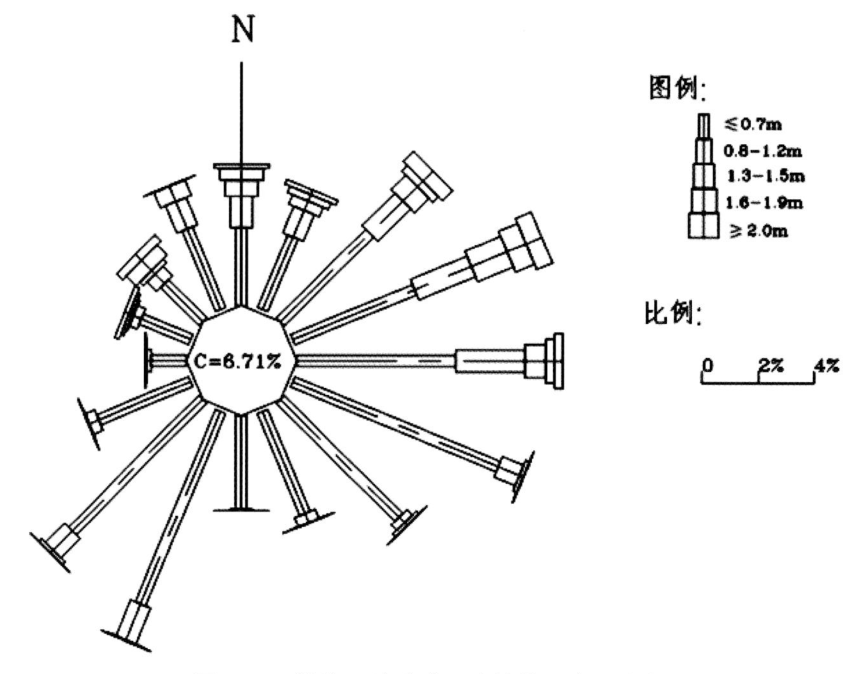

图 2-26　某海区波玫瑰图（柱状图表示法）

（3）波浪的特征值

最大波高（H_{max}）：波高大于某一固定值的连贯大波波列或观测记录中出现波高最大值。

1/10波高（$H_{1/10}$）：全波波浪中，按波高大小排序，相应于总数十分之一的大波对应的波高。

有效波高（$H_{1/3}$或H_s）：全波波浪中，按波高大小排序，相应于总数三分之一的大波对应的波高，是特征值中最为常用的一种。

平均波高（$\bar{H}$）：所有波高的平均值。

（4）设计波要素 [19]

根据目的不同，波浪有两种统计方法，一种是以实测资料为依据，并以统计方法外推概率曲线来预估未来可能发生的事件，反映的是波浪的长期分布规律，通常用重现期表示；而实际面上的波浪是不规则的，在同一地点几十分钟内，波浪的波高是不断变化的，我们将短期内的波高系列称作一个波列，反映短期波列的规律通常用波列累计频率表示。设计波高的推求主要通过经验累积频率以及理论累积频率曲线计算。

重现期是指某一特定波列累积频率平均多少年出现一次的可能，代表波浪要素的长期统计分布规律，反映建筑物的使用年限和重要性。一般港口设计标准取50年，在重要的城市区域前方海岸取100年乃至更高。

波列累积频率 是指在实际海面上不规则波列中出现的频率，代表波浪要素的短期统计分布规律，主要反映波浪对不同类型建筑物的不同作用性质。例如某时段内测得1000个波高，将波高从大到小排列，第10个的波高称作累积频率1%波高，记作$H_{1\%}$。

对于其他更复杂的工程和海洋物理学意义上的术语，如波谱、波能密度等概念，在此就不做进一步展开，根据本书的目的关于潮汐波浪海流等的概念，仅限于对于这些影响海岸空间规划及景观设计要素的科普性理解，以能建立起来多个专业的沟通和基本理解为目标。

6. 海流

近岸海流主要分为潮流及非潮流。潮流是指受天体引潮力产生的海水周期性水平运动。潮流按周期可分为规则半日潮流、不规则半日潮流、规则日潮流及不规则日潮流；按流向可分为旋转流及往复流。往复流又称直线式潮流，多出现在海峡、水道、狭窄的湾内以及河海交界处沿岸地区。旋转流为流向和流速不断随时间变化的潮流，多出现在外海以及海域广阔及江河入海地区。

永久性非潮流是大洋环流，暂时性非潮流指受天气变化影响的风吹流和波浪流。波浪从深海向岸边传播过程中，因海底摩擦等造成的能量损耗，引起波浪能量的重新分布。波浪流主要包含三部分：波浪引起的水体质量输送、平行海岸的顺岸流以及流向外海的离岸流。

海流在空间规划中的主要影响是对于近岸物质输移和分布的影响，空间规划对于海流影响的总体判断有助于初步预测海岸空间的演变形态，由于海流的影响尺度较大，在景观学意义上是与地形地貌的分析结合到一起形成对于场地条件的理解和规划总体布局的影响和把握。顺便提及，波浪和海流的影响，是旅游规划和水上运动选址安全性评估的一个重要因素。

7. 泥沙

泥沙主要是海洋中由于物理作用或化学分解所形成的海岸碎屑物，在海岸带地区，海洋生物的骨骼或蚌壳也会成为泥沙颗粒。泥沙颗粒是组成海岸带结构的主要物质之一，泥沙运动是海岸地形演变的主要原因，也是构成空间和景观的重要因素，因此泥沙的研究对海岸空间规划及景观设计具有重要意义。通常，城市规划师或景观设计师要借助于专业的海岸工程和科学研究者的支持来完成对于海岸泥沙运动的判断，其中计算机模拟和物理模型是重要的工具，本书将另有专篇说明。

（1）泥沙来源

泥沙作为海岸带沉积物，其主要来源有以下几个方面：

波浪对海岸以及水下岸坡的侵蚀：据统计海岸侵蚀所带来的泥沙仅为河流携带入海泥沙的0.04%，侵蚀带来的泥沙量与被侵蚀岩石坚硬程度密切相关。通常较为坚硬的岩石，即使波浪作用较为明显，但其被侵蚀的速度仍旧很慢。

河流入海携带的泥沙：世界上河流向海提供泥沙总量每年约120亿吨，中国河流向海输沙量每年为22亿吨，这些泥沙通常堆积在水深不超过50m的浅海。

海底的来沙：目前被海水淹没的古海岸带的松散物质在风浪作用下向岸输移，成为海岸重要的沉积物。

风携带入海的物质：部分由陆向来风主导的海岸地区，其来风向存在大范围沙漠地区，风携带泥沙会停积在海滩或近岸的水下岸坡。

火山喷发：包括陆上及水下的火山喷发产生的沙砾堆积物，主要表现在印度尼西亚海岸以及日本等火山沿岸区域。

生物堆积物：主要为海洋生物的骨骼和蚌壳，如珊瑚礁的残骸、软体动物贝壳等。如，在我国海南岛南部地区存在十几公里长珊瑚礁海滩。

（2）泥沙特性

海岸泥沙运动特性不仅取决于泥沙来源和海岸水动力环境，还取决于泥沙本身特性，包括泥沙粒径、泥沙颗粒的密度、泥沙颗粒的形状以及泥沙颗粒的矿物组成。根据泥沙的矿物组成成分以及泥沙颗粒粒径的大小，可分为黏性泥沙和非黏性泥沙。非黏性泥沙指除了颗粒黏结力以外不存在相互作用的粗颗粒泥沙。黏性泥沙一般指淤泥，是由黏土颗粒、粉砂和有机物组成的混合物。由于泥沙混合物之间的渗透性很低，黏土颗粒以及有机物之间会产生电化学作用，表现出颗粒之间具有黏结作用。

泥沙粒径是泥沙的重要几何特征，由于天然泥沙一般都是不规则的，所以针对砾卵石等大粒径泥沙颗粒采用等容粒径法，即采用同体积球体直径来定义不规则形状的泥沙颗粒粒径；对于砾石、沙等中等粒径泥沙通常采用筛孔粒径，以泥沙颗粒正好通过的筛孔大小表示其粒径，泥沙颗粒筛孔粒径一般与中轴粒径接近；受筛孔限制，对于粒径较小的泥沙（粉砂、黏土等）可采用沉降法，即通过测量泥沙颗粒净水沉降速度，采用与泥沙颗粒有相同密度相同沉降速度的球体直径来表示泥沙粒径。泥沙的粒径范围如下表。

级别	漂石	卵石	砾石	粗砂	中砂	细砂	极细砂	粉砂	黏土
粒径 D（mm）	＞200	200～20	20～2	2～0.5	0.5～0.25	0.25～0.10	0.10～0.05	0.05～0.005	＜0.005

对规划和景观设计，上述基本概念已经可以满足日常工作中的需要，其他包括泥沙密度（与其矿物组成有关，大多数天然泥沙由石英砂组成，密度为 2650kg/m^3）、泥沙沉速等只需要做一般性的了解。

（3）泥沙运动

随着海洋动力，泥沙被输送到其他区域，在流速较小的地方，因重力作用而沉积起来。大量泥沙被冲刷、输送、沉积，海底地形便会发生较大改变。正因为泥沙运动会对海底水深、岸线形状造成较大影响，是海岸带景观规划设计必须关注的因素，所以在空间规划和设计中应根据当地的自然条件，了解泥沙的运动趋势，以免出现不利的乃至颠覆性的后果。

海岸的泥沙运动是指在浪、流作用下沿岸区的泥沙运动，分为平行于海岸的沿岸输沙和垂直岸线的纵向输沙。纵向输沙对于短期的岸滩变化影响较大，沿岸输沙对于海岸的演变和发育起主导作用。

泥沙本身的运动方式可分为推移质运动及悬移质运动，两者明显的区别为泥沙颗粒运动规律不同、运动机理不同，推移质运动主要在床面附近运动，也就是“底沙”，悬移质则为“悬沙”。悬移质输送的输沙效率一般远高于推移质运动，因为推移质运动直接消耗水流的时均能量，增加水流阻力。而悬移质泥沙运动速度与水流速度基本一致，不直接消耗水流能量，其是从水流的紊动动能中获取，这部分能量本身是水流能量的一部分。

三、海岸地貌和景观

地貌是广义的景观，在英文词源上甚至是同源的，海岸地貌是海岸空间规划和景观设计必须关注的内容，尊重自然的景观规划首先要以地形地貌作为自然基底，与其景观特点和更深层次的生态和地质学地形地貌特点相结合。海岸地貌是在当地的海岸动力长期作用下形成的，掌握地理地貌与海岸动力的演变规律，可在规划设计工作中利用规律事半功倍。在海岸带地区自然营造的力量与海岸地貌有着不可分割的联系，海岸景观地貌的演变有其自身规律，在海岸空间规划设计中违背了客观发展规律，会影响整个方案的可行性，而恰当地利用海岸动力和地貌的规律因势利导，将海岸的自我演变引入实现景观规划意图，则将成为海岸空间利用和景观塑造的优势和可持续发展的基础。在另外的篇章，我们将就如何利用“基于自然的解决方案”（NbS）和借助“自然营造”（Building With Nature）引导大自然的力量建筑海岸空间，塑造海岸空间做进一步的介绍和说明。

1. 地貌分类

从地貌演变过程来看，海岸地貌可分为侵蚀地貌与堆积地貌两种。在波浪、潮流的作用下，海岸不断侵蚀所形成的各种地貌叫作侵蚀地貌，因海岸的组成物质不同，侵蚀的速度和形状也会有所不同。海岸沉积物在波浪、潮流等海岸动力作用下发生运动，到受到阻碍或者动力减弱时，便会发生沉积，形成各种堆积地貌。

2. 地貌与动力

事物的发展都是在内外因作用下的结果，地貌演变也不例外。 海岸演变因素的内因为海岸物质包括岩石等的性质，不同的海岸性质对海岸动力的敏感性不同，淤泥质海岸泥沙运动活跃，基岩质海岸则更多表现出被海水侵蚀的地貌。海岸演变的外因可分为地质构造力与地貌外应力两种，地质构造力是指主要由地球内部能量引起的地壳或岩石圈物质的机械运动，它形成海岸的基本轮廓。地貌外应力主要指风、海岸动力等因素，随着时间的推移，将海岸改造成与当地外应力对应的地貌。

地质构造力作用时间相当长，通常要数万年甚至更长的时间尺度，故在相对短暂的海岸带景观规划设计中一般不进行考虑，而应把重点主要集中到地貌外应力的研究和应用上来。海岸地貌的外应力主要包括风、波浪以及潮流等因素。

风：地面上的空气流动吹起表面砂砾，将其搬运到其他区域堆积起来，形成风积地貌。风积地貌主要发生在植被条件较差，风力强劲的砂质海岸。

波浪：波浪是海岸地貌作用的主要动力，从浅水区波浪质点触底开始，一直到冲上岸坡消亡，对泥沙的冲刷作用起主要作用。在基岩质海岸上，在波浪的长期作用下，会出现一些侵蚀性的地貌，如海蚀洞、海蚀崖等。

潮流：潮流对地貌的塑造主要体现在对泥沙的重分布上，潮流流速大的地方能量也大，可挟带大量泥沙，这些含沙量大的海水被潮流输送到流速较小的地方沉积下来。尤其在大风天气，大浪掀起海底泥沙，泥沙随潮流扩散，风浪过后，在某些区域可能会淤积大量泥沙，使得水下地形发生显著改变。

3. 几种常见地貌演变规律

海岸常见的一些经典地貌，与海岸动力以及海岸的类型有着密切关系，本节介绍一些常见的地貌及其形成机理。

（1）侵蚀地貌（图 2-27）

图 2-27　侵蚀地貌示意图

左上：海蚀洞；右上：海蚀崖；左下：海蚀平台；右下：海蚀柱

① 海蚀洞

海浪冲击着岩石，长年累月的作用下，一些发育有裂隙的部位在冲击下坍塌、破碎，逐渐形成一个凹进去的洞。波浪进入洞内继续破坏岩石，洞越来越大，一些伸入海中的岩石会被打穿。

② 海蚀崖

在某些基岩海岸，高潮位附近，常有海蚀穴形成，随着海浪作用，海蚀穴逐步扩大，下部连成一道凹槽，凹槽上部岩石失去支撑而掉落，形成陡峭的海蚀崖。

③ 海蚀平台

海蚀崖形成后，海岸不断后退，最终在海蚀崖的根部形成一个平台状地形，成为海蚀平台。海蚀平台通常在海平面附近，表面基岩裸露，或者覆盖有浅浅的砾石。

④ 海蚀柱

被海浪打穿的海蚀洞，在海浪继续作用下，年复一年的扩大，洞顶部悬空的长度也越来越长，最终顶部悬空岩石塌落海中，就形成了海蚀柱。

（2）堆积地貌

泥沙在波浪作用下运动，主要受到重力和波浪力的作用，当波向线与海岸垂直时，泥沙受到重力和波浪力的合力与岸线垂直，波浪力大于重力时，泥沙就向岸运动，波浪力小于重力时泥沙向海运动。这时的泥沙运动就属于横向运动。当波向线与岸线成一定角度时，波浪力沿运动方向有一定的分力，这样就使得泥沙沿岸线纵向发生运动。根据泥沙运动方向的不同，堆积地貌可分为横向堆积地貌和纵向堆积地貌。

横向堆积地貌

① 水下堆积阶地

泥沙横向运动时，在某个位置，当波浪力和重力作用平衡时，泥沙不发生运动。因地形变浅对波浪的衰减，由海向岸侧波浪力作用越来越小，平衡位置以上重力大于波浪力，泥沙向海侧堆积，平衡位置以下重力小于波浪力，泥沙向岸侧堆积。这样平衡线下泥沙堆积在水下岸坡底部，形成水下阶地。

② 水下沙坝

在破波点附近常常存在一条或几条走向与海岸近于平行的水下脊状堆积体，这种堆积地貌称水下沙坝。水下沙坝的发育与演变和暴风浪作用有关系，当暴风浪由海向岸传播过程中，在破波点附近常出现向海回流，产生向岸向海水体与泥沙的相向运动，泥沙堆积在交汇点，从而形成沙坝[20]。本书第七章对此类沙坝在海岸空间规划和景观设计中的应用进行了较详细的探讨。

③ 离岸堤和潟湖

离岸一定距离并露出海面的沙石堤为离岸堤，离岸堤与陆域围成的浅水水域被称作潟湖（图 2-28）。在海岸空间规划和景观设计中，这类沙堤和潟湖运用得当时，可以成为重要的港湾型滨水景观，一般不建议对其进行破坏性的开发，以免影响其赋存和稳定的机理，而应该因势利导。破坏后重新建设的防护结构和港湾，代价高昂且失去了地域的原始生态和地貌特征，造成很大的资源和投资浪费。

图 2-28　日照万平口潟湖

纵向堆积地貌

① 湾顶滩

泥沙发生纵向运动时，如果海岸线向海侧弯折，形成钩形岸线，波向线与岸线夹角逐渐增加，波浪纵向分力逐步减弱，与之对应，泥沙的纵向移动量也就越来越小，开始沉积，就在岸线顶部形成湾顶滩。

② 沙嘴和拦湾坝

泥沙发生纵向运动时，如果海岸线向陆侧转折，形成凸型岸线，波向线与岸线夹角逐渐减小，由于惯性作用，泥沙在某点脱离岸线的趋势，随着波浪衰减，泥沙开始淤积，逐步向海侧伸展，形成沙嘴。

当沙嘴发生在海湾湾口时，便成为拦湾坝。

③ 连岛坝

岸线外存在岛屿时，在适当的间距和海岸动力条件下，由于岛屿的遮蔽效应，外海波浪被岛屿消减后能量降低，在岛屿的背浪侧泥沙发生淤积，岛屿与陆向沙嘴连接起来就形成连岛坝，这种连岛坝与潮汐的涨落和波浪的作用相组合经常成为特色景观，人们赋以历史文化的传说，而成为当地的风景名胜，类似的著名景观如锦州笔架山景区的“天路”，高潮时淹没，低潮时出露人可步行上岛（图 2–29）。此类自然地貌景观与环境动力条件具有较强的关联，因而海岸环境动力条件的变化会对其产生较大的影响，乃至影响到景观特色的存亡兴废 [20]。

在进行某些海岸区域的景观设计中运用这个原理，可通过适度的人工干预，在近岸岛屿的后方形成海岸动力自塑的人工“天路”，并对冲刷和淤积进行调节。另外，在近岸人工岛式建筑项目中，应关注到岛屿遮蔽效应的影响，以避免人工岛或建筑基座后方的连岛坝效应形成淤积，影响近岸水体的连通性。实际上在近年的人工岛建设中，类似的情况都有发生，造成了对于近岸环境的破坏，如海南某地的“日月岛”项目等。合理的离岸距离和人工岛基础的关系，在海岸动力地貌中有相应的计算公式可以参考。

图 2-29 连岛坝（锦州笔架山）

四、海洋环境资料调查分析

如同我们在陆域的规划工作中，无论是城市中心还是农村乡镇，无论平原丘陵或山地湖泊都需要相应的基础气候、气象、环境和人文资料来支持我们的规划设计。规划设计与本地的环境协调，并在最大程度上尊重和利用大自然赋予的多方面的优势，规避劣势条件是一个优秀规划和设计的基本要求。在海岸空间规划和景观设计中，为描述海岸空间的基本特征，需要对于海岸带地区包括海陆两侧的环境特征和地形地貌的充分调查了解，由于海岸和海洋的地形地貌除了潮间带和陆域部分以外，大部分被海水所覆盖难以直观获得对地形地貌状态以及环境动力条件的直接认识，因而对于观测和调查的装备和技术性要求更高。在海岸空间规划设计的前期，需要对各项要素的调查观测及分析进行详细的规划和计划。由于海岸环境参数调查的难度较大，因而应尽量采用自动化程度较高的观测方法和较成熟的技术路线，以保障观测调查的成功率（图 2-30）。

图 2-30　青岛小麦岛海洋站

1. 潮汐观测

潮汐测量也称验潮，即测量某固定点水位随时间的变化。潮汐观测点宜选在与外海联通情况较为优良、冲淤平衡且受波浪影响较小的地方。验潮站通常可分为长期验潮站、短期验潮站、临时验潮站和海上定点验潮站[21]。

长期验潮站是测区水位控制的基础，它主要用于计算平均海平面和深度基准面以及不同设计水位。计算平均海平面要求有两年以上连续观测的水位资料。短期验潮站用于补充长期验潮站的不足，与长期验潮站共同推算确定区域的深度基准面和设计水位，一般要求连续 30 天的水位观测。临时验潮站在水深测量期间设置，要求最少与长期验潮站或短期验潮站同步观测三天，以便联测平均海平面或深度基准面，测量期间用于观测瞬时水位，进行水位改正。海上定点验潮，最少在大潮期间与长期或短期站同步观测三次 24 小时，用以推算平均海面、深度基准面和预报瞬时水位等。

参考《港口工程技术规范》，港口工程建设需有 20 年以上的实测潮位资料，无多年实测资料的海域，需进行 1 年以上的实测，以便对设计潮位进行推导。传统的潮汐观测方法主要包括水尺验潮、井式自记验潮仪、超声波潮汐计及压力式验潮仪。其中，井式自记验潮仪有浮子式及引压钟式两种，此方法由于其精度高、安装复杂、维护方便等特点普遍适用于我国长期验潮站。除上述传统潮汐观测外，随着 GPS 及遥感技术的发展，差分全球定位系统（Difference Global Positioning System）及潮汐遥感测量等新兴技术正在得到广泛应用[22]。

2. 波浪观测

波浪观测资料主要用于海岸动力和近岸泊稳条件分析、确定设计波要素以及泥沙运动分析等方面。根据我国《海滨观测规范》规定，其观测的主要内容包括海况、波型、波向、波高、周期以及相应的风速、风向及水深[23]。根据测波仪工作原理大致可分为光学测波仪、压力式测波仪、声学测波仪、测波杆、船舷测波仪、遥测重力测波仪。光学测波仪在我国海洋部门及工程部门使用较为普遍，其主要原因为设备简单，仪器费用低且易于操作，可以在野外无电源的情况下检测。

3. 海流观测

海流的观测主要指对项目附近海域的实测流，其主要用于平面布局规划、航道选线、光缆布设泥沙冲淤分析、海洋中热传输海洋污染物传输和分布以及预测海岸规划建设后岸线的变化。海流的资料指定点逐时流速和流向的连续记录，通常有单站定点连续观测法、多站同步连续观测法以及大面流路观测法等。单站定点连续法观测指采用一条船在给定的位置上进行海流连续观测，取得该处的实测海流资料，以了解该点海流的分布及变化状况。多站同步连续观测法指采用几条船在几个给定位置上同步进行海流连续观测（如断面观测通常采用这种观测手法）。大面流路观测法指用船只在海岸附近投放浮标，待浮标进入预定水域后，用经纬仪或其他方法测量不同时间的浮标位置，然后绘制布标在不同时间的位置图，以便了解水质点的运移途径。

按照工作原理，海流的观测仪器可分为机械式海流计、压力式海流计、电磁式海流计以及声学式海流计。

海流观测方法通常与海流本身性质以及分析目的有关。当采用短期资料进行准调和分析时，海流连续观测次数不宜少于三次，并应分别在大、中、小潮日期进行。在一般的潮流分析中，可采用一次或二次海流观测资料，一次观测宜设置在大潮期间，二次观测应分别在大、小潮期间。一次海流观测的持续时间不应小于 25 小时。当采用长期资料进行分析时，连续观测天数不宜小于 15 天。

4. 泥沙观测

泥沙的观测主要用于了解泥沙来源以及运动途径，进一步判断泥沙对近岸冲淤的影响，为项目选址、规划、维护提供依据。对于砂砾质海岸，一般需对悬沙测试其沿水深分层含沙量及粒径、对底沙进行输沙率及粒径测试。而对淤泥质海岸来说，除上述测量内容外，还需对浮泥进行容重、厚度及流动速度的测验。泥沙测验需结合潮位、潮流、水深进行。

5. 水下地形测量

水下地形图的比例和范围应按照规划设计阶段以及工程规模由勘察、设计、规划等部门共同确定。就笔者的经验不同规划设计阶段常见的测图比例尺为：

对于一般的海岸规划设计项目：

➢ 规划选址（或预可）：1∶5000、1∶10000，或以上

➢ 初步设计（或工可）：1∶1000、1∶2000

➢ 施工图：1∶500、1∶1000

对于海岸带地区的空间规划如城市规划和景观规划专业的基础图件，考虑陆海统筹的国土空间规划尺度，以及对应的专项规划，建议可以使用不大于1∶10000的测图；对于控制性详细规划层次的海岸带空间规划，建议使用不低于1∶2000的测图；而在修建性详细规划和景观方案设计层次，则建议视项目场地的复杂程度采用1∶500/1∶1000的测图。

大量的海岸地区的城市规划和景观设计，很少有与之相符合的关于水下地形的资料，作者建议在规划拼图过程中，应在统一的高程体系下，对于海侧水下地形应有适当比例的水下地形图至少应有一定范围的等深线的支持，从而可以较清晰地了解海侧规划对象水下地形特征。水下地形地貌的综合分析，是海岸空间规划和景观设计的重要逻辑起点，也是体现空间规划陆海统筹思想的重要技术手段之一。

6. 海图在海岸空间规划中的应用

海图是用以表示海洋区域地形和地貌现象的一种地图（图2–31）。海图是海洋区域的空间模型、海洋信息的载体和传输工具，是海洋地理环境特点的分析依据，在航海、渔业、海洋工程、海洋科学研究以及海洋开发利用的各个领域中都有重要的使用价值。依靠海图所提供的各种信息可以用来进行海洋环境分析，确定规划的总体布局，基于水下地形地貌的优化选择工程的位置、方向、规模、施工计划等。符合中国海图图式GB 12319—1998，可直观反应海图范围内的岸形、岛屿、浅滩、沉船、水深、底质、碍航物和助航设施等。

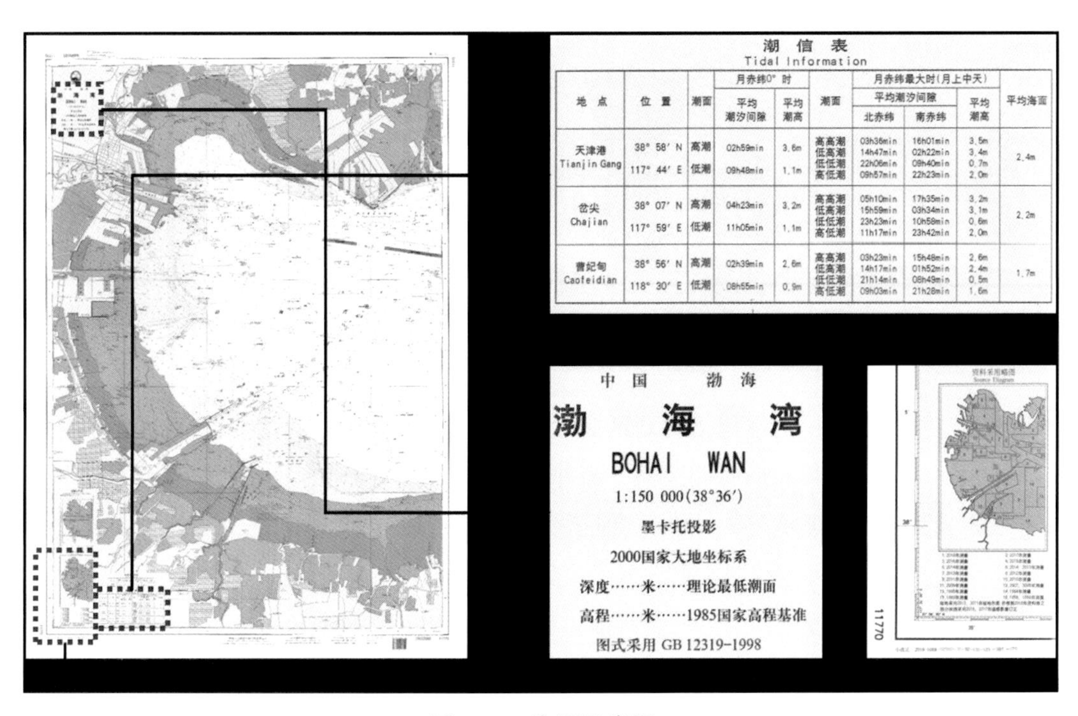

潮信表
Tidal Information

地点	位置	潮面	月赤纬0°时		潮面	月赤纬最大时(月上中天)			平均海面
			平均潮汐间隙	平均潮高		平均潮汐间隙		平均潮高	
						北赤纬	南赤纬		
天津港 Tianjin Gang	38° 58′ N 117° 44′ E	高潮 低潮	02h59min 09h48min	3.6m 1.1m	高高潮 低高潮 低低潮 高低潮	03h36min 14h47min 22h06min 09h57min	16h01min 02h22min 09h40min 22h23min	3.5m 3.4m 0.7m 2.0m	2.4m
岔尖 Chajian	38° 07′ N 117° 59′ E	高潮 低潮	04h23min 11h05min	3.2m 1.1m	高高潮 低高潮 低低潮 高低潮	05h10min 15h59min 23h23min 11h17min	17h35min 03h34min 10h58min 23h42min	3.2m 3.1m 0.6m 2.0m	2.2m
曹妃甸 Caofeidian	38° 56′ N 118° 30′ E	高潮 低潮	02h39min 08h55min	2.6m 0.9m	高高潮 低高潮 低低潮 高低潮	03h23min 14h17min 21h14min 09h03min	15h48min 01h52min 08h49min 21h28min	2.6m 2.4m 0.5m 1.6m	1.7m

图2-31 海图示意图

海图是海岸空间规划和景观设计重要的基础资料，基于对航海保障及海洋管理的需要有关部门会对近岸海域进行滚动式的更新测绘，并公开出版发行。在不同的海区海图的精度和比例尺有所区别，但是基本可以覆盖海岸空间区域的一般需求，尤其在规划前期，当规划对象海岸和近海区域尚未开展详细的水下地形测绘工作时，海图可以帮助规划师和设计师对于近海和海岸空间的基本地形地貌认知，对于海岸底质和海岸动力条件做出初步判断，结合对于周边海岸资料的收集和分析，对近岸区域规划方案合理布局。

7. 海岸环境和景观地貌综合分析

海岸地貌是指在各种动力作用下岸线轮廓、海滩剖面形态、地貌类型及其成因、演变特征等。海岸环境的分析和地貌勘察成果可供旅游地选址，城市规划、海岸景观中判断海岸项目建设后沿岸输沙、岸滩演变及冲淤的总体趋势和海岸的稳定性，并利用自然生态工法以维持海岸系统的可持续性。通过现场调研收集海岸带自然岸线、人工岸线、主要河口区和重要生态斑块（湿地斑块、特殊滩涂类型、生物集聚群落等）的自然生态资源及土地开发利用现状资料，结合卫星遥感数据资料，通过空间分析，确定海岸空间格局。在此基础上形成对海岸环境和地貌成因的综合分析，并以相应的分析图表达对于场地环境和地貌的理解（图 2–32），是海岸空间规划及景观设计的重要指引和逻辑起点。

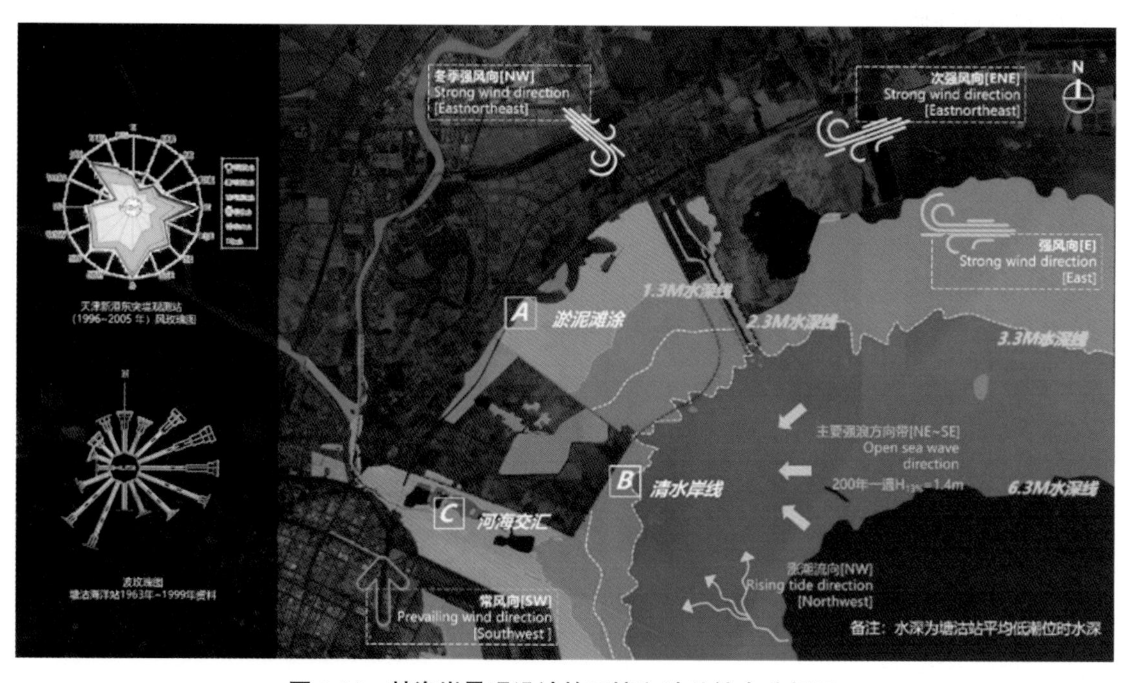

图 2-32　某海岸景观设计的环境和地貌综合分析图

地貌调查勘测的范围：通常包括规划区域两侧沿岸足够长距离的岸线，其长度包括影响规划区沿岸泥沙运动的完整岸段；向海测至浪、流作用所及海底沉积物的最大水深外缘，亦即有效输沙的海方限界，其水深通常介于 5～10m，但至少要超出“破波带”。陆侧为潮、浪、流综合作用所及的高潮滨线，必要时可延伸到历史上最大风暴潮所及的最高潮滨线。

海岸景观地貌分析一般进行如下的资料搜集与局部地形、底质勘测：

① 搜集历史地形、地貌资料，如地形图、海图、航测片、卫片等；

② 搜集规划区所在岸段的区域气象（主要是风）、海洋水文（潮、浪、流、风暴潮等）、河口

水文（水位、流速、流量、输沙量）的常年资料及灾害性或河口洪、枯期的资料；

③ 调查沿海岸滩堆积和蚀退形态、河口拦门沙与潟湖汊道沙嘴的形态以及这些局部地区底质的物质组成和表层物质的粒度等特征分布，必要时于此局部地区进行柱状取样；

④ 调查该区已建海上和近岸建筑物（如突堤、丁坝结构等）两侧局部地形的特殊冲淤变化现况，必要时设固定断面或固定测点，定时重复测量以观察局部岸滩演变趋势；

⑤ 有些还应对所选规划海区进行沉积速率测定。

地貌勘察可对海岸选址、规划近岸景观设施和防护设施的布局以及岸滩演变、冲淤提供有效的依据。图 4–3 是本书作者基于上述调查分析的结果形成的综合分析图，它通常是海岸规划及景观设计的逻辑起点和功能定位依据。

8. 海岸地质调查和勘察

工程地质勘察深度以及内容应按照规划和设计的阶段以及工程规模确定，对于大、中型尺度的项目，在规划阶段分为总体规划、详规阶段；在工程设计阶段分为可行性研究阶段调查、勘察、初步设计阶段勘察、施工图设计阶段勘察。就本章涉及的空间规划，基本以现有海图、附近的测点历史资料的整理结合现场踏勘，除非特别的专项规划需要，应可满足大尺度规划的需要；详细规划阶段和可行性研究阶段勘察主要以调查为主勘探为辅，包括以下内容：

- 地貌单元的成因、类型及分布概况；
- 地层成因类型、岩性及分布概况；
- 对场地稳定性有影响的地质构造特点；
- 不良地质发育情况；
- 地下水概况；
- 历史地震情况。

按照作者在实际规划项目中的经验，由于国土空间规划领域尚缺乏海岸空间规划方面的统一规范，详规阶段一般可参照相应港口工程可行性研究阶段的深度安排勘察和调查工作。设计阶段以后的勘察则要为海上离岸和近岸建筑物的设计提供地质资料，根据建筑物分布及结构基础形式，按照规范合理布置勘探点，勘探点深度和分析调查内容则需根据工程类型，结合场地具体地质条件进行确定。

五、海岸模拟软件及数值模型方法

数值模型指利用电子计算机采用数值法近似求解流体动力微分方程组，并通过电子计算机用数值计算法进行近似求解，最后用图形和列表表示水动力的过程。数值模型是随着现代计算机技术的发展，在 20 世纪 70 年代末兴起的模拟技术，是以水动力学和泥沙动力学为理论基础，综合考虑海岸动力学、海岸工程学等海事工程学科知识，结合具体工程的一门新型实用科学。

数值模拟的对象包括潮汐潮流、波浪、泥沙、盐度、温度等众多水文水动力特性，除对数值模型及数值求解方法的选择外，数值模型还需对边界条件和初始条件确定，边界条件及初始条件，选择需要模型建立者对于实际工程以及模拟的经验。

水动力的数值模拟可对海岸规划布置、结构的选型、沙滩分布等起到重要的规划设计决策参考的作用，对于缺少波浪、潮汐等实际观测资料的地区，可采用数值模拟进行外延的模拟分析，为海岸空间规划及景观设计提供较可靠依据的，同时还具有直接经济效益。除此之外，对海水温度、盐度等环境模拟，还对生态受损海岸带动植物复育提供技术支持。

1. 常用海岸规划设计分析软件及其应用

多年以来，国内外出现了许多以水流、泥沙、水质等为模拟对象的集成软件，近年来，以生态景观等作为模拟对象的软件亦日趋成熟，比较著名的有荷兰的 Delft3D、丹麦的 DHI 系列软件、美国的 SMS 与 ANSYS、英国的 Wallingford 等一系列的数值模拟软件，涉及与水有关的许多方面，包括降雨径流、河流模拟、海岸、河口工程以及环境等。在前处理方面，能根据地形资料进行计算网格的划分，在后处理方面具有强大的分析功能，如流场动态演示及动画制作、计算断面流量、实测与计算过程的验证、不同方案的比较等 [24]。

现阶段，国际上各软件的应用范围主要还是集中在水流、水质、风暴潮等领域，国内在数值模拟集成系统方面的研究比国外发展的晚，近年来也出现了一些集成化系统，比较具有代表意义的为天科所开发的 TK–2D[25]，是适用于海岸河口地区的多功能数学模型软件包，分成主模块和辅助模块两个部分，主模块包括五个子模块，即“五场”：波浪场数学模型软件、潮流场数学模型软件、盐度场数学模型软件、悬沙场数学模型软件和地形冲淤场数学模型软件，辅助模块包括前处理软件、后处理软件和动态显示制作软件 [25]。

2. 数值模拟及其在海岸修复和景观中的应用

（1）数值模型原理

数值模型为海岸规划决策提供了可量化的方案比选依据，通过简化实际地形，数学物理控制方程和算法，解决特定区域内水环境模拟的动态全局展示。数值模型基于大量的数据和输入准备（图 2–33），构建过程反应实际物理现象，需要对海岸动力有基本的知识储备。模型建模的准备和结果呈现如下：

数据：研究海域的地形水深、海岸线边界等信息。可通过公开的全球海洋水深数据或谷歌卫星图等获取。例如，DHI C–map 可提供全球范围、适应模型格式的高分辨率的地形水深和海岸线数据。

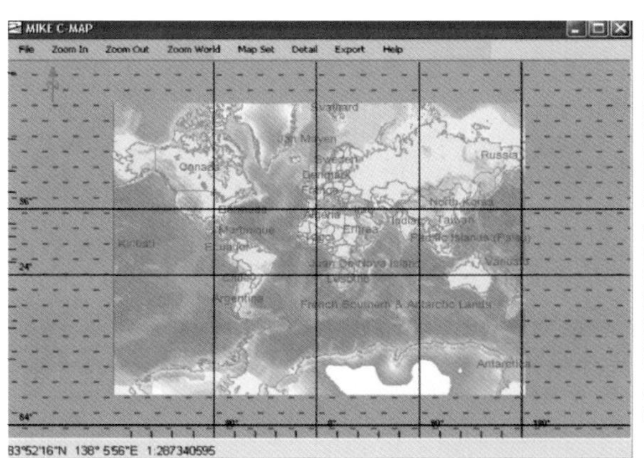

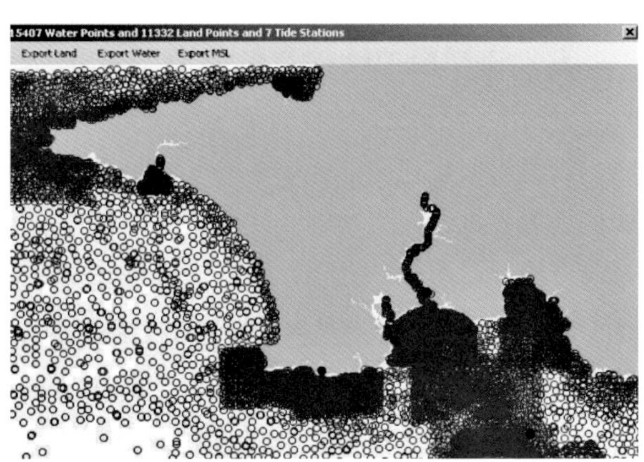

图 2-33　C-map 海图数据库示意

模型开边界：即驱动研究海域的动力因素。根据实际问题，可以是变化的风场（生成波浪）、波动的水位（生成水流）、海平面上升、极端气候降雨、河流径流、沙滩补沙量等。

模型设置和运行：根据研究的问题可以选择相应的模块，比如模拟水位和流速的变化可以选择相应水动力模型，并设置相应的物理参数。

模型结果：得到可视化的海域流场、波浪场以及基于不同方案的变化对比，给出定量的分析（图 2–34）。

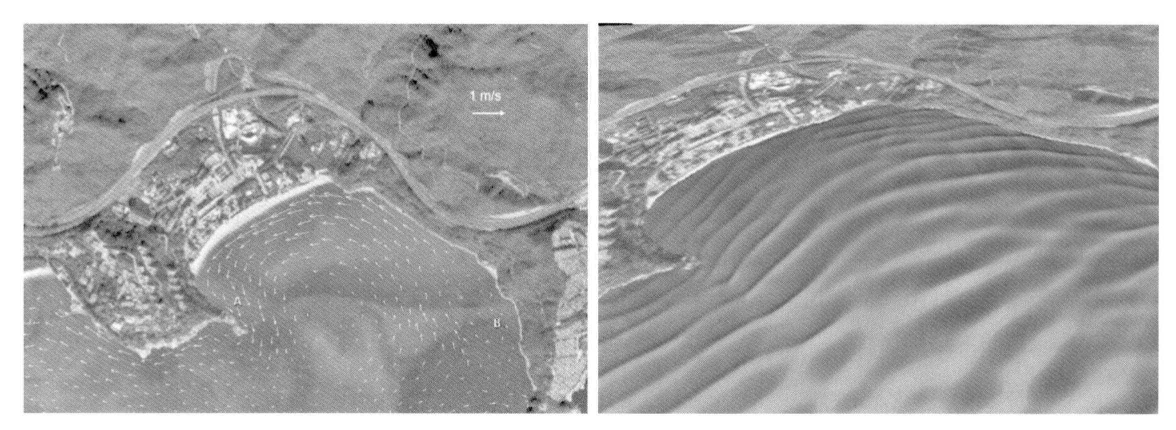

图 2-34 海域三维波浪和流场模拟展示

（2）商用系列软件示例

海岸工程专家和科学家依靠多年的工程经验开发了多种不同功能类型的软件模型工具，极大地推动了水与水环境领域的工程方案预判、验证、优化完善工作。在与水相关的领域，从河流到海洋、从海岸湿地到污水排放等大部分规划设计都可以采用计算机软件进行模拟，且由于其快速便捷性，可以有效的与规划设计过程互动。

DHI 专家研究开发的 MIKE 系列软件模型是其中的代表（图 2–35）。DHI 软件家族拥有河口、海岸和海洋工程研究系列的工具，其重要的河口海岸软件包括：

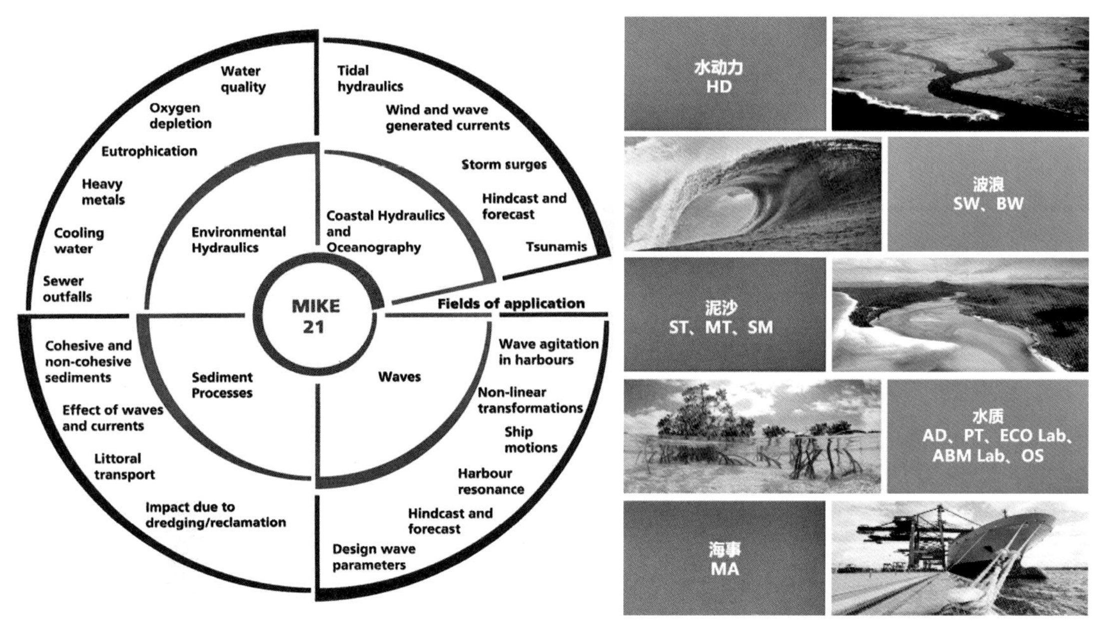

图 2-35 MIKE 21 系列软件功能和应用领域

MIKE 21：用于近海水动力、环境状况、波浪和泥沙输运的高级模拟。

MIKE 3：是一套先进的三维模型，整合了水动力学模块、水质模块、生态分析模块和泥沙输运模块。

LITPACK：是一个综合海岸带模拟包，用于模拟长时间的岸线变迁和沿岸输沙。

（3）海岸生态和景观的模型应用

数值模型作为辅助海岸景观和规划的工具，在整个设计环节起到了初步判断、定量分析、优化方案等作用。在搭建模型前，首先需要分析问题、明确研究海域的背景，再选择合适的方法和数值模型工具。

随着全球气候变暖和极端天气的频发，对海岸防护的标准和形式提出了新的挑战。海岸洪水的主要致灾因子包括：

海平面上升：加大海水淹没面积、加剧海洋灾害、破坏生态系统，对城市防洪防潮能力、排水管道、道路等基础设施都有一定的影响。

台风：导致建筑物遭到破坏、基础设施造成一定程度的毁坏；还会引起暴雨、巨浪、风暴潮等类型的次生灾害。

风暴潮：潮位急剧升高，能量释放的过程中对沿岸设施造成毁灭性的摧残，导致码头受冲击、航标损坏等损失；风暴潮增水还会引发如土地被淹没、海滩被侵蚀、房屋被毁坏等。

飓浪：能量释放的过程中对沿岸的设施造成毁灭性的摧残，导致海堤破坏等。

上述极端天气现象可以通过数值模型进行模拟，反映真实的物理现象和对特定区域的海岸洪水风险影响评价。

以海岸防护概念设计为例，在缺少数据的情况下，利用 DHI 的海洋水文数据库（Metocean）和云端洪水分析工具快速确定堤防设计高程，判断滨海城市在极端天气下的沿岸洪水淹没图（图 2–36）。

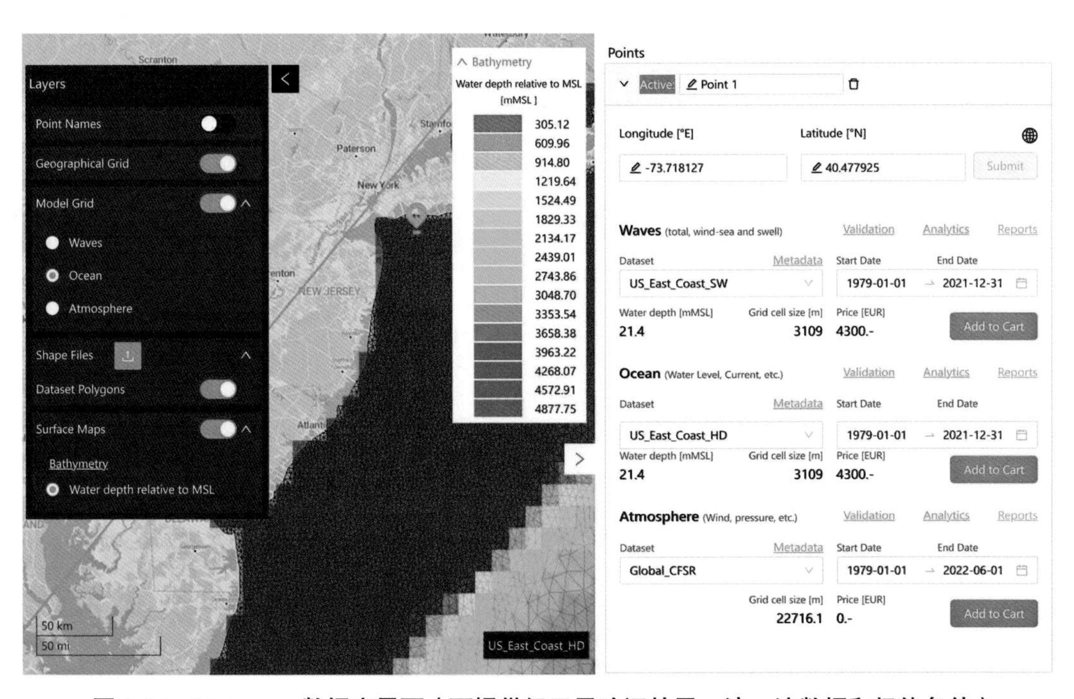

图 2-36　Metocean 数据库界面（可提供经卫星验证的风、浪、流数据和极值条件）

Metocean 是覆盖全球范围的海洋数据库（基于长时间模型计算结果），与卫星数据校核验证，确保数据的准确性。为使用者提供任意海域的风、波浪、水流等参数和统计值，尤其是设计所需的不同重现期的极值条件，如 50 年一遇的极端水位。云端洪水分析工具可以基于不同精度的 DEM（Digital Elevation Map），模拟降雨和海平面上升下的陆域洪水淹没水深分布图，为规划提供洪灾风险的依据（图 2–37）。

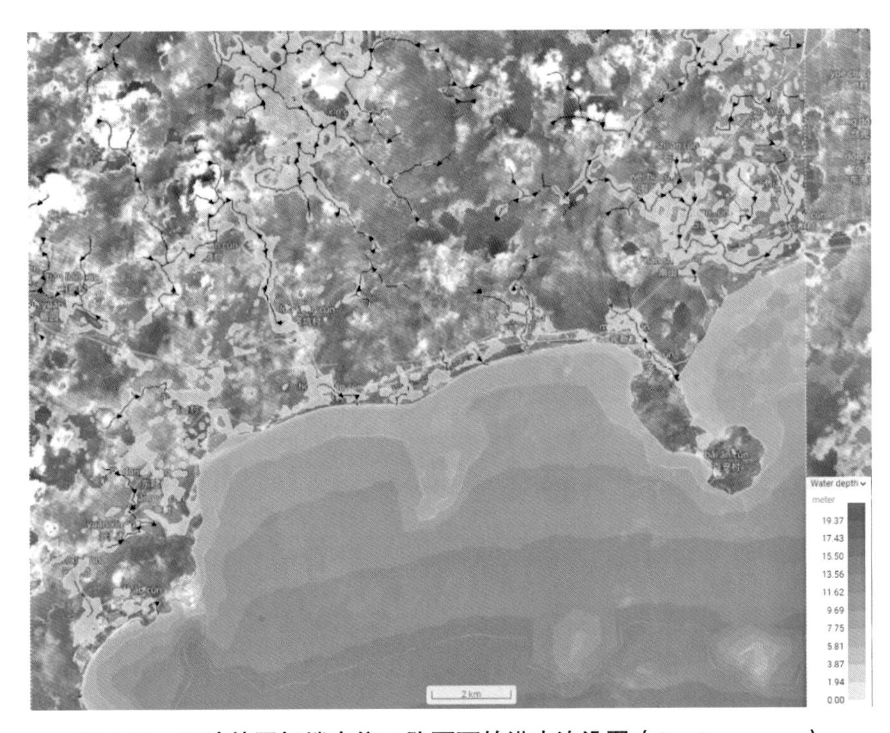

图 2-37　深汕特区极端水位 + 降雨下的洪水淹没图（flood screener）

以海岸生态修复为例，海岸不仅仅是连接陆域和海域的缓冲带，更是为水生动植物和鸟类提供了栖息地。例如红树林是一种生活在潮间带的特殊水生生物，能够抵御海潮，而其特殊的生长环境（潮间带）可以通过数值模型模拟得到。而海底生物的栖息环境和鱼类的自主行为也可以通过数值模型来进行模拟和预测。图 2–38 为 MIKE 21 Agent Based Model 模型模拟得到的白海豚在某海域的栖息地分布密度（右图）和观测资料（左图）适应性分布的对比。

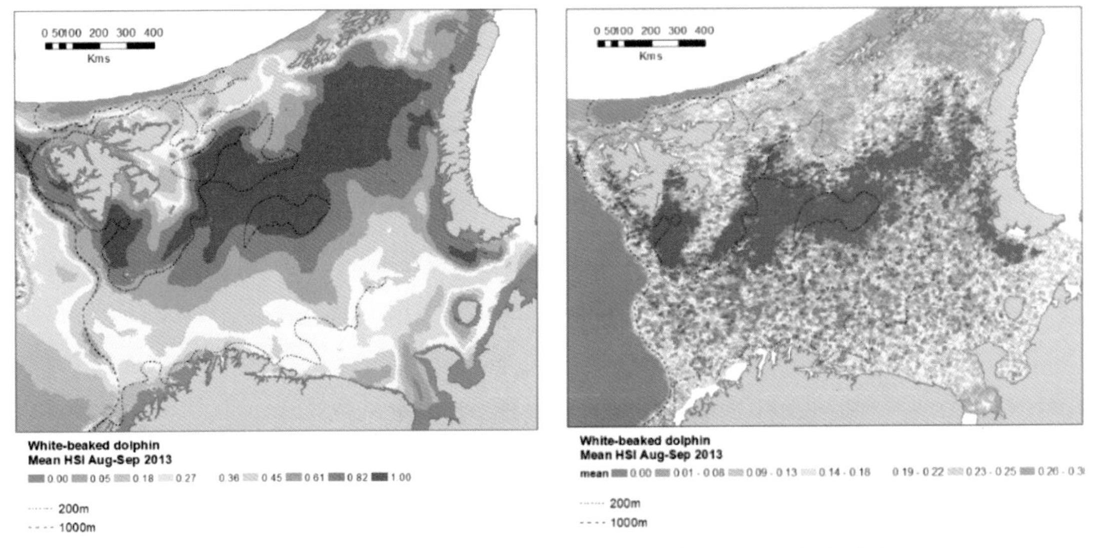

图 2-38　白海豚栖息地分布图（左：观测资料，右：模型计算）

水沙和污染物数值模型，根据不同时期规划区基础观测资料，建立以海岸用海区域为核心，以周边海域为兼容对象的数值模型，分析包括岸线形态变化对周围海域水动力环境和泥沙输移运动的影响及岸线的冲淤变化特征，海岸带地区及周边海域污染物的输移等特征，为海岸空间规划提供依据（图 2–39）。应当避免在规划中，偏向重视平面形态而忽略甚至无视海岸空间与海岸动力和环境相互作用的根本意义。

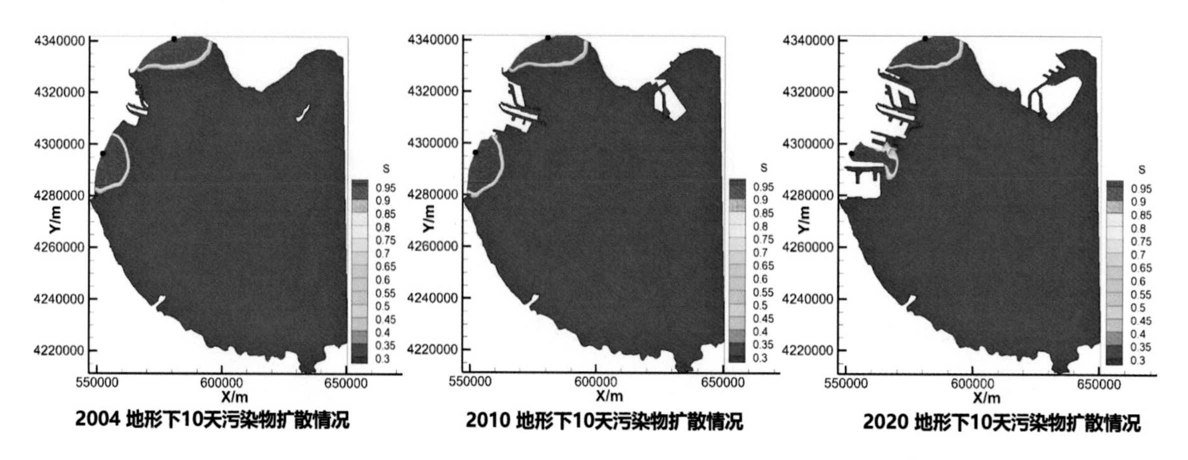

图 2-39　填海前后污染物扩散特征

（4）数值模型在海岸修复和规划设计中的案例

① 丹麦阿迈厄海滩公园（图 2–40，图 2–41）

丹麦哥本哈根的阿迈厄海岸因其特殊的浅滩地形导致海岸波浪暴露度不够，海岸为泥泞的海滩。本项目为给社区居民营造一个沙滩和多功能娱乐的潟湖区。改造前的海域地形和波浪玫瑰图如图 2–40。

基于顺应自然的设计理念，利用浅水沙坝地形，将沙滩往外海延伸，增加波浪力（有助于沙质海滩的形成）；岬角海岸（航站楼）的设计顺应常浪向，抵御风暴的同时维持人造沙滩的留存；创造人工潟湖区，提供水上娱乐场所，通过两端的联通增强水交换，保证潟湖内的水质条件，使得阿迈厄海岸公园成为哥本哈根最受欢迎的市民休闲场所之一，人造沙滩建设后维护成本大大降低。

② 澳大利亚黄金海岸棕榈滩（Palm Beach, Gold Coast, Australia）

澳大利亚黄金海岸棕榈海滩的沙滩常年受到侵蚀，如何有效防护海岸需要规划长期可实施的方案。工程师使用模型对不同的养滩措施和结构物的实施进行评估，通过二维海岸带地貌变迁模型预测养滩效果。海岸地貌模型结合二维波浪、水动力、沙输送模型和海岸线变迁模型，通过模型模拟实际海域的波浪条件、流场分布、结合海滩的泥沙特性，计算出长期沿岸泥沙的运动，从而预测沙滩是否会受到侵蚀，以及海岸线的变化。值得注意的是，沙滩是存在着季节性变化的，尤其是受到季风影响的海岸，通常冬季和夏季的主要波浪方向不同，导致岸线的前进或后退（图 2–42）。

采用补沙的沙滩养护需要根据实际海滩的剖面和泥沙粒径进行设计，可以是岸边也可以是海里补沙（图 2–43 左）。常见的结构物措施则包括沿岸丁坝和离岸潜堤。本项目通过养滩和可控制的潜堤，得到 6 年后海岸线的位置和沿岸沙滩的宽度（右图：灰色是采取工程措施后的模型预测结果）。

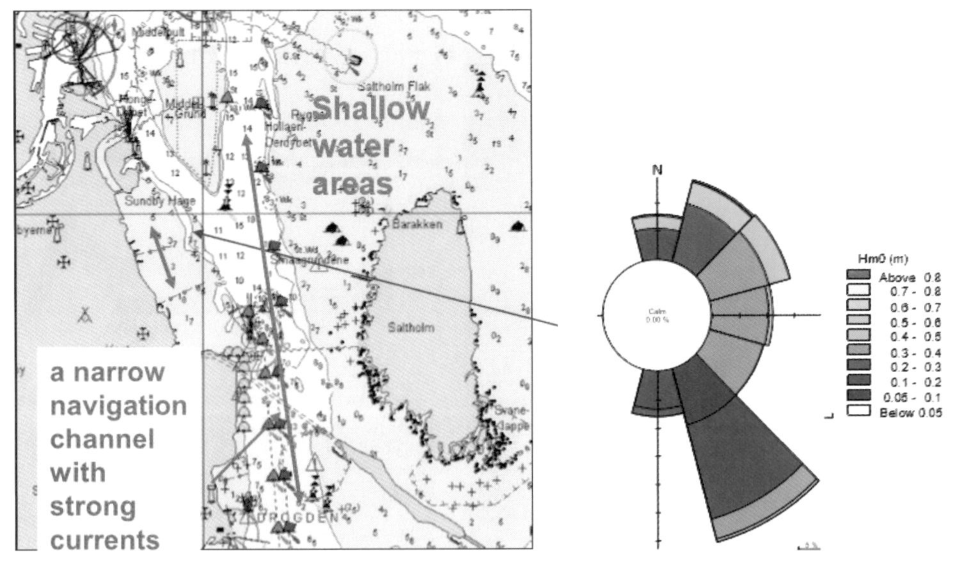

图 2-40　Amager 海域地形和波浪玫瑰图（波高、波向频率分布）

图 2-41　阿迈厄海滩公园航拍图（丹麦，哥本哈根）

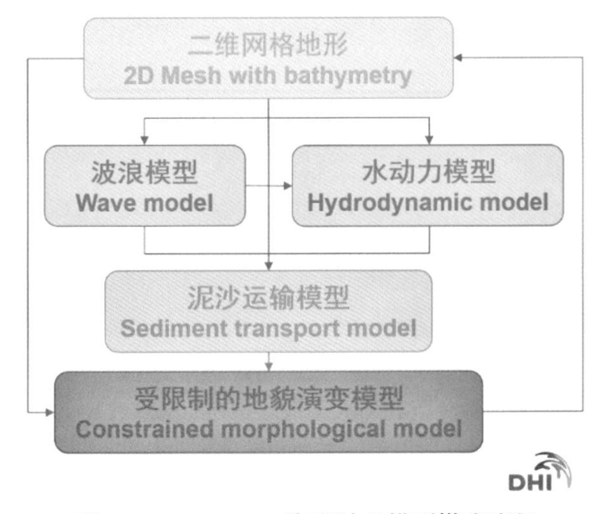

图 2-42　MIKE 21 海岸地貌模型搭建流程

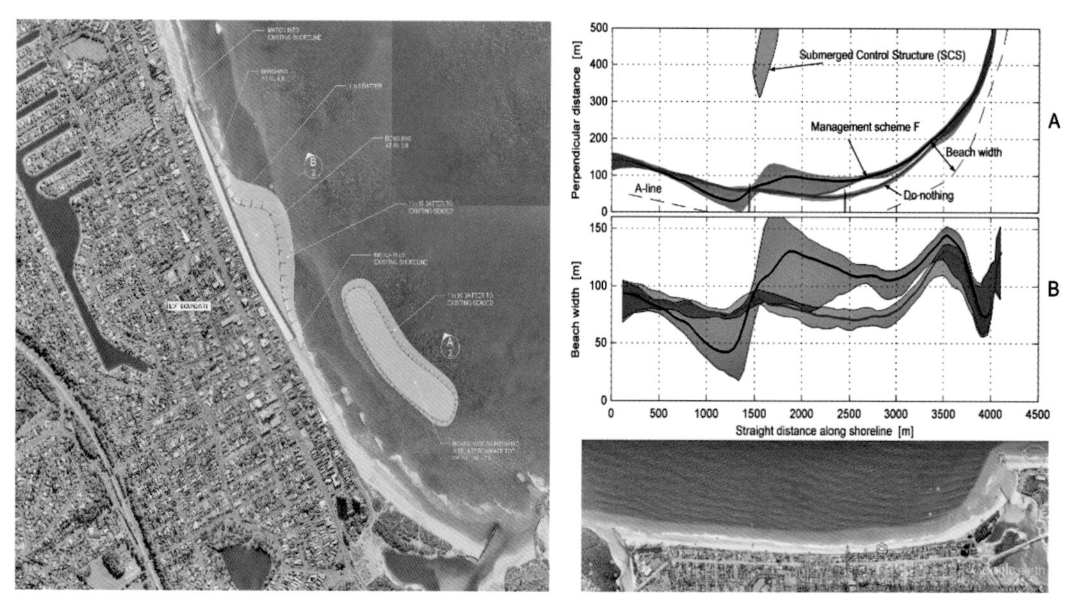

图 2-43 海岸养护和岸线变化预测

澳大利亚黄金海岸是全球著名的冲浪圣地，冲浪条件的好坏主要取决于波浪破碎条件，海底地形的变化对波浪破碎后的形态有重要的决定作用。在传统的离岸潜堤养护沙滩的基础上，DHI 工程师设计了新型可控制的人工潜堤结构，通过 MIKE 21 BW 波浪模型和流体力学计算工具模拟适应于冲浪的波浪条件，并对潜堤的布置进行优化。不仅达到沙滩宽度的养护需求，还为游客创造了更有趣的冲浪基地（图 2–44）。

图 2-44 棕榈滩人工潜礁引起的局部波浪

（5）海岸数字化解决方案

MIKE 21/3 河口海岸系列模型可以辅助海岸规划的概念设计、细部设计等，并为水专项提供科学的依据。随着全球数字化时代的到来，DHI 基于数值模型的基础，为海岸规划、旅游和管理提供了可定制的数字化解决方案。更多项目案例，如新西兰海水浴场水质预报 APP（图 2-45）、威尼斯泄湖水位预报和闸门控制等。

图 2-45　海水浴场水质预报系统

（注：本节数值模型部分由 DHI 丹华水利环境技术（上海）有限公司杨正宇和顾晨提供案例说明和图片资料，授权使用，特此致谢）

六、物理模型试验方法

水工物理实验模型是指借用相较原型较小比例的模型，根据潮、波、流、泥沙运动等水动力规律，复制与原型相似的边界条件，进行实际观测的实验方法。想要使物理模型结果应用于原型，模型与原型之间必须保证几何相似、运动相似和动力相似，同时还应保证相似的理论基本定律。几何相似是指所占的空间的对应尺寸之比是固定数值，也就是模型与原型之间的相互的线性长度的比值相等。运动相似是指两个质点沿着几何相似的轨迹运动，在互成比例的时间段内通过一段几何相似的路程。动力相似是指同名力的比尺相等。

1. 物理模型试验

水流定床模型：在研究河渠及水工建筑物上下游的水流问题时，若不存在床面冲刷或淤积问题，或冲刷量、淤积量很小可以被忽略的时候，可采用定床模型。对于近似直线的河渠或地形较为平缓的潮汐模拟，可简化使用二维模型，即在水槽中进行试验。若要进行地形较为复杂的流场模拟，则需建立整体模型进行研究。

泥沙动床模型：对于床面有明显冲刷或淤积的区域，泥沙动床模型更为适用。设计模型时不仅考虑水流动力的相似，还需考虑泥沙运动以及床面变形的相似。

海岸构筑物波浪作用模型试验包括固定的海岸建筑物上的波浪荷载和波浪运动形态，在波浪作用下各种形式的建筑物的消浪效果等。

如图 2–46 天津港湾工程研究院（中国交建海岸工程水动力重点实验室）的大型风浪流多功能试验水槽，水槽的长、宽、高分别为 98.0m、4.0m、1.8m。水槽中装备有大型无反射水槽造波机系统，具有主动吸收造波功能，最大工作水深 1.5m，最大波高 600mm，周期 0.5～6s，可生成规则波和各种谱型不规则波，造波品质达到二阶波精度；水槽中还装备了造流系统（最大流量 $3m^3/s$，能够模拟恒定流和潮汐流）；造风系统（最大风速 15m/s，可模拟恒定风和不同风谱自然风）；拖曳系统（配有台车和高精度拖曳轨道，拖曳速度 0～2m/s）。从造波机推波板前 60m 处开始，水槽沿纵向分隔成 1.0m、2.0m、1.0m 宽的三条窄水槽，试验模型可根据需要布设在其中任一水槽内，试验水槽造波板前设置了 1.5m 宽的滤波栅，水槽尾部设有 1∶15 的抛石消波斜坡，消浪效果良好。

80m×60m×2.25m 的整体物模实验大型水池中装备有可移动式不规则波造波机（图 2–47），可按要求模拟规则波和各种谱型的不规则波。

图 2-46　大型风浪流多功能试验水槽

图 2-47　整体物模试验水池

［出处：天津港湾工程研究院］

2. 物理模型海岸景观和修复应用

水工实验对于模拟波浪与建筑物之间的相互作用，有利于模拟防护结构等越浪情况，为海岸空间的规划布局提供依据或校核，为近岸开放空间的布置，植栽系统的规划设计提供保障。除此之外，还可根据模拟岸滩水动力及环境情况，为海岸生态修复服务，修复受损环境生态，验证生态恢复的可行性。

（1）断面模型试验——以生态工法为例[26]

一些新型的景观或生态修复断面结构，应用范围尚不广泛，加之其设计材料以及结构形式的创新和变化，尤其近年复合型和柔性断面的发展尚没有规范或标准做出具体设计规范，难以通过计算来确定稳定性，因而通过断面物理模型来验证则成了解决该类问题的有效途径之一。物理模型的主要目的是从景观护岸或类似结构的稳定性方面来考虑，该种类型模拟试验在二维波浪水槽中进行，验证不同水位波浪组合工况下，各部位的稳定性以及越浪情况。本节通过一种生态工法的案例说明景观型海岸断面的模拟基本方法。

我国珠江口某段岸线的生态景观提升，项目位于河海交接处，河道汛期承担上游行洪功能，而同时又受海向潮水和波浪的作用，该地区是台风多发地区，因此对兼具防洪、防潮、防波能力有较高的要求。该段岸线护岸建设已经完成，但不足之处在于海岸结构设计主要考虑安全功能，忽视了海岸空间的生态功能和景观价值。岸线施工后存在大量的低潮露滩，对景观视野也有不良的影响，此外，护岸堤脚处覆盖大量抛石护面，堤脚块石护底不适宜生态恢复，影响近岸潮间带的生境。为此，该项目尝试用局部生态护岸对堤岸进行提升，同时对潮间带区域开展生态修复，保证岸线的景观效果的同时，丰富堤岸的生物多样性。

海岸生态工法基于对物种保育、生物多样性以及可持续发展提出，从资源的可持续利用和尊重场地原有自然属性角度均具有较为明显的优势，尤其适合生态景观修复类项目（图2–48）。然而，此工法以前多用于内河或者内湖，而本项目具有近岸流速大，受波浪影响以及泥沙含量多的特点，这些将对生态功法的稳定性和断面的保持具有一定影响。生态工法作为一种新型生态型的施工技术，应用范围尚不广泛，加之其设计材料以及连接形式的多变，因而通过断面物理模型来验证是解决问题的有效途径。本案例试验规划了如下试验程序（图 2–49）：

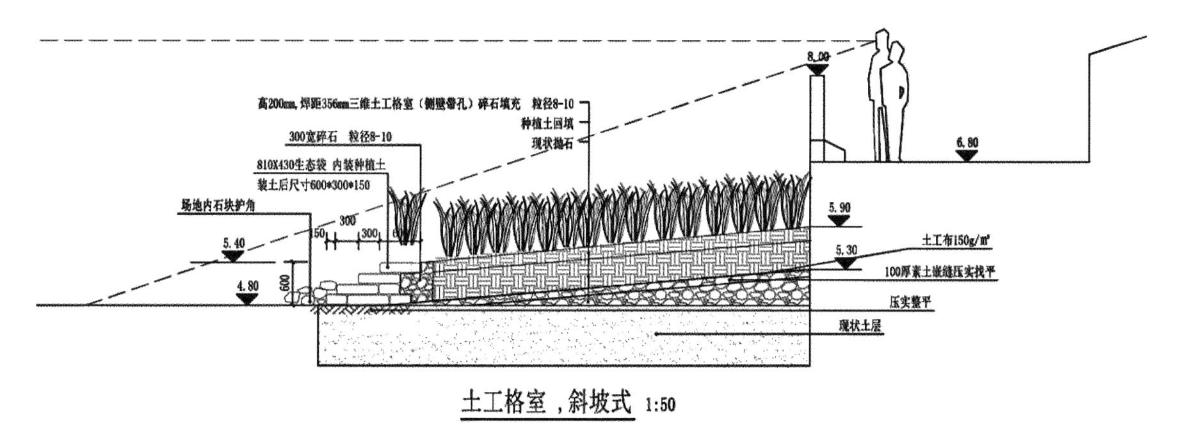

图 2-48　生态工法断面的典型设计

［出处：正和恒基水环境有限公司］

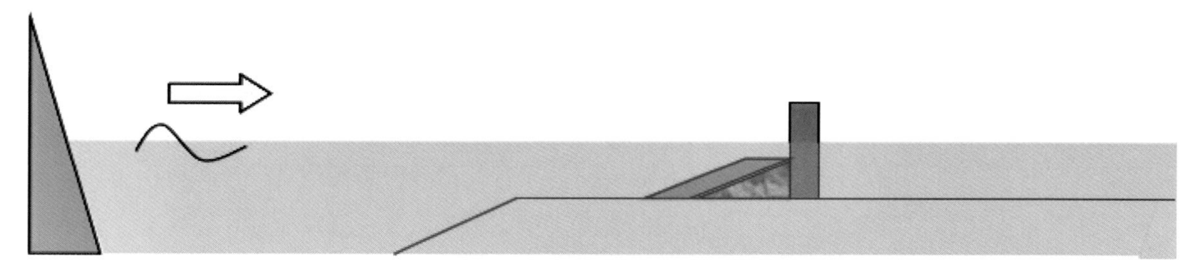

图 2-49 模型构件摆放示意图

［出处：天津港湾工程研究院］

① 确定断面型式以及模拟工况

根据对场地环境和生态工法应用的修复区域的特点和后方场地的需求，确定断面类型及模拟工况。考虑到后方海事安全防护工程的潮位为 200 年一遇，波浪重现期为 100 年一遇，因此选取 200 年一遇下潮位以及多年平均高潮位下的三处断面，总计六种工况。

② 确定模型设计比尺

比尺是物理模型能够反映实际情况的重要实验设计条件。生态型断面试验的特殊性，在于模拟中除了结构性组件的试验，还需要包含种植土和植物（如后面将提及的柳树试验）。土体与水相互作用的模型试验中除了需要满足重力相似条件外，摩擦力相似、粘结力相似也会对其启动、输移和沉降产生影响，在动床冲淤模型试验中，水流结构及泥沙运动都不能严格相似，因此模型比尺选择应该尽量大，使试验结果接近原型。同时，在动床模型实验中，要同时满足悬移与起动相似，然而这要求模型沙重率较小，粒径较细，但是过细的模型沙会带来絮凝及粘结力等各方面的问题，反过来又使悬移和起动相似难以满足，从实验技术的学术角度这是一个有待进一步研究并需要通过试验积累更多经验。

③ 波浪率定和试验测试的参数

在模型安放之前按照试验的规程进行波浪率定，确认总能量偏差、有效波高的偏差以及平均周期偏差均在控制范围之内，摆放模型。本试验判断的主要物理量为结构的稳定性、越浪量、波浪力以及生态工法构筑物上方的流速。

④ 依据试验结果优化断面和进行设计改进

试验结果的不同物理量将对断面产生不同影响，例如，稳定性不合格以及波浪力将直接影响生态工法中各构件的连接方式以及构件的选材，越浪量将直接影响断面的高度和坡度，流速将对填充物的粒径选取具有较大影响。

在试验结果分析的基础上，对设计断面主要参数的合理性进行评价并对设计断面提出优化方案和改进设计。这既包括断面的优化和改进，也包括在具备多断面试验条件时，对于平面布局的优化。实验结果与平面设计的结合，最终才能保障生态工法既满足安全防洪防潮防波的要求，亦能够形成具有丰富景观性和生态恢复能力的岸线。

（2）柳树对于波浪影响的实验案例 [27]

荷兰三角洲研究院进行了柳树对于波浪影响的断面实验，海岸动力模拟的研究已经从此前的服务于海岸工程的硬质工程型手段，向服务于海岸防护和更具生态特质的柔性弹性防护方案的研究转型。

为了研究树木对降低波浪高度的作用，研究者在种有 32 棵柳树的试验水槽中进行了实验。在测试中柳树并没有断裂，它们显著地抵御消减了高达 1.5m 波高的波浪，实验发现消浪能力在很大程度上取决于波浪特征要素和柳树的生物量。

目前世界各地都在推广以生态系统保护海岸，提升海岸韧性，减少飓风和风暴造成的洪水风险。但很少有实际的测试来显示树木在极端条件下的防洪能力。在欧洲乃至全球，柳树是平原上一种典型的植被类型。它们有效地抑制了风引起的波浪，减轻了堤岸护岸和堤防的负担荷载。对这一生态系统服务的定量数据进行研究，不仅可以降低海岸河流防洪系统的成本，还可以加强沿海植被的保护，提高景观的自然价值。

本研究的目的是提高极端条件下植物消浪的可预测性，并为植被海岸前滨和堤防组合的设计制定标准。为了达到这个目的，荷兰三角洲研究院在其水槽中建造了一个长 40m 并容纳 32 棵柳树的森林，这些实验评估了柳树在不同的条件和不同的植被特征下，对降低波高和波前波浪变形的作用（图 2-50）。实验分别在不同的水位、浪高、种植树枝密度以及夏 / 冬条件（有无叶子）下进行，平均来看，波浪消减阻尼指数随着波浪高度的增加和树木生物量的增加而增加。实验证明柳树对平均波高波浪高度为 1.5m 的风浪风暴具有很强的抵抗力，并且树枝不会出现大量断裂情况，该试验计划在 2020 年进行另一项实验，测试红树林在极端波浪条件下的表现和响应，试验为海岸防护中使用植物和生态型工法提供了基础信息。在中国天津大学白玉川、杨波的团队等，对于植物和树木对海岸和河岸的波浪及水流的影响和防护作用也开展了一系列研究，对于海岸生态修复提供了植物护岸工程机理的研究基础，本书限于篇幅不做展开，读者可以参考文献[28]~[31]。

图 2-50　水槽柳树研究测试

参考文献

[1] 房成义. 划分海岸带管理范围的探讨［J］. 海洋开发与管理，1996（3）：12-15.

[2] 赵锐，赵鹏. 海岸带概念与范围的国际比较及界定研究［J］. 海洋经济，2014，4（1）：58-64.

[3] GB 12319—1998，中国海图图式［S］. 国家质量技术监督局，1998.

[4] 曹玲泉 . 论自然地貌景观美的特征及其价值［J］. 同济大学学报（人文 · 社会科学版），1995，（2）：54-59.

[5] 杨景春，李有利. 地貌学原理［M］. 北京大学出版社，2001.

[6] 黄承力，季有俊，潘国富 . 淤泥质海岸围垦促淤计算方法研究与应用［J］. 海洋通报，2015（3）.

[7] 李慕南. 海洋遨游［M］. 辽海出版社，2010.

[8] Fitzsimons, J., Branigan, S., Brumbaugh, R.D., McDonald, T. 和 zu Ermgassen, P.S.E.（编者）（2019）. 贝类礁体修复指南. 大自然保护协会（TNC），弗吉尼亚州阿灵顿，美国.

[9] EconShape. Building With nature[EB/OL]. https://www.ecoshape.org/en/.

[10] GB/T 19201—2006，热带气旋等级［S］.

[11] 华东水利学院. 工程水文学. 下册，海岸水文［M］. 人民交通出版社，1979.

[12] 达欣，戴安. 注册土木工程师（港口与航道工程）专业考试应试指南［M］. 中国建筑工业出版社，2004.

[13] 科普中国. 海平面上升［EB/OL］. https://baike.baidu.com/item/ 海平面上升 /2299118.

[14] Magnan, A.K., M.Garschagen, J.-P.Gattuso, J.E.Hay, N.Hilmi, E.Holland, F.Isla, G.Kofinas, I.J.Losada, J.Petzold, B.Ratter, T.Schuur, T.Tabe, and R.van de Wal, 2019: Cross-Chapter Box 9: Integrative Cross-Chapter Box on Low-Lying Islands and Coasts.[A] In: IPCC Special Report on the Ocean and Cryosphere in a Changing Climate [M]. 2019.

[15] Jonathan B., Urban Design in a New Climate [EB/OL]. https://www.yidianzixun.com/article/0KiTC6b1, 2018-11-30.

[16] Keahey, J., Water levels, City planning, Cultural property, Flood control [M]. New York: T.Dunne Books/St.Martin’s Press, 2002.

[17] Barnard, A., The $119 Billion Sea Wall That Could Defend New York … or Not [N]. The New York Times, 2020, 01(17).

[18] 周庆伟，张松，武贺，等. 海洋波浪观测技术综述［J］. 海洋测绘，2016，36（2）.

[19] JTS 145—2—2013，海港水文规范［S］. 中华人民共和国交通运输部，2013.

[20] 杨湘桃. 风景地貌学［M］. 中南大学出版社，2005.

[21] 阮锐 . 潮汐测量与验潮技术的发展［J］. 海洋技术，2001，20（3）.

[22] 华东水利学院. 工程水文学. 下册，海岸水文［M］. 人民交通出版社，1979.

[23] GB/T 14914—2006，海滨观测规范［S］. 中国国家标准化管理委员会，2006.

[24] 左利钦，陆永军. 水沙数学模型与可视化系统的集成研究［J］. 水利水运工程学报，2007（4）.

[25] 李孟国，张华庆，陈汉宝. 海岸河口多功能数学模型软件包 TK-2D 研究与应用［J］. 水道港口，2006（1）：51-56.

[26] 天津港湾研究院. 灵山岛生态工法断面模型试验建议书［R］. 2019.

[27] Woods versus Waves.. The experiment.Woods versus Waves [EB/OL]. http://woodsversuswaves.com/.

[28] 徐海珏，胡萍，白玉川，杨波. 木本植被覆盖岸坡上波浪爬升过程的数值模拟研究［J］. 海洋学报，2020，42（3）：10-24.

[29] 白玉川，杨建民，胡嵋，黄本胜. 植物消浪护岸模型实验研究［J］. 海洋工程，2005（3）：65-69.

［30］胡嵋，白玉川，杨建民．利用植被消浪护岸的模型实验研究［J］．实验室研究与探索，2007（12）：37-39，46.

［31］白玉川，杨树青，徐海珏．不同河岸植被种植密度情况下河流演化试验分析［J］．水力发电学报，2018，37（11）：107-120.

第三章　海岸生态修复和植栽土壤改良

海岸空间规划设计应以海岸带自然生态系统的完整和健康为基础，研究和分析规划设计对象的环境生态功能、景观优势条件和劣势及生态受损情况，通过可持续的空间规划和设计来保护和恢复良好的生态格局，结合景观建设选择适宜的技术修复生态缺失，推动生态功能恢复和自然演化。

生态修复的对象是受到人类或其他非有序过程干扰和影响的生态环境，广义的生态修复包括生态修复和生态恢复两个层次。生态修复是在生态和环境科学的指导下，以复原或模拟生物及其生存环境为基础，结合各种物理、化学、空间及环境工程技术措施的优化组合，使生态环境达到效果或基本功能相近的一类技术措施和工程。生态修复的顺利施行，需要生态学、植物栽培、微生物学和环境工程等多学科的参与。[1]生态恢复则是指对生态系统对象停止人为干扰，去除或减轻外部或人为造成的负荷压力，依靠生态系统的自我调节能力与自组织能力向有序回复的方向重启演化进程，或者利用生态系统的自我恢复能力，辅以人工促进措施，使生态系统逐步恢复或向良性循环方向发展的过程和措施。

生态保护和修复是海岸空间规划和景观设计的重要基础，海岸的生态修复包括陆海两侧的空间，本章结合作者在设计实践中对于修复和恢复技术与空间规划和景观设计的关系理解，在陆海统筹的理念下，除了生态修复和恢复以外，对于海岸城镇空间、土壤的改良和植物植栽也是宜居环境建设的一项重要工作。

在海岸空间的利用和保护中，除了海岸海洋生态修复的需要，海岸空间的建设利用亦有着必要的需求，基于保护和修复理念的海岸空间规划和建设，对于海岸植栽体系局部重构和可持续性提出了更高的要求和挑战。近三十年以来，林业和农业科学工作者在此领域取得了诸多重要的技术进展，并在实际工程中成功应用，有效的改善了海岸带盐碱土地上的宜居性。在海岸带地区，土壤盐碱性是其显著的特点，根据土壤类型及气候条件变化等因素，中国的盐碱地分布区主要分为滨海盐渍区、黄淮海平原盐渍区、荒漠及荒漠草原盐渍区、草原盐渍区等，其中滨海盐渍区是我国重要的盐碱地类型。江苏、山东、河北、天津、辽宁等省市的海滨盐碱地面积约达100万hm^2，其土体的主要特征为整体盐分含量高，盐分组成以氯化物为主。浙江、福建、广东、广西、海南等省的滨海盐土面积较小，由于强降雨导致土壤淋洗作用强，土地受海水浸渍而形成的滨海盐土，通过雨水洗淡化成盐渍化土壤，并且受树林生物群落的影响，土壤呈微酸性。另外，海岸环境下除了土壤问题，微气候环境的影响亦是重要因素，如海滨一般风大且复合盐雾现象，植物生长发育具有较特殊的环境和更复杂的技术要求。海岸空间的建设尤其是城市和人居环境的建设区，过去和未来都不可避免地除了要解决基于海岸生态特性的修复问题，也要在尊重海岸生态基础上对局部的环境予以改良以创造宜居性、可建设性的环境，在一些特定的背景条件下，脱离开宜居环境的过度保护和脱离实际过分强调原生态化并不可取。

一、海岸生态保护和修复概论

由于人类经济发展和宜居生活、休闲旅游的需要，不可避免地要利用海岸空间，对于相当一部分海岸地区来说开发利用是必要的，有利用就要有保护，同样，有利用和开发就会有干扰和损坏，开发利用保护及修复是一个辩证统一且系统循环过程。对于某些敏感或脆弱的海岸区域或特有的生态类型，由于其特殊的环境和生态价值，需要以严格的保护为主；对于某些具有较强韧性的海岸空间区域，基于生物和环境的自我恢复能力，可以自我恢复为主；还有部分区域已经形成物理或生态的较大损害，则以较强的人工介入型生态修复为主导。了解海岸生态保护或修复的重点对象、类型和时空分布，实事求是地定位其修复方向和干预层级，对于确定其保护、恢复及修复的策略以及技术路线和工程措施，有效发挥修复的最终功效具有重要意义。

1. 海岸生态修复流程概述

经历了几十年的快速增长和对于自然资源的利用过度的生态损失时期，中国生态修复的核心理念转变为保护优先、自然恢复为主，保障生态安全，促进人与自然和谐发展（图 3–1）。但是海岸生态修复的实践仍落后于国际先进国家和地区，实践滞后于理念，存在保护修复目标单一，工程系统性不够，技术关联性不强，强调工程化主导等问题。生态保护修复的对象是由相互联系与作用的各类要素组成的有机整体，自然资源部于 2020 年 8 月颁布了《山水林田湖草生态保护修复工程指南（试行）》，其中指出："综合考虑自然生态系统的系统性、完整性，以江河湖流域、山体山脉等相对完整的自然地理单元为基础，结合行政区域划分，科学合理确定工程实施范围和规

图 3-1　渤海湾永定新河口海岸生态修复前后

模。”这一原则虽然没有直接涉及海岸海洋生态修复的具体技术和工程，但是其理念和技术路线对于海岸生态修复具有很好的指导意义[2]。

（1）生态修复应重视对区域生态本底调查和诊断，以提升保护修复的针对性，使生态修复的技术和工程有的放矢，目标明确。

生态修复范围内区域生态功能定位、自然生态、地理状况、社会经济、人文状况等对于生态修复的目标、方法、工程内容都有重要影响，调查范围与深度应针对区域（或流域、海域）、生态系统等不同尺度、不同梯度有的放矢地进行，基础调查图表数据应符合自然资源及相关专项、专业调查要求。在本底调查基础上进行问题诊断，明确保护修复对象当前状态与参照生态系统之间的差距以及主要生态问题的原因，科学地设定保护修复目标及路径。

在海岸空间，环境条件决定了基础调查具有较强的专业性和特殊性，其生态和环境基础数据获取具有较大的挑战性。一方面，海洋行业在技术数据资料积累上具有较广泛的站点分布和长期的调查积累，数据的共享和开源对于海洋海岸生态修复具有重要意义，但在这方面我们距离欧美等发达国家还有差距。现代卫星遥感、海洋技术的发展为此也提供了良好的支持，海岸地区处于陆海交界，尤其在潮间带区域从平台和技术上来说“陆上下不来，海上上不去”是一个现实的问题，因而模型分析和遥感平台等高新技术手段的使用是重要的依托和选择。

（2）因地制宜，在自然恢复为主，人工修复为辅的原则下，合理选择保护修复模式。对各类型生态保护修复单元分别采取保护保育、自然恢复、辅助再生或生态重建为主的保护修复技术模式。保护修复模式应当依据生态系统受损程度确定，对于代表性自然生态系统和珍稀濒危野生动植物物种及其栖息地以保护保育为主；轻度受损、恢复力强的生态系统采取自然恢复为主；对于中度受损的生态系统，结合自然恢复采取辅助再生措施；对于严重受损的生态系统应结合动能和目标导向进行生态重建。

技术层面上，每个子项目或岸段类型都可能有多种方案选择可以实现保护修复目标，这就要求海岸空间的规划和设计结合工程技术实施进行多方案比较优选，对措施实施的生态适宜性、优先级、时机进行分析。从生态环境影响与风险、经济技术可行性、社会可接受性等方面综合评价，可开展修复方法模拟预测，筛选相对最优的生态保护修复措施和技术。海岸相关修复领域的数值和物理模型方法，对于海岸生态修复是重要的技术工具，在海岸生态演化的模拟或验证无论是物理还是数值方法国内外的研究者已经做了很多有价值的工作，参见本书第四章，但当前的模拟技术在加入多元生态因子和时间维度时，还面临着挑战和进一步完善的很大空间。

（3）生态修复对象的物理过程，空间和时间是生态修复方案的重要维度。《指南》中提出了区域（或流域、海域）、生态系统以及场地三级尺度：“规划阶段服务于区域（或流域）尺度的宏观问题识别诊断、总体保护修复目标制定，以及确定保护修复单元和工程子项目布局；工程设计阶段主要服务于生态系统尺度下的各保护修复单元生态问题进行诊断，制定相应的具体指标体系和标准，确定保护修复模式措施；工程实施阶段服务于场地尺度的子项目施工设计与实施。”

（4）确定修复总体目标和具体目标及保护修复标准，提出分级分期的约束性指标和引导性指标，实现目标定量化；明确生态修复空间布局与时序，纵向近、远期结合，横向合理划分单元区域（或流域）尺度，对应工程实施围绕区域主导生态功能确定修复目标；生态系统尺度（Ecosystem Scale）对应保护修复单元，提出中远期的生态系统恢复引导性指标；场地尺度（Site Scale）对应子项目提出工程实施期限内的约束性指标。不同尺度的总体目标、约束性指标与引导性指标应有效衔接，中小尺度的目标须符合大尺度的规划定位。

空间上要重视生态网络关键节点和受损严重、保护修复需求迫切的区域如河口、湾顶、滨海湿地等。时序上根据生态问题的紧迫性、严重性，按照保证防洪安全和地质安全、提升生态功能的优先级次序，开展“源头控制、过程阻断、末端治理”。根据现状调查、问题识别与分析结果，制定保护修复目标，划分保护修复单元。按照关联性、协同性要求，根据确定的总体目标以及各单元保护修复具体目标、指标与标准等，针对关键生态问题进行空间布局。

（5）动态监测，开展风险评估与适应性管理。

对生态系统开展日常监测既是后期绩效评价、成效评估的前提，同时也为生态系统长期的生长生存和维护提供基础数据。包括采用遥感、自动监测、实地调查、公众访谈等方式开展生态保护修复工程全过程动态监测和生态风险评估，并根据生态修复目标和标准，在区域（或流域）、生态系统、场地不同尺度与层级设立相应监测评估内容和指标体系，形成长期连续的数据和过程的积累。

2. 海岸生态修复的类型

海岸带生态系统（coastal ecosystem）是指海岸带中由生物群落及其环境相互作用构成的自然系统（包括红树林、盐沼、珊瑚礁、海草床、牡蛎礁、砂质海岸等典型海岸带生态系统以及河口、海湾复合型生态系统等）。而生态系统受损（ecosystem damage）则是指因人为或自然因素的影响，引起生态系统的结构发生变化、系统内各组分间的关系受到破坏、造成系统资源短缺和某些生态学过程或生态链的断裂，系统功能退化或丧失[3]。而海岸带生态修复则是对于受损的海岸带生态系统通过人工干预或予以修复或通过适度的辅助措施促进其恢复的知识、技术和工程方法的综合。

海岸带生态修复主要对那些在自然突变和人类活动影响下受到破坏的海岸带和近海海域自然生态系统的恢复与重建工作，结合海岸带具体生态问题类型及分布，以及海岸带近年出现的不同方面问题，海岸带生态保护修复内容可以概括为海岸环境综合整治、近岸海域水环境治理和典型生态系统恢复三个方面：

海岸环境综合整治主要包括对重要海湾、河口海域、风景名胜区以及重要旅游区毗邻海域和城市毗邻海域等的综合整治和修复。通过废弃码头拆除、海域清淤、退养还滩、退堤还海、自然岸线·人工岸线修复整治、岸堤修建、沙滩及湿地整治修复和景观修复等措施，能有效改善滨海生态环境，提升海岸景观的品质，提供高质量的亲水空间和公共开放空间。

近岸海域水环境治理包括对入海河口及海湾，通过源头治理、生物截污、产业开发布局优化调整污染应急管理与处置等，控制入海污染、恢复健康水生态。另外，除了入海河流的污染问题，入海河流的水流量不能保持基本生态基流，对于海岸河口的生态维护和保持亦产生较大的影响，因而需要从流域和源头进行河道的整体生态修复，包括水资源的优化等系统地进行陆海统筹治理。海岸生态修复沿海岸纵向需要协调一致，界面上与陆地需要海陆统筹，且与深入陆地的河流整体协同治理，是一项综合性的系统工程。

典型生态系统保护修复主要包括：对红树林、盐沼、珊瑚礁、海草床、牡蛎礁、砂质海岸等典型海岸带生态系统以及河口、海湾复合型生态系统等的保护修复，改善滨海生态环境，提升海岸海域生物多样性。通过退养还海、还滩、退港还海等措施，结合植被系统的重建和修复、珊瑚礁移植、人工鱼礁投放、海洋鱼贝类增殖放流等措施，促进重要海岸生态系统的恢复重建[4]。

3. 海岸生态景观保护及修复的重点

海岸带受到破坏和干预以后的生态修复和恢复的优先区域一般和生态区域保护的重点关注的区域具有较高的空间重叠性，可以归纳为以下一些重点区域和段落：

（1）原生态自然岸线的保护

人类的影响几乎无远弗届，海岸带和近海区别于大洋，那些我们称之为自然的对象实际大部分已经演化为第二自然。但是对那些受人类活动影响、损害较小，或者多年来基本没有遭到干扰的海岸环境和资源区域，为维护生态系统的多样性，提供海岸变迁过程的对比分析，也包括海岸近海自然景观和生态特点的科普旅游价值等，应该作为生态修复的优先区域。现在尚未被开发的海岸地段、滩涂与沿海沼泽地和无人居住、又有独特风貌或成因的海岸海岛区域，在世界各地尚有一定数量的分布，尽管这些区域已受到某些人类活动的影响和局部的干扰，但基本上还保持了相对原生态的特征，如不能抓紧将其中最具原生态特点的部分有效地保护起来，对其局部的破坏重点进行修复，就会酿成不可复得的结果，是地球资源的共同损失。

（2）典型海岸带区域生态系统

海岸带生态系统处于海陆交界的空间区位具有海陆交汇的生态丰富性和多样性，同时也非常脆弱，在一些产业投资和人口密集度较高的沿海地区，近年的围填海和过度空间利用，对其破坏严重。一些具有典型特征的海岸生态系统由于高度的人工干预造成非自然演替过程，不仅失去了原有的生态价值，而且有的正在走向衰亡。海岸生态损失，已经引起有关方面高度重视；在全球范围例如热带、亚热带红树林生态系、珊瑚礁生态系的破坏，岸线遭侵蚀大片红树林消失，岛屿森林砍伐和其他开发活动造成的土壤侵蚀淤积毁坏了珊瑚礁。温带地区海岸河口湿地由于河口整治的措施失当而大面积消失，从而失去了对于入海河流的净化功能。同时海岸带地区其他的生态系统的节点、斑块、基质等，如河口、海湾、海岛、沼泽等生态系统也受到破坏。典型海岸带生态系统，如红树林、海岸河口湿地、珊瑚礁、沙质海岸及沙丘海岸等典型类型，是海岸可持续发展的基础构成，它们通常拥有丰富的遗传资源和高度的生态价值，是生物资源恢复发展的基础和海陆环境平衡的维持因素，其中的典型海洋生态系统又具有高生产力特点，对这些典型的生态系统的保护和修复具有事半功倍的效果。

（3）代表性海岸自然景观和遗迹

大地构造活动建造了地表的基本面貌，而风、雨、温度、水流、波浪等外力营造了陆地的形态，海岸带地区是这种改造过程最活跃和效果显著的地区之一。海岸区域集中了自然界的各种外营力要素和动力因素，汹涌澎湃的海浪、湍急的海流、海岸土壤与岩石的风化剥蚀和水流冲刷，广袤的河口湿地被大自然的鬼斧神工塑造成了千姿百态的海岸地貌和沉积单元，也记载了海陆变迁的历史。对其中具有观赏、研究价值的，其中具有代表性、典型性的景观、剖面、露头、遗物、遗迹等是海岸生态保护和修复的重点区域之一（图 3–2）。

图 3-2　平潭岛地质地貌远观（左）、天津青坨子贝壳堤保护区（右）

（4）与海岸环境依存度高的人文遗迹

滨海而居、渔盐之利是人类几千年以来的重要生存方式之一，从古代到近代，人类在与海洋的博弈和依存中，创造和发展了海洋文化以及各种海洋文化的亚种。这些文化的空间载体，包括非物质文化遗产的载体，主体分布在海岸带地区并与海岸带地区的自然条件和环境共生。保护对海岸空间环境有较高依存度的人文景观和文化遗迹的一个重要前提，是保护和修复与之相关联的生态环境空间载体，其中原生的生态环境与人类物质文化和非物质文化遗产构成同等重要的海洋文化表达方式。

（5）海岸公共空间建设性生态修复

海岸空间经常是重要的城市开放空间选址或优良的旅游目的地，因而以开放空间建设为目标的生态修复，为参与型生态空间的建设提供健康的生态基底，是重要的生态修复类型。这类建设性修复，既遵循生态绿化和城市建设的需求，又应以生态保护为基础，以恢复场地原生植被，建设多层次、多结构、多功能的科学的植物群落为目的，兼顾环境保护、生态栖息、科普教育等功能。由于海岸带区域具有高度敏感性和特殊的生态环境需求，决定了其在空间规划设计中应遵循生态修复为主，绿化植栽为辅的原则，以生态复育为目的，形成接近自然的生态系统基底和局部的宜居宜人化生态空间。

（6）综合性海岸生态保护和修复

从海岸到海的垂直剖面，沿海岸线的纵向空间关系，生态系统和环境之间是有机统一，海水的连通性和流动性加强了海岸带地区的这一特质。局部典型系统的生态环境和综合系统的生态环境既紧密联系又有所区别，在某个海岸段落和区域可能有关地形地貌、生物群落、自然遗迹等要素，分开看也许并不都具有特殊的生态意义和价值，但从系统整体的组合意义上考虑，就很可能成为非常重要的系统的生态海岸和海域。这种从区域内多种对象的构成进行评价，进行综合性海岸生态保护和修复的区域，是海岸生态保护和修复工作的重要内容也是全球性的发展趋势。综合性的海岸海洋生态保护区域，在世界各沿海国家都很重视，如澳大利亚的黄金海岸、塞内加尔的圣・安娜岛、美国的梅里特岛、巴西的环礁、厄瓜多尔的加拉帕果斯群岛等自然保护区，它们都是以区域综合海洋自然和生态要素为对象的保护区。我国这类性质的可保护或应保护的海岸带区域也很多，如某些岛屿及其周围海域等，渤海湾沿岸的海岸湿地及鸟类保护区等，均有很大的生态功能和景观特色。

中国综合性海岸生态保护的一个特色是修复与保护的结合，沿海地区经济发达，处于原始状态未被干扰的海岸生态区域比例较少，其综合性修复基础上的保护具有更重要的现实效果。对于整体上具有保护价值，而局部已经被破坏和干扰的区域，生态修复将衔接时序和空间的裂痕，具有恢复整体保护对象和生态系统时空完整性的意义。

海岸生态景观保护以及修复的重点对象、类型并不是一成不变的，随着人与海岸、海洋关系的变化，包括已经解决的问题和开发利用海岸带空间及海洋过程中新出现的问题等，保护的对象和修复区域的范围和深度及内涵和外延都会随之变化。但是从总体的趋势上，人类对于自然的干扰的逐渐加强，对于保护和修复的要求也就越趋严谨，才能守住海岸生态系统完整的防线。

二、海岸生态修复的国际经验和趋势

在海岸生态修复领域，以西欧、日本及美国为代表的国家对海岸带保护和修复的起步较早，经验和教训值得吸收借鉴：包括法律法规体系的建设和完善；多渠道市场化资金和绿色基金的融资模式；前瞻性尊重海岸规律的规划和必要技术规范的建设；广泛的公众参与等。这些是推动海岸生态修复成功的重点要素。

在法律法规体系的建设方面，欧、美、日等发达国家为促进海岸生态系统的保护与修复，均建立了较为完善、系统、专业的法律体系。20 世纪 70 年代，美国已开始关注海岸带综合管理并通过立法逐步形成了以《海岸带管理法》为核心的海洋综合管理体系。其相关法包括《水下土地法》、《海洋工程和资源发展法》、《海洋保护、研究和自然保护区法》、《渔业养护和管理法》等一系列法律法规。韩国、日本、新加坡、英国等国也先后制定了海岸带管理法律、法规。同时为了减少资源破坏和避免生态进一步恶化，利用人工措施对已受到破坏和退化的海岸带进行生态恢复。

澳大利亚大堡礁海洋公园是大尺度海洋生态管理的范例之一，也是公众参与的典型。1975 年通过的《大堡礁海洋公园法》规定公园的规划程序时就明确了公众参与规划的权利。荷兰自 1990 年代更新了三角洲规划，而其近年的“还地于河（Room for River）”行动，则通过新型的工程理念体现了人类对于自然生态空间的退让和尊重，在海岸带空间的利用上荷兰的诸多实践案例，如利用本书引用的“牡蛎滩营造河口防护”和“荷兰沙引擎的建设”等也反映出了基于自然解决方案为主导[5]。

1. 几类典型海岸生态修复

除了立法和管理的规范化，为弥补海岸带资源的生态损坏，避免生态进一步恶化，通过人工措施对海岸带进行生态修复和促进恢复，是维护海岸带生态良性循环的重要途径。目前对海岸生态恢复的研究应用主要集中在单个的生态因子上，对海岸带生态系统的综合性系统性的修复和恢复技术仍处在探索研究阶段，单项技术或几项技术与源头治理的叠加针对重点问题提供解决方案，依然是有效的手段。

（1）河流水系的重新规划和河口湿地生态的修复

入海河流的淡水截留使淡水资源量以及入海泥沙等沉积物以及营养物质和交换通道的大量减少，引起海岸带侵蚀，生态平衡破坏海岸带及河口湿地消失。对入海河流水系的生态修复再造，和河口湿地的修复，是海岸带生态恢复的基本手段之一。美国的海岸带恢复计划措施包括重新设计河口水系，拆除海岸线和入海河流上一些障碍物，重新恢复泥沙自然沉积和自然的水力平衡，从而起到控制海岸侵蚀，再造生态平衡保护海岸带湿地的目的。在美国佛罗里达为了恢复佛罗里达湾（Florida Bay）的原始的生态环境，1995年实施了佛罗里达湾和泰勒沼泽（Taylor Slough）计划，从而改善和恢复了佛罗里达湾海岸带生态环境[6]。

（2）人工鱼礁生物恢复技术

人工鱼礁的方法得益于渔民的发现，沉船周围水域中的鱼通常获量较高，人们就尝试将结构物加重沉到水下后发现可以提高周边的捕获量。20世纪70年代日本通过建造新型人工鱼礁保护水生动物以提高海岸带生物量。人们还探索利用"矿物增长"（mineral accretion）等新技术措施建造新型鱼礁，达到海岸带生物种群恢复和海岸带保护的目的。海岸和海洋工程设施的设计近年来在关注到生态问题后，亦逐渐采用生态相容性更高的结构和材料建造，从而使工程结构兼具生态修复的部分复合功能。近年来随着智能建造技术的发展，3D打印技术的逐渐成熟，使海洋和水下及近岸结构物的柔性建造和施工具备了更高的效率和可实施性，大空隙率、不规则构造、复杂空腔结构并使用环保材质的海岸设施引进到人工鱼礁和海岸工程的建设中，将成为未来的生态海岸建设和保护趋势。

（3）生物海岸护滩技术

潮间带不仅具有生态价值，是多样性和多产的栖息地，而且同样重要的是，它们也会消耗波浪能量，从而帮助保护腹地免受洪水的侵袭。在滩涂后修筑或加固堤坝可以保护后方的腹地，但是，从更广阔的生态视角需要在确保腹地的安全同时还要促进河口的生产力和生物多样性，人工生物海岸包括牡蛎礁，贝壳堤与现代工程结构物结合的综合利用，是建设人工生物海岸的值得探索的方向。

位于墨西哥湾北部的亚拉巴马州，历史上沿海分布着超过3m高的潮下带牡蛎礁，保护海岸上盐沼湿地中松散的泥沙不被海浪冲刷而流失，也为海草床提供干净的水质和生长环境。然而，据NOAA统计，墨西哥湾的牡蛎礁比历史记录已经减少了50%，亚拉巴马州的海岸线以每年1.52m的速度被侵蚀流失（图3-3）。

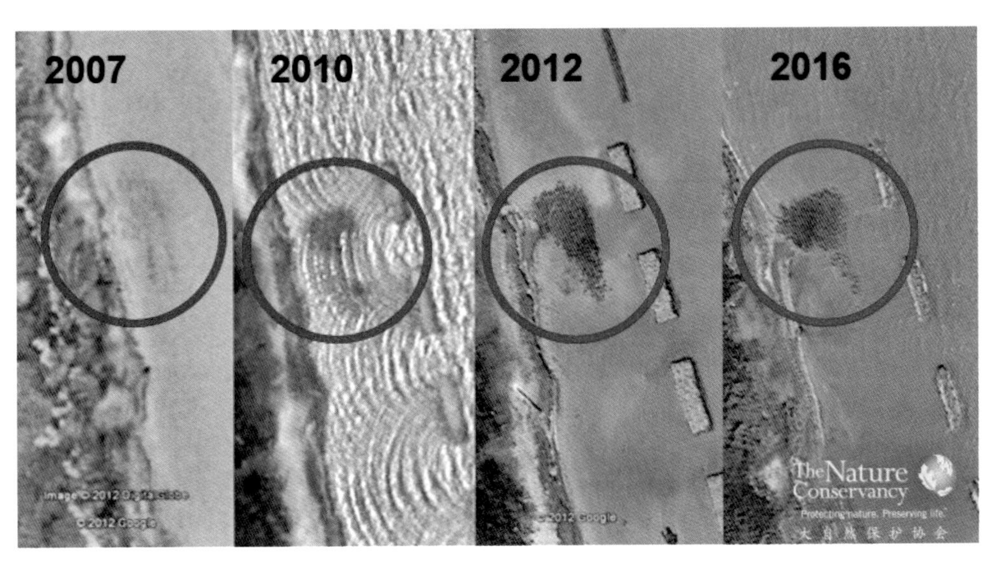

图3-3 2007～2016年牡蛎礁修复盐沼湿地时间变化图

［出处：大自然保护协会］

在墨西哥湾漏油事件后，阿拉巴马州的包括TNC在内的四家环境保护组织共同发起了"100–1000：修复阿拉巴马州海岸"项目，旨在修复100英里的牡蛎礁，进而稳固海岸线，促进恢复1000英亩的盐沼湿地与海草床。目前，已有10个牡蛎礁"防波堤"得到落地执行，总长度达到3600m，保护着2英里的海岸线。对已经投放的牡蛎礁持续监测及评估，以帮助后续项目选择更合适的修复技术。在阿拉巴马港口处建造的0.52英里长的牡蛎礁，已经促进其后海草床与盐沼湿地的扩张，减缓了海浪对该处海岸线的侵蚀。

同样，在荷兰东施特河口也进行了类似的试验，利用牡蛎礁保护河口滩涂，作为"生态工程师"防止沙被输送到潮汐通道中，实验表明牡蛎礁在创造新的栖息地的同时，也能减缓潮滩的侵蚀。

（4）海岸湿地修复技术

采用人工方法恢复和重建湿地是海岸带生态恢复的重要措施。在美国得克萨斯州加尔维斯顿（Galveston Bay）海湾，利用工程弃土填升逐渐消失的滨海湿地，当海岸带抬升到一定高度，就可以种植一些先锋植物来恢复湿地植被。在路易斯安娜萨宾自然保护区和德克萨斯海岸带地区，利用"梯状湿地"技术（marsh terracing technique），在浅海区域修建缓坡状湿地，湿地建好后在上面种植互花米草及其他湿地植被，修建梯状湿地可以减弱海浪冲击、促使泥沙沉积、保护海滩，同时也可以为海洋生物提供栖息地[6]。

宾夕法尼亚大学景观建筑与区域规划学院创始人麦克哈格教授于1969年在其著作《设计结合自然》中"海洋与生存"一章，就新泽西海岸沙丘的形成和破坏的后果，论述了海岸生态修复与海岸景观的互动关系，提出城市与海岸的关系和空间利用的生态型解决方案[7]，该书的倡导的"设计结合自然"主要观点成为近几十年西方生态景观设计领域的重要理念导向，而在近年中国的生态建造和生态型城市规划发展的潮流中，也逐渐获得认可，并在"山水林田湖草"的设计实践中有所应用。实际上由于海岸动力环境的自然营造能量大、强度高，反自然的破坏性更加突出和明显，设计结合自然的功效就更趋明显，从而基于自然的解决方案（NbS）的效率和效果会更加突出鲜明。这也是在海岸空间规划设计、工程设计前期对于环境条件的分析和调查的要求远高于内陆和河湖项目的原因之一。

2. 海岸及海湾综合生态修复案例

除了上述单一因子的修复技术措施，以较大尺度的海岸和海湾为对象，系统运用政策、管理、技术、工程等综合手段进行生态修复，对于中国海岸生态修复和推动具有重要的借鉴意义。海湾是海洋或海岸的构成单元，尽管不同围合度的海湾与动力条件有区别，但是总体上其特殊的空间围合特点，导致其动力和生态系统具有相对独立性、系统性。从海岸空间的保护和利用角度，海湾岸线较长，与陆地界面接触更密切，是陆域河流和生态系统的集中和底线，产业发展较开放平直的岸线更密集，在生态修复上具有更强的必要性和可行性。

（1）美国切萨皮克湾[8]

切萨皮克湾（Chesapeake Bay）由萨斯奎哈（Susquehanna）河及其支流沉降而形成，是世界最大的潮汐河口之一。湾区长311km，宽5～40km，平均深度14m，最大深度为63m，有50多条河流和小溪流入海湾。流域面积约166000km^2，覆盖美国大西洋中部地区。切萨皮克湾有大约

$5000km^2$ 湿地，海湾水体盐度对湿地植被种类及分布有着重要影响，其中约 $2000km^2$ 为潮汐湿地，海湾为弱潮型海湾，平均潮汐最大值为 1.2m。由于挖泥、造陆及城市化发展，切萨皮克湾下游的潮汐湿地曾经大量流失。切萨皮克湾的潮汐湿地发挥着一系列重要的生态功能，其中最重要的是初级生产力、供养野生生物、缓解海岸带侵蚀和水质净化等（图 3–4）。

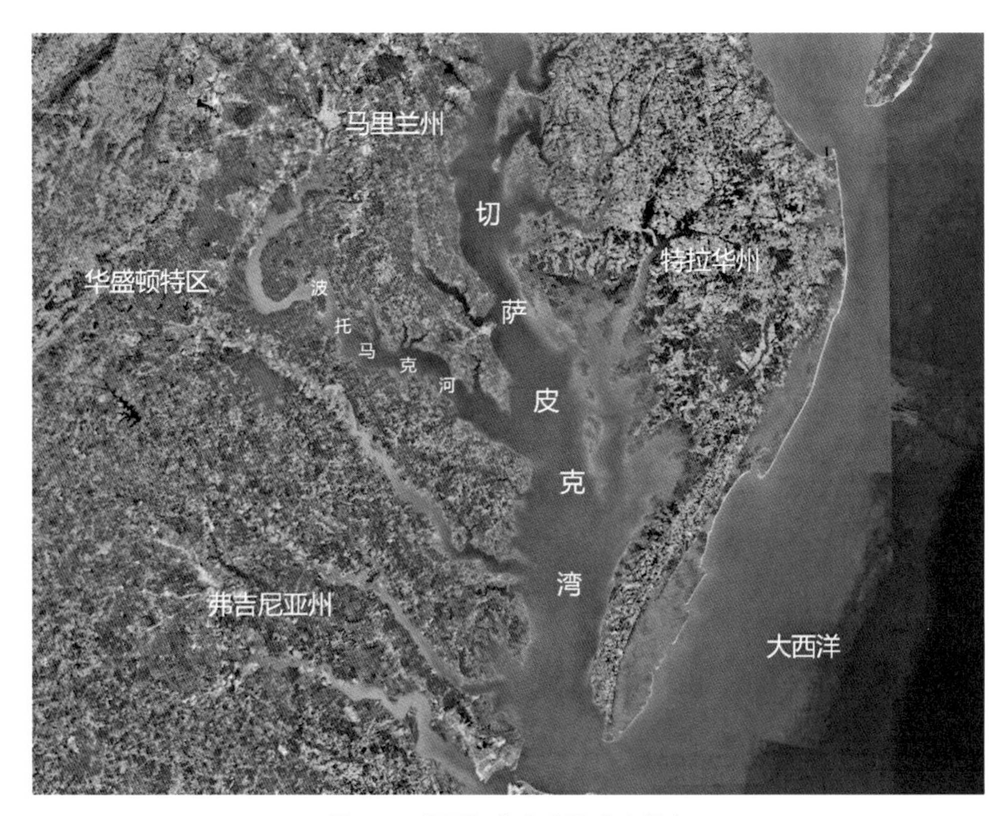

图 3-4　美国切萨皮克湾生态修复

切萨皮克湾一度存在的主要环境问题包括：[9]

① 水质恶化、有毒物质污染严重；

② 富营养化、夏季缺氧；

③ 水生植物减少；

④ 海洋生物资源衰退，栖息生境遭破坏。

生态修复的技术和工程方法：[10]

① 确定流域内各入海河段的每日最大总负荷，控制农田肥料及动物粪便等非点源污染；

② 对 483 座污水处理厂进行升级改造，提高脱氮除磷能力，禁止含磷污水排放，2005～2008 年，向海湾排放的氮减少 69%，磷减少 87%；

③ 海湾沿岸大量种植树木，建立海岸绿化带，恢复滨海湿地，进行大规模海藻场修复；

④ 制定捕鱼计划，限制渔网尺寸，从时间和空间上规范限制捕捞行为，保护和恢复海洋生物栖息地。

采用的管理手段包括：[11]

① 成立切萨皮克湾整治执行委员会，成员由相关州（市）长、环保署长和流域委员会主任组成；

② 建立广泛的协调合作机制，使各级政府、科研单位、环境组织、主要农商企业及公众参与决策过程；

③ 加强环境监测与污染调查，美国国会拨出 2700 万美元专款用于调查；

④ 制定明确目标，各地区分别落实，制定区域减排及修复对策；

⑤ 将切萨皮克湾整治项目列入联邦的财政预算中，各州通过抵税、政府和民间合作基金等方式筹资，保证修复项目顺利开展。

（2）日本濑户内海

濑户内海位于日本本州、四国之间（图 3-5）；东西长 440km，南北宽 5～55km，海岸线 1300km，面积 9500km^2。多港湾，海中有淡路、小豆、江田等 525 个大小岛屿。一般水深 20～40m，鸣门海峡深达 217m。

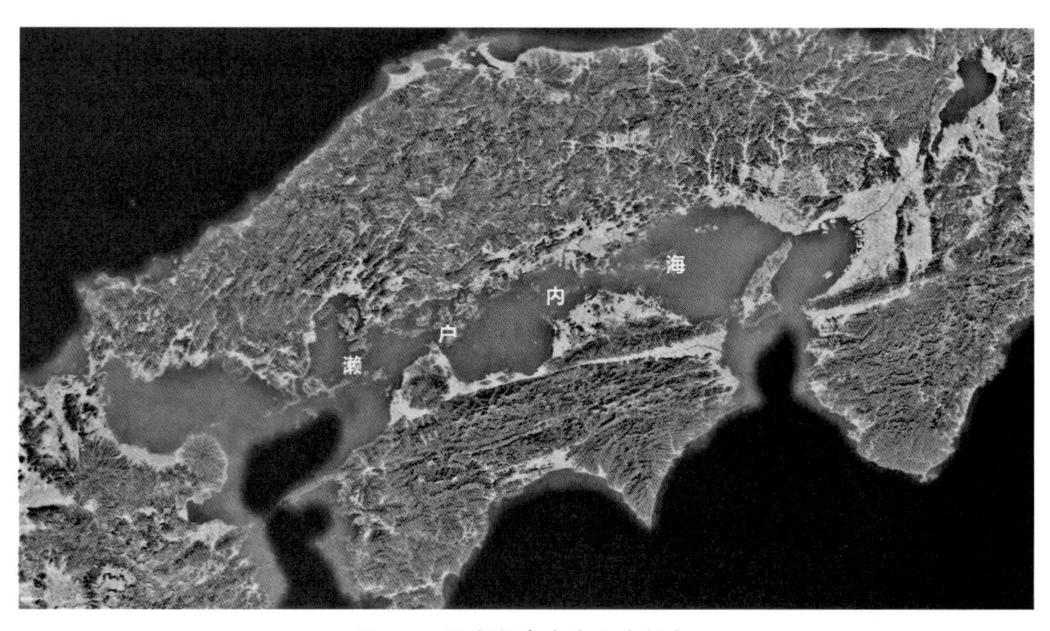

图 3-5 日本濑户内海生态修复

曾经存在的主要环境问题：

① 水质恶化、重金属污染严重；

② 富营养化、赤潮频发；

③ 栖息生境严重破碎化；

④ 船舶漏油污染严重；

⑤ 底泥恶化，生物种类大量减少。

采用的生态修复技术和工程措施：[12]

① 实施污染物总量控制制度，从生活排水、工业排水及养殖业污染三方面减少污染物的排放；

② 整顿污水排放设施，提高氮、磷等元素的处理效率；

③ 对填海活动实行许可管制，年填海面积由 1973 年的 2000～3700hm^2 下降到 2000 年的 100hm^2。将沿海大部分区域规划为国家公园，建立了 800 多个野生动物自然保护区；

④ 对城市规划和公用基础设施进行整顿，减轻海上运力，疏散沿海城市过密人口积聚；

⑤ 通过底泥疏浚等方式去除海底与河底的污染底泥，重塑海底环境质量的可持续性；

⑥ 加强环境监测与污染调查，1972 年在整个濑户内海共设 700 个观测站，多次开展大规模海洋污染综合调查。

管理政策和立法的加强：[13]

① 以法治海，制定了专门性的《濑户内海环境保护特别措施法》；

② 明确各级政府部门职责，建立联席会议制度；

③ 制定《濑户内海环境保护基本计划》，将陆域、海河流及海域看成一个整体，维持与恢复健全的水循环机能；

④ 调整产业布局，通过国家贷款和经济补贴等方式将污染严重的企业迁离濑户内海；

⑤ 加强公众教育，广泛动员中央政府、各地方政府、企事业单位、沿岸居民与各种民间团体参与到整治中。

三、中国海岸生态修复技术体系建设

中国是全球较早开始海岸生态保护的国家之一，在 20 世纪 50 年代和 20 世纪 80～90 年代共开展了 3 次大规模海岸带、滩涂和海岛资源综合调查，为海岸利用保护和修复工作奠定了基础。20 世纪 90 年代以来，先后建立了不同类型的海岸带自然保护区，并制定和实施了海洋环境保护法，海域使用管理法等法律法规，在海岸带保护方面取得了巨大进步。但在海岸带生态修复研究和技术应用方面，过去多着眼于资源开发需求，或基于自然环境资源节约的稀缺性保护，在海岸生态修复领域的基础性工作需要进一步加强。

海岸带生态修复的总体目标是采用适当的生物、生态及工程技术，逐步修复和恢复退化海岸生态系统的结构和功能，最终达到生态系统的可持续。中国在红树林海岸的生态修复，沙质沙丘海岸的生态修复，河口湿地海岸的生态修复方面取得了众多科研成果并进行了一系列成功的工程实践，在本书的不同章节中这些技术和相关案例都有所涉猎。同时在海岸生态修复的实践中也逐渐总结经验形成系统完整的技术规程和指南体系，以推动海岸生态修复的经济性、适宜性和可持续的效果。

1. 海岸带生态系统调查与评估

为辅助海岸防潮、防波堤、减灾功能等海岸生态系统评价工作，弥补海堤生态修复的技术空白，规范沿海生态系统调查评价、生态减灾与恢复、监督监测等技术环节，自然资源部发布了十项海岸带生态系统现状调查与评估技术导则，以推动海岸带保护修复工程技术标准体系建设[14]。主要内容包括：

总则：规定了海岸带生态系统现状调查与评估的工作程序、工作内容、质量控制和成果归档等要求，生态状况评估包括生态系统现状评价、生物群落评估、环境要素评估和威胁因素评估。

海岸带生态系统遥感识别与现状核查：规定了海岸带生态系统遥感识别、现状核查、成果编制和汇交归档等工作的方法、流程、要求和内容。识别对象为我国海岸带地区覆盖内水和领海范围内的典型生态系统，包括红树林、盐沼、砂质岸滩、淤泥质岸滩、基岩岸滩等海岸带生态系统的生境分布图斑。

红树林：红树林生态系统现状调查与评估的工作程序、调查内容、调查方法、生态状况评估等要求，调查内容包括红树林植被、生物群落、环境要素及威胁因素。

盐沼：开展海岸带盐沼生态系统现状调查与评估工作的一般规定、调查内容、调查方法和生态现状评估方法等内容。调查内容包括盐沼植被、生物群落、环境要素及威胁因素等。

珊瑚礁：珊瑚礁生态系统现状调查和评估的一般规定、调查内容、调查方法和生态状况评估等要求。调查内容包括珊瑚、环境要素、生物群落和威胁因素等四大类。

海草床：开展海草床生态系统现状调查与评估工作的一般规定、调查内容、调查方法和生态现状评估方法等内容。海草床生态系统现状调查内容包括海草床、生物群落、环境要素及威胁因素等。

牡蛎礁：牡蛎礁生态系统现状调查的一般规定、调查内容、调查方法和生态状况评估等要求。牡蛎礁生态系统调查内容包括牡蛎礁、生物群落、环境要素及威胁因素。

沙质海岸：砂质海岸生态系统现状调查与评估的工作程序、调查内容、调查方法、生态状况评估等要求。砂质海岸生态系统调查内容包括海滩特征、生物群落、环境要素及威胁因素。

河口：河口生态系统现状的调查内容、调查方法、评估指标和评估方法。河口生态系统调查内容包括滨海湿地、河口生境、生物生态、河口水文连通性、生态压力因素。

海湾：海湾生态系统现状调查与评估的一般规定、调查内容、调查方法、生态状况评估等要求。海湾生态系统现状调查包括海湾生境调查、生物调查和威胁因素调查。

2. 海岸空间的物理整治和修复

海岸线的物理修复包括对于自然岸线的物理性修复和人工岸线的整治等。对于自然岸线，采取沙滩养护、促淤保滩等措施，修复和重建受损自然岸线；对于人工岸线采取环境整治、生态护岸、景观建设等措施，恢复和提升海岸空间的自然秩序和符合动力条件的岸线，以及岸线构成元素的形态，达成海岸线良好的生态景观效果；采取海防工程加固合理提高标准等措施，增强海岸灾害防御能力；通过对不符合功能及规划的堤坝拆除、生态海堤建设等措施，形成具有自然海岸形态特征和功能的类自然海岸线（图 3–6）。

图 3-6　某海区基岩海岸物理修复前后效果（上、下对比）

（1）海岸空间的物理修复技术指南：《海滩养护与修复技术指南》（HY/T 255—2018），以及“中国海洋工程咨询协会”发布的《海岸带生态减灾修复技术导则》。

（2）滨海湿地修复方面，采取水系恢复、植被保育、退养还滩、退耕还湿、外来物种防治等措施恢复滨海湿地的结构与功能。红树林、珊瑚礁等典型生态系统修复，还可采取异地补种等措施。参考采用的技术指南《红树林植被恢复技术指南》（HY/T 214—2017）；《海滩养护与修复技术指南》（HY/T 255—2018）。

（3）水文动力及冲淤环境恢复领域，重点关注纳潮量、水交换能力、岸滩稳定性及其引起的生境变化，采取堤坝拆除、清淤疏浚等措施，改善水文动力与冲淤环境。

（4）为科学指导海岸带保护修复工程，建设生态岸堤，提升抵御台风、风暴潮等海洋灾害能力，促进海岸带生态和减灾协同增效，中国海洋工程咨询协会发布了《海岸带生态减灾修复技术导则》[15]。

海岸生态修复是海岸空间规划及景观设计的基础，本章为读者提供海岸生态修复基本概念以期引导空间规划和景观设计，而非修复技术的系统全面总结。海岸空间的规划和景观设计需要不同专业尤其是海岸环境及生态和海岸工程领域的配合，秉持陆海统筹的理念，弥补一度存在的专业分割导致的海岸空间规划和建设的陆海分离缺乏协调带来的众多问题。

辩证认识海岸带保护和利用的关系，为其提供基于自然的解决方案，是贯穿本书的基本理念，海岸带空间的合理利用与保护应互相协调互相平衡，人类现有的认识、能力和措施在海岸空间大部分区域和环境下可以支持我们做到这样的平衡和协调。诚然，曾经一段时间内海岸空间的开发利用超过了合理的弹性极限，使海岸生态受到重创，只有用科学和智慧把开发利用活动控制在合理空间内，才可以确保可持续发展。从全球来看，在正确推进环境保护和可持续发展的潮流中，也出现了一些绝对化的支流，譬如环境主义者（environmentalist），几乎绝对地反对自然生态系统的开发利用。海岸生态系统有一定的弹性，我们不能片面追求避开一切对自然系统的干扰，在不伤害自然生态系统的弹性基础上应推动它的自然恢复，必要时通过修复行动帮助它加速恢复。

中国目前正在积极推进以国家公园为主的自然保护地体系，这是适应时代要求的一项重要的可持续的自然保护行动。自然保护地分成三类，即：国家公园、自然保护区和自然公园，第三类中包括森林公园、湿地、草原公园、海洋公园、地质公园等。三类自然保护地有不同的保护强度要求，严格生态保护是总的原则，但不同的生态保护地的保护严格程度应该区别对待。生态保护的强度和严格程度要区分层次[16]。保护最严格的应该是自然保护区，但自然保护区内要区分核心区、过渡区和试验区，有不同的保护强度和允许的经营性活动和介入强度；生态保护次严格的是国家公园，既要严格保护，又要允许适度植入观赏、体验、自然教育等公众活动，国家公园很大，内部情况差别很大，因此国家公园内部要区分不同片区和段落。对于海岸带区域，由于纵横联系陆海两种典型生态环境和沿海岸展开的不同区段的特点应有针对性的规划定位和区别对待。对于自然公园来说，生态保护在做好环境和生态基础设施建设的基础上，可以探索不影响生态环境的经营项目和活动的合理介入。海岸带地区的自然公园的规划建设，以生态修复为基础，因不同海岸的特质，如礁岩、沙滩、河口湿地、红树林等各具特色，与当地动物和植物资源结合，无疑是自然公园优良的选址区，社会效益、生态效益、经济效益的统一，是海岸空间利用与保护可持续发展的基础，不能对海岸自然公园的建设和利用以及海岸空间的有条件开发“一刀切”地予以拒绝。

四、海岸土壤修复和改良利用

在中国，众多的海岸线及岛屿附近盐土分布广泛，并且大部分属于经济发达地区。滨海盐碱地的成因主要是受所属区域的气候条件及环境影响，小部分是由于不合理的沿海开发工程所致。由于气候条件及环境影响导致的滨海土壤盐碱化过程几乎是不可逆的，虽然形成过程较缓慢，但大面积盐碱化区域却成了基础设施建设、生态景观构建、宜居城市环境等各方面的限制性因素，因而海岸生态修复不可忽视的一个方面是对于盐碱土地的利用和改良，以及基于土壤改良的环境生态修复和植物生态体系的重构（图 3–7）。

图 3-7　盐碱土壤（天津滨海新区）

1. 滨海盐碱土壤

盐碱土是指土壤中含有过高盐碱成分包括盐土和碱土以及其他发生了一定程度盐化或碱化作用的各种类型土壤总称，也称为盐渍土[17]。在一般的工程项目中，常用其来泛指盐渍化土壤。盐渍土对于生态环境保护、农业牧业林草业生产、经济社会发展等方面的发展都是一个由来已久的难题，是一个世界性的资源和生态问题。

盐碱地统指土壤内盐类集积，且所含的盐分影响到植被的正常生长。可溶性盐的含量达到妨碍大多数作物生长的土壤被称为盐土，土壤中的钠、镁可溶性盐主要在地表干燥时会形成一层盐霜；土壤中水溶性盐分含量少，而含有碳酸钠及碳酸氢钠，形成强碱性影响植被生长，该类土壤被称为碱土；介于盐土和碱土之间的土壤被称为盐碱土。

盐碱化会使土壤的物理性状引起一系列的恶化，譬如：结构粘滞，透气性变差，容重升高，土温上升慢，土壤中耗气性微生物活性差，渗透性变差，毛细作用增强，进而导致进一步的表层土壤盐渍化[18]。

土壤盐渍化对其上种植的植被产生诸多危害，不利于植被的生长。可见，若想在盐碱地形成丰富良好的植被风貌，必须从源头对盐碱土壤进行改良及修复，这包括两个大的方向，即以改造土壤为基础的植物品类丰富，和继承适应土壤特点的原生植物利用。在海岸景观的生态修复和塑造过程中，这两类措施可以依据空间对象的特质和功能因势利导的合理使用，既要避免大面积的土壤隔离换填破坏基础生态系统又要因地制宜地创造宜人宜居的良好环境。

2. 海岸盐碱土壤改良技术

在沿海地区进行城市开发建设的过程中，植被选型及搭配种植是丰富城市景观风貌、提升居民幸福指数、改善气候微环境的重要环节。如何更好地对现状盐碱地进行改良并在后期进行长期且有效的维护，就成了关键。海岸种植的土壤改良技术，主要分为客土回填、浅井抽排、简易隔盐、暗管排盐等物理改良技术，以及化学改良技术、生物改良技术等。在工程建设中结合项目自然及经济条件，进行适宜的土壤改良，并且配合后期运营阶段良好的维护措施，可综合提升土壤改良效果及其持久性。

（1）物理改良技术

物理改良技术主要是通过改善土壤性状、调整区域地形等方式改良盐碱土或降低现状盐碱土对景观产生的不利影响。

① 浅井抽排、灌水脱盐。在滨海盐碱地区，通常地下水埋深较浅（以渤海湾地区为例，最浅地区年均地下水埋深仅 0.5～0.7m），造成了积盐返盐现象严重，开发利用难度大。根据水盐分布规律及运移特征，通过降低地下水位及淡水淋盐，可将区域的盐碱土壤得到明显修复及维持。

首先，在项目区中心位置设置浅井，对地下水进行抽排，抽水区域地下水水位围绕抽排井呈现 V 型变化。抽排一定时间后，地下水埋深逐渐增大，在对土壤盐分抑制作用提升的同时，可提高土壤水库容的腾空强度。在停排回渗的状态下需进行灌水洗盐，灌水洗盐，就是利用自然降雨或者淡水集中回灌的方式，在地表施水。随着灌水时间的推移，土壤脱盐压盐的效果愈发明显，将地下水保持在允许深度，可有效提高土壤脱盐率并能在后期维持周年盐分基本稳定。

② 场地平整、客土回填、调整地形、植被选型。在进行场地开发的初始阶段通常会进行场地平整，该阶段会依据场地平均设计标高进行填挖方。若场地基底为盐碱地，则应在填挖方前先对场地进行表层土块粉碎，恢复土壤的均匀渗透性，以便于土壤淋洗。

表层土壤的盐碱性受地下水含盐量及地下水位高低的影响较大。通常，临海地区的地下水位较高，气温炎热时表层土壤会产生强烈的蒸腾作用，地下水会随着土壤的毛细作用不断向上迁移，造成表层土壤盐分的持续累积。因此，即使选择了非盐碱类的种植土进行客土回填，依然需要防止其回填后的二次盐碱化，所以客土回填应结合地形调整方法同时进行。除了考虑景观效果及场地内外交通等考虑因素外，基底为盐碱地的场地应尽量进行整体提升，使得植被根系高于地下水位的临界水深。首先将场地进行整体抬高，再将需要种植景观植被的区域，结合景观手法制造微地形的视觉效果，最后选用符合景观植被种植要求的优良种植土进行客土回填，夯实。同时，植被的选型及栽植位置也是关键。在选型时，应尽量选择本土驯化的品种及耐盐碱的品种。将对种植土厚度要求较高的乔灌木等植被栽植于地形高点，将对种植土厚度要求较低的地被栽植于地形低点，遵循地形自然变化规律，可大量节省回填客土及调整地形的工程造价。

上述技术在独立应用时，主要适用于苗木成本较低、工程更新周期较频繁及景观要求较低的防护林、郊野公园等项目。在同时结合后文所述的暗管排盐技术施作时，则可应用于景观要求较高、运转周期较长的项目类型（图 3-8）。

图 3-8 种植结合微地形在景观项目中的应用

③ 简易隔盐层技术。简易隔盐层技术主要应用于地下水埋深较大的局部绿化种植区域，譬如树穴、花坛等。该部分区域由于敷设管网存在局限性，且单纯的客土回填又不足以满足排盐需求，因此采用隔盐层技术可在经济性、施工难度、持续性等方面取得一定的平衡。

④ 暗管排盐技术。暗管排盐技术是目前在盐碱地景观植被种植及土壤修复中，应用最普遍的技术。该技术适用范围相较上述技术更为广泛，虽然工程造价相对较高但排盐效果相对更好。暗管排盐技术主要是依据“盐随水来、盐随水走”的特点设置排盐层，以达到土壤脱盐及防止次生盐渍化的目的（图 3–9，图 3–10）。

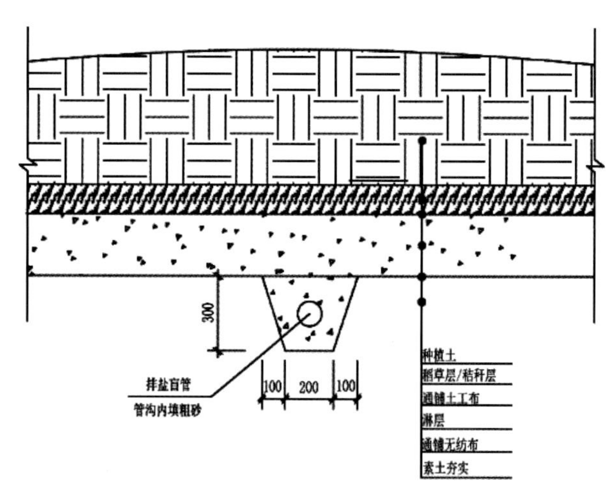

图 3-9 暗管排盐断面示意

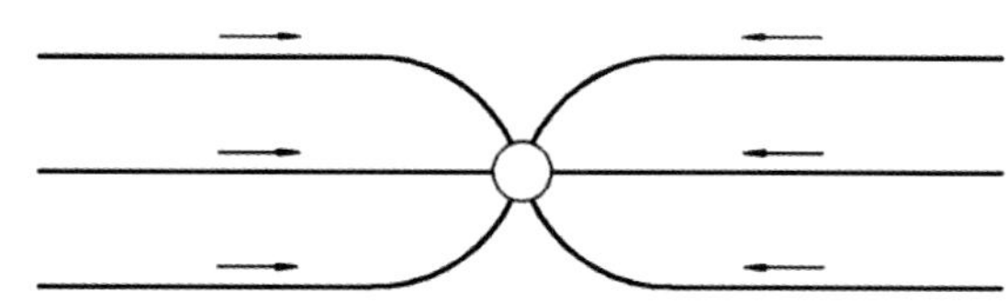

图 3-10 排盐暗管蜘蛛型平面布置示意

在非雨季及非浇灌时段，排盐层主要通过淋层阻断盐碱并将盐碱水汇集至盲管排走，以控制土壤盐碱度。在降雨或浇灌时，土壤上部的淡水均匀渗透至种植土内，随着水量的增大，淡水埋深逐渐加大并流入淋层，最终通过排盐管线排走，此时可对上部土壤起到淡水压盐作用的同时亦可帮助涝水排泄，降低积水程度。

（2）化学改良技术 [19]

化学修复盐碱土，主要是利用外源添加物与土壤胶粒发生的化学反应改良盐碱地，常见的添加物有工农业废弃物（如磷石膏、糠醛渣，风化煤等）和天然矿土资源（如泥炭、褐煤、沸石等）。在改善土质的同时可有效补充丰富的矿物元素，制备简单，使用方便。但是化学改良技术（如施用石膏、磷石膏后），通过 Ca^{2+}与土壤胶体表面的 Na^{+}进行交换，或结合灌溉淋洗，消减种植土层的盐碱障碍，这种方法在一定时间和一定种植土层范围内的效果较为显著，但从长期来看，该技术是向土体内引进了一定量的 Ca^{2+}与 SO_4^{2-}离子，Ca^{2+}、Na^{+}的比例有所改善，但盐离子的总量并没有减少。因此，长期改良盐碱地的效益较为有限。另一个方面，外源物的添加、引入，在改善盐碱地的同时，很可能会造成二次污染，给土壤带来新的不安全因素。同时，随着废物资源化的利用，添加物成本在不断提升，因此该技术的大面积推广也受到限制，在项目应用过程中结合其他措施同步实施，对盐碱地的修复效果更佳。

（3）生物改良技术[20]

生物改良技术，主要是利用植物与微生物的代谢和生长活动，吸收、转化或转移土壤中的盐离子，提升土壤质量。选取碱蓬、柽柳、芦苇等各类耐盐碱的植被进行前期栽植，随着栽植时间的推移，土壤中的盐分将被植被逐渐吸收转化。每隔一定时间段进行改良植被的收割及二次栽种，直到土壤盐分达到较为稳定的状态。

微生物菌肥是近几年发展起来的新型肥料，利用生物发酵技术生产的有益生物菌活态菌制剂，充分利用有益菌群分泌的生物活性物质分解土壤中不能被植物根系吸收的矿物质，成为能被植物根系吸收利用的矿质营养。同时，微生物菌肥还能调节土壤的酸碱度，增加土壤有机质，改善土壤生态环境，并能抑制土壤中杂菌及病原菌，在改善土壤盐碱度的同时，还对植被有多重正向作用。

上述生物改良技术的应用虽然成本较低、有一定的经济价值回报，但也存在局限性。由于土壤是开放的土体，种植层盐分在被吸收、转化或转移的同时，周围的盐分也在不断地进行补充。因此，生物改良技术一般需要经过漫长的时间方可见效果，改土过程较为缓慢。所以该技术在单独应用时，只适用于开发建设周期较长，对生态环境优化标准较高或者可分步实施的海岸生态修复。

（4）多重改良技术组合

在离海岸线较近，地形低洼、地下水位较高且矿化度高的地区，通常单一的土壤修复措施，并不能十分有效地改善土壤情况，或者改善后的土体可持续度较低。此时，则可同时结合物理、化学、生物等多重土壤修复技术中的几类技术进行组合应用，譬如“调整地形＋客土回填＋暗管排盐＋微生物改良＋灌水压盐”。首先，在进行土壤修复时优先抬高地形，以增大种植层土壤与地下水的间距，减轻毛细效应。其次，实施暗管排盐技术，在种植区域敷设完善的排盐层，以隔断盐碱并提高盐碱水外排的能力，防止次生盐渍化。在回填客土（种植土）的同时，可局部应用化学修复方法，拌入改良剂及营养肥等，以提升土壤的持续抗返盐能力及土壤肥力，优化土壤结构。最后在项目运营阶段，结合周期性的浇洒及灌水，对由于返盐或海滨盐雾污染引起的种植土次生盐渍化进行消解，延长土壤的使用周期。

五、海岸地形与植栽的关系

海岸盐碱地的地形改造是海岸陆域生态构建的重要技术手段之一，在尊重海岸基础生态环境的的基础上，应避免大面积的土壤改良区满足海岸“绿化”的需求，而应该以适宜的改造与适生的植被生态植栽互相适应，兼顾土壤生态修复和植栽系统及其与海岸原生境的匹配，与海岸带的环境条件、工程背景紧密结合，创造具有海岸空间特质和风貌的环境，同时对于局部参与性和宜居性要求较高的开敞空间，应满足景观植栽以及地形地貌的丰富性要求。

1. 海岸地形塑造的技术特点

海岸地形塑造应尊重原有场地机理和生态群落的基本构成，因地制宜。海岸空间应当根据项目的场地条件、功能、使用人群等对项目进行整体规划，尊重场所现有条件，遵循生态和宜居要求，利用原有地形地貌，结合海岸工程的结构型式，进行地形设计。

满足使用功能及景观和生态体系的需求。城市滨水区海岸景观的地形标高不同于一般的建筑室内地面标高，甚至与一般的内陆园林景观亦有很大的区别，即使是平缓地带也需要有一定的坡度，以利于组织常规及灾害天气有效排水，尤其是在临海的一线区域，必须考虑到越浪和高潮位时的大量海水排出需要。

地形的塑造应与海岸结构物的设计相呼应，并互相支持，以地形与结构共同构成海岸防护和绿色基础设施的功能需求。例如，在本书第 4 章所述及的复合型海堤，即是一类将海岸景观地形与海岸防护结构有机结合的处理方式，如图 3–11 所示。传统的海岸结构通常以结构本体作为防护的主体甚至唯一结构，以保障后方城市或旅游等区域的安全性，这使海岸工程成为单一的工程结构物因而忽视了海岸空间的公共开放空间属性和景观属性以及生态连续性。在空间条件和经济投资允许的情况下，将前方的结构物与后方的地形地貌塑造结合，将安全与景观和城市开放空间的效益结合到一起，形成复合型的防护系统，是海岸防护建设的新方向。

图 3-11　地形植栽与海岸结构统筹效果

地形是创造和调节海岸带地区微气候环境和为土壤排盐创造条件的重要技术手法之一，对于不同的生态修复和植栽要求，游客在海滨的体验，可以通过地形和植栽的组成为其提供相对有利的环境。

通过地形的塑造为土壤的改良提供基础条件，是海岸带盐碱地地形塑造中的基本要求。除了考虑景观效果及场地内外交通等因素，基底为盐碱地需要进行非盐生绿化植栽的场地应尽量进行整体提升，使得植被根系高于地下水位的临界水深；在条件允许时尽可能做微地形处理，这样不但有利于组织排水，而且土层厚度越深也越利于植物的生长；将对种植土厚度要求较高的乔灌木栽植于地形高点，将对种植土厚度要求较低的绿篱地被栽植于地形低点，结合地形变化规律，可以塑造出更加具有生态性及景观性结合的植物空间。

海岸带地区大风和盐雾频发，在植栽设计中要考虑通过地形对大风和盐雾的影响进行缓冲调节和引导，为植物生长创造较好的条件。植栽的选择要考虑到与海岸近、中、远的环境梯次的变化相呼应。在面对常（强）风向和常（强）浪向的岸滨区域，一般不建议采用高大的乔木植栽，长期的风力和盐雾作用除了使大型乔木的成活率较低生长艰难外，部分可成活的树种其冠型亦难以较好地维持，经常被风力破坏呈不规则的犬牙交错形状，影响植物组团的美观效果。如场地环境和空间要求必须使用大乔木时，应考虑地形的塑造利用和对风向、盐雾扩散等条件的综合分析，并与抗风抗盐雾的地被和灌木组团结合形成层次依次递进，互相支持的微环境栽植氛围，适宜的生态植栽环境。

最后，景观设计的地形除了本身的造型之外，还应当统筹考虑整个景观系统中节点、建筑物及其他工程设施等对地形高程的需求。如将建筑物的设计与地形塑造、植物设计结合考虑，能够很好的实现例如障景、框景、视线引导、控制私密性开放性等景观空间的诉求。

2. 海岸结构与植栽的协调

在一般的安全防洪主导的海岸工程中，对于后方的植栽的要求以道路绿化为主，因而较少考虑海岸结构对于植栽的影响。但是在海岸生态修复和海岸公共空间及滨海公园及绿地建设中，植栽是构成海岸生态和空间品质的重要部分乃至骨干内容，因而海岸结构与海岸植栽系统的影响必须统筹考虑。海岸结构对于植栽的影响包括三个层次：其一是较少见但影响很大的特殊高潮位（风暴潮增水叠加天文潮）导致的植栽场地淹水，尽管频次不一定很高，但是每次的发生对于不耐盐碱植物都是致命的影响；其二是频发的局部越浪和海水的飞沫影响；其三是经常发生，在不同季节表现不一的盐雾对近岸植栽的影响。为了适应植栽而大幅度提高海岸防护结构的设计标准显然是不经济的，因而在海岸空间的设计中，尤其是涉及景观型海岸和公共开放空间结合的植栽设计中，系统地协调结构设计与植栽是一个重要的设计原则。在适当的安全标准下，采用降低越浪量低溅浪的设计，减少乃至避免盐雾激发是措施之一，另外，拉开非耐盐植物与海岸的空间距离，在近岸距离上采纳耐盐植物弥补近岸植栽空间，也是一个策略。

以图 3-12 的半圆堤结构为例，堤身表面几乎为光滑实体的海堤，波能吸收能力弱，迎浪面易激起较高成片波浪，而为了泄压设置的透气孔，在波浪冲击下内压瞬时骤增实际上形成海水喷雾孔。波浪结合风吹形成弥漫的盐雾，对后方的植栽，尤其是大乔木的成活率和长势影响非常大。因而需要注意海岸结构形成的微环境对于海岸景观的规划设计具有重要影响，并应结合多方面环境条件因势利导。

图 3-12　某海岸护岸结构与后方场地关系

渤海湾某海岸项目春植和秋植之后，近岸乔灌木的成活率均不理想。根据现场统计调查，所栽苗木中的部分花灌木，如太阳李、紫丁香、黄刺玫等几乎无成活。现场踏勘后发现，距离海岸线一定范围之内的苗木成活率明显低于稍远离岸线的区域（图 3-12），影响宽度为 30～50m 范围。

另外，当波浪作用较强时，场地会面临较大的越浪，瞬时扬起的波浪拍打防波堤，翻卷起高达 1.5～2.0m 的水舌，水舌携带大量海水卷入场地近海岸的部分区域，导致大量海水滞留在后方陆域近海侧区域，淹没场地铺装及种植区域如下图。因而在种植的设计中，应结合海岸工程的断面模型试验或局部整体模型试验的结果，考察越浪和溅浪区的影响范围，规划植栽的范围，在高频率海水飞溅区域，避免种植乔木，如需要解决遮阴问题，应尽量使用人工廊道和亭架的结构，并应充分考虑耐腐耐久性及越浪的作用（图 3-13）。

图 3-13　场地越浪（左）及海水淹没后方景观场地（右）实景

六、海岸盐碱地生态种植

滨海地区情况复杂，生态修复或景观绿化面积有大有小、土壤含盐碱量也有很大的区别，因此不同区域地块在进行植栽设计时采取的手法各有不同。基于对于生态本底的尊重的修复设计出发点，在海岸生态景观中不宜使用涉及大面积土壤改良的景观建设，应顺应海岸生态植栽的环境土壤条件，以原生态、可持续、低维护理念为主体的生态修复系统的规划和设计。

在海岸生态基底建设和修复中，采用如“南红北柳”的适宜基础生态植物体系，即中国“南方滨海地区的红树林”和“北方滨海地区的柽柳”，因地制宜地利用对红树林、柽柳、碱蓬和芦苇等植被的自然修复、人工保育和重点保护，打造海岸重盐碱地区生态植栽基础。海岸植物应海陆统筹、保护优先，以自然恢复为主、人为干预为辅，构建海岸海洋生态廊道和生物多样性保护的网络和基底，提升海洋自然生态系统稳定性和生态服务功能。

在景观绿化层次，应遵循生物多样性原则，以恢复场地原生植被，建设多层次、复合结构、功能丰富的生态连续植物群落为目的，兼顾环境保护、生态栖息、科普教育等功能。由于海岸带区域具有高度敏感性和特殊的生态环境需求，决定了我们在进行植栽规划时应当遵循以生态修复为主，绿化植栽为辅的原则，以生态复育为目的，形成接近自然的生态系统。相对于传统绿化，生态绿化具有更稳定的生态系统，低廉的成本及后续养管费用。

在“南红北柳”生态基底背景和因地制宜的生态绿化基础上，为丰富滨海地区景观建设，植物群落配置模式可以划分为两种模式：重盐碱滩涂景观植栽建设模式（海岸滩涂生态修复）、海岸公园型景观植栽建设模式（海岸湿地及滨水景观建设）。

1. 滨海盐生植物及其特点

根据植物的耐盐能力，可将植物划分为盐生植物和非盐生植物。土壤中含有大量的可溶性钠盐，对大多数植物的生长是有害的。许多植物在含有 0.05% 氯化钠的土壤上生长不良，但是还有一部分植物可以生长在含盐量高达 3%～4% 的土壤中。我们将能够生长在较高含盐量土壤上的植物称为盐生植物。盐生植物又分为专性盐生植物和兼性盐生植物两大类[21]。

专性盐生植物

通常将重盐碱地上生长的植物称为专性盐生植物。根据专性盐生植物的生理和形态学特点，专性盐生植物又可分为聚盐植物、泌盐植物、抗盐植物三大类[21]。

（1）聚盐植物：此类植物对盐土的适应性很强，能够生长在重盐碱土上，可以吸收聚集土壤中大量可溶性盐分而不受侵害。这类植物能够从高盐度土中吸收水分，代表植物有盐地碱蓬、盐角草、碱蓬等。

（2）泌盐植物：这类植物能够从土壤中吸收过多的盐分，但是并不在体内聚集，而是通过茎、叶表面的盐腺细胞把吸收的盐分排出体外，因而被称为泌盐植物。代表植物有柽柳、二色补血草等。

（3）拒盐植物：这类植物虽然能够生长在盐碱土中，但是并不吸收土壤中的盐分，植物具有一定的抗盐作用。代表植物有火炬树、獐毛、碱菀等。

兼性盐生植物

有一些盐生植物不但能够生长在中、轻度盐碱土中，更能生长在非盐碱土中，这类植物被称为兼性盐生植物，又可称为耐盐植物。一些自然植物经过人工驯化或者土壤改良后均可称为耐盐植物，代表植物有刺槐、构树等。这类植物常是盐碱地区园林植物应用的基础及重点。

2. 重盐碱荒地植栽设计模式（海岸滩涂植物修复）

重盐碱荒地多分布于沿海的偏僻地带，环境条件差、淡水资源匮乏、土壤盐碱化严重，由于先天自然条件的制约以及后续人为管理、经济条件的限制，全面更换种植土进行植树造林，一是投资大成本高，二是不同于自然条件下的群落特征，因此可以采用管理粗放、适合区域场地特征的生态植物种植模式，将盐生植物或者特耐盐植物采用播种繁殖或者自身繁殖的方式来解决植被恢复的问题。

以北方渤海湾地区为例，主要的种植模式可分为两种：

（1）滨海湿地景观模式：在滨海近海岸地带采用“芦苇＋盐地碱蓬”的配置模式；

（2）复合式林地地被种植模式：在地形较高地带可采用“柽柳＋二色补血草＋白刺＋盐地碱蓬”的配置模式[22]。

此几种植物均具有强耐盐碱性，在含盐量 1.5% 的土壤上能自然生长，且管理粗放、易繁殖，覆盖面积大，能快速成景。同时，柽柳、二色补血草以及白刺还是蜜源植物，能够吸引小动物的光临，为区域内脆弱的生态系统构筑了大范围绿色的生态基底，丰富了生物多样性。

3. 海岸公园型景观植栽（海岸湿地及滨水景观建设）

海岸公园景观建设模式主要位于城市中心区域以及重盐碱荒地和中心区域的过渡区，此区域对开放空间品质要求较高，相对生境稍好，土壤盐碱化虽然严重，但是可以通过物理改良、化学改良、生物改良等一系列的土壤改良技术，使植物的生境得到大幅提升，可适生的植物品种也有较大范围的扩充。植栽设计可根据不同的区域条件采用多复合景观建设模式。利用耐盐碱的乔木、灌木以及地被，采用精细化处理，逐步形成独具特色的符合生态特性的盐碱地景观植物风貌。

4. 垂直海岸的植物分层规划

海岸带地区的微环境和土壤条件决定了在垂直海岸方向上植物生存环境的变化，因而海岸带地区依其环境特性可分为滩涂湿地、临海绿带、缓冲绿带、景观绿带四个区域，采用垂直海岸带方向分区设计的手法进行植栽规划[23]。相应的，植栽设计风貌可以根据不同的区域分四级进行控制。这种统一的断面控制有利于对于海岸生态系统的综合整治和分区管理，复合海岸植物生态体系的整体构建（图 3–14）。

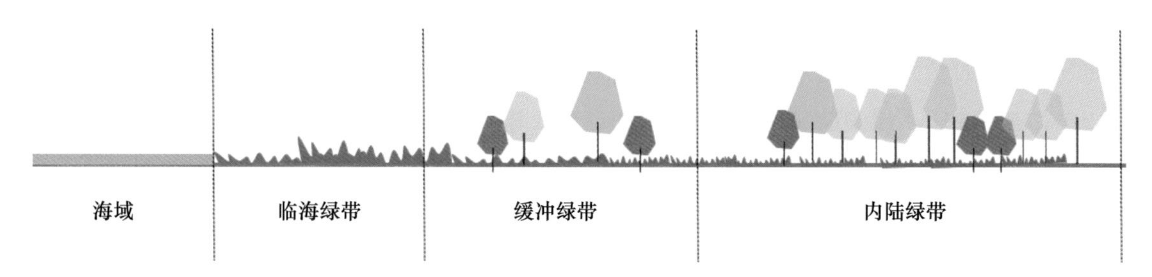

图 3-14　海岸带公园景观植栽设计模式示意

（1）滩涂或高潮线以下植物生态修复

以南方红树林湿地，北方柽柳等盐生植物构成的滩涂湿地，以及河口型湿地风貌（参见湿地章节）。

（2）临海绿带景观植物风貌

此区域位于海岸带潮间带的上缘，距离岸线有一定距离，具有防潮堤功能的同时又具有海岸游憩亲水功能。此区域临海，易受海风及陆风侵蚀，长期承受浪潮冲刷。为了避免海岸线逐年消减，增加抗风浪侵蚀搬运能力，植物应当选择具有防风定砂、耐旱抗盐碱能力的草甸地被为先锋物种，营造开场的滨水景观空间。此处滨水植物多以湿生植物为主，如柽柳、盐地碱蓬、芦苇、芦竹、千屈菜等（图 3–15）。

（3）缓冲绿带景观植物风貌

此区域位于海岸与内陆的过渡区域，具有防风、增进海岸带宜居品质的景观功能。由于位于缓冲地带，植物已经具有显著的陆生植物特征，同时又兼有临海绿带景观的植物风貌特征。缓冲绿带景观植物配置可以以地被草坪结合点植乔灌木的方式，再结合场地设计，控制乔灌木数量，营造各具特色的景观空间。植物应当选择具有耐盐碱、耐旱、抗风特性的植物品种。

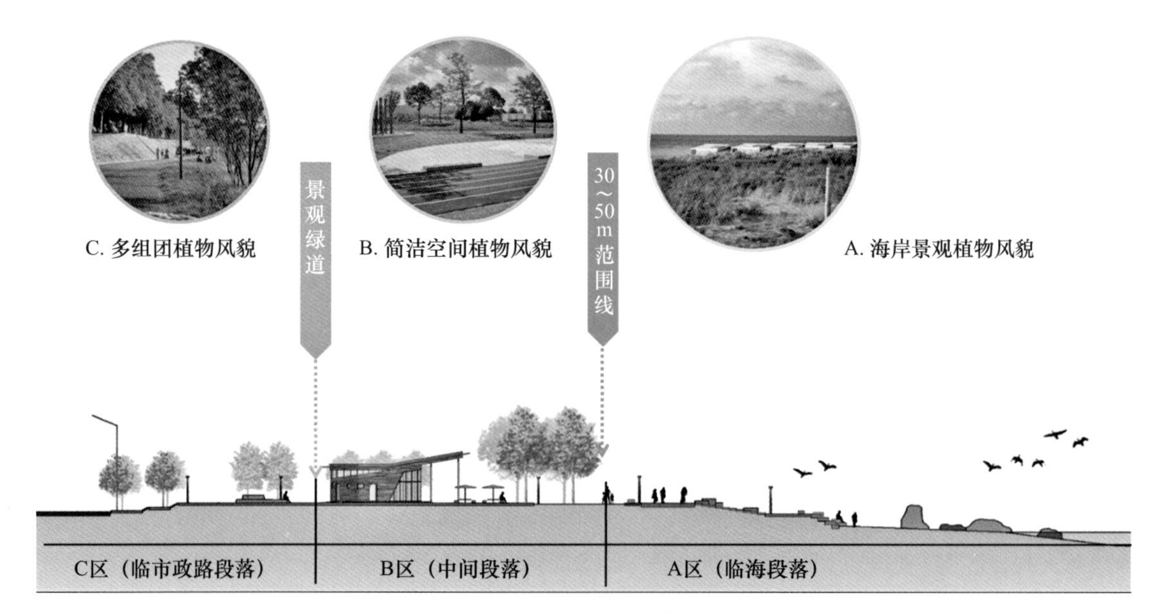

图 3-15　某临海景观的植物空间策略

（4）内陆绿带景观植物风貌

此区域是城市抵挡海风和盐雾等影响的防线，可以为城市营造更高质量的滨水生活空间，能够使民众深度参与的公共空间。土壤一般经过一系列排盐措施之后，生境条件和丰富性有了很大的提升，可选择适生的乡土植物，打造多样的植物景观空间。

七、海岸生态适宜性种植案例

本书关于海岸种植和土壤修复的案例主要来自天津滨海新区的实践。天津滨海新区陆域面积 2270km^2，盐土面积占 996.5km^2。原为退海地，多滩涂、盐滩、坑、塘、洼、淀等。气候属于暖温带大陆性季风气候，年均温 11.2℃，春季干旱多风，冬季严寒风大。年降水量少，约 600mm，而年蒸发量大于 1800mm。土壤干旱缺水，浅层地下水位 1m 左右，矿化度 4g/L，极不利于植物生长。土壤淤泥质，由滨海盐土和盐化湿潮土组成，土壤盐渍化。沿海地带全盐量平均 1.0%～4.0%，土壤贫瘠，有些地方是不毛之地，林木花草难以生存，植被稀疏，多为盐生草甸，仅有少数特殊的盐生植物如盐地碱蓬、滨藜、柽柳等生长，某些非盐生植物和耐盐植物，只有在土壤改良脱盐后才能栽培种植 [24]。该地区开发前期以滨海盐生植物如肉质类盐生植被，禾草类盐生植被和芦苇植物群落为主，植被分布单一贫瘠的原生状态（本章照片全部为作者在项目竣工后实地拍摄）。

1. 海岸景观型植栽

印象海堤公园位于天津市中新生态城（图 3–16），公园东侧为海滨高速公路，西侧为滨海旅游区办公区域，是从城市空间到海边的过渡型景观，地块现状为狭长形盐碱滩涂地，总面积 17.8 万 m^2，项目东西长度为 900m，南北最宽处为 60m。

项目结合了周边区域用地性质和功能的需求，同时兼具有生态修复、公共空间、旅游观光等功能，在充分尊重历史和现实条件的基础上，结合生态理念，注重滨海生态基地复育，利用老海堤和原有岸线资源，将老海堤单一的防潮功能拓展为城市休闲绿道和亲水景观空间。

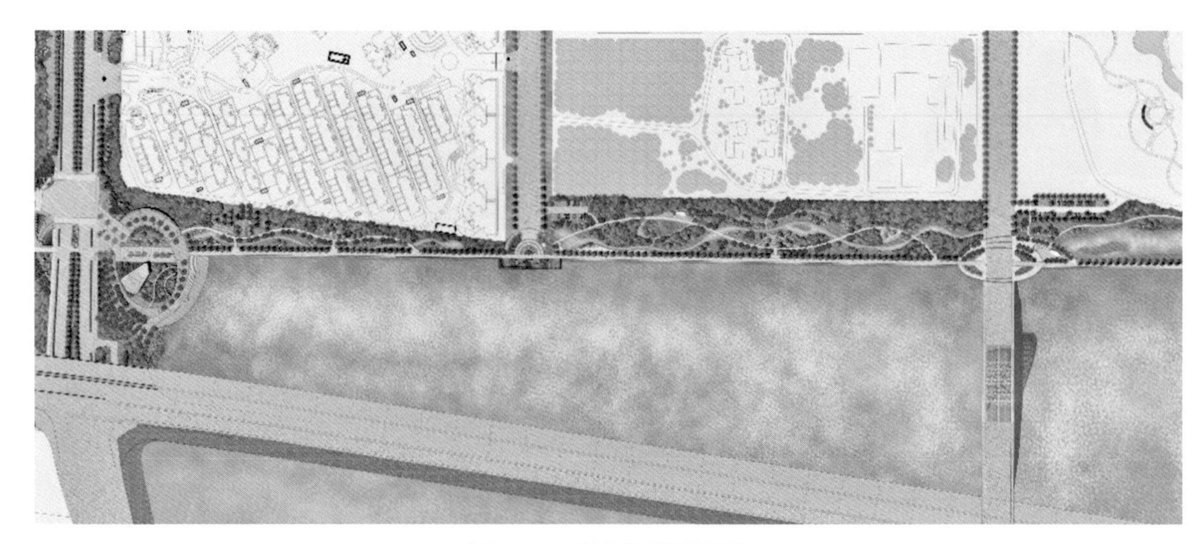

图 3-16 印象海堤平面图

（1）竖向设计、地形塑造

从海绵城市建设出发，本项目陆侧设置了一条贯穿东西的旱溪，旱溪水深设定为 0.5m，雨季时有蓄水功能，结合场地南北向宽窄的不同设置了若干口袋公园用来组织功能性空间，并用一条 3m 宽的生态绿道串联节点并联系南侧海堤路。整个场地的塑造从东西向延展的角度考虑，结合场地南北宽窄尺度的变化来布置曲折蜿蜒的绿道及旱溪，再根据绿道与旱溪的变化和场地尺度来配合设定口袋公园节点。

竖向塑造：在平面上分配布置场地的同时，需考虑竖向的变化与起伏，在明确地下水位与老海堤高程、平均降水量等详细资料的情况下，旱溪的水底与水面高程也随之确定，在绿道与老海堤之间基本以缓坡夹住一条旱溪，形成双面斜坡地形，根据场地宽窄，斜坡的坡度随之变化。地形塑造结合绿道，使绿道不光在平面上蜿蜒曲折，在立面上也有高低起伏的变化。在竖向设计时也结合了各口袋公园艺术品的布置。

本项目中的旱溪有生态蓄水功能，但在暴雨期蓄水过满时需以安全为前提，在常水位以上设置溢水口排出。另外，因场地靠海，地下水与海水水质接近，为保证旱溪内水生植物的成活性，在旱溪底部使用了软性隔离层，项目完成至今水生植物长势良好。

（2）种植设计规划

整体种植规划种植品种的选择上侧重乡土植物，同时从后期运营维护的经济性考虑，除局部主景运用草坪外，多区域运用蛇莓、五叶地锦等地被取代草皮。在区域边缘与北侧居住区之间采用乔灌木结合的种植方式进行区域分隔。沿海堤一侧用行道树强化视线规整的通廊，内部水系中组织水生植物涵养水土，开阔绿地处结合地形变化进行组团式种植，形成大绿的生态基底，各节点处精细配置植物，烘托艺术品（图 3–17）。

重要景观节点植被设计：

① 入口处

配合 LOGO 景墙，后方运用地形塑造并结合刺槐、白蜡、白杨等乔木种植搭出背景层，左右侧用金银木、照手桃、海棠、金叶接骨木、矮本金枝槐等灌木围合有色相变化的景观空间，前方运用花镜营造气氛。

图 3-17　印象海堤总体种植效果

② 沿海堤一侧道路

以国槐为行道树，配置金银木、碧桃、海棠等灌木以及小龙柏篱、波斯菊、鼠尾草、蛇莓、麦冬等地被来丰富空间层次，增加色彩与季相变化（图 3–18）。

图 3-18　印象海堤一侧现状

③ 区域内绿地斑块与园路

沿绿道种植国槐为行道树，根据沿途绿地的面积大小与竖向高低的变化配置了白蜡、皂荚、馒头柳等大乔木，金银木、丛生榆叶梅、海棠、碧桃等花灌木，底部片植了铺地柏、卫矛、菊类、蛇莓等常绿绿篱与开花地被，形成独具特色的植物组团空间。整体空间开合有致，季相变化明显，景观效果丰富而多样，极具生态性及观赏性。

④ 旱溪

旱溪系统在雨季存水，旱季无水，由于丰水期及枯水期均需要有景可观，因此用水陆两生植物如菖蒲、白茅、千屈菜、芦苇、芦竹等搭配布置，营造出野趣又自然的景观效果（图 3–19）。

图 3-19 印象海堤旱溪系统照片

2. 海岸湿地修复型植栽

项目地块由两条城市道路和一条高速公路围合，规划整体划分为自然生态观赏区、湿地修复保护区、水体净化功能区三个相互联系又有区分的空间（图 3–20，图 3–21）。

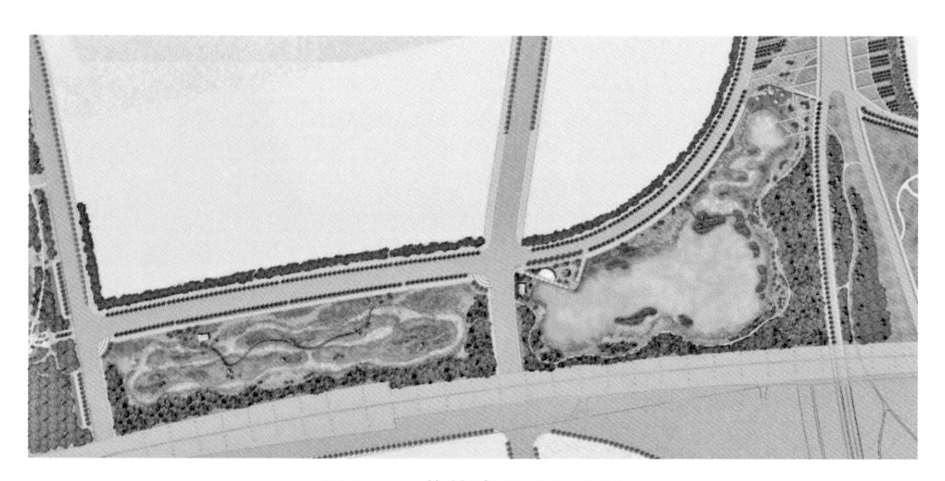

图 3-20 芳林路项目平面图

图 3-21 芳林路盐地碱蓬湿地

湿地被道路一分为二，北侧利用现状地形北高南低的特征，因地制宜的设置了雨水湿地，收集城市地表径流汇入雨水湿地前置塘，经过沼泽湿地净化区，最后流进出水池，形成具有雨水调蓄和净化功能的景观水体，在此区域同时也设计了一条亲水木栈道联系两岸。

（1）竖向设计和种植规划设计

用地两端区域均为四周高，中心低的地势设计，其主要优势为：

① 利于塑造自然的地形以及组织排水，进行雨水收集；

② 利于为游人营造静谧的景观环境，四周高中间低的地形，结合植物种植，可形成自然的生态屏障。漫步园中可听虫鸣鸟叫，可观绿意盎然、繁花遍地，可嗅雨后春泥、夏日花香。

临海滨高速一侧以郁闭式的栽植设计为主，为场地内的下沉的湿地空间营造相对私密的体验；北侧区域中心以水面为主，局部空间设计了梭状、流线形的小岛，岛上多栽植碱蓬、地肤等低矮的耐盐碱植被，游人从四个方向可观赏到形态各异的生态岛屿，也是鸟类等动物的栖息场所；南侧区域中心以湿地为主，一条栈道贯穿南北，湿地区域栽植耐盐碱的芦苇、芦竹、碱蓬等适生的本土植物。场地碱蓬、地肤和芦苇的层次化种植组织成为有层次的湿地植物群落，在北方秋色中具有良好的景观效果，这一实践打破了传统的植栽种类的组合，为重盐碱场地的生态绿化提供了新的思路和方向（图 3–22）；同时，作者和团队也探索大面积使用同类植物形成的单一品种的大尺度景观效果，可以成为以色彩和体量著称的壮观自然景色。

图 3-22 盐地碱蓬、地肤、芦苇的层次设计

沿堤一侧设置序列休闲空间，满足城市功能需求并与自然景观互动。沿着芳林路巡堤路一路向北依次是海堤广场、自然石滩岸线、台地景观节点、交汇的休闲广场等。

① 海堤广场节点

由入口驿站、望湖平台构成，可提供游人休憩场地和海洋风情展示场地。种植形式以列植及局部点景为主，地被多植以草花，打造了简单明快的空间效果。

② 自然石滩

紧邻海堤广场的是结合海堤挡墙抛石保护层设计的自然石滩，整体空间延续 70 余米，通过散置碎石、局部点缀卵石同时配植丛生观赏草的设计手法打造自然生态的石滩岸线（图 3–23）。

图 3-23　抛石与盐生植物拟自然景观

③ 台地景观塑造

此节点是城市与自然结合的观景停留空间，入口平台在形式上与三角堤节点形成呼应，与栈桥相连。曲线式阶梯内满栽细叶芒，打造了野趣自然的景观空间（图 3–24）。

图 3-24　芳林路项目台地景观节点现状照片

④ 小型休闲广场

此广场面朝湖泊湿地，设置有观水挑台、亲水台阶、木质休闲场地等，打造出亲和自然的景观氛围。周边多以点植乔木结合宿根地被为主，打造疏朗生态的植物景观空间（图 3–25）。

图 3-25　结合湿地生态修复景观的建成效果

3. 海岸景观植栽设计浅析

这些案例均属于前文提到的城市开放空间海岸湿地及滨水景观建设，经过物理改良、化学改良、生物改良等一系列的土壤改良之后，适生的植物品种也有了很大范围的扩充。植栽模式采用了多复合景观建设模式。运用耐盐碱的乔木、灌木以及地被植物，形成了独具特色的海岸盐碱地植物风貌。

（1）滨海盐碱地适生植物的选择

近年来，有相关学者对滨海新区范围内及其邻近地区的盐生植物做了重点调查，发现此地区盐生植物有 120 余种，其中专性盐生植物 40 余种（含聚盐植物、泌盐植物和拒盐植物）；间性盐生植物 70 余种（含中度、轻度耐盐植物）[25]。

根据笔者团队的设计实践和经验，通过盐碱土改良技术，包括物理改良，化学改良、生物改良技术等，能有效改善土壤的理化性质，极大的提升种植效果，使适用的植物品种数量得到了更广泛的扩充。

① 滩涂地：结合场地现状，在原有滩涂湿地的基础上，种植耐盐碱地被，进行生态修复，为鸟类和动植物营造栖息地。

② 水岸绿带景观植栽配置模式，内河水岸主要营造湿地风貌景观，植物以耐盐碱的乡土水生植物为主，点植乔木和花灌木，形成滨湖特色湿地景观（图 3–26）。主要配置模式有：

乔灌草配置：刺槐＋旱柳＋紫穗槐＋柽柳＋水葱＋菖蒲等

草甸配置：芦苇＋芦竹＋盐地碱蓬＋地肤＋荻草等

③ 水岸与内陆的过渡区域植栽配置模式。结合场地设计，控制乔灌木数量，营造相对通透疏朗的景观空间。品种应当选择耐盐碱植物，如白蜡、国槐、金叶槐等。

乔草配置：白蜡＋金叶槐＋麦冬＋细叶芒＋狼尾草等

乔灌草配置：千头椿＋碧桃＋海棠＋马蔺＋金鸡菊等

④ 内陆绿带景观植栽配置模式。多组团植物风貌：内部高地区域，此区域受地下水影响较小，且有一定的种植土覆土深度。可选择适生的乡土植物，打造多样的植物景观空间。

图 3-26 南堤滨海步道公园水岸种植

（2）滨海盐碱地地形设计

以现状为基础，结合场地标高，以最小的调整界面恢复水体生态水生植物空间，同时实现雨水的存续功能（图 3–27）。

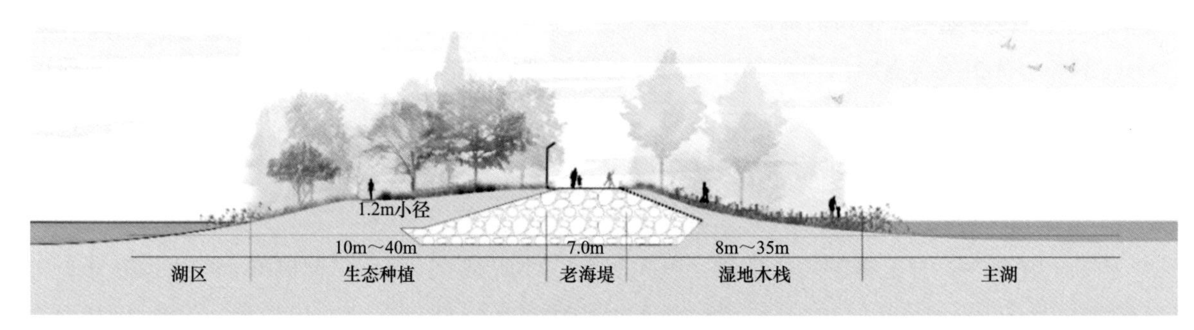

图 3-27 南堤步道公园老海堤断面图

① 地形设计与现状结合，做到精细化管控

如南堤滨海步道公园项目，老堤为园区体验和游赏最丰富的核心景观轴。堤顶路面为地势高点，两侧的地形设计以不扰动老堤的基础为准则，尽可能地满足种植土覆土厚度。

② 对于绿化要求较高的区域尽可能利用较大的地形差，增加种植土壤厚度，为植物提供更优质的生长环境，打造具有差异化的景观空间。

③ 水体岸线主要以缓坡入水为主，局部布置卵石滩和眺水平台来丰富岸线形式。在较大水域中部设生态岛形成沙洲，仅中心点最高处标高与水面标高持平，沙洲地势平缓，可供过往水鸟停留。

参 考 文 献

［ 1 ］百度百科. 生态修复［EB/OL］. https://baike.baidu.com/item/%E7%94%9F%E6%80%81%E4%BF%AE%E5%A4%8D/1967527?fr=aladdin.

[2] 财政部，自然资源部.《山水林田湖草生态保护修复工程指南（试行）》2020.9.
[3] T/CAOE 20.1-2020，海岸带生态系统现状调查与评估技术导则 第1部分：总则［S］.
[4] 全国能源信息平台. 海岸带生态保护修复研究综述［EB/OL］.
https://baijiahao.baidu.com/s?id=1665032210624547401&wfr=spider&for=pc.
[5] 文超祥，刘希. 国外海岸带规划的借鉴［J］. 城乡规划（城市地理学术版）. 2014（3）.
[6] 李红柳，李小宁，侯晓珉，邓小文，孙贻超，赵文喜，张寿生. 海岸带生态恢复技术研究现状及存在问题［J］. 城市环境与城市生态，2003（6）：36-37.
[7] 麦克哈格（Ian Lennox McHarg），《设计结合自然》（Design with Nature）天津大学出版社.
[8] 路文海，曾容，陶以军，刘书明. 渤海生态修复进展及国际典型内海修复经验借鉴［J］. 中国人口·资源与环境，2015，25（S2）：316-319.
[9] 刘宪斌，曹佳莲，赵春玲，等. 潮汐盐沼湿地的构建［J］. 海洋信息，2007，（2）：25-28.
[10] Shafer D J, Bergstrom P.Large-scale Submerged Aquatic Vegetation Restoration in Chesapeake Bay [R]. Vicksburg, MS: U.S.Army Engineer Research and Development Center, 2008.
[11] 刘健. 美国切萨皮克湾的综合治理［J］. 世界农业，1999，（3）：8-10.
[12] 李海清. 渤海和濑户内海环境立法的比较研究［J］. 海洋环境科学，2006（2）：78-83.
[13] 路文海，曾容，陶以军，刘书明. 渤海生态修复进展及国际典型内海修复经验借鉴［J］. 中国人口资源与环境，2015（S2）：316-319.
[14] T/CAOE 20.1-10-2020，海岸带生态系统现状调查与评估技术导则［S］. 中国海洋工程咨询协会，2020-05-06.
[15] T/CAOE 21.1-11-2020，海岸带生态减灾修复技术导则［S］. 中国海洋工程咨询协会，2020-07-21.
[16] 沈国舫. 对当前践行“两山理论”的一些倾向的看法［EB/OL］.
[17] 冀媛媛. 天津滨海新区海岸带盐碱地生态化发展研究［D］. 天津市：天津大学，2009.
[18] 谭静. 天津滨海新区植物景观研究［D］. 长沙市：中南林业科技大学，2011.
[19] 韩翔，韩桂岭，陈玉花，等. 论盐碱地区的危害与园林绿化技术［J］. 科学与财富，2015，7（12）：272-272.
[20] 赵秀芳. 我国盐碱地修复技术的现状与特点［J］. 环境卫生工程，2017（2）：94-96.
[21] Berckle S W.How do halophytes overcome salinity [J]. Biology of salt tolerant plants, MichiganUSA, 1995: 199-213.
[22] 温静. 天津滨海地区盐生植物景观营造模式研究［J］. 中国农学通报，2010，26（12）：165-169.
[23] 安然. 基于生态园林思想的海岸带景观设计［D］. 北京市：北京林业大学，2016.
[24] 马春. 滨海新区特色生态景观的营造与设计方法研究［D］. 天津市：南开大学，2008.
[25] 天津滨海新区管理委员会. 天津滨海盐生植物［M］. 北京市：中国林业出版社，2007，2-3.

第四章　海岸基础设施生态景观化设计

在人类与海洋的关系日趋密切的今天，随着工程技术的进步，海岸基础设施为国际贸易、城市发展、游客旅游提供了便捷的服务。基础设施建设能力的突飞猛进，大型施工机具能力的提升，使被动的利用条件相对优良的海岸空间转变到可以较少受环境约束的发展空间。沿海城市一般都是重要交通运输基础设施集聚地和对外贸易窗口，既有“建港兴城、城以港兴、港城相长、衰荣共济”，从空间关系上也存在此消彼长互相制约的港城矛盾，这是世界范围内港口城市演变的普遍规律。其次，大海由于其气象万千，波澜壮阔的景色，成为人们旅游休闲观光的向往之所，中国的海洋旅游业近年高速增长，从传统的海洋、海岸观光旅游向体验型和休闲度假型旅游转型，对于海岸基础设施的建设提出了更高的要求。另外，人们对于滨水而居的喜好也推动了房地产业在景观优良的滨海地带建设开发。总之，城市化的发展和空间扩张，临海产业的需求，在与海洋相互交融的同时，彼此也提出了更高的要求和标准乃至矛盾，共同推动了海岸空间利用和保护的进步。

从空间规划的角度平衡人类与海洋的关系，保持海岸利用与保护的平衡，实现可持续发展：宏观角度需要改变海岸带空间保护利用的发展导向和政策；中观的角度需要赋予不同海岸空间以新的保护和开发的内涵和理念，从环境、生态、景观融合的角度对于基础设施规划、设计予以系统性的多维视角的审视和改进；在项目层级的实践中应根据海岸空间资源的供应能力、环境生态承载力和环境动力条件，合理确定规划方案，着眼于平衡型、生态型、补偿型规划设计。

中国基础设施的设计建造能力处于世界前列，海岸工程领域建设能力也居于世界领先位置，在以往的海岸工程基础设施的设计建造中，限于经济发展的主要诉求，更重视功能型、安全型、经济型等基础功能的实现，在相应规范和技术规程以及工艺建设上，对于生态性、景观性的要求偏弱。随着经济的转型人们对环境生态的关注，对海岸基础设施的生态化要求显著提升，对景观性人性化空间的塑造，艺术审美等的要求逐渐增加。

一、海港基础设施

海港无疑是最重要的海岸基础设施之一。港口位于江河湖海沿岸，具有水陆联运设备及条件，可供船舶安全进出和停泊，是水陆交通的集结点和枢纽，工农业产品和外贸进出口物资的集散地，船舶停泊、装卸货物、上下旅客、补充给养的场所。

港口的本质是水陆联运的中转站，一个完整的港口要完成其作业任务必须具备一定的功能，包括：

货物装卸：港口的优势就是发挥水运运输量大，运输成本低的特点，主要运载工具是轮船。

运输货物就需要对货物进行装卸作业。

货物集成整合：通常的货物呈零散状态，对于运输量大的轮船来说，处理起来很不方便，在运输之前需要对货物进行集成，最常见的集成方式是集装箱，货物集成后可大大提高货物装卸效率，所以港口需要有专门的货物集成场地。

货物缓冲：受限于陆地运输能力，有的船只装载的货物卸下后不能及时通过陆地疏运系统运输到目的地，需要暂时缓存起来。另外有些客运轮船只是作为中转站，旅客在经过短暂停留后前往下一个目的地，港口也需要提供停留的系列旅游生活等服务。

1. 港口功能和结构

按所处地理位置划分，可分为海港、河港。海港是位于海岸线上的港口，航道和水域条件较好，通常规模较大。河港指位于河流上的港口，受限河流的宽度河水深，通常规模较小[1]。

按照用途分，可分为商港、渔港、军港和工业港等。商港是供商船往来停靠、办理客货运输业务的港口，具有停靠船舶、上下客货、供应燃料和其他补给以及修理船舶所需的各种设备和条件，是水陆运输的枢纽和货物的集散地，其规模大小通常以吞吐量大小来表示。近年来随着中国经济的发展，人民生活水平的提高，邮轮休闲度假成为国人的新兴旅游形式，包括上海、天津、青岛、厦门、深圳等沿海城市都有建成或规划拟建设的邮轮母港或挂靠港。同时，为了停泊游艇而建设的游艇港湾，亦在各地沿海或大型湖泊河流上纷纷兴建，这两种港口类型我们可以称之海岸旅游港口基础设施，他们通常与其他海滨或腹地旅游及商业服务设施互相融合，成为服务城市和旅游人群的重要商业节点和海滨公共开放空间[1]。由于其与海岸空间规划的特殊联系和意义，本书另辟章节进行专门的介绍。

按照结构类型分，码头可分为重力式、板桩、高桩码头。重力式码头主要利用自身重力来实现结构稳定的码头，主要类型有方块、沉箱结构。板桩码头主要是利用后方土体锚固力实现结构稳定的码头，高桩码头主要是将桩打入深层土壤，利用持力层的承载力保持结构稳定的码头[2]。

2. 港口的基本空间构成

通常，港口基础设施的空间构成，可以分为陆域和水域两部分。

陆域：陆域是货物从轮船上卸下，通过机械流转，直至货物离开港口前往目的地的场所。从大的方面可分为码头作业区、辅助生产区两部分。码头作业区主要是装卸机械进行货物作业、货物停放的区域，包括码头前沿作业地带以及后方存储作业区，码头前沿作业地带是指码头线至第一排堆场的前缘线之间的场地，主要布置装卸机械；后方存储作业区是货物转运和临时堆存的场所。辅助生产区是后方辅助货物装卸作业而设置的区域，通常紧邻生产区，有靠近入口，并利用一部分生产区边缘地带布置建筑物，如工具库、办公区休息室等。

水域：一个港口的水域应满足船舶离、靠码头、装卸作业、掉头、进出港以及锚泊的要求。与此对应，港口水域可分为进港航道、锚地、回旋水域以及码头前沿停泊水域，回旋水域、码头前沿停泊水域以及内部航道可统称作港池（图 4–1）。

图 4-1 烟台港芝罘港区

港口辅助设施：港口辅助设施包括公路、铁路、给水、排水、污水收集、供电等维持港口正常运转的设施。

疏港公路、铁路是港口辅助设施最重要的基础设施，港城空间矛盾经常体现在疏港交通与城市空间的以及城市交通之间的矛盾，因而海岸空间和海岸基础设施的规划中，结合港口需求和发展预测，预留岸线资源的同时合理预留交通廊道空间。同时在规划设计实践中我们注意到，交通廊道资源与生态廊道的结合，发挥生态廊道的生态缓冲优势以缓解乃至消化港城矛盾是一个重要的策略，也是近年海岸空间规划的一个重要模式。

二、港口海岸空间典型类型

在海岸空间规划中需要对港口发展阶段和码头功能因地制宜的分析。海岸空间规划的资源配置应关注到以下几个重要方面：依据港口及其城市处于不同的发展阶段，因地制宜匹配港口空间与产业空间的协调，为产业链上下游的紧密度和分工协作提供空间资源，形成有竞争力的产业集群；统筹港口空间和集疏运体系，通过空间协调围绕港口，拓展港口的辐射范围，构建发达的集疏运体系和综合交通体系；在城市能级较高的港口航运中心城市，现代港口航运服务业具备良好基础，逐步实现港口城市航运金融、保险、船舶租赁、海事法律等衍生产业，推动商品流、资金流、人才流、信息流的聚合。

海岸空间规划对推动港城的生态、低碳、人文化升级改造，港口生产岸线与城市景观岸线协调发展，为城市开启新的发展引擎具有重要示范引领作用。在空间规划中，重视可持续发展对于港口空间布局的要求，将港、产、城三者在空间上既有机结合也需要安全隔离，不同码头类型对于影响城市空间的要素具有不同的作用和价值，不能一概而论。例如：大宗散货和油品运输，石化工业等重型、安全敏感产业，宜规划于独立、封闭、安全隔离良好的滨海地区或安全岛式片区上，同时对其与开放的海域环境、城市和景观旅游水体的接触界面的可控性安全性要求应予以重视。对于贸易主导型，交通发生量大的集装箱港区，则可与物流仓储或加工结合形成临港产业区，同时智慧港口技术的发展也为集装箱码头与物流仓储和加工提供了更弹性的空间布局规划的多种选择。在港城融合型码头岸线，离开港口向中心城区，港产城空间融合度逐步提高。对于邮轮码头、游艇码头等海岸旅游服务基础设施和商务商业人流积聚的滨水空间，应努力与城市商业或CBD融合，有利于港口城市商业环境的塑造，营造活力宜人的城市滨水环境。

鉴于散货和液货码头的空间布局和交通运输方式与城市空间相对独立，本章主要将与城市空间关联度较高的港口类型空间需求做综合描述。

1. 集装箱码头

集装箱是指具有一定规格、便于机械装卸、可以重复使用的装运货物的大型柜体。将货物集合组装至集装箱内，以集装箱作为一个货物集合或成组单元，运用大型装卸机械和大型载运车辆进行装卸、搬运作业和完成运输任务，从而更好地实现货物“门到门”运输的一种新型、高效率和高效益的运输方式称为集装箱运输[1]。由于集装箱可以把各种繁杂的件杂货组成规划的统一体，因此可以采用大型专门设备进行装卸、运输、保证货物装卸、运输质量，提高码头装卸效率。所以目前世界各国对件杂货的成组化、集装箱化的运输都很重视。随着全球经济一体化的发展，集装箱运输已经成为现代物流业的重要组成部分（图4–2）。

图4-2　天津港集装箱码头

［出处：张凤展摄影］

1955年欧美国家首先采用船运集装箱运输货物，开启了海运集装箱运输时代。

20世纪80年代至今集装箱运输和码头的硬件设施日趋完善，软件设施也越来越现代化，件杂货物集装箱化比例不断提高，多式联运是现代化交通运输的发展方向。

集装箱运输的发展趋势也日益明显，集装箱船舶向更加大型化、高速化发展，集装箱码头的中转作用也日益提高，多式联运将进一步发展和完善，除此之外，集装箱运输的绿色低碳智慧化也是目前各个集装箱码头发展的方向之一[2]。

（1）集装箱码头平面布局

专业化集装箱码头通常采用封闭式管理，要求平面布局容易实现与周边其他作业区域建筑物实现隔离（图4–3～图4–5）。集装箱码头装卸作业区域主要包括：

图 4-3　上海洋山港集装箱码头

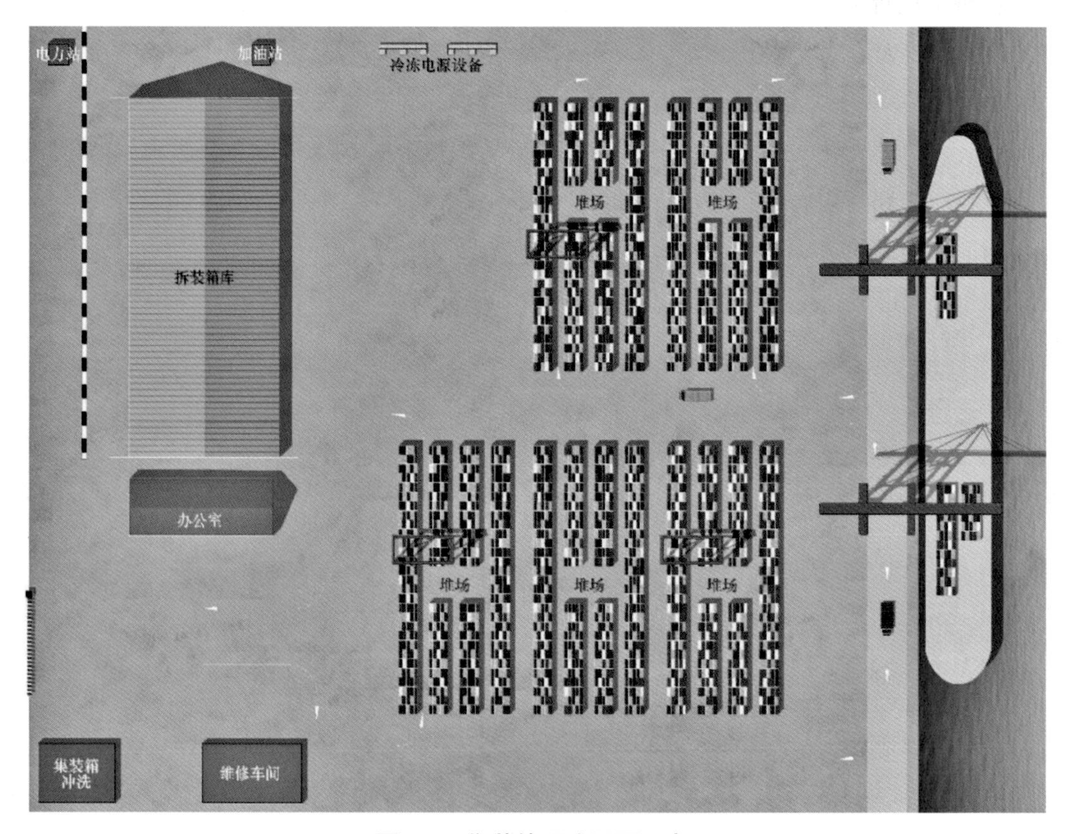

图 4-4　集装箱码头平面示意

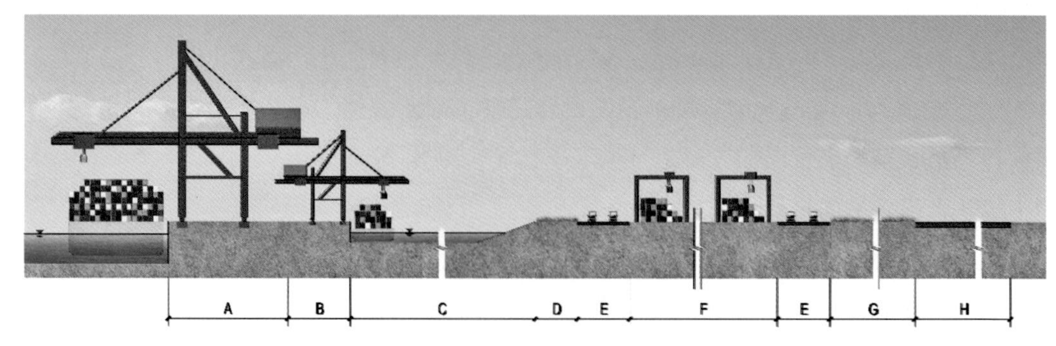

图 4-5　集装箱码头断面示意

码头前沿作业地带：主要布置集装箱船舶装卸机械，并为集装箱提供水平流动机械接卸集装箱的工作场所。

集装箱堆场：集装箱码头进行集装箱装卸、交接、存放以及报关的场地，通常分为前方堆场和后方堆场，码头前沿作业地带至集装箱堆场间通常没有固定建筑；堆场面积大小是决定集装箱码头通过能力的主要因素之一，以我国香港葵涌码头为例，2017 年吞吐量达 1620 万个 TEU，约占香港集装箱总吞吐量的 80%。码头由九个集装箱码头组成，有 24 个集装箱泊位，码头总长度为 7694m，目前估计每年可容纳 2100 万个 TEU。除布置了常规堆场外，在 1 号、3 号、4 号码头后方还布置了多层高层集装箱库，在毗邻港区的区域还布设有多幢集装箱货仓大厦。

此外，还有拆装箱库货运站，即散进或散出货物堆存和拆装箱作业的场所。集装箱码头通常还配有港区道路、大门区域、辅助生产设施，以及结合集装箱陆域集疏运配置的铁路等。

集装箱码头装卸方式主要有两大类，即吊装式和滚装式。吊装式又称“吊上吊下”，通常需要岸上集装箱桥吊进行装卸作业，而滚装式又称“滚上滚下”是通过船舶首尾跳板进行装卸，该方法需要堆场面积较大，因此专门用于集装箱装卸比例较少[3]。

（2）集装箱码头集疏运型式[1]

集装箱集疏运方式主要有水路运输、铁路运输以及公路运输，宜采用多式联运方式，积极发展门对门运输。公路集疏运布置应注意港区与规划主干路的衔接问题，确保疏港公路的畅通，尽量采用封闭的快速疏港路并且避免与铁路平交。进港道路应尽可能的快速与公共快速公路路网连接，尽量避免与城市道路混用，如必须要进行混用应分析港口集疏运对于城市交通的影响。

铁路装卸线路直接进入码头作业区可以降低运输成本，因此在进行港区规划时应考虑是否预留铁路运输空间，以免成为港口发展瓶颈。腹地纵深大的港口宜采用铁路运输的方式，海铁联运可以有效的减少运输环节、缩短运输周期、降低运输成本、减少公路运输对城市道路系统的影响，对优化港口物流网络十分重要。水上驳运是江河水网密集发达区域经常采取的集疏运方式，该方式具有运量大、占地小、能耗低、污染小、成本低等多个特点，并广泛应用于河口三角洲区域的诸多港口，成为重要的集疏运方式，如我国上海港与沿长江地区的集装箱集疏运。

2. 邮轮港口与城市海岸

邮轮港口提供邮轮停泊及上落访客及行李、货物运输等业务，同时也提供游客停留活动等一系列旅游和商业消费的服务设施。邮轮码头需要具有深水、航道条件良好、适宜岸线长度的自然条件。按照码头是否有专用设施、固定航线以及游客流量大小和是否设有公司总部，通常将邮轮码头分为邮轮母港、一般停靠港、邮轮基本港。

邮轮码头作为滨海港口城市重要旅游基础设施（图 4-6），除了邮轮停靠以及作为母港（Home Port）或停靠港（Calling Port）的功能，更重要的是其辐射带动港口周边及腹地旅游的价值。由于邮轮占据岸线的长度较长，且具有较强的周期性占用特点，因而在滨水空间利用的效率及其本身功能构成上，呈现复合化的趋势，即从单一的邮轮停靠、登离船和海关监管服务旅客游客功能（图 4-5），向商业综合体结合交通运输综合体，乃至综合性会展建筑发展，以充分利用其较大的体量和空间，丰富业态内容，提高滨水和建筑空间的使用效率；在海岸空间关系上，强调城市滨水空间与邮轮终端的一体化规划设计，与城市滨水环境的融合性，以及为游客提供的服务的便利性，瞬时交通流与日常交通流的协调，停车空间与公共交通的合理匹配等。

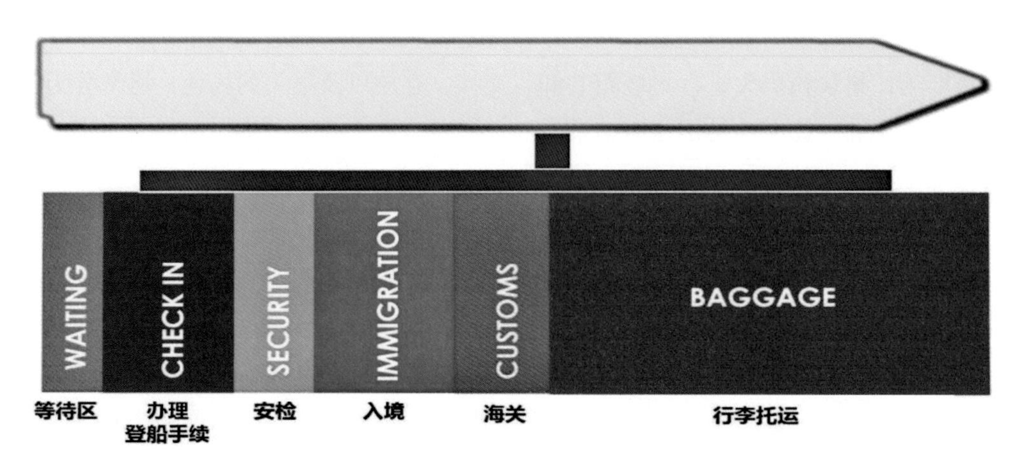

图 4-6　邮轮终端（母港）功能构成

以下通过国外发展成熟的案例，简介邮轮母港与城市空间的关系和规划特点。

（1）美国迈阿密邮轮港（Port of Miami）

迈阿密位于美国佛罗里达州，迈阿密港处于南北和东西贸易通道的十字路口，是“美洲货运门户”，主要处理少量散杂货、汽车和工业设备的集装箱货物。由于其旅游资源丰富，是美国的南大门，享有“世界邮轮之都”的美誉，20 年来为世界级的大型邮轮公司包括嘉年华、皇家加勒比、挪威邮轮服务。迈阿密邮轮港位于迈阿密市中心与迈阿密海滩之间的坎比斯湾，是世界上最大、设施最齐全、服务最周到的邮轮母港之一（图 4–7）。

图 4-7　迈阿密港区位

迈阿密邮轮港口总面积 2.5km²，岸线水深 12.8m（在港口疏浚 3 期工程后，港口南段岸线水深达到 15m，可停泊超大型邮轮）。邮轮岸线总长为 2700m，拥有 12 个超级邮轮码头，可同时停泊 20 艘邮轮。近 20 艘邮轮将其作为母港，年均邮轮靠泊周转量位居世界第一，每年有数百万的旅客通过迈阿密港。邮轮运营每年为迈阿密带来 17 万个工作岗位，税收超过 1 亿美元，是迈阿密重要的服务产业（图 4–8）。

图 4-8 迈阿密港实景

迈阿密港通过连港大桥以及隧道与迈阿密市区相连，距离迈阿密国际机场、中央火车站约 10km，距离迈阿密海滩约 3km。迈阿密港与城市中心在交通与功能上紧密结合，港口周边人工岛与东侧迈阿密海滩构成了迈阿密丰富的岛屿旅游与度假资源，提升了周边土地价值。迈阿密港拥有便捷的港区交通，并通过主要干道紧密衔接机场、火车站等重要交通枢纽，与腹地便捷的交通联系为港口提供了通达便利性，同时也为城市带来更多商业活力（图 4–9）。港口所在岛屿通过连

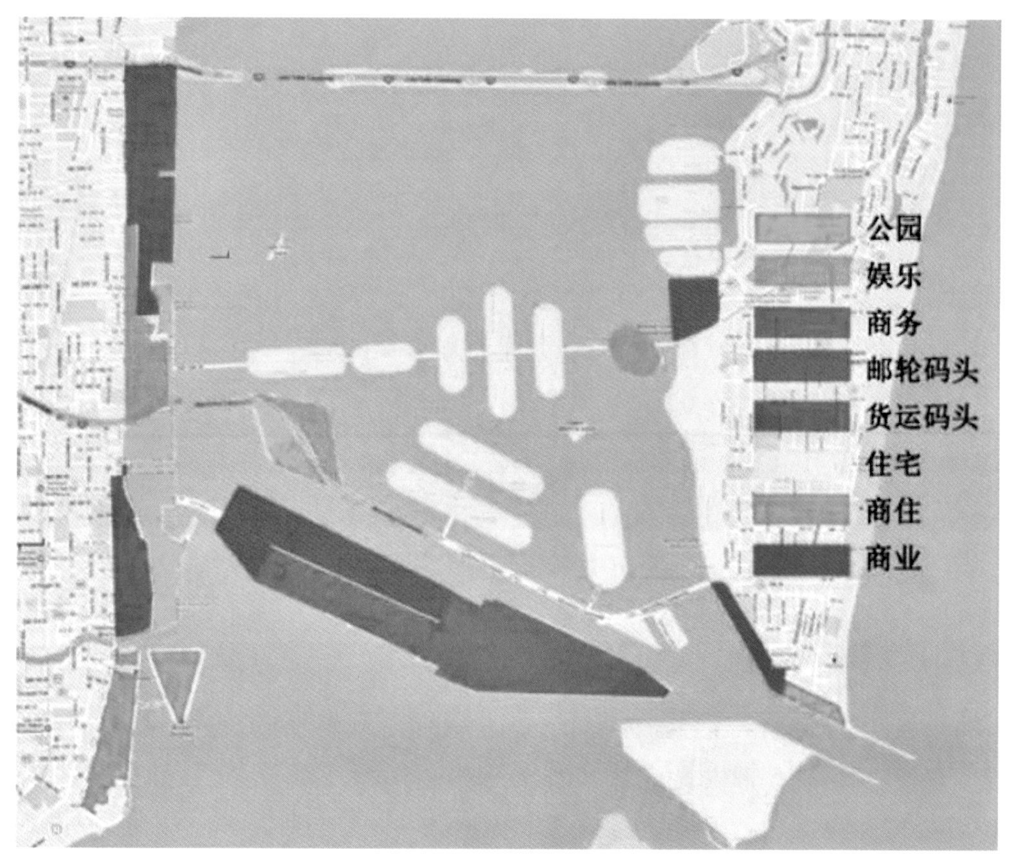

图 4-9 港口及周边用地

港大桥（Port Blvd）连接市区，人工岛均有桥梁与陆地连接。迈阿密港有便捷的公路与腹地联系，货运则通过专门铁路联系。距离机场、火车站仅 15 分钟车程。所有客运枢纽均设有停车场，共为游客提供 5871 个车位，游客停车后，可以通过专门的接驳车抵达各航站楼（图 4–10，图 4–11）。而在迈阿密登船的旅客有 80% 为乘飞机到达的，机场强大的运输能力为邮轮服务业提供了保障和支持[4]。

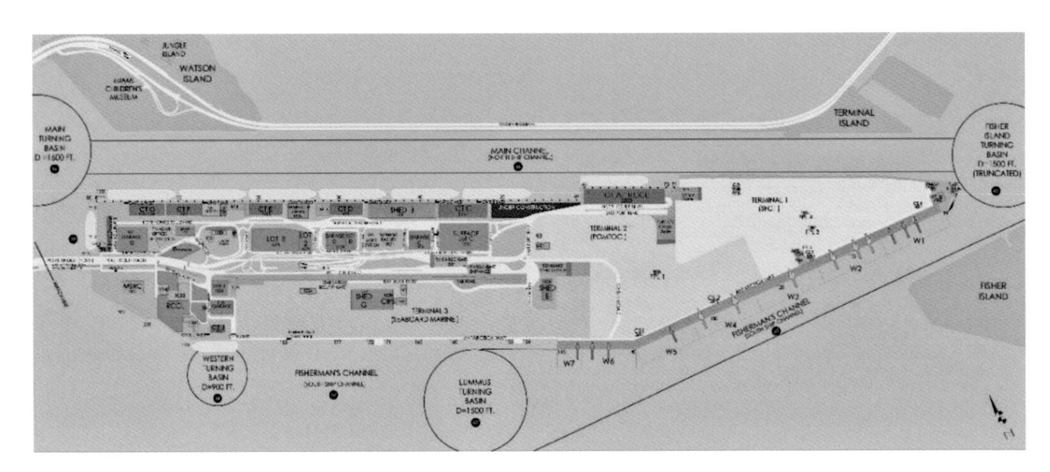

图 4-10　迈阿密港平面布局

［出处：迈阿密政府网站］

图 4-11　邮轮码头与城市空间

3. 游艇港湾与海岸空间

游艇港湾指具有天然或人工掩护条件和必要的建筑物，供游艇安全停泊，能够避风避浪、避水流，且可以装卸配给物资和供应燃油，驾乘人员安全方便上下的水域。在游艇港湾内通过浮码头和结构面层作为游艇停靠的平台，并有相应的水电供应接入点供应水电等。游艇码头的结构型式一般有固定定位桩和张紧弹力拉索固定两种类型，随潮涨落起伏，以保证游艇的安全。世界著名的游艇港湾包括法国普莱桑斯港、西班牙巴利阿里群港、巴塞罗那港等与城市滨水旅游的关系密切，中国香港也是游艇港湾发达的地区之一。但是，在中国内地游艇产业自其产生以来，除了个别的公共服务产品外，主体是与房地产业结合，成为地产业营造环境和滨水景观的重要基础设施之一，其实质性的产业价值尚需假以时日。

游艇港湾的规划，基本上可以分成三类：一是作为单一的游艇服务港湾，仅提供游艇停靠和服务功能；二是与私属居住和生活结合的游艇港湾；三是与城市滨水开放空间相结合构成滨水开放空间的游艇港湾，分别适应于不同的客群对象和城市发展阶段的需求。单一功能的游艇码头一般在具有广泛的游艇和水上运动基础，私人游艇占比较高的国家和城市地区，且基础设施配套以满足功能需求为主。在新兴旅游城市（如迪拜的棕榈岛）则与高端住宅区的结合，或如在中国的大型滨海旅游地产项目（海南雅居乐，石梅湾，青岛星光岛）中通过游艇泊位和游艇港湾提升地产项目的品质和品牌影响（图 4–12）；近年新建游艇港湾选址的一个重要趋势，如在欧美的老港区更新项目中港池的利用（西班牙巴塞罗那、荷兰鹿特丹等，图 4–13），与商业商务区和滨水休闲旅游结合。青岛奥帆基地游艇港湾，发端于奥运水上运动基地的建设，处于城市商业商务中心 CBD 区，同时是城市滨水休闲旅游的重要场所和服务点，是国内目前城市核心区开放空间与游艇港湾滨水景观结合的典范（图 4–14）。

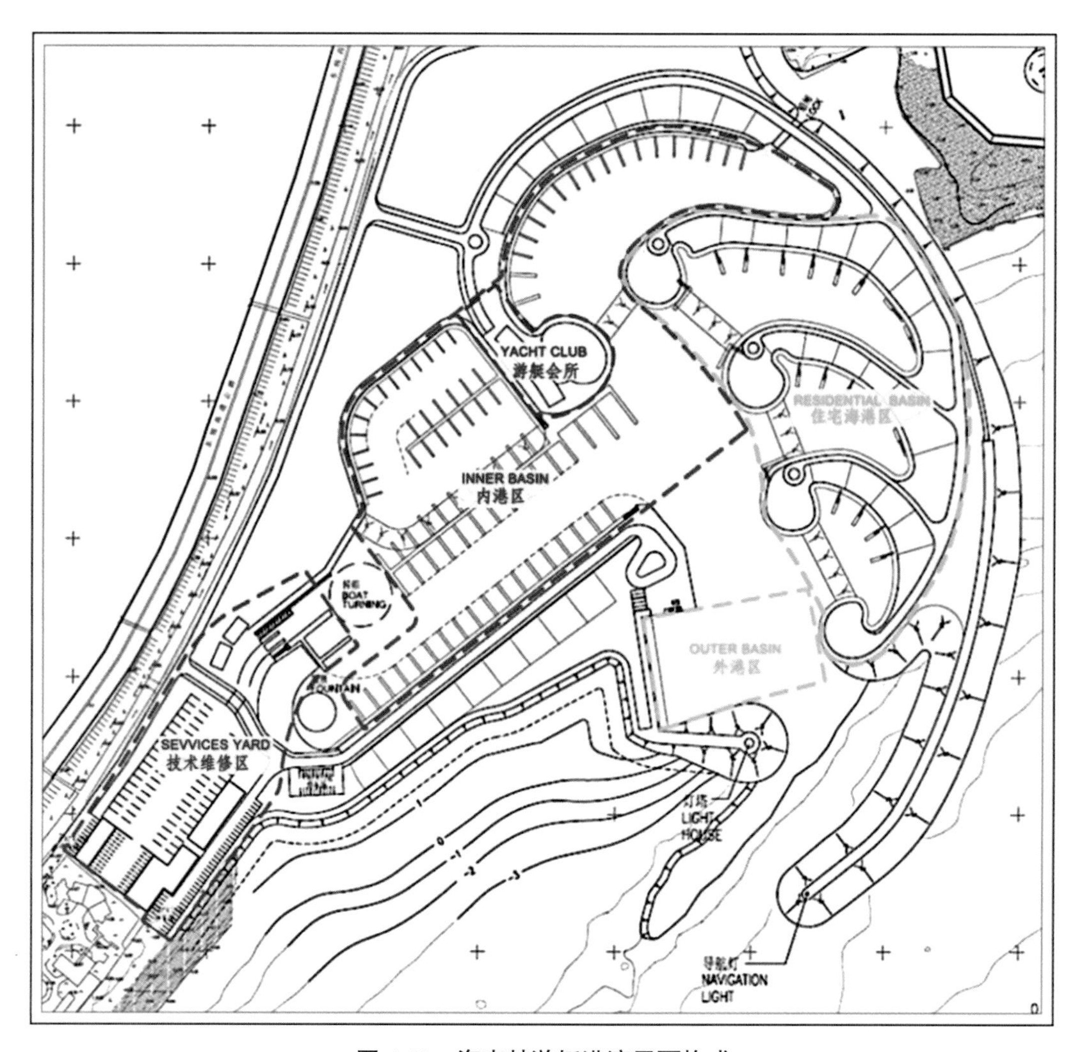

图 4-12　海南某游艇港湾平面构成

图 4-13　巴塞罗那 Marina Port Vell

图 4-14　青岛奥帆基地与城市

游艇港湾的主要构成除了水面的游艇泊位和以泊位为单元供应水电等的服务设施外，游艇俱乐部一般也是必备的配套建筑，其中可以提供俱乐部式的服务和餐饮及售卖等，并具有一定的商务交流功能，其空间配置取决于游艇港湾的人群定位和周边商业设施的成熟度。此外，游艇陆上停泊区域也是重要的一项用地，包括中小型船艇的贮藏干仓，和为了游艇上岸需要的滑道及小型船坞等；另外，如果附近如缺少相应的专门维修厂家，还应配套游艇维修区域，以及燃料贮存和加油、充电设施，游艇港湾应按消防管理的要求，配备游艇防火船艇，该类船艇在某些国家和地区也可以兼容拖曳作业和服务船艇的功能。

三、典型海岸工程基础设施结构

1. 海岸防护结构

此类海岸结构物主要形成海陆之间的屏障，在极端天气条件时将大量潮水与陆地分隔开来，防止极端天气的海水入侵倒灌，威胁陆域城市和生产运输安全。

（1）海堤（Sea dike）

海堤是风暴潮和大浪期间，保护其后侧的陆域及陆上建筑物免受海水浸淹和海浪破坏的堤防工程，是沿海地区防御潮（洪）水危害的重要海岸工程措施。海堤设计时，首先应根据防护对象的规模和重要性确定海堤防潮标准，在堤线的选择上应综合考虑区域规划、地形地质条件、河口海岸的滩涂演变规律、生态环境、文物保护等多方面因素。 堤顶高程应根据设计高潮（水）位、波浪爬高以及安全加高值来确定，波浪爬高应充分考虑堤前方的消浪措施，对城市有特殊景观要求的段落，堤顶高程可通过物理断面模型进行论证[3]。

（2）护岸（Seawall, Revetments，Bulkheads）

通常建造在岸滩的较高部位，利用人工或自然材料如块石、混凝土等采取的安全防护和加固措施，其作用也是为了防止海水对岸线的安全冲击冲刷，维护边坡稳定；另外，也起到防止海水上岸造成灾害性后果。护岸通常为对原有岸坡加以保护，而海堤则是在地表上修建挡水建筑物，但是作为海岸防护工程结构物，护岸与海堤在结构形式以及作用上无明显差别，因此将两者统一进行介绍。

海堤根据断面形式可分为斜坡式、直立式（陡墙式）以及复合式三种基本形式[3]。一般来说，当岸坡较缓、地质条件较差的区域宜采用斜坡式海堤，对于地质条件较好、水深较深或后方用地紧张的区域采用直立式海堤。地质条件较差、水深大、受风浪影响较大的堤段，海堤断面宜选择复式。斜坡式海堤可分为堤式海堤和坡式海堤。二者的区别在于，前者为在水上先建造岸堤再进行回填，后者为直接对陆域已有的自然岸坡进行防护。直立式海堤也可根据挡墙支挡型式分为多种形式，典型类型有重力式挡墙、扶壁式挡墙、沉箱式挡墙以及板桩式挡墙等。复式海堤则是综合了两者的优点，根据实际工程需要进行组合优化，分阶段分层次进行加固防护。

近年的海堤工程的实践，尤其在城市和旅游区等海岸线，逐步趋向于生态和景观化的方式取代传统的单纯安全和经济性为主导的结构形式，从而产生了一些新的创新型解决方案，这些新型海堤型式基本基于上述三种基本型式的组合变种，例如台阶式海堤、凹曲线式海堤、多级平台式海堤等等。

作为一类常见和重要的海岸工程结构物，海堤的设计要求在满足防护安全要求的前提下，既适应人们的景观需求，在某些岸线又要兼容部分公共开放空间的功能，同时又能保障海陆生态的连续性，并且其规划设计应结合相关水位和波浪标准进行。生态景观海堤设计应在满足防护功能的基础上尽可能提高亲水的可能性，以便人们能够在保证安全的前提下更大程度地与水接触。海堤可以处理成多层断面的形式，最低层面具有较强的亲水特征，同时能够满足基本的防护要求。当水位上升时，人们仍可选择海堤的其他层面进行活动游赏，这样便使得滨海景观具有多种可能的选择和使用性。可见，海堤不但要抵抗海水的侵袭，还应结合景观需要和生态环境丰富性进行设计，并使人们的活动具有亲水性。可根据水位的不同设置不同标高的步道或者不同层次的开放空间。

（3）风暴潮屏障（Storm surge barriers）

风暴潮屏障可保护河口以及近岸地平区域免受风暴潮洪水和相关的波浪袭击。屏障通常由一系列可移动的闸门组成，一般情况下这些闸门常保持打开状态以使水流通过，保证内外水体联通；但当极端条件下时，闸门将关闭。荷兰著名的“三角洲”工程即采用风暴潮屏障与海堤相结合的方式形成庞大的防潮体系，保护多达 4000km^2 的土地。

2. 稳滩护滩结构

在某些滨海地区或者河道中，因水流形态紊乱，导致断面不断发生冲刷或者淤积，处于动态之中。为稳定护岸，调整水流形态，避免遭受水流冲击，在岸前设置与岸线形成不同夹角的结构物。

（1）离岸堤（Detached breakwaters）

在海岸线外一定距离的海域中建造的大致与岸线平行的防波堤，港口工程中也称为岛式防波堤，海岸防护工程中称为离岸式防波堤，简称离岸堤。港口工程中岛堤建于较深海域，后侧有足够港口水域面积，用来形成泊稳条件良好的港池水域。而海岸防护工程中，离岸堤通常建于离岸线较近水域，利用后方掩护区域促使上游输入的泥沙沉积，减弱沿岸输沙能力，对海滩进行有效保护。

当于砂质岸线前沿设置离岸堤时，上游推移质泥沙沉积，岸线逐渐突出先形成沙嘴，沙嘴发育造成岸滩淤积。当离岸堤足够长时，沙嘴将发展成与单堤相连的连岛沙坝。淤泥质海岸离岸堤后的离岸堤后的淤积淤积形态与砂质海岸不同，悬沙首先在离岸堤后波浪绕射系数最小的部位落淤[5]。这些趋势性的认识，对于在海岸生态景观设计采取基于自然的解决方案有重要的启示和引导，应予以重视（图 4–15，图 4–16）。

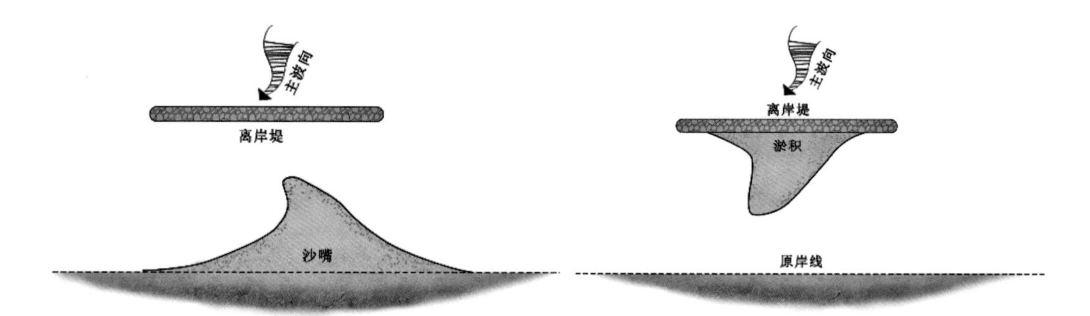

图 4-15　离岸堤对于砂质海岸以及淤泥质海岸的影响趋势

图 4-16　高雄某海岸段离岸堤与沙嘴

（2）丁坝（Groins）

丁坝为垂直或倾斜成一定角度于岸线布置的抵御岸滩侵蚀的海岸工程，其作用是促使沿岸泥沙沉积或诱导其冲刷等，从而改造海滩以达到养滩护滩效果。

在砂质岸线上，被丁坝拦截的沿岸输沙沉积在丁坝的上游侧以及各座丁坝间的滩面上，使该段海岸不再被侵蚀，而丁坝群下游侧海水动力条件发生改变，容易造成海滩侵蚀。与离岸堤类似，泥沙颗粒粗细不同可能在丁坝上、下游侧形成不同的冲淤形态（图 4–17）。淤泥质海岸建造丁坝，波浪破碎后在丁坝上游侧形成水流，将冲刷由细颗粒泥沙形成的岸滩，而丁坝下游侧的波浪掩护区，将成为悬沙的沉积区[6]。

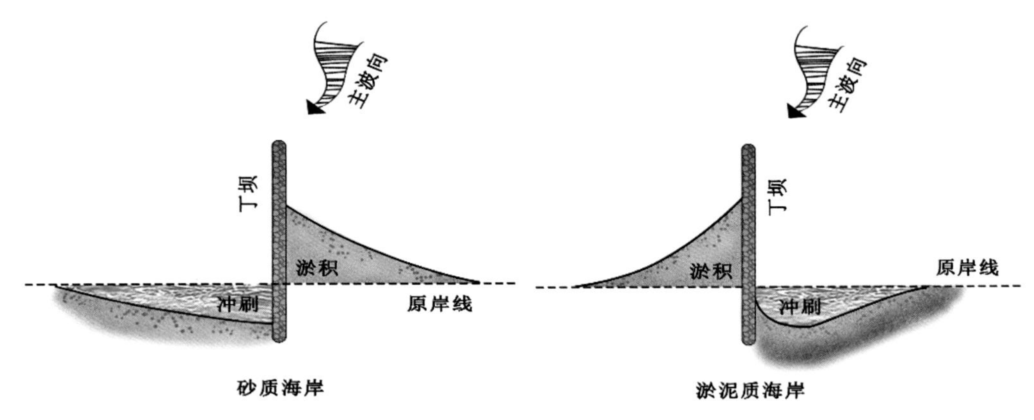

图 4-17　丁坝对于砂质海岸以及淤泥质海岸的影响

（3）岬头防波堤（Headland breakwaters）

岬头防波堤是介于离岸堤与丁坝之间的一种布置形式，其轴线通常与主波向垂直[6]。两个相邻岬头之间，形成与当地沿岸输沙相适应的，具有一定平面的弧形人工岬湾（图 4–18）。形成该效果的条件主要有两个，一是波向出处垂直于岸弧；二是岸弧上沿岸梯度流可以忽略，也就是基本不拦截上游来沙，也不会加剧下游岸滩侵蚀。

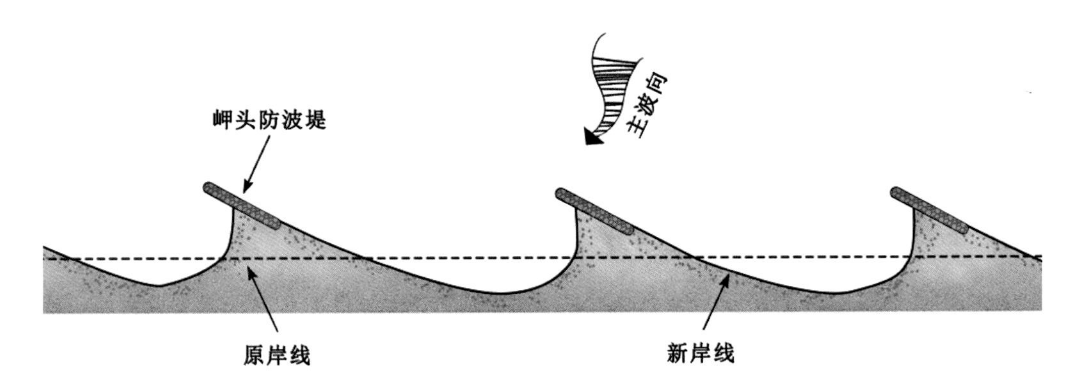

图 4-18　岬头防波堤对于砂质海岸的影响

3. 掩护减浪结构

根据设计船型以及泊位布置，港口港池及航道等水域，或功能性建筑所处的海岸水域通常有水深以及泊稳条件的要求，因此需要建设一定的结构物来保证一个平稳的环境。对于一般民用建筑的临海空间，为了获取平稳的滨水环境，掩护减浪结构物也会经常使用。

（1）防波堤（Breakwaters）

在天然开敞海域，存在水动力作用干扰，无法开展正常作业，为减少或消除外海的影响，人们在海上建设人工建筑物对活动海域进行掩护，这种建筑物就称作防波堤。防波堤建筑物的主要功能是通过将入射波能量的反射和耗散结合起来减少波动来防御波浪对港域的侵袭，维护港内水域的平稳，以保证船舶在港内安全停靠、系泊、正常作业与旅客上下[6]。

除了维持水面稳定外，通常防波堤会采用组合形式围成固定水域，只留很小的开口供船舶出入，由于减小了与外海连接的开口，通过引导水流和创建波浪干扰程度不同的区域来帮助调节沉积，客观上也起到了阻拦泥沙淤积的作用。此外，保护核电站等海滨设施取排水口以及保护海岸线免受海潮的侵袭也是防波堤的重要应用。

防波堤按平面布置位置可分为突堤和岛堤两种[7]：

突堤：防波堤一头连着陆域，另一头伸入海中的布置方式，称作突堤。

岛堤：防波堤的两头均布置与海中，不与陆地相连，此种布置方式称作岛堤。

从防波堤的断面形式来看，可分为斜坡式、直立式以及特种防波堤三种：

斜坡堤：防波堤断面呈倾斜状态的防波堤称作斜坡堤，此种防波堤对地质要求较低，一般断面较大。斜坡面可消散部分波浪，堤前波浪状况较好。

直立堤：防波堤断面呈直立形状的防波堤称作直立堤。直立堤通常需要采用钢筋混凝土结构，对地质条件要求较高，堤前因波浪的反射，波浪状况较大。

特种防波堤；随着运输船舶的大型化趋势，港口建设范围也逐步扩展至水深浪大的外海，深水区域修建传统防波堤会导致造价高昂，技术复杂，故此水平混合堤、半圆堤、桩基透水堤、沉箱墩式透水堤得到了广泛应用。

（2）潜堤（Submerged breakwaters）

为淹没于水下的防波堤，其原理为反射部分入射波能量，当波浪通过潜堤时发生破碎，耗散入射波能量。潜堤通常可在高潮期间淹没，达到海岸工程效果的同时不破坏近岸景观。由于其特殊的高程，潜堤不仅可以抵御部分波浪的冲击还可让一部分泥沙越过堤顶形成淤积。达到既消浪又保滩的作用。

（3）导流堤（Jetties）

导流堤是与海岸相连的结构，通常在垂直于海岸并延伸到海洋的通道的一侧或两侧上建造在河口的整治建筑物，主要起引导和集中水流、冲刷拦门沙及浅滩、维持和增加航深的作用。导流堤通过限制水流或潮汐流，可以减少河道的冲淤并降低挖泥的要求，用于稳定河口和潮汐进口处的航道。例如，天津港在海河河口附近区域的30万吨级航道，由于该航道整体位于渤海湾近海处，粉砂淤泥质的本底使航道容易淤积，因此于海河河口两侧建立导流堤。此外，在有洋流和沿岸漂流的海岸线上，导流堤的另一项功能是当导流堤延伸到离破碎区近海时，通过提供避风浪的掩护来改善船舶的航行能力，阻止横流并将其引导到更深的水中越过港口出入口，减小对航行的危害（图4–19）。

图 4-19　某港口门导流堤

四、海岸结构物的景观设计

中国的海岸港口工程设计具有长期深厚的技术积累，在海岸及港口工程施工方面也处于世界领先地位。中国近年基础设施建设飞速发展，但是总体上依然较多沿袭了工程和功能导向的设计理念，在生态化与景观化设计方向发展上还有很大的发展提升空间。近年来，海岸港口与景观设计工程技术人员相向而行，在海岸空间规划和景观设计的实践中，进行了多方面探索和实践，并取得了显著的进步。同时，在土木工程学科的综合性交叉逐渐强化，年轻一代工程师亦增加了美学素养和设计审美的教育和培训，建筑学与风景园林专业则加强了对于环境生态的理解和训练，生态理念和设计审美的意识与时俱进，工程建筑学作为一门新兴学科正在兴起。

在海岸空间的规划设计中，通过对传统海岸基础设施无论是功能维持还是转型化的生态性景观化改进，保障功能性和安全基础，生态景观韧性融合，已成为必然趋势，是近年业界探索的热点。海岸空间的可持续性规划应遵从以下四个方面的指导原则：

（1）资源节约：对海岸空间利用和基础设施规模及需求进行合理的市场调研分析，按照可持续方法对需要占用岸线及资源环境承载力和开发适宜性进行评价；结合自然条件匹配海岸空间和资源；广阔的大海和波澜壮阔的形态，容易使人们误认为他具有无限的可以利用的资源，包括空间资源；实际上，他同样有其资源约束和边界，海岸空间的有限线性空间的局限性更明显，在海岸空间利用中，必须依据资源约束控制海岸空间和基础设施的开发强度和采取适宜的发展策略。

（2）生态优先：分析当地的海岸环境生态条件、空间资源等，关注海岸优先保护的生态系统。包括通过识别沿海防护林、红树林、盐沼等生物防护区域以及淤泥浅滩、沙质沙丘、海岸湿地海岸等物理防护区域，评估自然海岸的防护功能，在此基础上引入与自然相结合的基于自然的解决方案和符合海岸科学规律的建设方案。借由海岸空间规划对海岸资源利用进行生态化引导，塑造符合自然尊重生态的景观环境空间。

（3）以人为本：海岸基础设施的服务对象是人与自然的和谐共同体。以人为本的出发点既包括了对于人类和其在空间中行为的尊重，也包括对于自然与人长期和谐关系的协调。譬如海岸绿色基础设施的规划建设，既是解决海洋与人类生存空间矛盾的解决方案，也为人们提供了品质优秀的开放空间和休闲娱乐运动空间。近年来传统的海岸设施转型为海岸公共空间的探索，有许多成功的案例值得借鉴，本书在相关章节进行了探讨。

（4）设计结合自然和基于自然的解决方案：评估空间规划和基础设施对海岸带可能造成的负面影响，并制定缓解消除措施，防止对海洋生态环境的破坏。规划设计保障海岸带和潮间带乃至近海环境低干扰且具有生物连续性的技术和工程措施，回馈海洋形成人与海岸海洋环境共生的正向积极互动。由于海岸动力的强大，因而基于自然的解决方案（NbS）的现代工程思维在海岸空间规划中有更广阔的应用空间，易见良好的效果，是值得关注和提倡的可持续发展思维方向。

长期以来海岸工程界努力的着力点在于合理的解决工程安全性基础上的经济性，对于海岸亲水性生态性的关注，在近年才开始受到业界的重视。工程建设与景观设计领域互相融合共同设计，从早期的高速公路景观设计，山区工程边坡的生态景观化处理，到近年的景观型海堤和人工沙滩的设计等海岸景观构筑物的生态化和景观实践，融合多专业的综合基础设施日益增多。新版的《海港工程设计手册（第二版）》“海滨景观护岸和人工沙滩”一章，对海岸港口工程界在此方向的成果进行了总结和梳理[7]。本书在海岸工程的亲水性设计，海岸结构本体的景观化设计，海岸基础设施结构的生态化方向进行了新的探讨。

1. 海岸景观的亲水性设计

安全基础上的亲水性是海岸公共空间的重要吸引点。在海岸工程设计中采用多级平台式的结构解决海岸空间的亲水性是一个基本的设计方法，合理的设计可以更好地利用和应对潮汐和水位变化及波浪重现期的影响。多级平台的设置需要重点考虑建设亲水护岸水域的潮汐水位差和波浪的重现期等因素，与后方的陆域高程协调配合。当水域波浪条件较平稳且水质较好时，亲水护岸的最低阶一般可以考虑设置在平均海平面加 1/2 平均潮差以上的位置，亲水护岸的最高阶高程需要根据设计极端情况的护岸防浪要求和排水条件以及游人亲水的安全性等因素综合考虑确定。中间平台的过渡及台级数则主要根据水域及陆域的条件和步行通道衔接的需求规划。在景观护岸结构的设计中，设计者采用的景观设计手法和台阶本身的功能设定也是一个重要的因素，一般来说，与广阔尺度的海洋、波浪的力量感配合，台阶的尺度不宜采用过于狭窄的立面形态，而在材质的选择上，宜着重突出其力量感和稳定性，且不宜使用光滑的面层铺装，尽量不要使用贴面挂面装饰，以避免波浪打击形成破损。

对于这种多层平台，首层为混合堤结构的护岸称为混合退台式护岸。由于可以更好地适应海洋环境的需求，混合退台式护岸近年得到了相对较快的发展。图 4–20 为某工程采用的混合退台式护岸的结构设计图和建成后的实景照片，其中的一级平台结构主要是基床式基础半圆形混凝土构件，从而形成了多级平台的设计（图 4–21）。

近年来随着混合堤结构加半圆堤在若干防波堤及导堤建设工程的广泛应用，混合堤在护岸建设中也得到了不少的应用。由于混合堤结构具有的水上施工工序少，安装快捷，且安放后即刻抵御施工期波浪的特点，在我国许多海域的亲水护岸建设中混合堤作为亲水护岸的首级平台具有一定的结构和施工优势。

但是基于半圆堤本身的结构和构造特点，以其为基础建的景观型护岸存在一些问题，应当审慎的选择其应用场所。半圆堤包括类似形式的堤身表面低空隙率的海堤，波能吸收能力弱，迎浪面容易激起较高的成片的波浪，尤其为了泄压设置的透气孔在波浪冲击下内压骤增形成海水喷雾孔，在较大波浪结合风吹形成弥漫的盐雾。综合考虑越浪排水等方面的问题，这些问题对后方的植栽，尤其是大乔木的成活率和长势影响较大，景观设计中应采取相应的设计方案以降低烟雾和溅浪的影响。

图 4-20　山东威海海滨的多级平台亲水护岸

图 4-21　海滨景观亲水台阶实景和设计效果

另外，半圆堤的防浪墙结构高 1.5m，使前方较亲水的二级平台与后方的陆域部分场地平面和竖向割裂，从景观视线角度，这一纵贯的结构对景观视野开阔性和物理空间的亲水性都造成较大负面影响。

混合退台式护岸的结构设计主要包括两个方面的内容：一级平台混合式防波堤的设计和最终断面的护岸设计（图 4–22）。由于亲水护岸的建设时间往往需要几年的时间，因此需要选定一合理的重现期波浪作为一级平台混合式防波堤的设计标准实际上，除半圆形混合堤可以作为护岸的首级平台外，很多基床式基础的混合堤结构型式均可以作为首级平台的结构。采用混凝土人工块体形成斜坡式护岸的一级平台，在斜坡式分级护岸中较为常见。

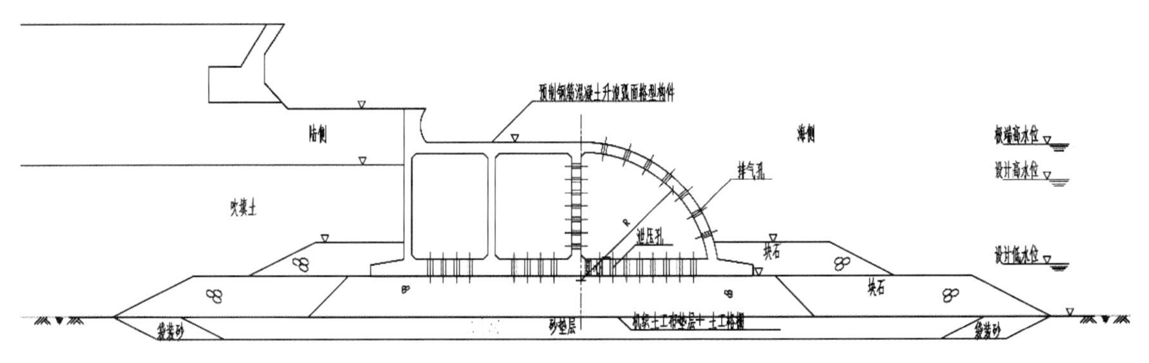

图 4-22　混合退台式护岸结构

传统结构形式的护岸也可充分利用既有的结构特点形成不同的亲水效果（图 4–23）。斜坡式护岸采用更多的建材块石及人工块体，均可以通过建立不同高程的平台形成不同功能的亲水护岸。直立式护岸中的重力式沉箱及方块结构等也可通过结构上部胸墙的不同设计以及自身形状的设计达到一定的亲水和景观效果。

图 4-23 某海堤滨水平台与后方空间关系

2. 斜坡式海岸结构生态景观化

斜坡式护岸的设计一般包括：断面结构、堤顶及挡浪墙顶高程确定，相应水位下的波浪越浪量和波浪爬高的计算与验证，护面块体重量的确定，护底的型式与范围、倒滤层结构的设计等。计算主要包括结构及地基对应不同建设时期的整体稳定型验算、地基沉降验算，胸墙结构稳定及强度验算等[2]（图 4–24）。

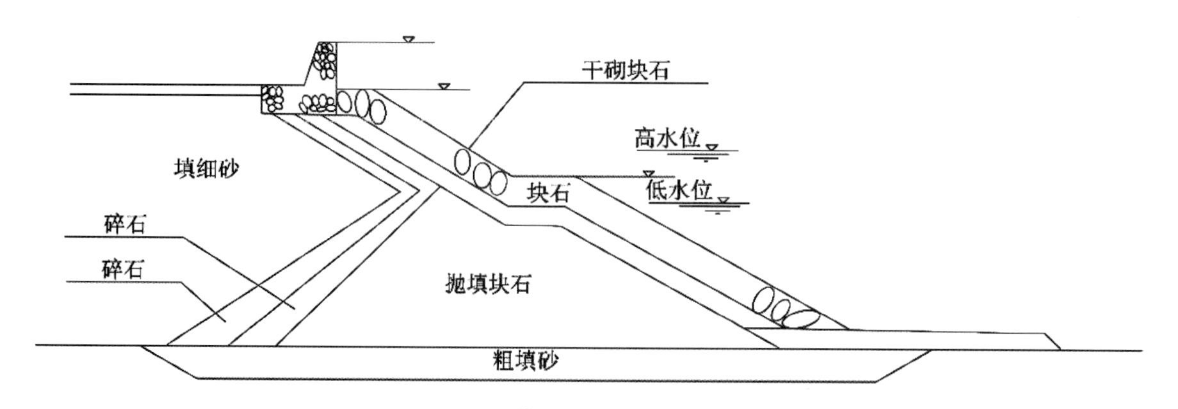

图 4-24 典型斜坡堤结构断面图

斜坡式护岸的断面要根据波浪要素、使用要求以及施工方法等综合确定，护岸的边坡一般采用 1 : 1.5～1 : 3。斜坡式护岸顶高程的设计：对于基本不越浪的护岸，顶部高程应高过极端高水位，以免护岸后方场地被海水淹没；并按照相应水位允许越浪量标准确定堤顶及挡浪墙的顶高程；对于不允许越浪的护岸，应对应极端高水位由波浪爬高加一富余量确定堤顶或挡浪墙顶高程，富余量的取值视护岸后方场地的重要程度和波浪条件而定，一般可取 0.5～1.0m。但关于波浪爬高的计算方法，现有方法的局限性均较大，因此设计采用的波浪底高数值主要依赖波浪的物理模型试验获得，尤其对于使用非常规护面型式如生态工法，3D 打印的异型结构等，物理模型的验证尤其重要。除上述两种情况外，当护岸结构为一过渡结构或其他一些特殊情况，护岸结构也可不设挡浪墙[3]。

抛石斜坡堤结构，在传统的防波堤类型中具有较好的生态融合性，在波浪适当、石材供应较方便的地区，可作为首选的生态型结构型式之一。块石直径的分布、形状和孔隙形态的多变性，高孔隙率模拟了自然环境下基岩海岸的肌理和特性，对生物多样性有较高的宽容度和适应性，因而在作为海岸防护结构时，在海陆生态的延续上具有更好的效果，同时又较之于混凝土结构大型块体具有良好的景观视觉感受。图 4–25 为芬兰赫尔辛基南港改造后的斜坡式护岸，它通过对材质的选择（包括粒径立面糙度色彩匹配等）有效地提升了景观感受，可以注意到护面块石与胸墙的材质，与场地铺装和色彩选择都进行了仔细的考量。

图 4-25　芬兰赫尔辛基南港更新后的斜坡堤

综合上述分析，我们可以初步厘清近年海岸结构生态化、景观化的技术演进路线，即传统的海岸结构和基础设施设计，近年逐步从自身的结构型式上进行完善，以达到结构本体更具生态化和景观化，但是这类结构物的局部改进，常受到结构本身工程施工和结构荷载能力的限制，进而，除了对于结构本体的关注以外，与整体型式和结构的优化相结合的复合型解决方案是目前的主要方向：包括结构本身与周边环境的融合，整体结构与周边环境包括后方景观空间、道路基础设施、城市空间等一体化规划设计的提升。而在结构材料和构造上，新材料的研发和应用，3D 打印技术的商业化进程，将与结构与环境的改进相融合，成为海岸生态修复和景观及工程建设的新型工具和材料。

下节对海岸防护结构与景观融合的设计进行了探讨，适应不同的滨海环境，以传统的海岸工程结构基础与生态景观化的解决方案相结合，探索了海岸空间功能与景观融合的解决方向。而在更高的层次上，则应从陆海统筹的上位规划入手，从空间协调统筹的角度提供海岸带空间的系统解决方案，这是更具生态和社会效益的方向，本书第五章进行了相关理论和实践的案例探讨。

五、海岸结构融合景观设计导则

图 4–26 为某海岸的局部平面，在整体景观规划的控制原则下，根据区域风貌和节点，例如城市区、码头区、沙滩区、生态＋河道对海岸工程与景观结合的设计进行了探讨。本案例给出了比较全面的与不同海岸结构结合的生态景观解决方案，概括了目前海岸景观设计中的大部分主要景观模块型式的设计导则（图 4–26）。

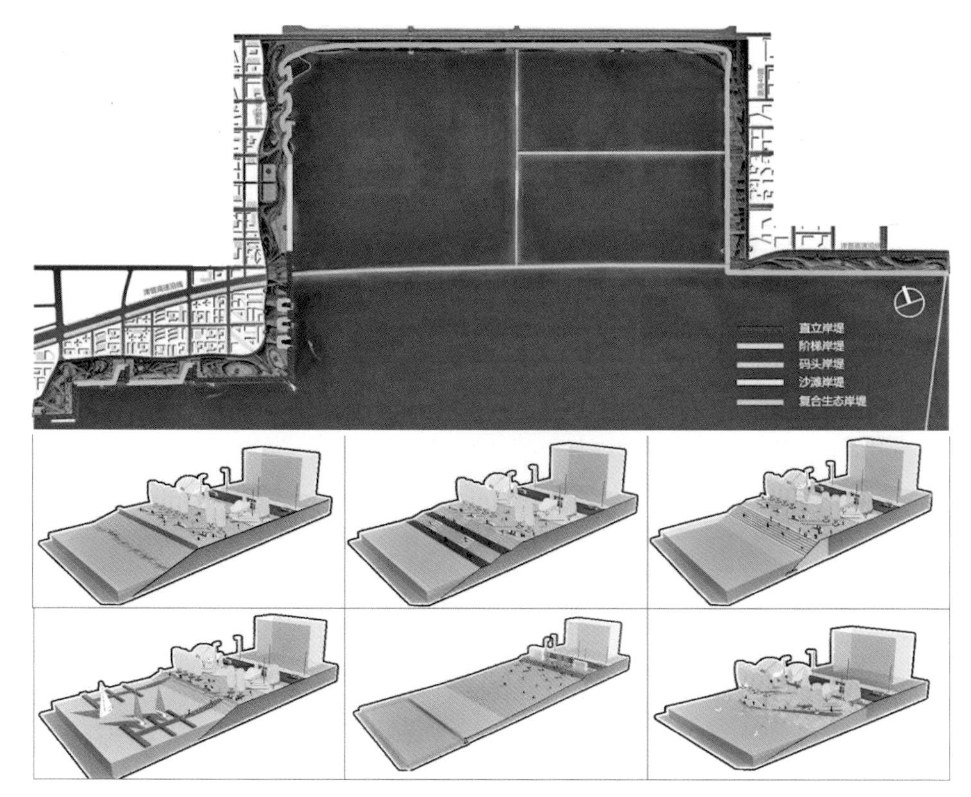

图 4-26　平面图及不同类型岸堤分布示意图

1. 直立岸堤

直立堤岸包括重力式和板桩式等多种结构型式，是应用最广泛，功能复合性最高的一种堤岸类型，除了新岸线的建设，在旧岸线的改造中亦经常会出现（图 4–27，图 4–28）。它的特点是：占用岸线宽度窄，节约用地，近水观水便利但亲水性差，景观直接与水体相接形成一条线，岸线本身可以兼做停靠小型船舶。直立堤岸从平立面上可以衍生出来多种创意型式的景观岸线，其本

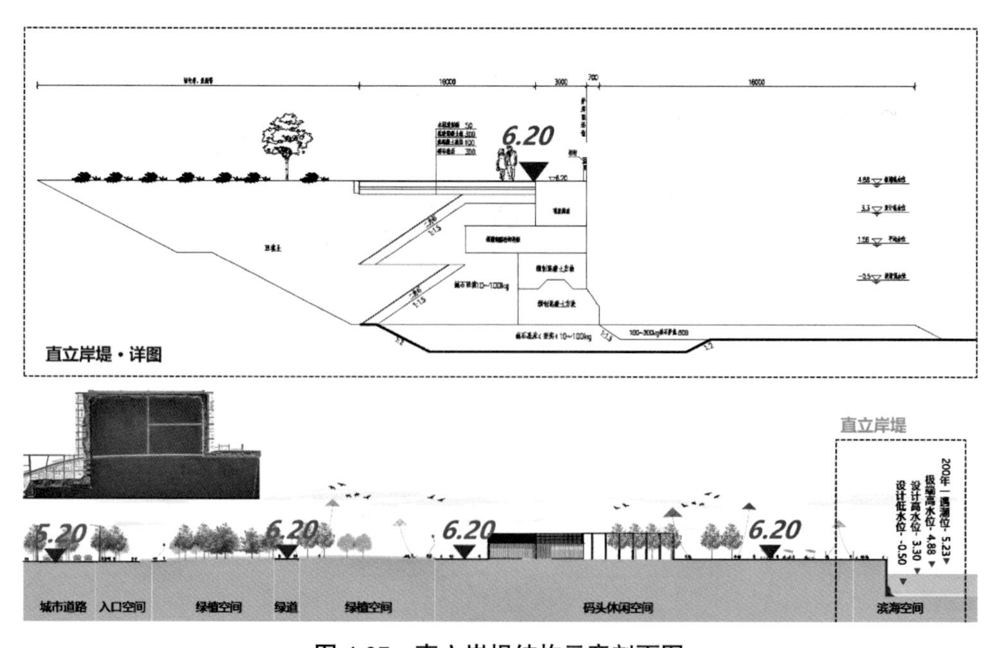

图 4-27　直立岸堤结构示意剖面图

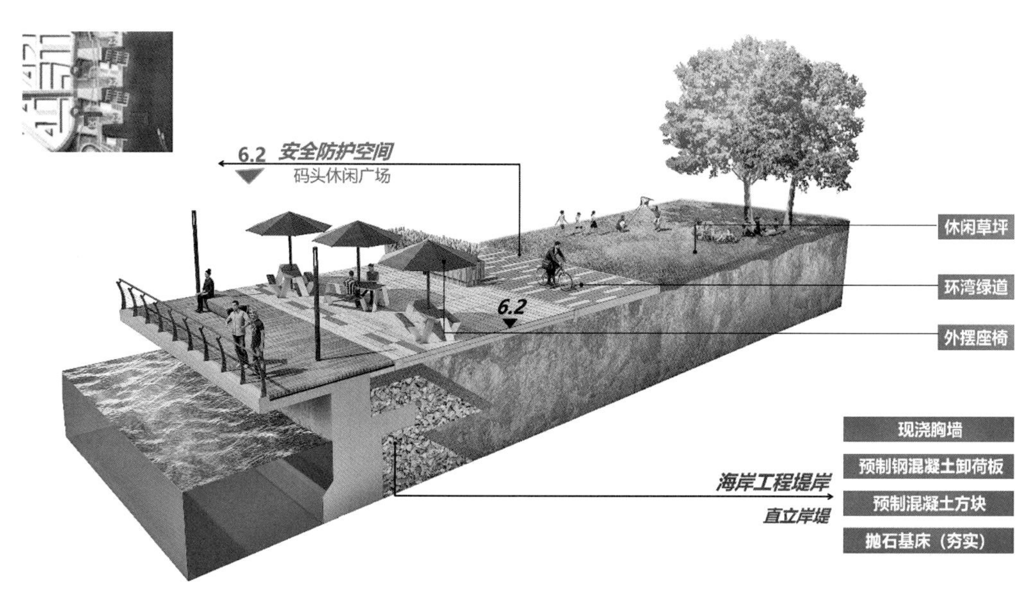

图 4-28　直立岸堤结构示意透视图

质是结构与水体的关系是垂直交接。其上产生的型式包括挑台、升坡挑台、凸凹型小型码头等，都可以结合进直立堤岸。在本案例中，直立堤岸设计在满足城市安全防护的前提下，为后方的居住人群提供连续的、丰富多变的优质滨水休闲空间。直立岸堤主要分布在休闲活动区、码头沙滩区，直面外海（图 4–29）。直立堤岸的表面肌理和凸凹可以衍生出不同的生态类型，以提高生物多样性。

图 4-29　直立岸堤效果图

2. 阶梯岸堤

阶梯岸堤结合后方城市开发，可分布在休闲活动区、码头沙滩区外海侧，景观场地主要用于居民的休闲娱乐、体育活动、儿童老年互动等功能（图 4–30）。堤岸设计在满足城市安全防护的前提下，通过设置不同竖向层级的滨水休闲空间，提供近水、亲水的不同体验（图 4–31）。

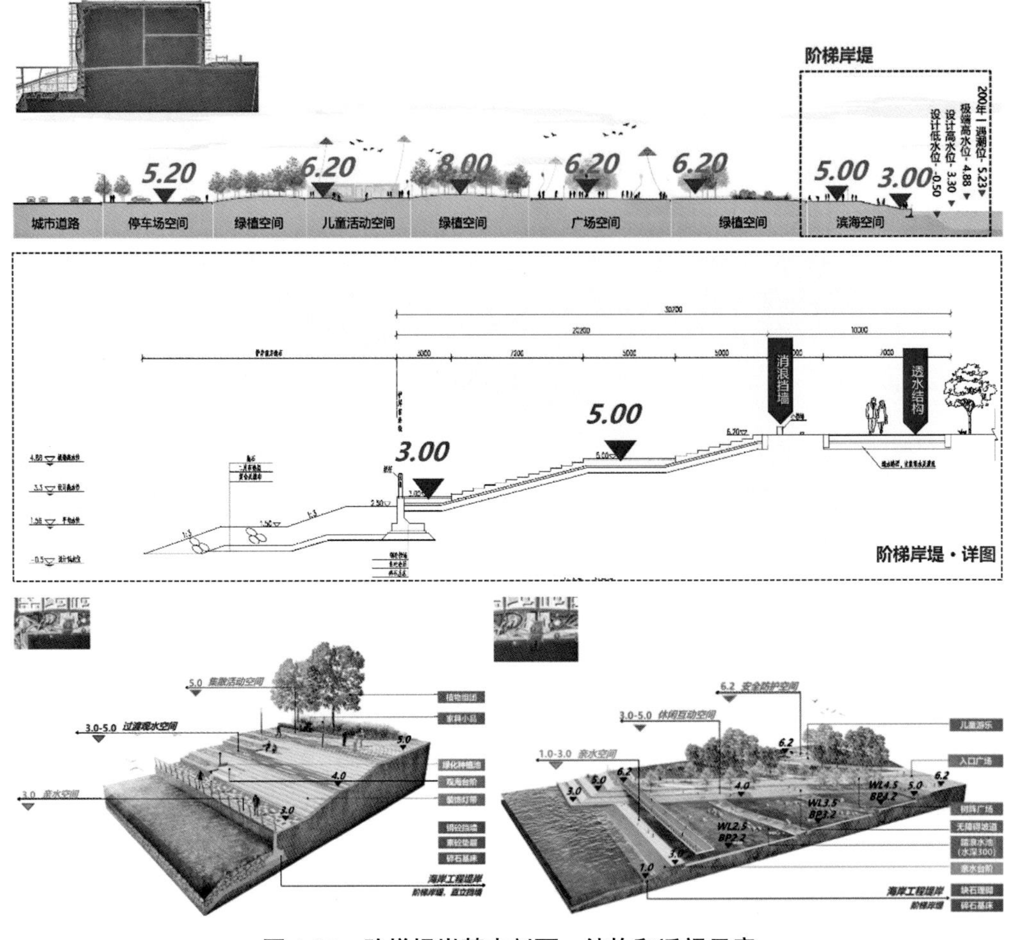

图 4-30　阶梯堤岸基本剖面、结构和透视示意

图 4-31　阶梯岸堤结合环境的效果

3. 景观小型码头

船型尺度是小型码头设计的前提，除了满足小型船舶泊稳和游客便利乘船要求，从配套服务建筑至水岸边，依次设置了室外茶歇区、滨水步道、游船等候区等不同竖向层级的滨水空间，游船码头在满足操船及方便停靠的基础上，通过景观型的设计营造高品质水岸氛围（图 4–32～图 4–34）。

4. 人工沙滩与后方堤岸

堤岸围合沙滩空间，后方结合滨海步道与绿道，形成特色参与的景观空间，也为城市功能形成与码头区和生态区的连接过渡（图 4–35～图 4–37）。

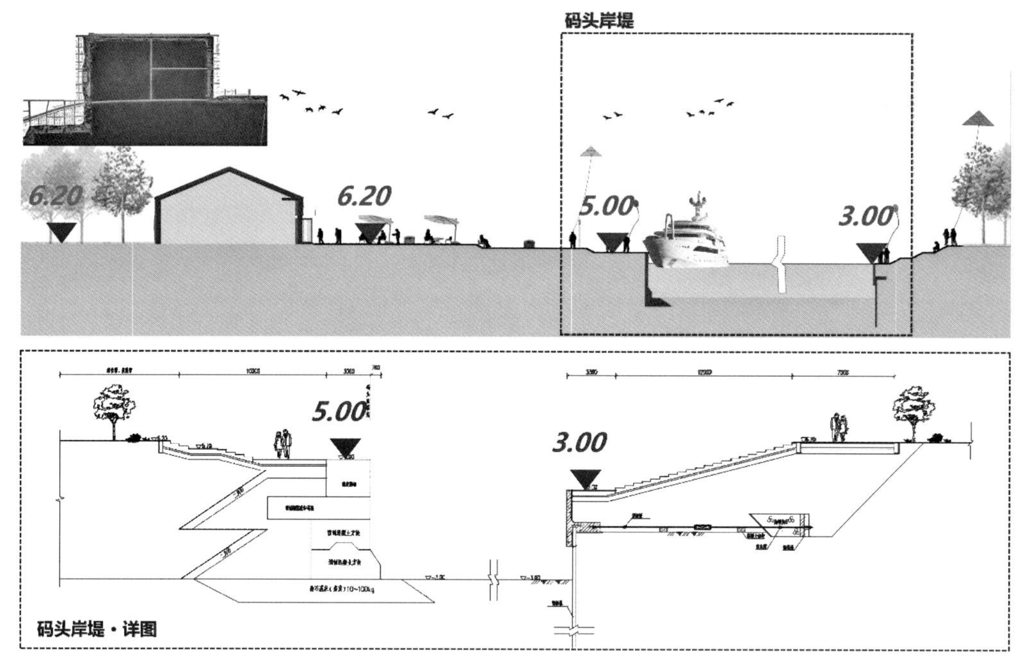

图 4-32　码头结构剖面图

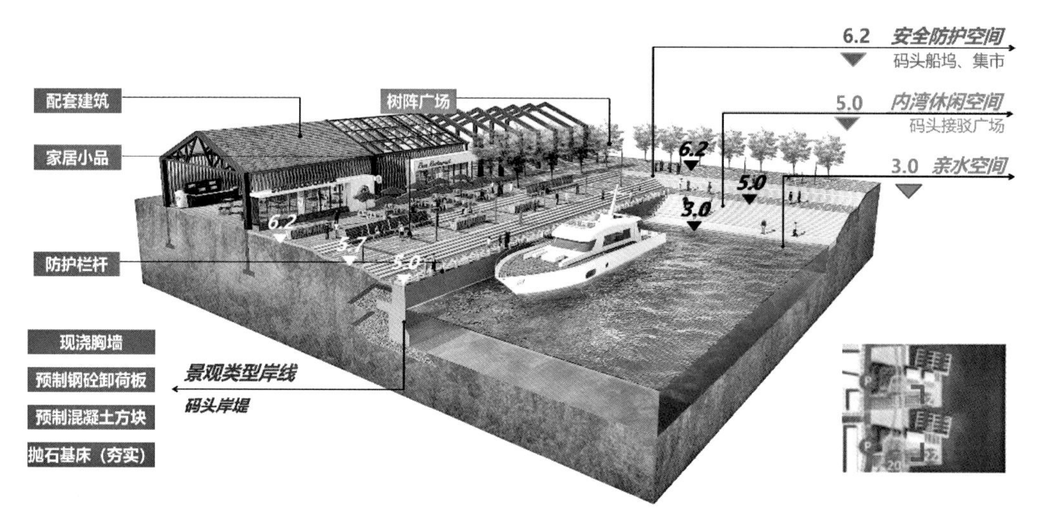

图 4-33　小型码头结构透视图

图 4-34　内湾开敞船艇靠泊区

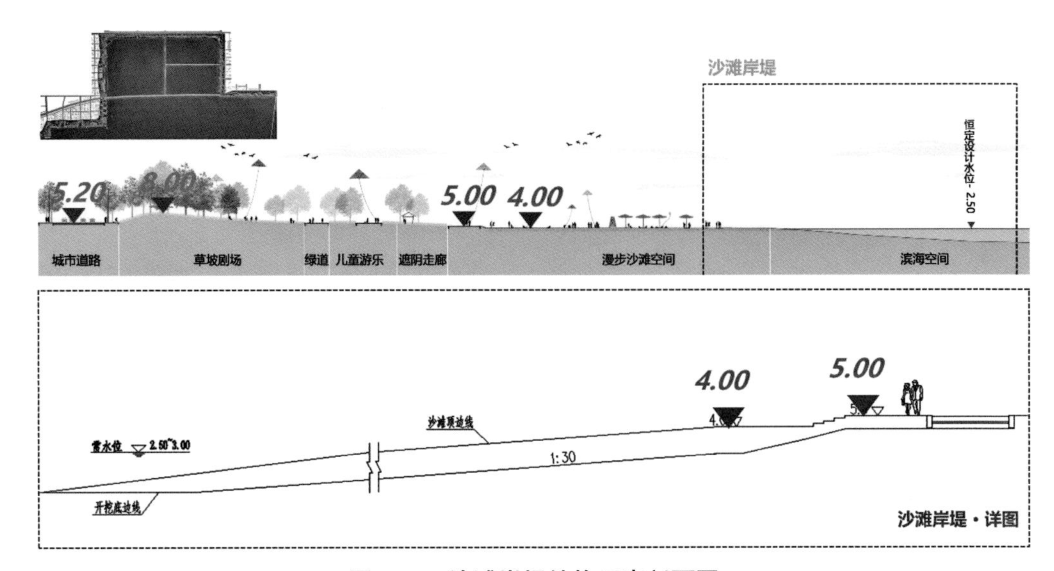

图 4-35　沙滩岸堤结构示意剖面图

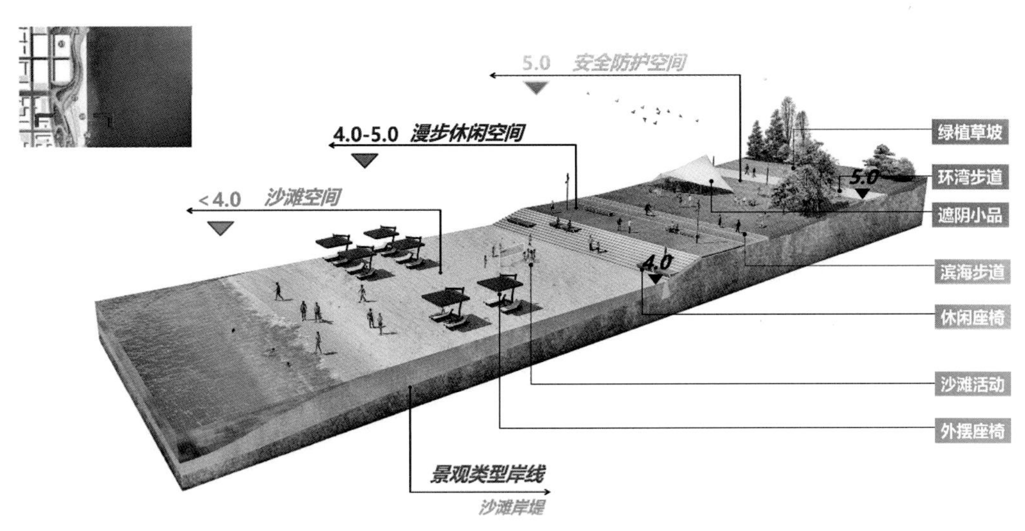

图 4-36　沙滩岸堤结构示意透视图

图 4-37　沙滩岸堤效果图

5. 复合型生态堤岸

复合型生态岸堤适合于波浪掩护条件较好，且后方具有较好生态缓冲区如河道或耐盐植被等的区域。在岸线生态修复的基底上，局部通过分层级竖向控制，导入湿地观光路径，形成特色滨海湿地风貌段落。案例所提及的“植物入水”借鉴了淡水滨水岸线的设计手法，采用耐盐碱植物如碱蓬、柽柳等形成（图 4-38～图 4-43）。

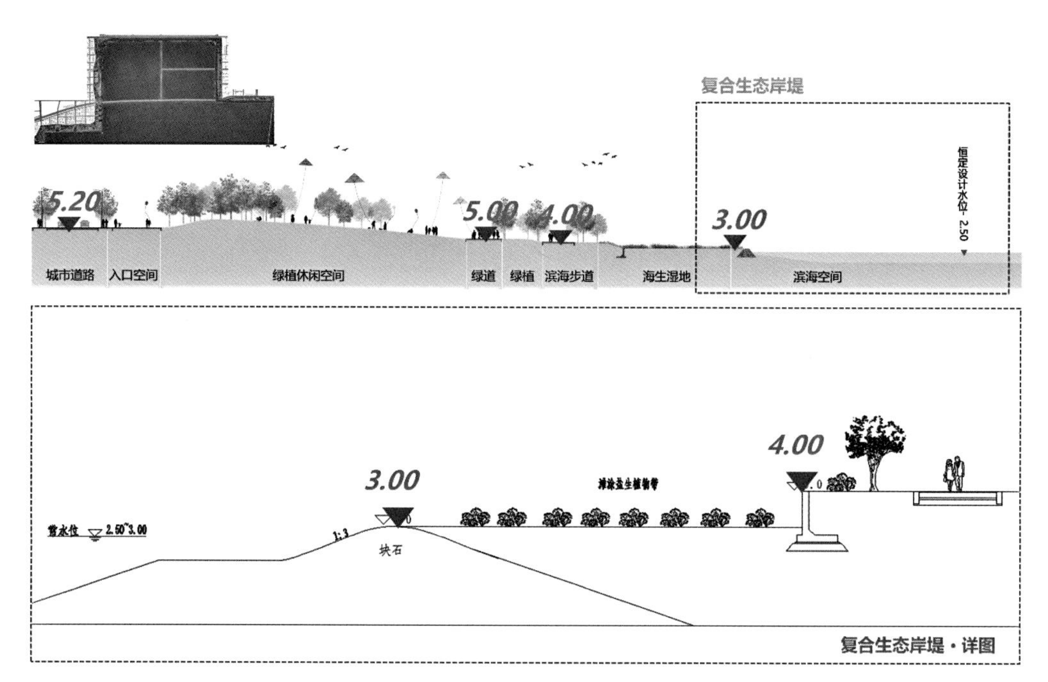

图 4-38　复合生态岸堤结构断面概念

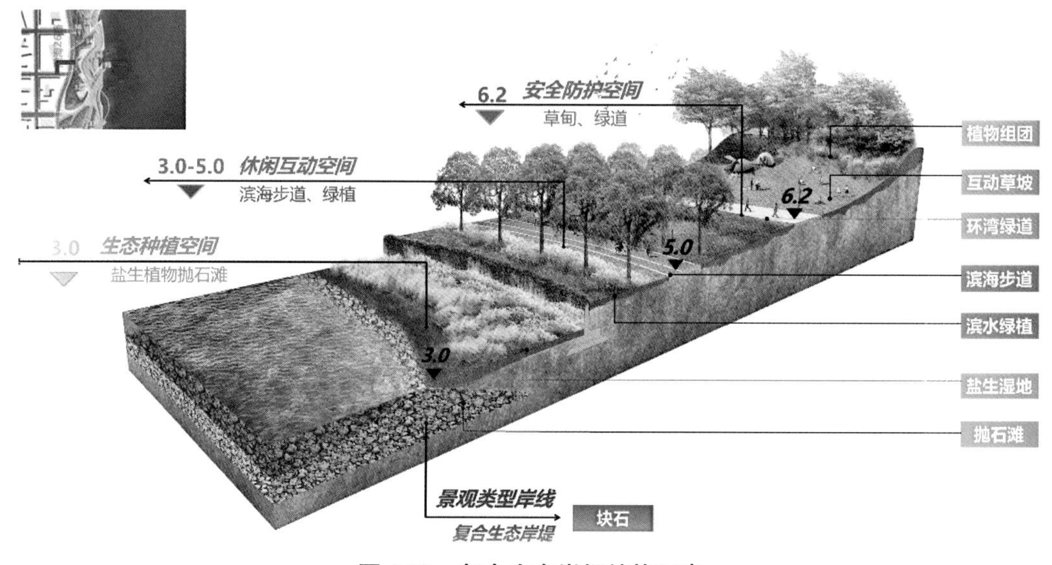

图 4-39　复合生态岸堤结构示意

图 4-40 复合生态岸堤效果

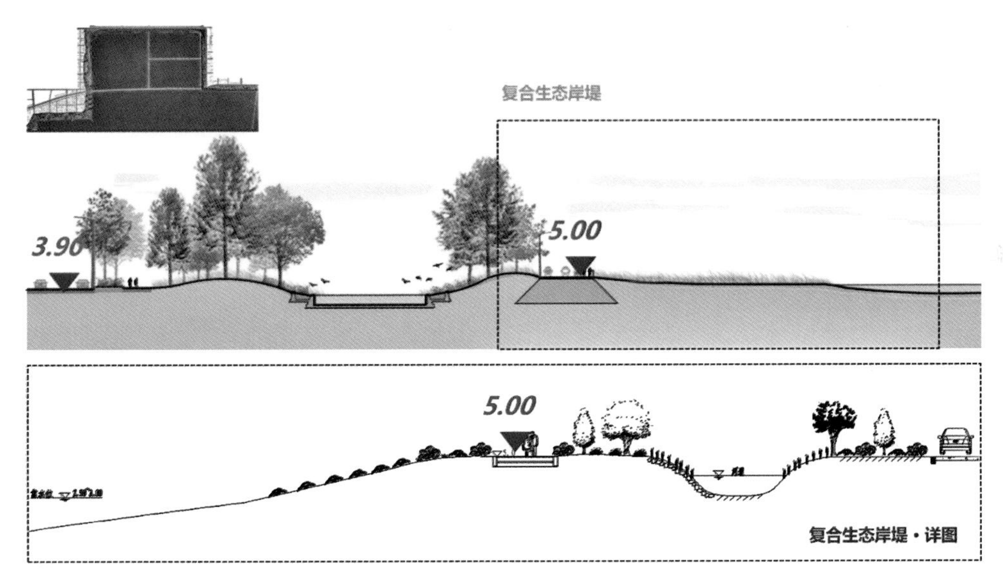

图 4-41 复合生态岸堤结构剖面图

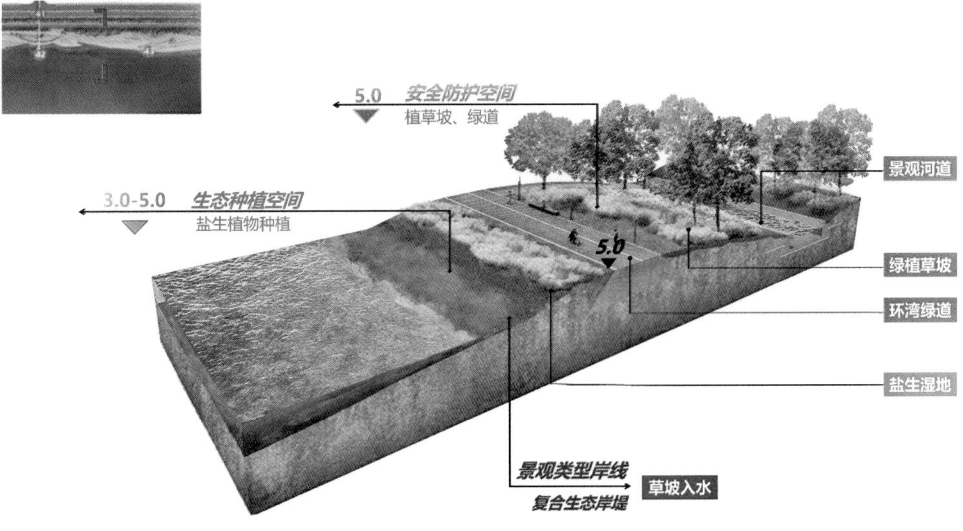

图 4-42 复合生态岸堤结构示意

图 4-43　复合生态岸堤效果

六、海岸防护和修复的生态工法探索

珠江口某岛堤岸陆侧基础设施已陆续完善，在护岸结构建设中外江滩涂植被消失露滩，随潮汐裸露环境欠佳。本案尝试通过生态工法对外江堤岸生态基底进行修复提升，探索了具备红树林生长条件的海岸河口生态型防护的修复设计和施工。

项目近岸规划用地以商务商业为主，配合居住，滨海景观以公共开放空间主导，并形成了连续的环岛绿道系统。既有设计设想以现代感和生态型的景观融合丰富滨江景观，由远及近依次形成水、绿、岸的景观层次。建成后现有复式堤岸提高了防洪、防潮的安全性，但施工期间潮间带湿地生态系统受到较大破损，滨外区植物覆盖率低、滩涂裸露、植被不连续，生境及生物群落环境未恢复，硬质堤岸比例较高。值得提及的是，在既有海岸自然生态防护体系经过多年涵养并与海岸动力条件互适稳定的情况下，设计建造新的海岸防护和景观，应特别注意到如何努力避免对于原系统的扰动，保护利用其既有海岸生态系统的防护能力应该是设计考虑的重点内容之一。在较强的海岸动力作用下，一旦原自然防护系统被破坏后，其重建过程需要长期的自然选择和涵养过程，并在极端天气条件下被破坏和反复重构，且一般需要良好的外围防护设施才能保障系统恢复（图 4–44）。

在海岸景观应用和嵌入生态工法修复和重塑生态，设计应适应潮汐变化的弹性需求，抵御波浪冲击，恢复红树林和其他滨水植物群落，丰富栖息地的多样性，陆海统筹塑造魅力滨水空间。

1. 场地环境和生态修复条件分析

潮汐：岛周边潮汐属不规则半日混合潮型，平均潮差为 1.2～1.6m。在枯水期和汛期的涨潮、落潮时段具有一定规律性，多年平均高潮位 5.67m，多年平均低潮位 4.34m；

波浪：根据模型模拟结果分析，外侧向海水道口门处 200 年一遇有效波高约为 1.2m；

海流：涨潮平均流速约为 0.90m/s，落潮平均流速约为 0.86m/s；

图 4-44 建成初期堤外潮间带状况

底质和泥沙：底质类型以粘土质粉砂为主，中值粒径多在 0.006～0.01mm 间；泥沙来源主要为陆域来沙，洪水季节实际上无海域来沙，枯水季节存在海域来沙，但数量少，泥沙含量约为 0.06～0.1kg/m^3。

极端天气：台风影响是本项目生态修复和景观再造的最大影响，影响场地的台风一般在 5 月到 8 月发生，登陆时极大风速常高达 12 级以上。场地附近沿海区域是受风暴潮威胁较严重的海域，台风强降雨与天文大潮相遇会引起高增水以及洪水叠加。

滩涂种植条件分析

对于海岸河口类型的岛岸种植，盐度指标是设计的重要参数，2005 年测得的表层水盐度范围为 4‰～17‰，2011 年时表层水盐度范围为 2‰～8‰。两侧水道遭受外海高盐度海水入侵时段集中在枯水季，枯水季有持续的盐水入侵现象，水体垂向呈现较明显的盐度分层。

由上述环境条件的分析可见，场地处于河口地区，受多重岛屿与河汊分流掩护，相对波高平稳，潮差较小，北侧水道流速较大，对台风期间的潮、波、流属于设计可控范围内，这是本项目拟采用生态工法的基础工程条件。

数值模拟对于生态工法的设计提供了重要的数据参考——海流数模了解了海流对于植物的冲刷和影响；人工验算了波浪对于生态工法的稳定性的影响，但本项目最终没有进行相应的波浪物理断面试验，断面稳定性基本上是以设计者的经验进行判断，对于特殊天气条件的生物结构断面稳定性预判缺失。本项目处于河口内，常规状况波浪的影响基本可控，但希望在后续的工程设计有机会通过断面试验验证生态工法的抗波浪性能。一般来说，在生态工法形成联合断面的初期，波浪会带来较大的断面解体破坏风险，随着植物根系和簇株的链接稳定后，其抗浪能力应会自然增长。

生态型护岸的建设中，原址植物剖面的谨慎保留是一个重要策略，如果有可能，在设计和施工中，尽量避免对于外缘已经形成的植物抗浪剖面完整性的破坏，抗浪植物剖面的再生和形成需要长期的生物量积累，且具有环境条件的偶然性机制，一旦破坏，很难在短期内形成或恢复良好的抗浪断面和生态效果。同时在工程型断面的设计中，预留外部植物生长空间和土壤池，逐步恢复为由水向岸的软性植物和工程护岸“生态＋工程”联合断面，是一个值得探索的方向（图 4–45）。

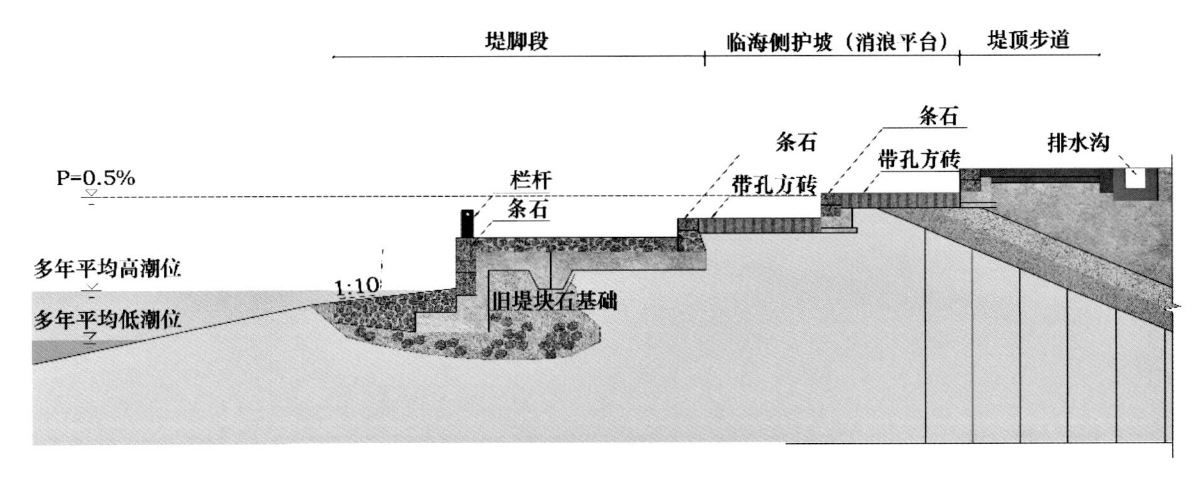

图 4-45　本案例工程型护岸典型断面概况

2. 生态工法的技术路线

海岸生态工法采用耐久性强、易获取、低能耗、低损耗和后期维护较少的生态和植栽元素，实现可持续发展的生态景观策略。选择适宜潮间带生长、观赏性强的绿色植物，打造绿色柔性的生态驳岸，在提高岸线防护能力和城市韧性的同时，与岸上景观相呼应，提升城市滨水风貌的生态。

结合场地条件和护岸外的水环境水动力条件，本案例采用土工格室及枝桠沉床为主导生态工法提升岸线的生态景观性；采用生态化工程措施整理 1.5km 岸线形态与风貌，根据城市功能和肌理、现状地形地貌和周围主要节点进行分段风貌控制和节点重点提升，形成 3 类滨江湿地岸线风貌[8]。

（1）平直岸线复绿修复

现状为干砌石驳岸，驻足堤路之上，视野内均为开阔的水面，硬质驳岸营造的景观效果较单一，提升设计拟利用低矮的红树和半红树灌木，以流畅的曲线方式种植、穿插种植本土湿生草本植物，在保证视野开阔的前提下，丰富近岸不同体验感受（图 4–46）。

（2）自然风貌景观段

此类型为在干砌石驳岸附近存在大小不一的自然岛屿，有较好的生态基底，在保护自然岛屿的基础上，补植低矮的湿生及水生植物，植物群落以原生植物短叶茳芏为主，以覆盖近栏杆处的泥滩，与原有的自然岛屿形成协调的生态风貌。现状植被良好且低矮的岛屿，保留现状岛屿，清理岛屿周边杂乱的植物和无瓣海桑，保护和恢复岛屿生物栖息地，仅在堤岸处增加少量低矮植物，与原生岛屿共同形成生态化的滨江风貌（图 4–47，图 4–48）。

（3）自然修复段

结合现状规整堤岸，采用生态化的工程措施，使植物群落自然修复和可持续的自我管理。在远期开发地块周边的岸线，以及游人较少聚集的岸线，利用自然演替的策略，通过对现状的梳理，清理无瓣海桑等入侵物种，整理石滩、清除淤积等对岸线实施物理修复工程措施。

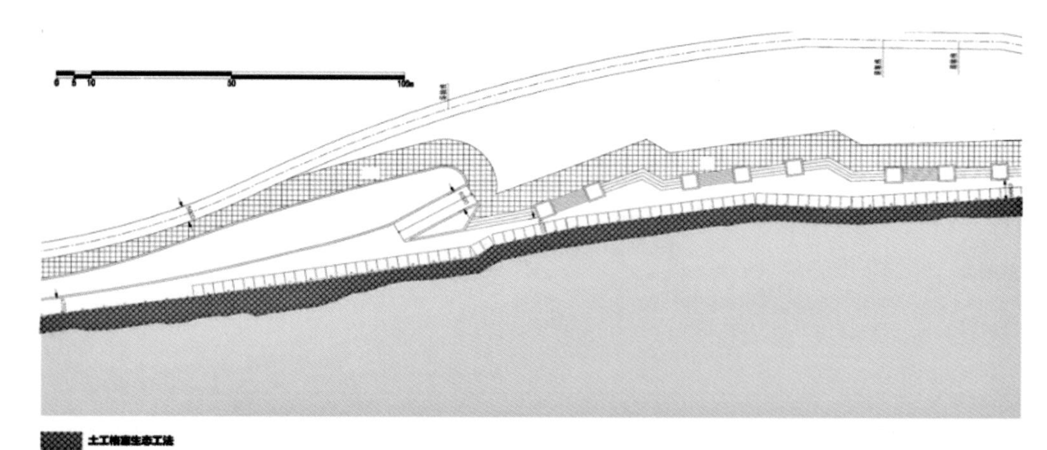

图 4-46　平直岸线复绿段平面及断面示意

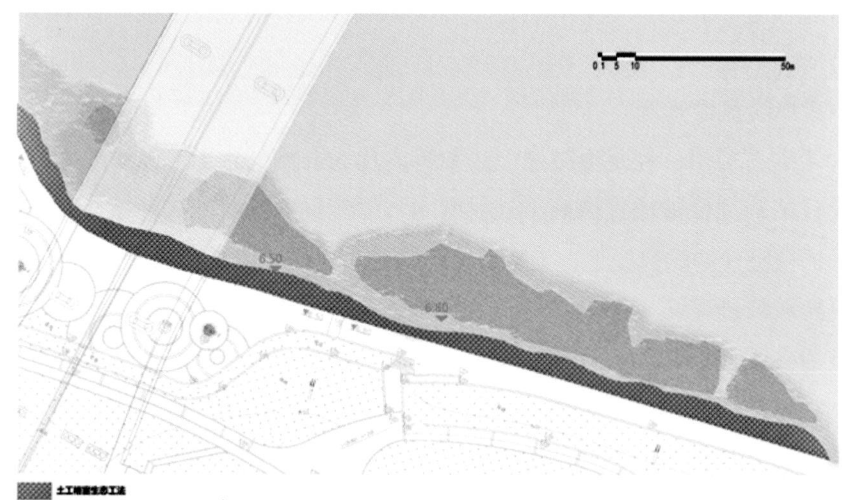

图 4-47　滨江自然风貌景观段平面及断面示意

图 4-48 滨江自然风貌景观段效果图（左：改造前 右：改造后）

3. 工程试验实施及效果

工程试验段现状为低潮裸露的干砌石，零星分布少量本土植物，潮间带湿地生态系统不完善，景观风貌待提升（图 4–49）。采取生态工法的处理方式加强原生地水土保持的强度，减低及预防天然灾害的发生，多层次的植物种植在丰富了景观的情况下，保证视野的开阔并且丰富了生态的多样性。

图 4-49 试验前场地状况

（1）生态工法

试验段的生态工法采用了两种施工方法，第一种是土工格室＋枝桠沉床的斜坡水平式，第二种是单独斜坡式土工格室。土工格室伸缩性强、材质轻、耐磨损，并具有优良的化学稳定性能，适用于不同的土质条件，可与高强度的碎石结合使用防止松散的沙土滑动面的形成。土工格室加固了碎石强度，抑制基础的移动提高基础的承载能力。枝桠沉床能够设计成多种适应河床（海床）形状的施工工法，施工完成后沉床可以随着河床的变动而变化，做缓流的护岸固基，对防止水流带来的沙粒流失十分有效。在试验段采取两种工法的结合不仅提升了景观的生态性，也同时减缓了水土流失情况 [8]。

（2）植物种植

植物种植方案应兼顾生态完整性，考虑包括沿岸动植物栖息地，采用生态技术发挥树木根系发达的护岸功效，既能有效截留地表土壤中养分，又能摄取水中营养发挥水质净化作用。树荫能够阻挡强光维持水体温度平衡，阻止水生植物过度滋养。

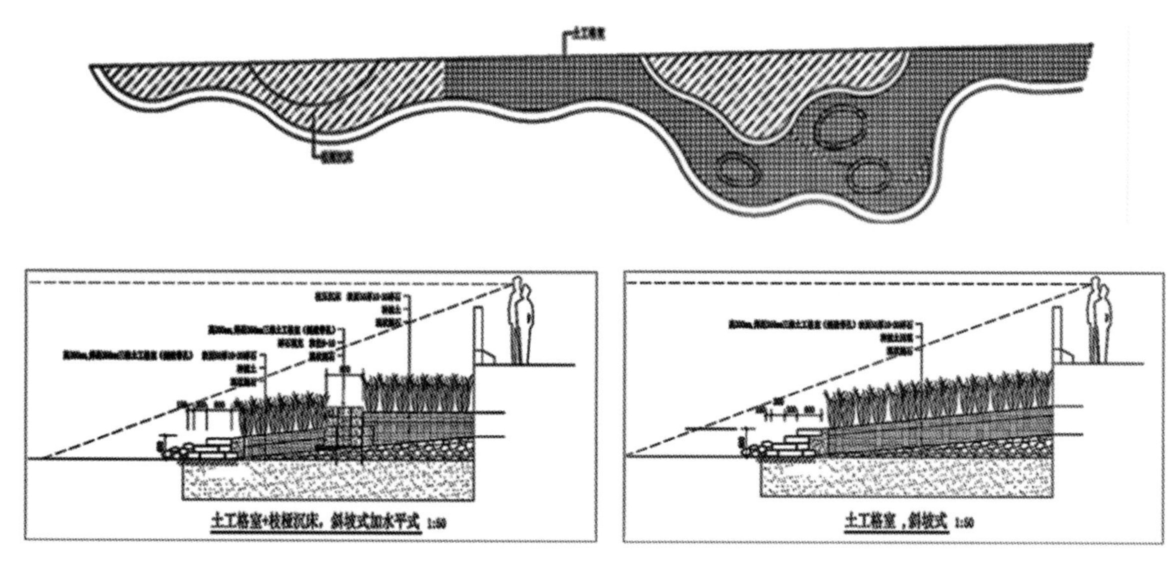

图 4-50　生态工法平面图及剖面图

植物种植也部分有效地防止滨岸的侵蚀，通过沉积物淤积固化河岸防止土层流失，延缓洪峰。灌木以及小乔木的生长不会过度阻碍水流或限制水流经过；草本植物种植可以在所需特定区域短时间内快速生长成功，具有很长生命期相较其他保护工法便宜，维护上亦简单。

（3）试验效果和可推广性

试验施工位于防浪墙以外，受潮汐影响，且施工区的水深通过水上施工或陆上施工都有较大难度，但生态工法与植物种植的结合还是很高程度的提升了试验段的生态景观风貌。将原有单一的硬质堤岸改造为更具生态性景观性的多层次绿色堤岸，丰富了动植物多样性，提供了良好的生物栖息地，由于红树林的缓冲，对于河岸安全防护功能亦有所增益。图 4–51 的照片反映了试验段提升后的效果，读者可与图 4–50 进行比较。

图 4-51　局部试验效果照片

参考文献

[1] 郭子坚. 港口规划与布置（第三版）[M]. 北京：人民交通出版社，2011.
[2] 韩理安. 港口水工建筑物（第二版）[M]. 北京：人民交通出版社，2018.
[3] GB/T 51015-2014，海堤工程设计规范 [S].
[4] 吕长红. 借鉴国际经验 加快建设上海邮轮母港 [J]. 港口经济，2014（1）：26-28.
[5] 刘家驹，喻国华. 海岸工程泥沙的研究和应用 [J]. 水利水运科学研究，1995（3）：221-233.
[6] US Army Corps of Engineers. Coastal Engineering Manual (CEM) [M]. Washington, D.C: U.S.Army Corps of Engineers, 2002.
[7] 中交第一航务工程勘察设计院有限公司. 海港工程设计手册（第二版）[M]. 人民交通出版社，2018.6.
[8] 北京正和恒基滨水生态环境治理股份有限公司. 灵山岛尖外江生态提升工程 [Z]，2019.

第五章　复合型海岸空间及规划设计

海岸是海陆域的交界，具备海陆双重特征，是海洋与陆域互动的过渡区域，海岸空间的规划设计影响人与海、陆域与海洋之间接触的程度和共存方式。海岸空间功能与其前后方的设施的联系决定了它的景观特点和需求，譬如海岸空间与城市公共开放空间的结合，与后方旅游和休闲设施的结合等，以适应多样的需求。在人口密度和开发强度相对较低的海岸区域，采用更具生态特性贴近自然的解决方案是适宜的，由于空间限制较少，因而采取的技术方案和手段有更广泛的多种空间相容性选择。在许多滨海城市人口密度大，开发强度高，海岸空间相容性差，采取较强的人工和工程化做法在所难免，但是依然可以遵循生态设计的原则和弹性的形式解决海岸基础设施的设计问题。在城市规划、海岸工程与景观的设计实践中，人们逐渐认识到海岸空间的复合性多元性是其重要的特征，而这一重要特征在规划设计的实践中，曾经一度被忽视为单一的基础安全功能导向，这在与城市空间的结合中矛盾表现得尤为明显。近年来，城市设计和建筑师，与海岸工程师都在此领域逐渐相向而行，创造了一系列创新的复合型空间组织和处理方法，形成创新的海岸和生态景观复合概念，这也构成了本章的主题。

海岸基础设施的规划设计，首先要保证其功能的实现和满足，其次要尽可能满足其生态的融合和与环境的协调，再者随着经济社会的发展，岸线生态化景观化已经不再是额外的附属而是基本构成要素。由于海洋的动态特点，潮位和波浪等自然要素导致了环境的多变性，在水位不同的情况下和海况不同的情况下景观呈现多层次的丰富变化，同时在极端的条件下还要满足安全性的需要。滨海空间规划和景观设计涉及城市生态系统的平衡、生产生活的安全保障、历史文化与地区生活方式的继承等物质与文化精神领域的众多角度，因此其规划设计必须考虑滨海空间景观环境与陆域功能的联系、安全屏障的建立，与城市肌理和城市风貌的关联性，增强滨海空间各功能区域之间的屏障、缓冲、联系等，并运用多专业交叉的手段，结合景观性在地化的地形地貌和植被进行设计。

一、海岸空间规划原则

1. 海岸空间型态的转化应用

设计对象从线性空间转型到以带状空间为主并联系重要节点的陆海统筹综合解决方案。传统的海岸基础设施为解决单一的防护或海岸服务功能，着重强调对于海侧条件的分析和研究。从海岸空间的纵向和横向关系来看，海岸结构或者其他基础设施服务的对象与后方城市或其他功能空间密切联系，服务对象与海岸基础设施的陆海统筹的综合方案是必然的。

海岸空间的转型包括：海岸功能与生态的统筹，以及功能实现和景观的协调性，滨水区域视线开敞且兼具生态自然和人工景观的特点，利用生态特质营造远近高低各不同的丰富景观层次，往往使其成为海岸空间中景观最美、最具特色的区域；其次，滨海岸线区域承载城市居民和游客大量游憩行为，人们的亲水需求不仅局限在对大海远观的视觉感受，更要求舒适宜人的亲水环境能提供近距离、直观的接触感受和听觉，这就要求滨海岸线空间形态设计处理好安全与亲水的关系，针对不同岸线的区位，以及与城市腹地的关系采用不同的岸线处理方式，呈现出不同的景观格局和亲水体验性[1]。最后，从设计的生态性上，海岸带状空间联系节点的形式，丰富了带状空间构成，提供了基于多种生态优先方案的空间秩序取舍，在岸线结构与后方城市空间和前方海水空间之间，更易形成有机的联系，给海岸空间处理赋予更大的弹性和创意空间。

2. 生态景观和城市韧性结合

海岸空间系统可分为：空间环境（绿色通道、网络、层次）、生态体系（海与岸生态的基础构成）、景观形象（滨海区意象与景观视线）、人群行为载体（景观游憩活动）四个层面。在设计中，最终目标是在尊重海岸生态的基础上，满足视觉及功能要求，建立起满足可持续良性循环的生态景观体系。海洋生态系统和陆域生态系统形成了海陆交汇生态系统，海陆交汇之处是生态敏感区，其设计应以生态导向基础，通过生态化途径，发挥生态服务功能，维护滨海环境和生态环境的完整性和连续性。

近年来，海湾、滩涂、海岸河口湿地等类型海岸越来越受到关注，人们对保护滩涂和恢复湿地环境的生态修复逐渐达成共识，利用自然力做功、生态导向的理念在基于自然的解决方案的运用得到了长足的发展。本书作者和团队，在天津中新生态城等地区进行了系统的设计实践，包括本文后续将作为案例解析的“三重堤”设计模型，以及与海岸湿地相结合的海岸缓冲型绿色基础设施，如中新生态城南堤滨海步道公园。而在海岸工程领域，中国的海岸工程师们也在探讨了景观护岸设计中运用生态结合景观设计的结构形式，如护面块体设置凹槽、平台设置储水槽，结合人工种植、抛放异型块体以恢复海洋生态的宽容度等（图 5–1）。

图 5-1 海岸湿地、防潮、防内涝结合

3. 海岸空间工程与景观的协调

海岸空间工程指海岸空间中的工程设施，而非简单的海岸工程。滨海环境首先要考虑城市的安全，需要在大海与城市之间建设护岸、防潮堤等城市基础设施，以应对诸如风暴潮、海浪等自然灾害。而这类建筑物多为体量庞大、构造坚实的工程结构。随着社会发展，人们对生态环境质量的要求不断提高，审美的需求使原来只具备单一功能性的水工结构也要具备优美的造型和形象。城市的滨海空间是海滨城市最具魅力的地方，规划各种开放空间和休闲运动项目，提高沿海公共开放空间的效率，为公众提供环境优美、视觉舒适、乐于参与的公共生活场所，在建造海岸防护设施的时候，也可以结合公共开放空间和服务设施的需要，使其相得益彰。从景观角度应结合海岸工程的体量和结构型式，考虑周围环境的整体景观效果，选择视觉舒适和彰显海洋特色的结构表达。后方陆域可以采用耐盐碱、具备抗风能力的植物组团，以及当地沿海本土化地被植物。

案例：深圳湾公园

深圳湾公园项目是近年国内在海岸景观领域的一个具有示范和引导性的创新型海岸公共开放空间设计（图 5-2），较好地体现了前述三项原则：（1）设计对象从线性空间的设计转型到对带状空间为主导的陆海协调的综合解决方案；（2）海岸和陆地生态衔接和韧性设计兼容；（3）工程结构与景观协调平衡。当然从环境动力条件的角度看，该段海岸的受深圳湾外岛天然掩护，为景观的塑造创造了宜人的良好条件，因而在设计中把握海洋环境的区位和环境条件结合在地特征是重要的设计逻辑出发点。

图 5-2　深圳湾公园海岸与景观

这个项目基于深圳湾河口型海湾生态环境特征，立足于“湾空间”独特地域特征，将滨海生态系统与后方城市绿地系统进行有机链接，形成了陆地生态背景和滨海湿地生态系统相融合的生态景观格局。沿海岸规划了一系列的半岛型绿地，既最大限度减少填海面积，又延长了滨水岸线，丰富并强化了陆地与海、人与自然的连接与交融[2]。因地制宜地规划护岸、防潮堤以及与生态海岸结合的工程设施，在保证能够抵挡海浪、风暴潮等自然灾害的基础上，结合段落景观风貌，优化水工结构，构建安全稳健连贯舒适的海岸空间。公园与周边城市绿地系统有机衔接，在公共活动最密集地段和生态高敏感度地段建立有机关联，营造出丰富多样的“湾景观”和“湾生态”，打造人海交流互动空间。依次形成 6 个湾：红树林湿地湾、华侨城内湾、南山内湾、东角头桥湾、蛇口渔港湾、海上世界休闲湾[3]。

4. 尊重地域特征和海洋文化

人类与大海有数千年的相处历史，从渔盐之利到抵御大海灾害，沿着漫长的海岸，人类文化的痕迹星罗棋布。神秘的海洋，与生命密切联系的海岸是塑造和承载海洋文化的不竭的源泉，是沿海地域个性和精神的代表，由此形成的牧渔耕海的节庆和仪式、海塘海挡、渔村风情和海岸建筑等，体现了独特的地域文化、民俗风情和民族精神延续。

现代港口、城市、产业的蓬勃兴起以来，因应海岸的地形地貌，以大海作为载体的沿海工业建筑和港口，包括其中的栈桥、灯塔等海岸和航海构筑物，具有其特殊的建筑形式和特色及功能内涵，长期集聚演化为文化符号，对于其所在城市空间的历史构成和居民对于空间的记忆具有重要影响，是特殊类型的历史建筑和场所遗产。这些海岸工程，大量设计建成于新中国成立之后，对应于一般定义的历史建筑“历史建筑是指经不同级别的人民政府确定公布的具有一定保护价值，能够反映历史风貌和地方特色，未公布为文物保护单位，也未登记为不可移动文物的建筑物、构筑物，是城市发展演变历程中留存下来的重要历史载体。”本书作者提出了“海岸新遗产”及其保护性景观设计的概念，以期对这一具有特殊区位和环境条件下的建筑和场所遗产给予特别的关注。

地域特色很大程度上取决于历史、文化和环境三者的平衡和延续，海岸空间的规划设计不但要注意地方文化、历史、自然环境的特质的挖掘和继承，以及文脉的延续，还应特别注重人工环境人工构筑物和这些环境要素的协调。许多历史上的港口和沿海城镇的海岸，由于充当着交通运输和文化交流的枢纽和中转站，因此遗留下许多深刻的历史符号，具有自身突出的文化记忆[4]。

不同的场地文脉引发出的景观风貌，使设计具备天然去雕饰的自然或人工自然特色。利用视觉形态上的差异进行海岸空间设计，把滨海景观从视觉上自然和谐统一，或者体现艺术特色和场地文脉的视觉形态。中新天津生态城的“印象海堤工程”是此类项目的成功尝试（图 5–3）。原址老海堤因填海退居第二防线，防潮功能弱化且濒临废弃。在保留古海岸遗址、滨海湿地等原生自然资源前提下，设计师将 8km 老海堤定义的“海岸新遗产”，保护性改造形成带状景观公共空间，和绿色基础设施，呈现了从双城边缘界面到城市中央活力景观带的“升级蜕变”。项目利用现有防潮堤的巡堤路，保护更新为贯穿南北的绿道，展示海洋文化主题的景观空间。设计将区域中的环境景观古海岸贝壳堤、牡蛎礁、粗砾沙滩串联为一体，成为该地区沧海桑田的地域见证；利用防潮堤线性载体特点，串联海洋码头、盐田景观、渤海风暴潮科普墙（潮位和水文小品）、世界著名海洋大事的特色展廊，作为防潮堤历史以及人与海洋博弈历程的展示平台（图 5-4），感受劳动人民工匠精神与海洋工程文化传承的“户外海洋博物馆”。

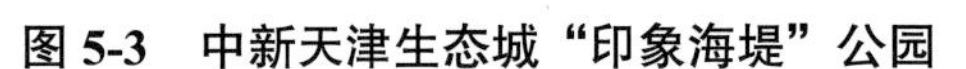

图 5-3　中新天津生态城“印象海堤”公园

图 5-4　防潮堤保护更新“海岸新遗产”

5. 工程与艺术的融合

海岸空间的规划设计不能从单一角度采用单一专业的设计方法进行。海岸基础设施处于海陆交接地带，具有工程与艺术结合的基础条件，从设计理论上具有多学科综合的特点，需要与海洋、建筑、景观设计、环境工程、生态科学等专业配合协同。

海岸空间规划除了规划设计本身的专业需求涉及海洋学、环境生态、城市规划、景观设计、海岸工程等多学科领域。从社会经济、土地利用、交通组织、城市景观以及可持续发展等综合角度，多样化、多功能、灵活性、生态性都具有当代海岸空间规划与景观设计追求的多目标综合性。例如，初步采集资料阶段，除了自身现场勘查外，还要利用其他专业部门的资料，如地方志、地形图、海图、地质图、直观的航拍图或遥感卫星影像图、绿地系统规划等。在方案阶段，有时需要模型试验作为规划设计的支持和验证以及优化的依据。

我国海岸工程、水利工程设计是以本行业的总体专业为牵头专业，综合水文、水工结构、道路交通等专业展开。在欧美，如荷兰等国家，一些基础设施的规划设计，在总体设计阶段引入景观设计师和城市设计师，参与总体规划设计阶段的工作，从而从项目设计初期引导或控制项目具备良好的景观和工程建筑学基础。对于在生态敏感海岸地区的设计，则更需要在初期引入生态环境领域的专家，跟踪参与直至项目完成，景观和生态设计的细节上，具有更全面的多维的平衡。

例如，荷兰奈梅根河道的“还地于河”河道扩容项目，其规划设计工作，除了水利工程师的参与，从项目起始阶段即由荷兰 H + N + S 景观公司（H + N + S Landscape Architects）负责总体设计，并协调不同专业的工程师参与项目设计建设。这个设计在增强河流防洪能力的同时也增强了该项目所处城市的亲水性，它的设计手法一反常规的高筑防洪墙的“工程防护”措施，而是通过对河流自然特征的深入研究，创造性地找到了人与河流和谐相处的良好状态[5]。

由于多专业的综合和大地工程景观的全面权衡，该设计并非简单地扩展河道以增加过水容量，它创新地植入了一个防洪和分流的河中洲岛。而通常的状态下，洲岛所分流的两条水系，一条承载着正常的河流河道功能，另一条则更多地成为优美的滨水景观改善奈梅根市民的生活环境

（图 5–5）。分流洲岛的设计根据河流的运动力学模式，构筑了有利于排洪的河道结构。洲岛的高程低于洪峰水位，在洪水尖峰时期，和两边深度不同的河道一起形成一个大于平日一倍的河道联合排洪[5]（图 5–6）。

图 5-5　荷兰奈梅根河道“Room for the River”平面及整体形态

图 5-6　荷兰奈梅根河道“还地于河”实施后

二、复合型海岸空间的设计探索

本书作者在进行天津中新生态城的海岸景观规划项目中提出了“三重堤”的设计概念，（这一设计概念的结构模型“多功能复合型景观海堤”于 2019 年 10 月获得中国国家专利局实用新型发明专利，专利号：ZL2018 2 1839238.3）并在后续其他地区的规划中得到了采纳。因循不同的海岸动力条件和生态环境条件，遵循基本结构的原理，其解决思路可以适应多种情景条件的应用。

本书作者对于海岸空间的复合堤概念源自参与某核电站给排水系统和安全防护系统的概念设计。这是一个以安全和功能为导向的海岸工程系统，设计团队巧妙的将要求高度严格的核电站海岸防护系统与取排水系统结合，形成了取水排水平行海岸的渠道系统，同时构造了满足核安全级别海岸防护结构体系，即外堤、中隔堤、内护岸的复合功能三重防护体系及取排水功能的结合。这是一个安全和功能导向的工程型复合海岸工程，多年来其原理启发了作者对于生态景观型复合空间的思考和应用（图 5–7）。

图 5-7 某核电站海域工程复合堤系统

1. 设计概念和海岸环境条件

对于一般海岸工程中存在的生态割裂，硬质边界等问题，在堤岸设计中考虑引入跨界生长、柔化界限、改善边界的策略，以形成景观丰富的多重界面。在满足海岸安全的前提下，采取设计柔性化、韧性化人工堤岸，营造丰富性、渗透性的多重复合景观堤岸。

天津中新生态城南堤，规划拟在原临时海堤的基础上建设新的永久海堤，新海堤距离老海堤约 250m；按照防洪规范要求永久海堤建设应满足 200 年一遇（大沽高程 7.7m）的潮位要求及 50 年一遇的波浪（图 5-8）。设计过程结合该场地的条件和既有的工程经验，考虑对海岸防护结构与景观做统一处理，使场地在满足海岸安全防护的同时具备生态性兼具滨水旅游和城市的公共空间功能。以现有临时海堤为主体进行综合断面改造，堤外增建缓坡子堤，削减波浪，堤内陆侧以加强的"隐形堤"兼顾绿道基础并抵御特殊高潮水位，形成"子堤—原堤—防潮堤＋绿道基础"三重防护结构（图 5-9），这是一种结合利用现有设施的防护能力，海岸动力的特点以适度水平空间换高度，从而避免高大的海堤对于海岸河口与城市的生态和景观割裂。对于一般的低开发强度的海岸空间，由于生态修复和退线的需要，水平空间有相对较大的回旋余地，复合多重堤是一个有效的策略。

图 5-8 天津中新生态城南堤东段

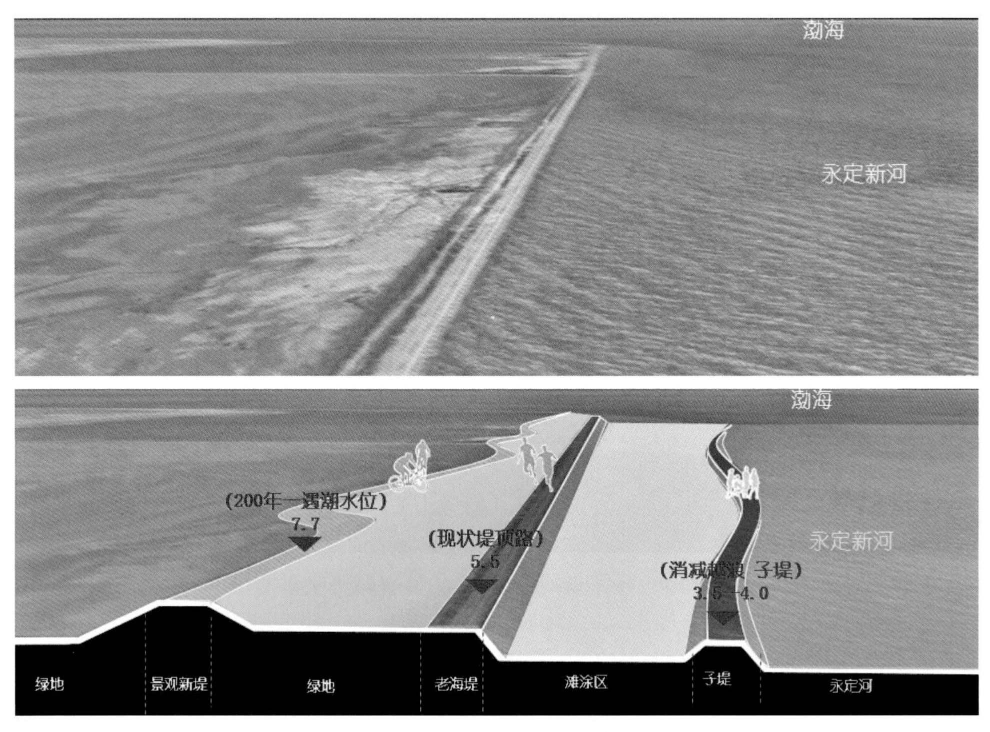

图 5-9　复合三重堤设计概念的演进

该方案统筹解决了三个方面的问题：海岸安全方面，外子堤消减波浪，并允许适度频率的淹没，中堤可以设定为满足一定安全条件重现期的防潮要求，内堤与景观和公共开放空间及绿道等结合，并防护特殊灾害状态下的高潮位，外子堤和中堤对于波浪可以进行缓冲，从而降低对于后方内堤公共空间的波浪设计标准，综合满足工程防护、城市安全。景观方面，营造多种滨水空间，形成观水、亲水多重感受；生态方面为陆侧与海测的生态过渡建立了联系，避免了常规海岸结构对于生态的隔离影响。经济方面，因应不同海域的环境条件，结合后方陆域的土地开发，总体上具有更好的社会经济效益。

2. 复合型海堤的纵向节奏

中新生态城南堤东部防潮堤长约 3.7km，可利用空间宽度从 70～200m 不等。景观风貌为自然形态的平原淤泥质海岸风貌。设计注重城市后方与园区的联系，结合规划道路设置出入口，链接城市与海岸海洋。结合场地情况提出了“修、通、绿、提”的建设模式，近期打造水绿交融的生态基底，满足主园路通达；远期结合周边场地性质丰富基地主题功能，进行景观优化设计，满足城市市民及旅游人群的需求，营造满足不同使用人群的功能空间。

结合堤顶路建设绿道系统、与主园路交织于隐形之堤上，营造对应潮位重现期具有不同观海体验和功能的双层道路系统，并结合了巡堤路的防洪功能（图 5-10）。

设计体现了跨界生长、弹性空间、韧性海岸的理念，工程结合景观，在满足海事功能的前提下营造丰富的岸线形式。以现有海堤为主体进行综合断面改造：堤外增建缓坡子堤，内陆将新海堤与景观空间相融合，营造“无形之堤”，塑造“子堤—原堤—无形之堤”三重防护。在科学性方面，具有消浪、减弱盐雾的多重作用，不同功能的结构断面关系（图 5-10）。在概念方案的基础上就结构形式工程方案研究设计（图 5-11～图 5-13）。

图 5-10　以复合海堤为载体的绿道和亲水步道

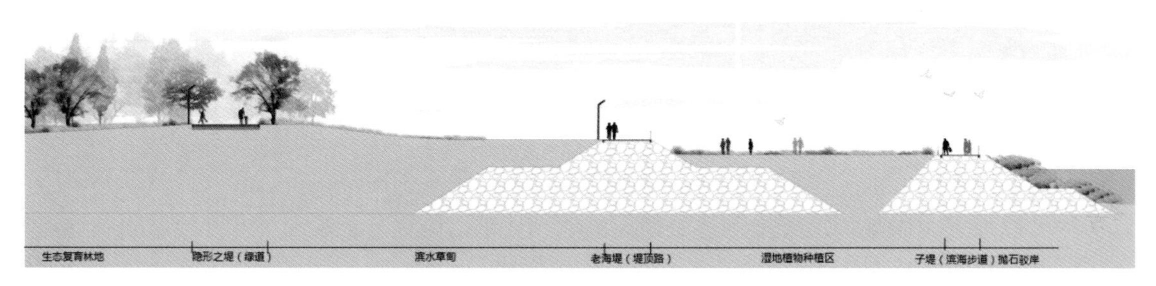

图 5-11　复合堤与慢行系统及功能道路的结合断面

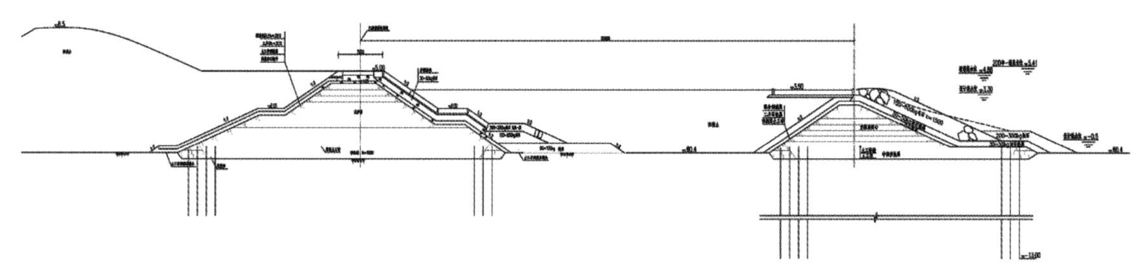

图 5-12　三重堤工程剖面方案

图 5-13　复合型海堤的景观效果

缓坡子堤：连续的抛石驳岸及 3.5～4.0m 高程的步道，形成亲水空间。步道高程按 3～5 年一遇潮位设计，可以局部越浪。中堤将波浪破碎化，降低波浪对堤岸的冲击力，缓解越浪造成的盐雾对植物的伤害。子堤与原堤之间，形成弹性空间，随着时间推移，形成咸水、半咸水滩涂湿地，丰富入海河口生态系统为生物多样性恢复提供了条件（图 5-14）。

图 5-14　缓坡子堤的景观效果

隐形海堤：景观与工程统筹考虑，将 200 年一遇的工程防潮硬化结构隐形化、软性化处理，作为后方绿道的基础，起到挡浪墙的作用。绿道时而在密林穿梭，时而通透观海，形成趣味变化的感受，绿道宽度结合腹地较宽处营造休憩节点（图 5-15）。

图 5-15　海角观澜区——隐形之堤

隐形之堤与原堤之间的高差有多种处理方式，可结合游憩空间的不同功能、台阶等形成集休憩、停留、观景、运动空间于一体的多种类型空间（图 5-16）。隐形之堤与原海堤之间区域，在 200 年一遇的极端高潮位来临时，成为具有弹性的可淹没区（图 5-17）。

图 5-16　隐形海堤活动空间类型示意

图 5-17　海堤弹性可淹没区（左：低潮位，右：高潮位）

3. 海岸地貌与海堤景观复合

复合型海堤景观在基岩海岸的应用更多地体现在对于基岩海岸地貌特征的竖向结构的分析、整理、修复和利用。基岩海岸的天然构成在千百年的外部冲击下，已形成多层次、多功能韧性系统基础，人工海堤对于其防护系统的增益应该是从全局层面补充实现多变海岸环境的适应性，强化海岸空间的韧性，关注对于风险点的强化和补强，为社会和经济安全增长创造弹性框架的同时，衍生创造优美自然的海岸景观。传统的一条海堤断面沿海岸界面延续，全程依赖“一条线”的工程设计思维应该予以改进（图 5–18，图 5–19a、b）。

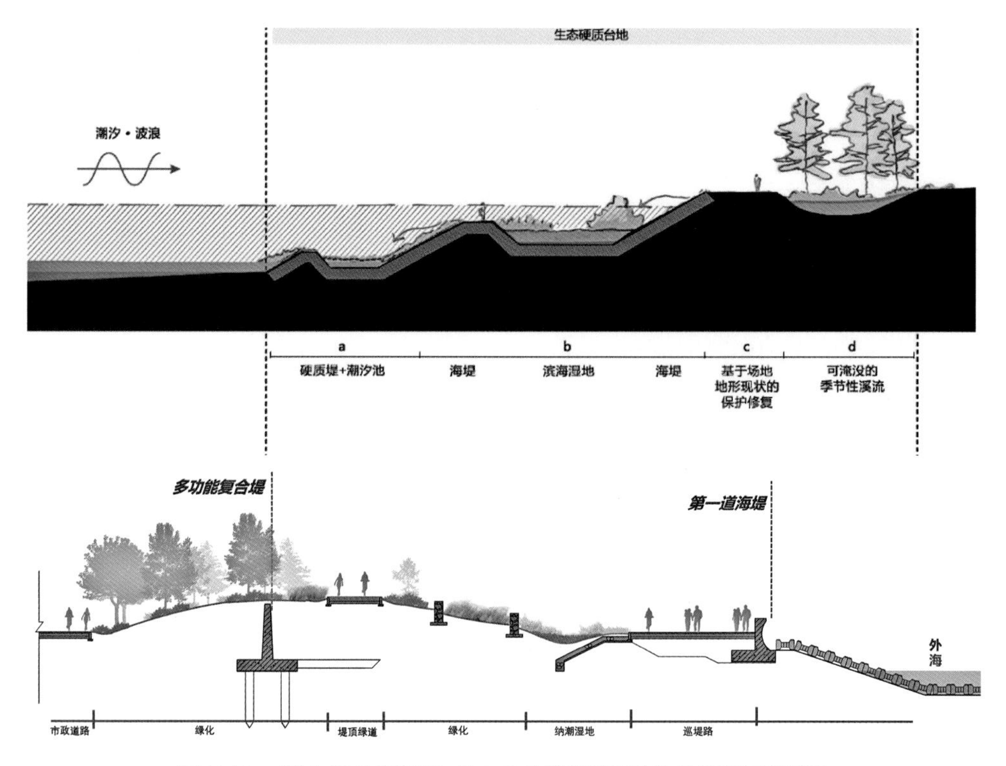

图 5-18　复合堤的剖面构成＋生态海堤隐形结构断面示意图

图 5-19a　基岩海岸复合海堤效果

图 5-19b　平原海岸生态型景观海堤

因应海岸自然地形的复合海堤景观，基于对场地条件的充分尊重和设计结合自然的理念，从空间框架上可以充分利用自然山水格局重组海岸防护系统，形成海陆统筹联合的外、中、内三重防护结构体系：第一重“外堤”衰减波浪、减少海蚀或增强沉积，构建具有增长弹性的生态型防护系统；第二重“中堤”是加高的堤坝，以阻止风暴潮以及高重现期的波浪出现，但它不再是单一的防洪堤，而是可以结合场地条件设计成为一个海陆交互作用的弹性区和具有在地生态特征的多功能区，潜在的功能选择包括：山地公园、海滨廊道、潮汐公园、滨海湿地等；第三重“内堤”是一个混合结构的缓冲，依照海绵城市的原则管理雨水（图 5–20）。这层防护实现了将邻近城市和海岸地区的径流缓冲、延迟并临时存放在公园、雨林、森林，湿地和绿道中。在环境动力条件的适应性上，外堤主要以海洋海岸动力条件作为主导因素，中堤区域以海陆动力的结合为主导，而内堤则以陆域水系和陆地环境条件主导。

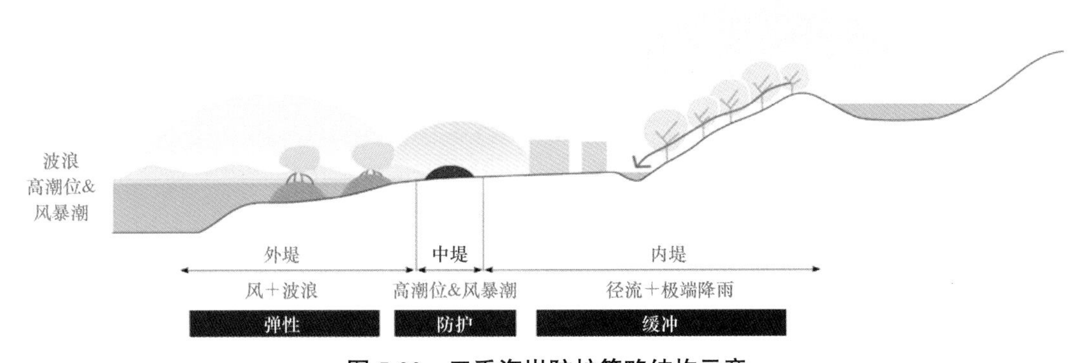

图 5-20　三重海岸防护策略结构示意

2018 年 9 月台风“山竹”不同程度地破坏了大鹏半岛的基础设施。借此契机深圳大鹏区启动了重塑海岸安全的国际竞赛，提出高标准保护，预防频发极端天气事件的负面影响。针对深圳东部海岸防护组织了国际竞赛，针对长达 130km 的大鹏半岛岸线，国际竞赛中提出的“三重海岸防护”赢得了重视和好评。这是一个多层次、多功能的海堤防护系统，从全局层面实现应对多变海岸环境的适应性，强化了海岸空间的韧性，为社会和经济增长创造了弹性框架[6]。

大鹏海岸是典型的基岩海岸，拥有品质较好的局部沙滩（多分布在季节性溪涌入海口）和广泛分布的岩礁。“三重海岸防线”的海岸空间概念在增强现有海岸生态和景观品质的同时，为增长潜力提供了弹性的空间框架。在局部尺度上，设计通过现有土地边界内发展新项目的方式来保护村庄的特质，使每个村庄的特质都得到了加强，以扩大旅游设施的丰富性和多样性。为了最大限度地减少对陆域空间自然结构性的影响，设计增强了陆域与海域的连通性[7]。规划的组合三重防护岸线与前述本书作者的“三重堤”具有相同的理念和理论基础，但基于大鹏基岩海岸的特点，规划方案借用自然海岸结构体系建立了三重堤岸，是因应基岩海岸自然地形的复合海堤景观。“三重海岸防线”的结构与人工海岸单一的防洪系统不同，实际上是以“空间换高度”和“功能拆分，分工合作”的海岸结构体系的延伸。需要指出的是，在开发强度较高的岸段，空间换高度的边界条件受限的情况下，如何实现更紧凑的空间结构的拆分和功能重组是需要重点关注的问题。

三、海岸线性空间与绿道规划

“海岸线”被定义为平均海平面与海岸的交接线，海岸空间通常被理解为线性空间，高潮线以上的面状空间，与海洋景观密切联系的部分也主要是以线性串联构成。海岸线性空间的景观特点与海岸类型密切关联，如本书第二章“海岸环境要素及规划设计基础”，将海岸按照其基质的组成分为，基岩、砂砾质、淤泥质海岸以及生物海岸四个基本类型。围绕着海岸线展开的空间景观序列，在上述不同的海岸类型中具有不同的特点，这种线性的空间在景观设计的角度可以通过绿道或风景道作为载体进行组织和串联。近年来在中国广东等地提出的“碧道”的概念，从某种程度上扩展了绿道的空间范围，同时基于滨水环境深化了在滨水空间的形式和功能内涵。本节主要讨论海岸绿道的规划设计。

1. 绿道概念的提出与演进

追根溯源，世界最早期的“绿道”营建思想可以追溯到公元前一千多年前的周朝。东周末年的左丘明就曾在《国语》中援引周制中道路系统的管理建造经验，“雨毕而除道，水涸而成梁”“列树以表道，立鄙食以守路”[8]。不仅是对道路修筑的经验指导，也考虑到了道路与河流的关系，道路绿化以及设置休憩驿站的必要性。譬如位于四川省广元市的林荫古道翠云廊，作为古蜀道的重要一段，翠云廊不仅承载着交通和军事防御功能，也是自西周以来历代官民辛勤管理和绿化建设的产物。自秦代至明代，这条川西的古蜀道上经历了 8 次大规模的行道树种植与维护[9]，最终成就了其“三百里程十万树”之誉。在中世纪的欧洲，同样建有兼顾生态与交通功能的绿道道路系统。现今英国最为著名的徒步线路 Greater Ridgeway，便是由盎格鲁—撒克逊时代开始修建的绵延数百公里的山脊步道（ridgeway）演化修缮而成[10]。所谓“条条大路通罗马”，与古罗马人在欧洲大规模修建的以交通为主要功能的笔直大路不同，穿越英国与德国地区的山脊步道更多的考虑了自然要素和道路与自然的关系。通过对自然地形、植被与排水的综合考虑，人们选择在更为温暖干燥的山脊南侧修建步道，减少了铺装与后期成本，同时避免侵占私人土地和大型野生动物的栖息地。

在绿道（Greenway）的概念出现之前，景观学界公认的第一个绿道设计规划的实例是由奥姆斯特德（Frederick Law Olmsted）设计的波士顿翡翠项链（Boston Emerald Necklace，图 5-21）。它实际上是将波士顿公园（Boston Common）、公共花园（Public Garden）、奥姆斯特德公园（Olmsted Park）、牙买加池塘（Jamaica Pond）、富兰克林公园（Franklin Park）等一系列公园绿地和景观水体串连起来的带状绿道系统，长约 7mile，这个项目开始于 19 世纪 60 年代，直到 20 世纪 80 年代才完成，并仍在不断更新维护[11]。

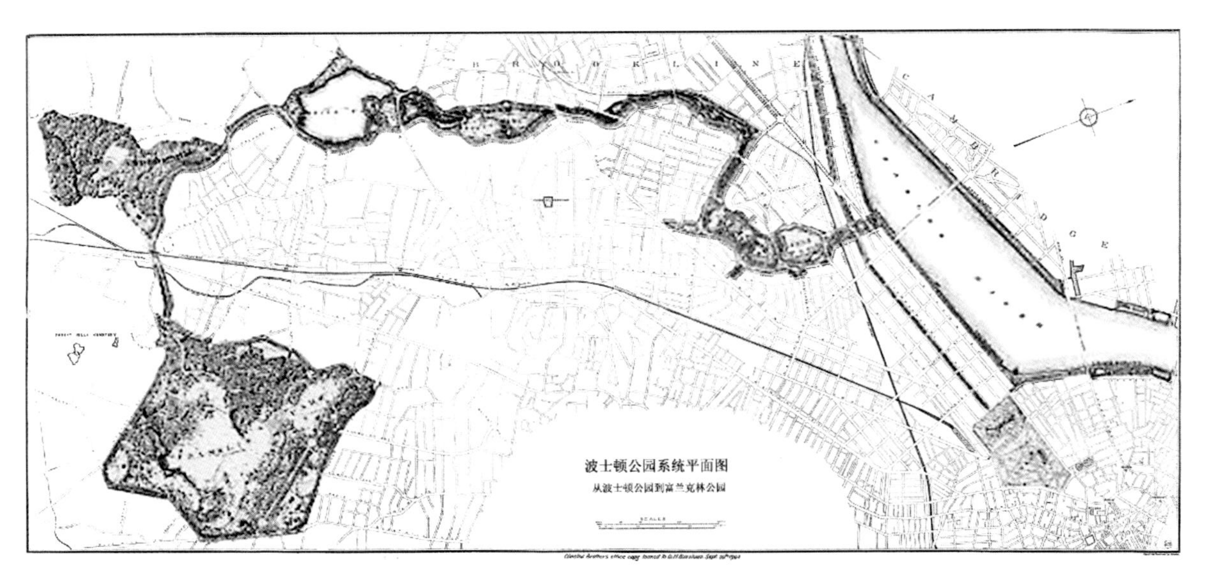

图 5-21　奥姆斯特德设计的波士顿公园体系

［出处：根据《土地利用规划：从全球到地方的挑战》绘制］

在奥姆斯特德后的几十年时间里，同为景观设计师的查尔斯·艾略特（Charles Eliot）和查尔斯·艾略特二世（Charles Eliot）将波士顿翡翠项链的概念加以推广到整个大波士顿地区，甚至是整个马萨诸塞州。由查尔斯·艾略特设计的大波士顿公园系统，翡翠项链成为其一部分，查尔斯·艾略特二世于 1928 年设计了更大范围的马萨诸塞州开放空间体系（图 5-22）截取了其中的局部与海洋关系密切的部分。

值得一提的是，波士顿地区的绿道系统，自规划设计伊始就与海岸生态景观密不可分。在 Eliot 提出的大波士顿地区开放空间系统中包含五大景观类型，（1）海洋滨水带；（2）海岸线及附近岛屿；（3）波士顿入海口；（4）郊区的自然森林；（5）分布在人口密集区的广场、儿童活动场地和公园[12]。其中，查尔斯河（Charles River）的潮汐入海口是这个开放空间系统中的核心元素，它既是联系城市与海洋的生态、景观通道，也是通过河口海滨绿道将多个景观联系在一起的绿色环廊。

20 世纪上半叶的战争以及战后工业城市的不断发展扩张，使绿道建设有所停滞。由于 60 年代城市环境的不断恶化，越来越多的有识之士开始探索用景观规划建设解决城市发展的问题。著名景观设计师麦克哈格在 1969 年出版的《设计结合自然》一书，推动景观规划从用来美化城市的工具转化成为环境运动的主导力量。麦克哈格在书中重点讨论了河流廊道也涉及海岸的规划，提倡用绿道网络来联结多个绿地，达到保护生态环境的目的[13]。笔者认为当下的中国，经过近四十年城市化的发展，景观规划设计亦正与城市规划的转型结合，面临着从美化城市和人类社区的角色转化为环境生态修复和保护的重要力量，利用规划设计的过程技术和控制方法论，避免人工建设发展与自然生态的对立，达到人与自然和谐的目标。

在美国绿道（greenway）首次得到官方的确认是在 1987 年美国总统委员会的《美国户外报告》（*American Outdoors Report*）之中。委员会倡议建立一个“有机的绿道网络方便人们进入附近的开放空间，联结城乡景观资源，并使之成为一个大规模的循环体系[14]”。随后，查尔斯 · E · 利特尔（Charles E Little）在其 1990 年的著作《美国的绿道》（*Greenways for America*）中通过对十六个美国绿道项目的总结和评估，首次定义了绿道，即沿自然廊道或游憩用途的人工廊道的线性开放空间；为步行或骑行设立的景观道路；连接公园、自然保护区，或历史遗迹之间的开放空间；以及局部的公园路或绿带[15]（图 5–22）。在绿道研究方面享有国际声誉的杰克 · 埃亨（Jack Ahern）教授在其著述中强调了绿道的五个特性：①线性的空间结构；②连接性；③多功能；④满足环境可持续性的要求，是自然保护和经济发展的平衡；⑤是非线性景观系统的补充，最终形成综合性整体，达到保护的目的[16]。

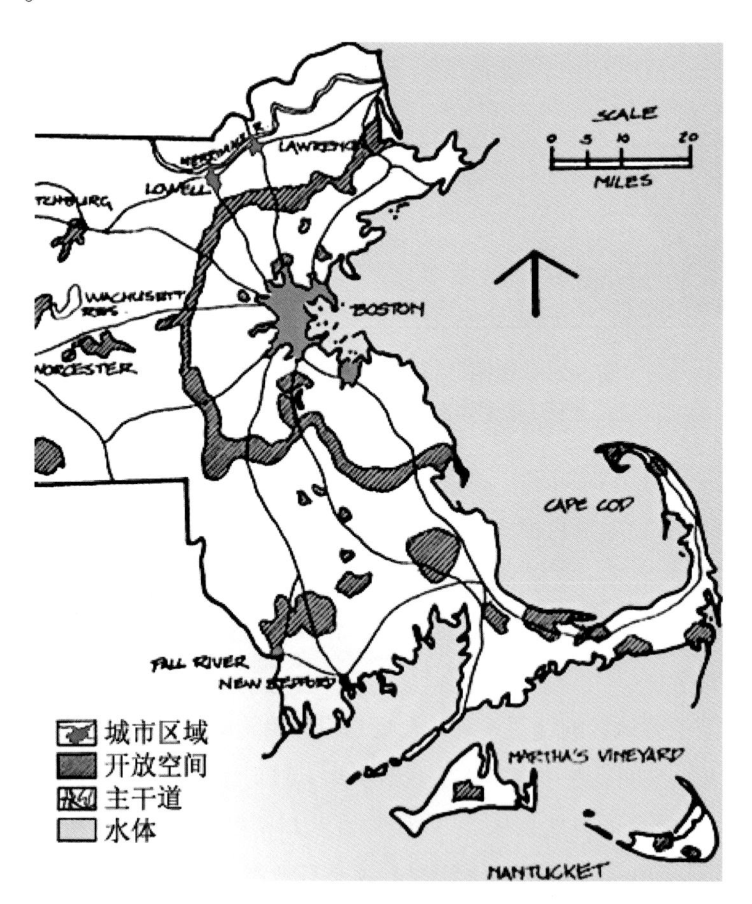

图 5-22 查尔斯 · E · 利特尔于 1928 年设计的马萨诸塞州开放空间体系

［出处：根据《土地利用规划：从全球到地方的挑战》绘制］

随着 20 世纪 80 年代后现代思潮的兴起，人们对绿道的功能需求也日趋复杂。绿道审美功能和环境生态价值叠加承载社会功能。绿道的形式也不再囿于公园绿地与绿带之间，人们开始探索联通不同景观、文化资源，带动区域和整体发展的新型绿道体系。

海岸绿道的实践中值得关注的经验是广泛分布于澳大利亚地区的海滨步道（oceanway）系统（图 5-23）。海岸绿道更关注可持续交通的概念以及基于自然的解决方案，来为行人与骑行者提供畅通的滨海游览体验[17]。在海岸线资源丰富的荷兰、英国和美国的海岸也均有相关的实践，在满足生态与游憩功能的同时增加旅游收入，作为公共景观资源提升海岸生态的可持续性和地区商业繁荣。在经济上，由于绿道是线性的开放空间，可以在空间上串联周边零散的土地，从而减小了空间开发和管理支出，增益了空间利用的效率和价值，进而吸引多元投资反哺社区建设，形成良性循环。

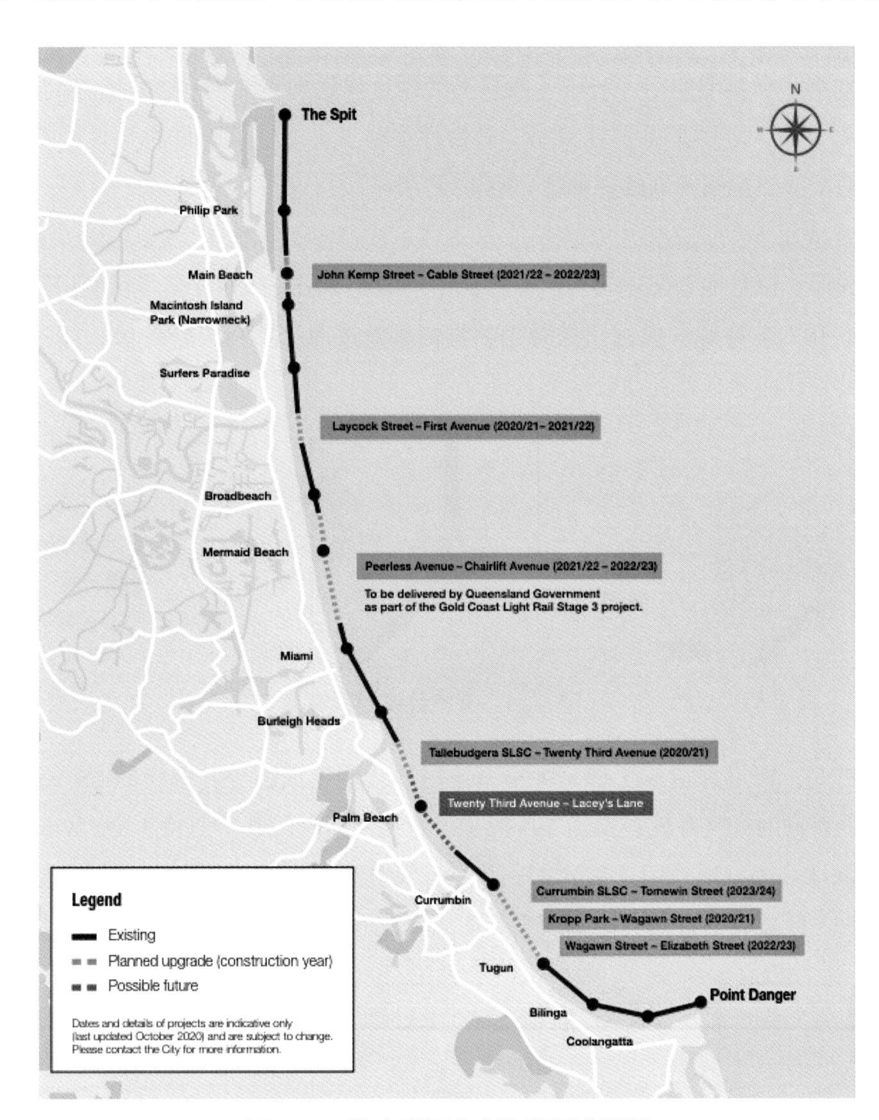

图 5-23　澳大利亚黄金海岸绿道规划

［出处：黄金海岸政府网站］

2. 海滨绿道规划策略

海岸地区以其波澜起伏的海水、优良的植被、嶙峋的礁石等海滨景观优势，为风景道和绿道建设提供了得天独厚的自然条件，譬如大连的滨海路、珠海的情侣路、青岛的东海路等已经具备海滨风景道的基础，它们以其优美的海岸景观风貌，吸引了众多的游客。同时早期中国海滨的慢行系统是与城市道路和旅游交通体系混合的系统，随着对慢行系统如绿道、碧道、滨海步道的价值和功能认识的深入及其带来的空间增值，老式的滨海风景道的慢行交通体系就显得有所欠缺，需要优化提升。近年，独立的具备生态廊道和交通功能的绿道系统逐渐普及推广，与海岸线性空间的生态景观修复互相支持，在基岩、砂砾质、淤泥质海岸以及生物海岸都有应用。例如中新天津生态城的绿道系统，随着淤泥质海岸的生态修复建设，绿道链接和穿越滨海湿地及不同类型的人工海岸空间，借用老海堤的改造和新建海堤等基础设施，串联人工海岸的湿地和公园，提高了城市品位，加强了为市民和游客服务和城市的生态健康功能。再如深圳的碧道规划建设，扩展了滨水绿道的空间范围和内涵，深化了在滨水空间形式和功能特质，成为链接海岸空间与城市空间的重要界面，拓展深化了海滨城市与海洋生态的联系。

绿道的规划策略和典型应用。对于一般意义的绿道规划杰克 • 埃亨（Jack Ahern）教授总结了四种常见的规划策略，分别是保护性策略、防御性策略、进取性策略和机遇性策略，这些规划策略同样适用于海滨绿道空间规划的选择。

保护性策略常用于保护必要生态斑块或景观体系内部不被人为开发改变和产生大的干扰，通常适用于大型公园、栖息地和文化景观遗产的保护（图 5–24）。例如在美国佛罗里达州，绿道系统规划的第一步是用 GIS 将佛罗里达州的野生动物栖息地按照重要性进行分级、标注。进而用绿道将重要的栖息地连接起来，结合与公众的沟通交流，得到合理可行的绿道规划。

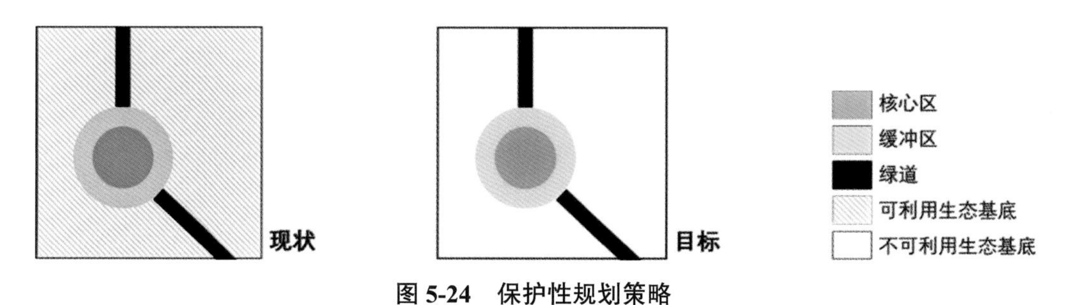

图 5-24　保护性规划策略

值得一提的是，海岸绿道成了佛州绿道系统中的重要组成部分。佛州的海岸绿道如今已形成了由南到北全线贯通的完整系统，长达 595 英里，直达最南端的基韦斯特（Key West）。

在现有的绿地和栖息地系统是破碎的，且相互没有联系的时候，则要使用防御性策略减少破碎化进程，保护不断减少的自然资源。该策略适用于地方公园、防护性绿地和保护地（图 5–25）。

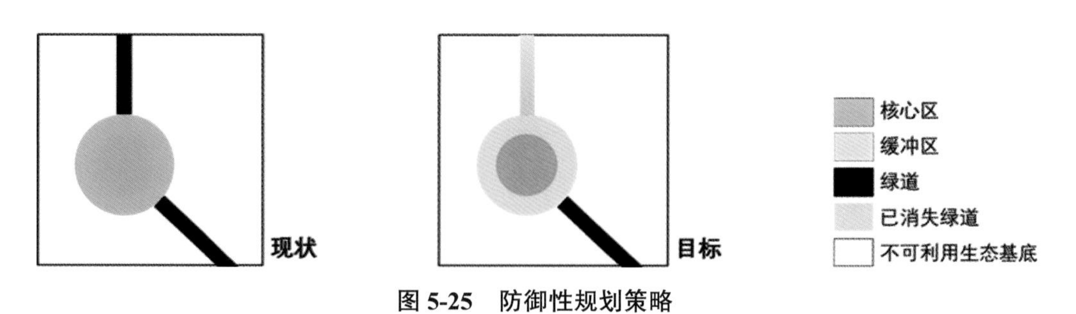

图 5-25　防御性规划策略

“进取性策略”则更多见于城市开发比较深入的空间。这样的空间已丧失让自然产生防御或者保护功能的可能性，只能通过干预性较强的环境规划手段，在现有的受到干扰的绿地上重新恢复其景观和生态作用。这种策略需要专业的规划设计和大量资金投入，适用于棕地恢复、海岸生态修复和河道修复等地块（图 5–26）。

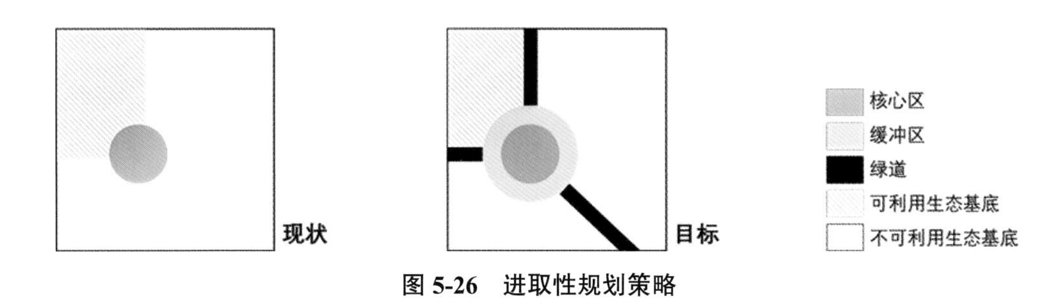

图 5-26　进取性规划策略

机遇性策略的产生往往得益于特殊的机遇与政策性的指引，常与其他规划手段相结合。在这种规划策略的影响下，交通系统、城市道路等基础设施以及绿色基础设施等线性的景观可以加以改造转化为绿道。这一方向最为著名的实践就是纽约高线公园（the High Line），由纽约中央铁路转化而来，在国内本书作者在中新天津生态城规划设计的“印象海堤”绿道也是利用了老海堤转型和海岸生态修复的机遇的一种机遇型策略（图 5–27）。

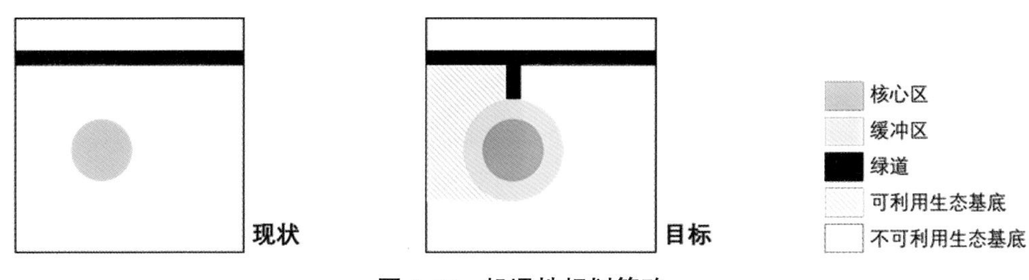

图 5-27　机遇性规划策略

在中国目前海岸生态修复的背景下，“进取性策略”和“机遇性策略”是大多数情况下的选择，而“防御型策略”在自然海岸的生态修复中具有更积极的价值，应引起更多的关注和积极应用。

3. 海岸绿道设计的技术路线

绿道的起源和价值是对景观和生态斑块链接，因链接而产生的空间增值，即一定空间范围内的生态背景，景观和文化资源，是绿道规划的索引和前提，同时绿道也具有界定城、乡水陆扩张或约束范围的天然参照功能，在国土空间规划“三线划定”的技术实施中有其特殊的应用价值值得探索。根据资源共生假设，重要的生态、历史文化和景观游憩资源，在空间上并非随机分布，而是分布在可识别的廊道空间之上，这为景观、文化、生态资源的线性空间联结提供了良好的基础。

海滨绿道的特点主要体现在海陆交界处的生态基底双向资源积聚，以及海陆交界的文化共生的线性廊道。同时，区别于普通绿道串联节点和面性生态景观空间的载体和保护能力，滨海绿道面向广阔的海洋景观的体验和观赏的功能，也是一个重要的优势设计条件。另外，通过线性的自然要素串联生态、景观、文化资源，令使用者欣赏到沿路的历史人文景观和文化活动，绿道在串联海岸历史文化和自然遗产中也能够发挥重要的作用，通过绿道的景观要素（标识系统、驿站、本土植物等）提炼提升本土文化，用恰当的景观语言讲述历史与文化，将文化与生态密切地连接起来。

绿道在将海滨资源联通的过程中，我们不仅要考虑如何联通（即联通方式），也要考虑如何在多种联通方式中做出最优选择（即建立绿道联通评价体系与选线原则），一般应遵循以下原则：

首先，平面选线尽量保证海岸生态景观系统的完整性，规避穿越主要的海滨峡湾或脆弱生态斑块如湿地、滩涂等；其次，竖向高程与海岸动力的空间关系合理协调—除了避免对于良好的近岸景观体系不可逆的破坏，还应尽量避开潮位和波浪的影响区以降低投资。波浪与潮汐的作用，尤其是特殊风浪状况下的荷载，使海岸构筑物的造价不菲且大部分掩藏于水下成为隐蔽工程，维护难度高，因而对于海岸绿道的路由选线应注意与海岸动力物理空间影响范围适度隔离，利用环境视线营造景观，避免直接的荷载冲击，同时，在竖向规划上适宜的高度也可以保持良好的景观视野。另外，与城市道路和公路的衔接应顺畅明确，便于游客的疏散和集中，风景道和绿道的建设同时兼容交通功能，串联沿海不同景点的过程中，应因地制宜的制造观海、近海、亲海等不同层次的景观视觉和体验关系——“观海高聚，近海缓接，亲海就势”，这是笔者对于海岸线性空间规划，包括海滨绿道、风景道的规划经验总结（图 5–28）。

图 5-28　青岛滨海步道（左）和天津中新生态城绿道（右）

构建完整绿道网络，并根据需要对绿道网络化布局进行规划修正，这一过程涉及设施与空间通达水平的评估，以及对现有基础设施和上位规划的综合考虑，最终确定绿道网络布局。滨海绿道系统是构成总体绿道的一种型式，在各种绿道系统中特色突出，应该与海岸后方的滨水（河、湖）绿道、森林绿道、城市内部绿道等构成完整的网络。滨海绿道的先天优势是可以尽量与海岸防护设施和海岸开敞空间结合，构成完整的一体化的网络，这在海岸空间规划设计中具有重要的创新意义，对于海岸工程学科的发展亦提出了新的课题和挑战。同时，规划建设绿道可以适度借用但不能长距离的借用城市道路与公路的非机动车道，避免过于强调交通而忽视绿道的生态功能。绿道系统中驿站、休憩、环境卫生等配套设施的适当供给应结合绿道的使用和空间功能予以合适的布局和供应水平评估，避免过多或不足。

基于海岸类型和生态基底特质的区别，绿道的规划设计既具有共性亦具有不同海岸和区段类型的差异化。大致分为基岩海岸和淤泥质平原海岸（结合人工海岸）生物海岸三种主要类型。砂砾海岸的绿道设计特点接近于基岩海岸，而生物海岸则主要以湿地型或红树林海岸绿道为主的相邻或穿越进入关系。本章结合基岩海岸的类型和平原淤泥质海岸的两类案例进行初步的解析。生物型海岸绿道结合滨海湿地规划，说明在中国沿海地区，滨水绿道建设与滨水生态修复关系密切，可以说绿道规划设计总体上是伴随着不同深度的海岸生态修复展开的，绿道也成为修复近岸海域生态系统，联结因开发而断裂的生态和景观空间的重要媒介。

4. 基岩海岸绿道规划设计

基岩海岸的海岸物质主要由岩石组成，受地质构造活动及波浪潮汐日复一日的塑造形成。中国基岩海岸主要分布在山东半岛、辽东半岛及杭州湾以南的浙、闽、台、粤、桂、琼等省。本次选取深圳滨海岸线作为代表，研讨这种岸线类型下的绿道规划与设计的重点与难点，并讨论如何通过景观手段强化延续基岩岸线特色。

绿道是构筑绿色休闲系统串联生态基底和斑块的重要基础，至今，深圳已建成了环山、滨河、环湖和海滨等类型绿道，形成了一批特色绿道，市域范围绿道密度超过 1.2km/km^2。深圳市海岸线全长约 278km，香港半岛将其分成东西两部分。东部海岸线位于大鹏湾水系和大亚湾水系，岸线长 176km，属典型的基岩海岸景观地貌，海湾半岛相间，岸线曲折；西部海岸位于珠江口水系及深圳湾水系，岸线长 102km，属冲积、海积平原海岸，以人工海堤港口岸线为主，局部有泥滩、红树林滩东西部海岸特色相异，因而在生态景观规划的示范性研究中颇有代表性。

深圳市对于构建全线贯通各具特色的环海绿道进行了沿海全线规划，在尽量不破坏现有海岸线自然景观基础上，通过湿地小径、海滨广场、滨水绿道、港口后方公共小径、沙滩漫步、登山眺望、丛林穿越等多种方式串联，形成亲海公共空间（图 5–29，图 5–30）。

图 5-29　海岸带环海绿道示意图

［出处：深圳市人民政府网站］

图 5-30　海岸带环海绿道

［出处：深圳市人民政府网站］

深圳东部海岸除城市型岸线外，主要定位为周末郊野游憩，立足资源禀赋与生态优势，以生态保育为重点，同时结合旅游岸线资源，发展海上运动，布局旅游公共配套服务、提升多类交通的连续性和滨海旅游资源的可达性，打造可持续发展的滨海旅游带。本案例以东部“坝光海岸”沿线绿道模拟设计为案例，说明基岩海岸设计的基本特点和要素。

（1）基岩海岸绿道设计

“坝光海岸”处于深圳东部海岸线，原始海岸肌理基本完整，但是海堤建设改变了局部自然岸线，切断了海堤外缘红树林与陆域生态体系的链接，海陆过渡带生物廊道和生物多样性受到冲击，设计者基于对现状和后方城市规划用地进行分析：该岸段应加强对良好山海资源的保护，保护及修复自然岸线为主，减少海岸建设扰动，结合湿地公园及山海动植物资源，依托海岸自然基底，修复近岸生态系统，划分不同特质段落，构建多样化生态系统和景观风貌。

设计范围内，以基岩岸线形式为主，局部为红树林岸线。红树林适生区域需要具有热带性的温度、细颗粒营养沉积物、受掩护的岸线、咸淡水交替及宽广的潮间带。因此在修复设计中首要进行适宜红树林生长的近岸基底塑造，并通过不同红树林生长区域特点，选取适宜品种栽植并定期维护保障红树林生长的持续与稳定；

基岩岸线以海水清澈为突出特点，从景观的角度具有较好的形态稳定性，同时与陆地植栽及生态系统有良好的相容性。因此设计中选择适生海岸乔灌草构成丰富稳定的岸滨植物群落，营造良好的动植物栖息地环境，也为自然科普提供可能，为海岸旅游提供具备独特吸引力的目的地。

结合上位规划，利用绿道联络城市与海岸空间，在生态安全的前提下，赋能多元活力海岸，将城市功能属性与近岸海洋生态系统有机结合，从而形成近水岸红树林风貌、陆侧滨水自然风貌、后方陆城空间郊野风貌三种不同景观风貌的景观海岸断面，让都市生活感受大自然的魅力。

（2）滨海绿道空间设计

海岸绿道分为三种风貌类型：红树海岸，后方依托弹性多元的城市中心，成为汇聚周边活力及商业人潮的休闲步行体验；自然海岸，以复育海岸栖息地为特点，吸引众多鸟类和动物，为市民提供了观察自然、触摸自然的生态空间；郊野海岸，通过打开人工围塘，以海水自然之力重塑海岸风貌，提供探索山海、休闲娱乐的郊野海滨（图 5-31）。

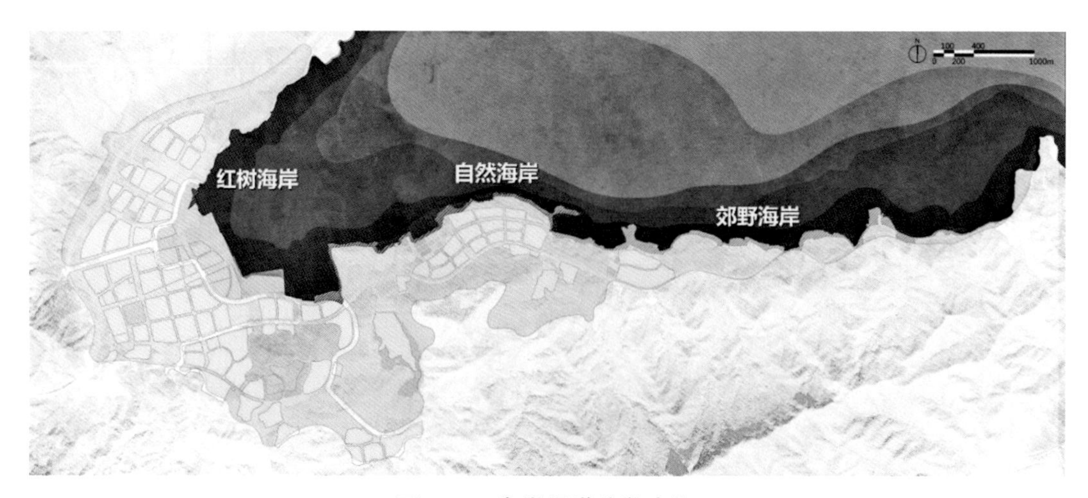

图 5-31　海岸绿道分段定位

① 红树海岸风貌绿道

综合海岸环境条件与后方城市规划，临海一侧复育红树林形成生态海岸防护界面。红树林生态系统能够防风消浪、复育底栖生物，通过基底塑造、适宜选种、定期管护等一系列措施构建复合的红树林生态系统；陆域一侧，结合后方居住、商业为主的用地类型，利用硬质空间穿插软质植栽形成多样化滨水体验，共同构建城市开放空间。

本段绿道以多层次的形式，如滨海漫步道、红树林栈道等穿插于滨海景观带之中，配合复层植物系统形成开合有致的景观界面，营造丰富的观览体验（图 5–32）。

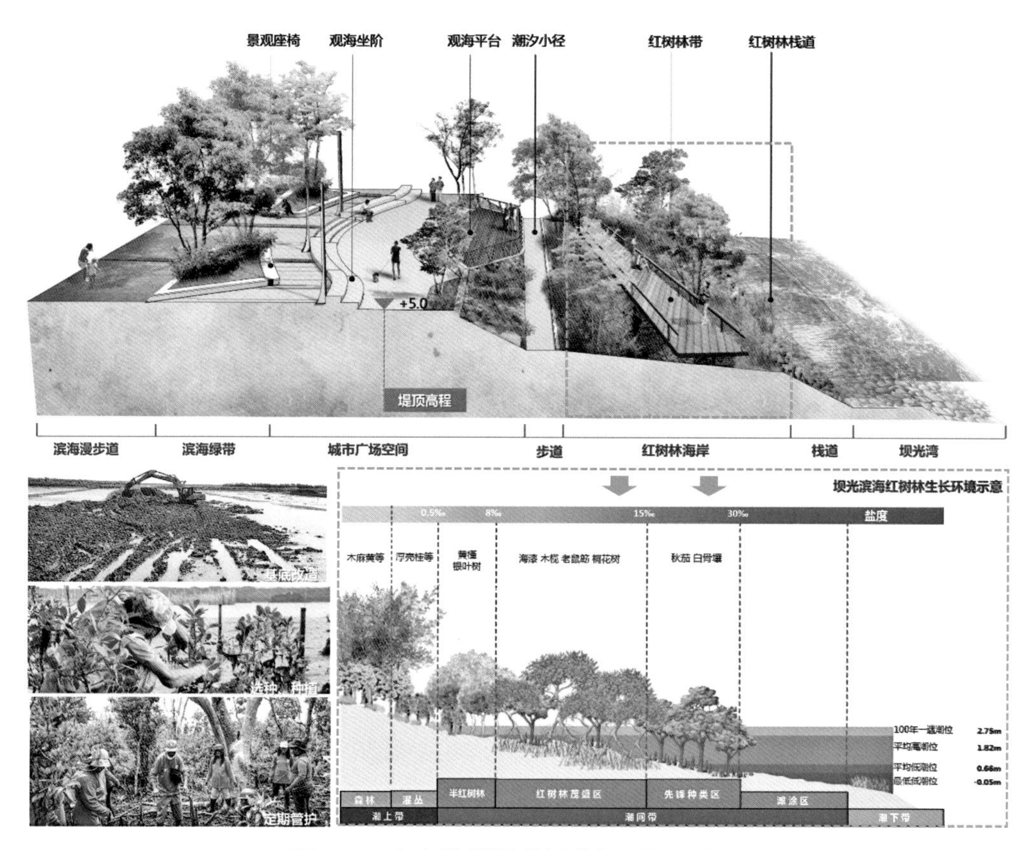

图 5-32　红树海岸风貌绿道剖透视示意图

② 自然海岸绿道

本段模拟基岩海岸高孔隙率穿透性的特点，搭配抛石护岸营造滨海动植物栖息地，同时利用复层种植形成绿色屏障，降低人类活动对栖息地的影响。本段滨海绿道以低影响的通过型为主，结合植物营造阴凉舒适体验，局部位置结合节点打开向海界面，设置科普教育的自然户外课堂（图 5–33，图 5–34）。

图 5-33　自然海岸风貌位置与现状

图 5-34　自然海岸风貌绿道剖透视示意图

③ 郊野海岸风貌绿道

本段落海岸以岩石浅滩吸引众多水鸟、海鸟觅食停留，因此设计依从现状坑塘特点，以降低塘梗的方式改造提升，营建潮汐湿地，为多种水禽提供栖息地（图 5-35）。养殖坑塘类海岸设施的生态修复，由于既成平面型态大部分已经与海岸环境建立局部互适，因此，不推荐全部推掉恢复原状的修复型式，建议应在对其现存肌理和动力特征分析研究基础上综合平、立、剖结构和海岸动力作用，采用因地制宜的多种解决方案（包括淤泥质岸线亦如此）（图 5-36）。

在此基础上，沿海堤水深 1.6～2m 处设置潜堤人工渔礁，为鱼类等生物提供繁殖、生长发育、觅食等栖息场所。岩石浅滩的构建，也整体提升了居民近海亲海的互动性。本段落横向串联周边海岸景观空间，纵向增加人、城、海的互动可能，在满足生态复育的基础上同时搭配特色节点，形成独特的郊野休闲绿道。

基岩海岸一般水质清，容易吸引人去近海亲海，同时岩石错落也满足动植物觅食、栖息的需求，但往往这类岸线曲折且曲率大、海湾与岬角相间、坡陡水深，在局部的凹岸弱动力海岸为红树林提供了较好的生长环境，丰富了基岩海岸的生态景观。绿道设计应通过串联不同特点的生态斑块和节点，将原有孤立割裂的生态边界融合，同时以简洁、生态化和开放的绿道形态渗透到陆域城市环境中。通过红树林、抛石营造人工栖息地等生态修复，强化滨海空间生态斑块，保护生物多样性，提升区内城市环境质量（图 5-37，图 5-38）。

图 5-35 郊野海岸风貌位置与现状

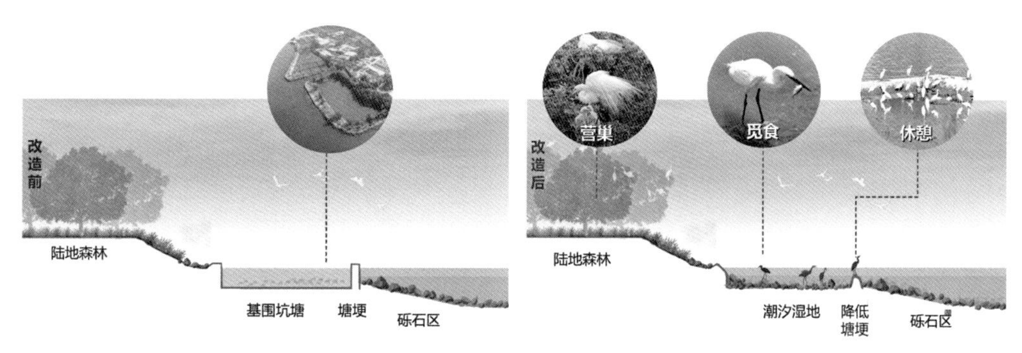

图 5-36 坑塘改造前后对比图

图 5-37 郊野海岸风貌绿道剖透视示意图

图 5-38 郊野海岸风貌绿道节点风貌示意图

（本案例设计素材及图片由正和恒基设计集团深圳公司提供，主创设计师：Lina Li，王静，蔡宙达，特此致谢）

5. 淤泥质（平原 / 人工）海岸的绿道设计

中新天津生态城绿道在淤泥质海岸生态修复中结合海岸工程和海岸公共空间的建设不断总结完善，在国内同类型海岸生态修复和绿道建设中具有很好的示范意义。该区域总体规划了七条主题绿道线路，其中三条主要绿道，即图中所示四号、五号以及六号绿道，整合海洋和海岸河口及湿地生态基底和景观节点，链接南堤海岸、印象海堤、贝壳堤湿地保护区、遗鸥保护区等生态景观特色区和保护区段，提升了城市与海岸各生态景观资源间的关联度和利用效率，展示城市和海岸生态的共生性延续性（图 5–39）。

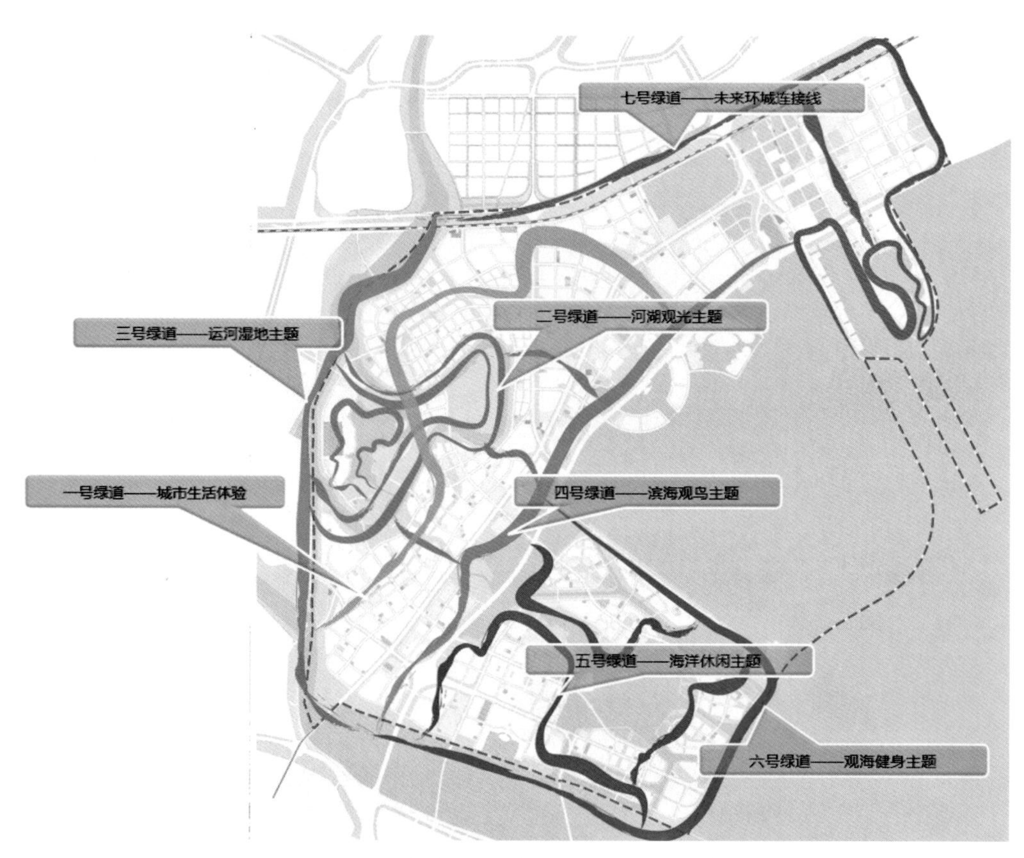

图 5-39　生态城绿道主题特色线路示意

（1）人工海岸绿道设计策略

保护海岸生态性及景观系统的完整性并通过绿道对其予以强化、协同连接，是人工海岸绿道规划设计的基础。如前述“四项原则”应用，绿道选线串联或隔离主要的生态斑块和节点，最大程度维护区域生态系统平衡和生物多样性。滨海观鸟主题线路、观海健身主题线路以及海洋休闲主题线路基本囊括了生态城片区内与海洋相关的生态景观要素和节点。反映了河口海岸和平原海岸的自然生态特征以及人工海岸与自然海岸协调。

绿道建设离不开统一的部署与规划，具有生态城特色的 LOGO 与 IP 是建立生态城生态品牌，强化场所辨识度与记忆点的关键，将 LOGO 与 IP 融入绿道建设相关的方方面面，是规划设计的重要内容。作为主要传承海洋文化，体验生态自然景观，进行科普观鸟等休闲游憩活动的主题线路，也是天津近海生态特质最完整的绿道。海岸线绿道分别串联了印象海堤公园、贝壳堤湿地公园、遗鸥公园、南堤滨海步道公园、东堤公园、妈祖文化园等具有海洋文化特色的生态场所和空间，展现出寻堤观潮、湿地鸥翔、穿林望海的海岸线绿道风貌。

注重绿道系统的功能性，人群的使用需求是绿道设计的一个重要考虑方面，按标准设置休憩场地及服务设施，注重植物的搭配，营造环境微气候，注重体验的舒适性。例如，对于平原海岸绿道系统一个较大的缺陷，是缺乏具有较高视点的观赏平台和视觉焦点，因而在绿道规划中，借助海堤形成的线性界面，以增加观赏广阔的海洋河口的体验性，通过设置局部的点状结构，满足安全瞭望和景观观赏的地标塔，与驿站结合，适当利用驿站建筑设立观海平台等，都是有效的措施，因而增加了绿道系统的竖向功能和景观视野开阔性（图 5–40）。

图 5-40　中新天津生态城绿道 LOGO 及海岸线绿道特色主题 LOGO

（2）南堤滨海步道公园段（观海健身风貌段）绿道

南堤滨海步道公园（中央大道－滨海高速段）依托南堤滨海步道起始段，长度 1.3km，总面积约 35hm^2。此处河海交汇，是城市区域与海岸相连的关键点，也是历史文化和生态保护的核心区域。

新老海堤在此交汇，南堤滨海步道公园绿道建设利用海堤，将其提升为兼具防洪功能的道路、绿道（骑行＋慢行）功能的复合园路系统，融入城市绿道网络，配置了中心服务驿站，总体打造了“亲水、观海、赏花、拾趣”的特色海堤绿道系统（图 5–41）。

图 5-41　中新天津生态城海岸绿道

南堤步道以生态城南部防潮海堤为载体，贯穿公园东西向，长度 1.3km。一方面起到了防潮挡浪、消减波浪的作用，满足城市防洪安全的需要，另一方面利用防潮堤构建复合功能的绿道，利用景观设施将人行空间与车行空间进行了功能分割，在保证巡堤路基础不变的前提下，形成具有车行道、骑行绿道、人行漫步道的复合海岸景观空间（图 5–42）。

海堤路原为生态城老防潮堤。随着城市拥湾向海发展，新外围海堤已建成并发挥作用，老海堤已不再是承担城市安全防护功能的主体结构。为留存城市海岸资源的历史文化记忆，保护“海岸新遗产”，公园建设中保留老海堤原有结构，对其堤顶路面修复、提升，使渤海湾自清中后期以来海堤文化的历史脉络有机地融入公园中，体现了人与自然、人与历史文化和谐共存（图 5–43～图 5–45）。

图 5-42　南堤滨海步道公园海堤绿道

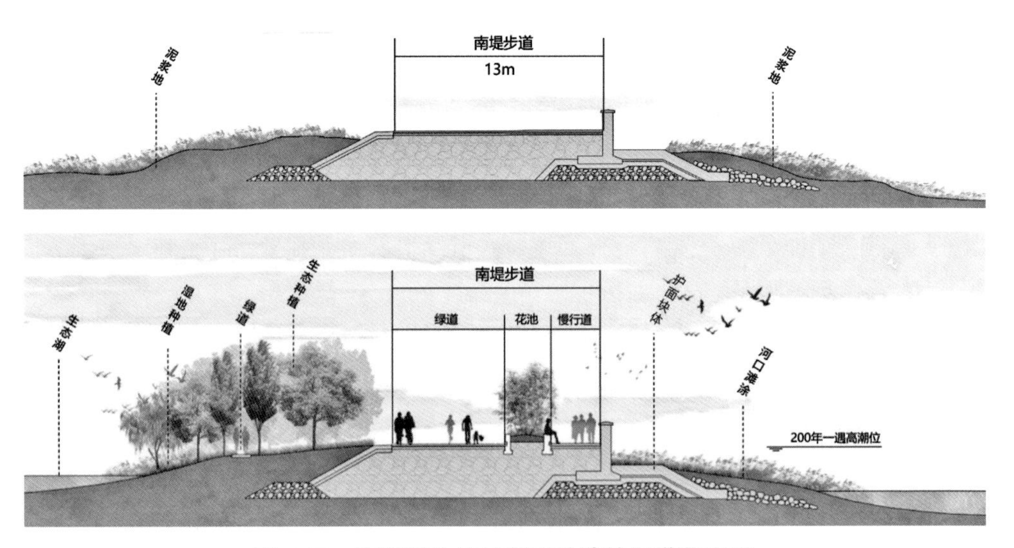

图 5-43　海堤结构原始断面改造的绿道断面图

图 5-44　绿道改造前后实景对比

图 5-45　老海堤改造绿道前后照片

（3）基于“海岸新遗产”保护的绿道设计

中新生态城老海堤段绿道串联了河口湿地、印象海堤公园、贝壳堤保护区外围、遗鸥保护区等生态景观资源，沿线长度约 5.8km，过去曾是天津城市与海洋的第一道防潮堤，是中新生态城南北生态轴线及绿道系统的重要组成部分。项目在设计建造过程中利用老海堤和原岸线资源进行整体规划、利用原滩涂地貌进行生态修复和海堤改造。提出了“海岸新遗产”保护的理念，并付诸实施。通过增加游憩设施生态提升等，将“老海堤”单一的已弱化的防潮功能拓展为城市休闲绿道和亲水景观空间，体现了人与自然、人与历史文化建筑和谐共存，为市民打造独具特色的沿堤滨海带状公园（图 5–46）。

图 5-46　印象海堤滨海绿道远眺

此段落也是天津古海岸资源最为丰富的地区之一，设计建设中充分尊重古海岸的地形地貌和老海堤的历史记忆，通过海洋主题的场景塑造生动反映了天津人民与海洋共生共存的滨海历史文化。

淤泥质海滩毗邻的陆域部分，大部分是海岸河口或潮上带湿地，因此形成特殊的具有丰富生态内涵的海岸形态，展现出典型的滨海湿地风貌。由于淤泥质海岸岸线平直、岸坡坦缓、滩宽水浅等特点，淤泥质海岸滩涂宽广平缓，但是湿陷的泥滩和浑浊的水质却使海洋滩涂近人而不亲人。淤泥质人工海岸的建设和生态修复过程以绿道建设为载体，采用了老海堤转型和海岸生态修复相结合的机遇型策略，平衡海岸防护与景观建设，在尊重海岸环境和生态，保护修复滨海湿地的大前提下，统筹生态资源与城市发展，打造出湿地旅游、海岸观鸟、广阔潮滩上鸥翔鸟鸣的大自然与人类共生的壮阔景观。

随着淤泥质海岸线景观从低潮露滩，高潮波浪破碎浑浊到现在多景观多活动并存，中新天津生态城海岸线绿道成为了体验海洋文化和景观的载体，使观海、近海、亲海不同层次的景观视觉体验得以并存，为淤泥质海岸生态修复结合宜居环境做出示范和探索（图 5–47，图 5–48）。

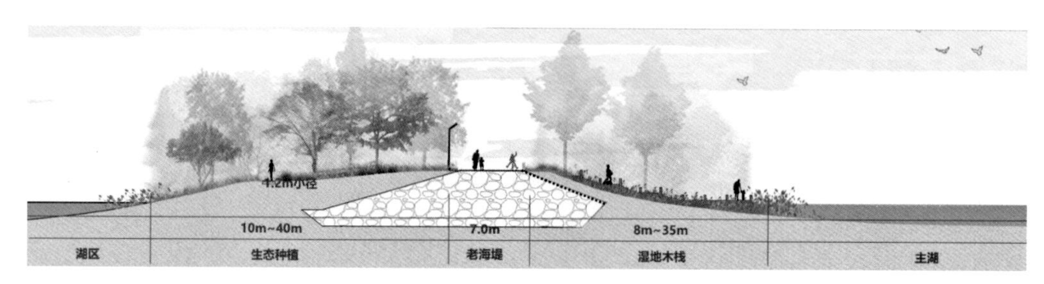

图 5-47 旧海堤“海岸新遗产”改造后断面图

图 5-48 老海堤改造后绿道实景

四、城海统筹韧性海岸城市设计

2012 年，飓风“桑迪”袭击纽约，造成了 43 人死亡，9 万余座建筑被淹没，200 万人流离失所，经济损失高达 190 亿美元[18]。其后，联邦应急管理局修改了洪涝危险区的范围，将曼哈顿沿海 10 英里的海岸线，包括 2.84 亿平方英尺建筑面积、2 万户企业以及纽约证券交易所与金融区这片居住着 20 万名居民，每年吸引 5720 万游客的区域囊括在内。通过举办“Rebuild by Design”设计竞赛，保护海岸与其居民不受洪涝灾害的影响，解决飓风肆虐之后造成的地区性结构破坏和环境缺陷问题，并提出经济上可行的解决方案以保护居民免受未来气候问题的影响。BIG 公司规划的 Big U 方案是一个围绕着曼哈顿的防护系统，从西 54 街向南至巴特里，并一直延伸至东 40 街：1 条绵延 10 英里（约 16.1km）的低洼带，其中包含着高密度、充满活力但又脆弱的都市空间[19]。

BIG U 提出了一个具有变革性的弹性规划，以有效的维护社区和经济让脆弱的高密度低洼带充满活力，将抵御洪水，改进公共领域，提升社会与环境效益进行了融合性的探索。与本书倡导的理念一致，海岸防洪不应该再是一道城市与水之间的堤坝和高墙而已，而是针对各社区设置，赋予不同段落特质又相互联系的城市韧性空间纽带[20]。

1. 城市安全与海岸滨水景观结合

（1）多元连接与弹性设计

BIG U 的设计理念萌生自“重建与弹性特别计划”。如何以不同的景观型弹性的设计手段，应对城市对高达四五米的一堵高大防浪堤设计的需求？如何将防护性基础设施转化为丰富滨水地带、创造栖息地，同时也加强了与位于高处的社区的联系？设计团队提出了一系列创新性的措施，包括种有海草能够作为生态栖息地的护堤，可以兼做滑板公园与露天剧场的堤岸，以及可以为临时咖啡厅与静态休闲活动提供空间的防潮堤[21]。景观设计联手建筑与海岸工程，共同将这些多维设计理念扩展成能够提供休闲娱乐的可持续设计，复合型空间，而不再是一堵四五米的工程高墙。

（2）“隔舱式”单元设计可复制“工具箱”

将延绵 10mile 的基地划分为不同的洪涝区域，赋予项目的灵活性，不同的分区既独立也互相联系，即使分区之一被洪水淹没，也不会影响整套系统的运作[22]。这一概念借鉴了船舶安全分隔舱的理念，从而极大降低了安全风险。

分区式的设计提出了可以推广应用至不同尺度项目中的适应性策略。通过结合不同社会与经济服务设施的置入带来了更丰富、更健康的生态栖息地，加强了滨海地区的可达性，也创造了新的休闲娱乐场所[23]。

2. 分区“隔舱”规划的概念

连续的堤岸空间形成一系列“隔室”区域，将洪水阻挡在外，保护着内部分散的低洼洪涝区域，每一片区域内的防护措施、功能与休闲设施都依其所保护的海岸街区的需求与特色而定。分区赋予了整个项目更多的灵活性，各片区可根据实际情况增加设施与资金投入，同时保证整体防护系统的运作不受局部片区的影响。设计聚焦在于“桑迪”飓风中受损最为严重的三个区域：分别是包括东河公园在内，从 23 街到蒙哥马利街的 C1 片区；位于布鲁克林大桥与曼哈顿大桥之间区域的 C2 片区；以及从布鲁克林大桥向南延伸至炮台公园的 C3 片区[24]。

（1）23 街到蒙哥马利街——C1 片区

在 C1 片区中，一道 15 英尺高的连续护堤蜿蜒曲折，结合东河公园中创造出起伏地形，护卫着其后的快速路与街区。新建的步行路径、自行车道与多座人行天桥加强了街区与滨水空间的联系，使快速路不再成为屏障。沿河一侧的可下拉墙体在必要时可被关闭，保护后方区域。

规划将根据相邻社区需求提供相应的服务设施，同时创造随季节变化的景观吸引游客。在高地街区中，景观设计师以生态湿地和雨水花园提升了城市街道的空间体验，并通过绿色的廊道指引公园入口[23]。

景观廊桥提升了其对邻近居住区景观质量以及休闲娱乐价值。“桥式堤岸”利用防护性景观加强了人与水岸联系。

（2）布鲁克林大桥与曼哈顿大桥之间——C2 片区

弯曲长凳从曼哈顿桥一直延伸至布鲁克林大桥，4 英尺的高度可以抵挡较小的洪水泛滥事件，而可下拉的拦洪坝则抵御波浪以及风暴潮。在本区域的长期规划中，景观设计师将会置入一道起伏的堤岸系统，使居住街区公共空间转化为可以管理雨水的防洪景观，并带来更多的休闲、社交服务与经济机遇。

安装在罗斯福快速路下侧一系列可下翻、可延展的挡板创造了一条公共艺术廊道，其下方的空间将为集市或公众活动提供场所，同时在暴雨来袭时，挡板闭合阻挡洪水。同时，充分考虑 50 年一遇与 100 年一遇暴风雨防护标准，在桥下空间设置多重防护形式以保证安全。

（3）布鲁克林大桥向南延伸至炮台公园——C3 片区

炮台公园中新建的景观护堤与综合性文化设施将重新激活这片标志性的开放空间，也保护着其后的金融中心[25]。

在罗斯福快速路的下方，可伸缩的防洪设备与低矮墙体、护堤组成了多层次的洪水抵御系统，保护着周围街区与重要基础设施的安全。延绵的高地将阻挡洪水涌入金融区，而经过改造的自行车道、点缀其中的新建文化地标与主题各异的小花园也将进一步提升开放空间的体验。

最终的设计方案将带来金融、生态与社会经济多重效益。三个片区预期将在未来的 50 年中，为城市减少数十亿因气候灾害带来的经济损失。而从滨水地区向着高地延伸的绿色廊道以及社会住宅开放空间中的生态湿地和雨水花园则将促进当地的生态多样性和生物多样性，改善当地水质，并减缓城市热岛效应。

参考文献

[1] 程鹏. 滨海城市岸线利用方式转型与空间重构——巴塞罗那的经验［J］. 国际城市规划，2018，33（3）：133-140.

[2] 聂元昊. 深圳滨水绿地景观规划设计研究［D］. 东北林业大学，2016.

[3] 千茜. 深圳进入“湾”时代深圳湾公园景观设计解析［J］. 风景园林，2011（4）：32-37.

[4] 王学智. 体现地域文化的滨水景观设计［J］. 中国园艺文摘，2013（5）：133-134.

[5] Nijmegen H+N+S Landscape Architects.Room for the River [EB/OL]. http://landezine.com/index.php/2016/08/room-for-the-river-nijmegen-by-hns-landscape-architects/, 2016-8-22.

[6] 景观中国. 抗台风弹性景观：深圳东部海堤重建景观规划设计 | KCAP+Felixx.[EB/OL]. http://www.landscape.cn/landscape/10747.html?yk=689876376, 2019-09-23.

[7] 谷德设计网 gooood. KCAP ＋ FELIXX 赢得深圳东部海堤重建国际竞赛 一个多层次、多功能的海堤防护系统［EB/OL］. https：//www.gooood.cn/kcap-felixx-win-the-competition-to-typhoon-proof-shenzhens-east-coast.htm，2019-9-12.

[8] 邬国义，左丘明，胡果文，等. 国语译注［M］. 上海古籍出版社，1994.

[9] 吴志文. 中国古代的绿色通道工程——翠云廊及其形成［J］. 世界林业研究，2001，14（5）：44-49.

[10] Davison S.The Ridgeway National Trail：Avebury to Ivinghoe Beacon, Described in Both Directions [M]. Cicerone Press Limited, 2017.

[11] City of Boston.Emerald Necklace [EB/OL]. [2020-12-14]. https://www.boston.gov/environment-and-energy/emerald-necklace.

[12] Zube E.The advance of ecology [J]. Landscape Architecture, 1986, 76(2)：58-67.

[13] McHarg I L, American Museum of Natural History.Design with nature [M]. New York：American Museum of Natural History, 1969：79-93.

[14] Alexander L, Reilly W K.Americans Outdoors: The Legacy, the Challenge, with Case Studies: the Report of the President's Commission [M}. Island Press, 1987.

[15] Little C E.Greenways for America [M]. JHU Press, 1995.

[16] Ahern J.Greenways as a planning strategy [J]. Landscape and urban planning, 1995, 33(1–3): 134.

[17] Cartlidge N, Armitage L.The Oceanway, Promenade or a Smart Transport Route [C]//PIA State Conference, Gold Coast, Plan, People, Place. 2014.

[18] 崔淇淇．基于低影响开发理念的西安地区景观设计的应用与研究——以西安丰庆公园为例［D］．西安：西安建筑科技大学，2017.

[19] 朱翰林．曼哈顿 BIG U 规划［J］．城市环境设计，2019，2：240–249.

[20] 瞿辛．同济大学建筑设计研究院．谈设计分析在设计历程中的重要意义［J］．建材与装饰，2016，25：90–91.

[21] 白豆豆．基于行为心理的景观设施可变性研究［D］．西安：西安建筑科技大学，2018.

[22] American Society of Landscape Architects Inc..Rebuild by Design, The Big U [EB/OL]. https://www.asla.org/2016awards/172453.html, 2016.

[23] 谷德设计网 gooood. 2016 ASLA 分析及规划类荣誉奖：曼哈顿 BIG U 防护性景观规划 /Starr Whitehouse Landscape Architects and Planners [EB/OL]. https://www.gooood.cn/2016–asla–rebuild–by–design–the–big–u–by–starr–whitehouse–landscape–architects–and–planners.htm, 2017–03–08.

[24] 谷德设计网 gooood. BIG的大U击败148名对手，赢得REBUILD BY DESIGN竞赛3.5亿美元奖金［EB/OL］. https://www.gooood.cn/the–big–u.htm, 2014–06–04.

[25] 李亚．纽约适应计划报告解读［R］．贵阳：中国城市规划学会，2015.

第六章　沙质及缓滩海岸景观设计

沙滩是滨海旅游的重要空间和吸引点，也是大部分滨海城市开放空间的重要构成元素，绵延的沙滩或细腻或粗放，波光鳞影，是近海、亲海、海上运动的重要载体。所谓“缓滩”海岸则指具有一定的亲水开放性，其基底能够承载人们活动游憩的海岸型式，如砾石滩、卵石滩，以及经人工处理可以承担公共开放空间亲水功能的海岸空间。围绕大海、沙滩与滨水建筑物构成的景观，经常是海滨城市和旅游区的特色、文化传承场所、景观吸引点，如青岛的汇泉湾第一海水浴场与青岛城市的历史文化和城市空间的演变有着密切的联系，深圳的大小梅沙，三亚的亚龙湾、三亚湾等，优秀的海滨旅游城市，都因其魅力的海岸沙滩而增光添彩。

自然海岸常以不同的形式展现在人们面前，岸线形式和近岸不同的底质，形成了礁石岸线、沙滩岸线、人工沙滩、砾石滩以及缓坡淤泥质岸线（后者从景观设计的角度统称缓滩海岸）。一些滨海城市拥有或长或短的沙滩岸线，但也有相当一部分海滨城市，海岸却是礁石嶙峋或淤泥质滩涂，游客和市民不能得以亲近。由于城市建设、港口建设或海水养殖等的历史原因，一些历史上具有优良沙滩的岸线被围填海或以其他方式破坏，在海洋生态文明建设的背景下，顺应城市转型发展的需求，也要进行生态修复，恢复沙滩的生态和海岸动力屏障功能和景观风貌，由此也为城市发展和旅游开发提供新机会和发展契机。

世界上一些著名的滨海城市为了丰富开放空间，在其城市发展的不同阶段，都有沙滩修复和围绕沙滩海岸的城市建设，如夏威夷的人工沙滩，巴塞罗那从工业海滨转型修复为旅游和城市沙滩，天津在淤泥质岸线建设的东疆人工沙滩等。近年随着对海洋生态建设的高度重视，一些历史上被占用或因工程原因损失的沙质海岸也进行了生态修复，如厦门的观音山沙滩，秦皇岛的东海滩，山东日照港退港还海修复的海龙湾沙滩。同时也还存在着由于海岸规划缺乏对海岸动力和泥沙环境生态的把握，在海岸盲目围填海造成对于优良的沙滩岸线的直接或间接破坏，这些都需要因势利导进行修复和恢复。

海岸沙滩是滨海旅游的重要吸引点也是滨水城市重要开放空间，是滨海特色景观构成，因而在滨水城市空间规划和景观设计中，应重视其与城市空间联系互动，遵循以下原则合理规划恰当处理海岸空间与城市空间的关系：

（1）多元效益的统一

作为公共开放空间，沙滩空间资源在规划中应统筹策划，选址海水质量优良且动力条件适宜和稳定的海岸段落。最好能天然具备或创造特色主题，突出沙滩、海浪，城市景观并与在地文化相结合，满足游客和市民观光、休闲、水上和近岸体育运动，并与滨水商业的业态恰当复合，满足多元需求。

沙滩岸侧城市设计，应与滨海空间的海、滩、陆（路）、城界面结合，塑造复合的功能和多层次空间梯度，形成富于海洋文化特色的景观效果。沙滩与海岸空间关系，除了大海和沙滩本体的自然空间关系（平面形态，潮涨潮落，沙滩宽度）还包括三个层次的空间界面，由海向陆依次为：沙滩与城市交通（城市道路）和基础设施空间衔接，滨水界面建筑的空间关系，后方城市生态或视线廊道与海岸的关系。

同时，沙滩的生态修复和人工沙滩建设作为公共旅游基础设施，其本身的投入产出平衡有较大的难度，但是从区域基础设施引擎的角度，具有良好的产业延伸能力和旅游放大能级，围绕沙滩会聚集形成旅游及商业节点，在上位规划、投资决策中要综合权衡项目的经济效益、社会效益、生态效益，统筹规划综合布局。

（2）生态可持续和自然做功

海岸沙滩具有增加城市或旅游区亲水性的优势，提高城市旅游的吸引力，通常是海滨城市观光旅游的打卡热点，但是人工沙滩的建设导致局部地貌的变化，容易形成生态异质化的斑块，因而在其选址和建设中应与周围环境生态特性协调。沙滩海岸尤其是中高位沙滩生态系统相对单一，但是其中低位感潮区潜在生态依然具有丰富性和多样性。在其环境生态景观的匹配上，应关注维持近岸生态环境的稳定性，譬如维持入海河流和潟湖通道的畅通，采用本土植物植栽驱逐入侵性植物等措施，并将旅游开发与生态及环境保护相结合。以保护为前提，合理开发，有利于旅游资源、生态环境、生物多样性、文化多元性和本土性的保护，实现生态系统的可持续性和旅游业的可持续发展。对于生态修复型沙滩，其修复应以原生态环境的统一为导向，应引导营造后期逐渐融合形成统一协调的生态系统，采用基于自然的解决方案形成生态可持续的良好效果。

设计遵循自然，利用自然做功。传统的方案倾向于以刚性的海岸工程方式将自然力隔离并重新建立海陆隔离的环境动力系统，基于自然的解决方案（NbS），设计遵循自然的思维方式（design，building with nature），将基础设施的建设与它们所处的自然系统保持一致，利用自然过程，并为自然提供协调发展的机会。海岸沙滩的规划利用和人工沙滩的建设，遵循自然力做功的过程会具有更好的适应性和经济性，利用自然系统的动态性和动力来创造新的沙滩海岸或修复沙滩，这一思路可以进一步的发展扩大到更广泛的领域中进行创新设计。当然，基于自然的解决方案需要更有效的前期调查和模型试验的支持，才能取得预期的理想效果。

（3）提升海岸空间的公共属性

海岸线是滨海城市天然的开放空间，确保这类岸线的公共性是城市居民和游客共同享有开放空间的基本保证，开放的人流为滨海区域带来生机与活力。除非特殊的用地需求，应努力避免沿沙滩岸线的封闭性和内向型规划，充分体现其公共性和共享性，确保滨海沙滩岸线在空间上的贯通和开放空间体系的完整性，发挥滨海岸线的公共价值。与之相关联的则是道路交通可达性，滨海沙滩岸线的公共性集聚性与城市特殊的空间关系，要求道路交通体系扩展到相关区域，以保证滨海区域良好可达性，支撑富有生机的多样化滨水商业和活动（图 6–1）。

（4）海岸空间的整体性和景观层次

滨海岸线一般为线性空间，视线开敞，大海与城市共同营造自然和人工景观，有利于形成远近高低各不同的丰富景观层次，使其成为滨海城市中景观最美、最具特色的区域。

海岸沙滩应与海域、河口、滨海陆域以及周围城市区域和肌理作为一个整体来进行规划。关于海岸总体景观，日本著名建筑师芦原义信在《街道的美学》中提出的基于格式塔理论的“弯曲景”概念，对海岸沙滩的规划设计具有重要参考。海滨湾景应以自然和人工组合景观，例如沿海

图 6-1　青岛金沙滩啤酒节（左）圣莫尼卡沙滩商业街（右，美国）

岸的林荫道和后方建筑的背景作为景观之美，这类景观塑造与海岸线的弯曲情况有很大关系。向外侧弯曲时，视线的切线往往只及水面，自然与人工的混合较少。相对向内侧弯曲时，视线的切线同时包含了水面和水际线，多形成自然与人工交织的景观。特别是夜景，内侧弯曲时，城市夜景路灯等以等间距倒映水面，增加了空间深度，可以从整体上形成逐次展开的丰富景观。

作者引用梅茨格的《视觉法则》中的“内侧法则”与“围合法则”等，说明了在把陆地和海面作为“图形”统一考虑时，水际线向内侧弯曲的总体景观和城市设计效果的必要性。对于内弯景观，围合它的沿岸建筑、灯具、植栽、沙滩等共同构成了统一的画面并与自然相协调。在人工沙滩的塑造中，把陆地背景、城市景观与沙滩和海面结合作为“图形”尽量创造内弯景观（图 6–2）。同时人工沙滩的内弯空间，与沙滩形成的海岸动力机制有天然的契合，从海岸动力学的角度内弯空间营造了沙滩和水域的稳定环境，符合其塑造和维持的基本动力条件，并且容易产生平静的水体环境和波浪辐聚的动态音效，是海岸活态景观的多维展示，是工程技术逻辑上合理的形式[1]，这也是大部分海滨城市与海湾共生的重要形态特征（图 6–3）。

图 6-2　青岛汇泉湾

图 6-3　巴塞罗那修复后的内弯海岸沙滩

一、海岸自然沙滩的结构

自然赋存的海岸沙滩是由沿岸和河流输入的松散沉积物堆积体，在潮汐及波浪作用下沿岸纵向和横向输移形成，组成物质粒度因环境各异，纵剖面粗细相间，具有互相交错相间的层理，反映了波浪作用的强弱变化，平面可见波纹结构。沙滩的组成物质一般来源于山溪性河流冲积、海岸侵蚀产物以及大陆架沙体，宽度从几十米至数百米，少数近千米，坡度较大，可达5°左右。在部分基岩海岸上的袋状海滩有以砾石为主组成的海滩，砾石大小不等，堪称人工砾石滩或卵石滩的原型。分析自然沙滩的形成和赋存条件，对于沙质海岸的保护和生态修复，以及设计塑造人工沙滩景观具有重要的参考意义。沙质海岸的生态修复的基础，即恢复沙质海岸的动力条件，进而助力恢复其环境重新构成；而人工沙滩的建造应该是对大自然赋存的自然状态沙滩的原型模拟才是较理想的，其设计的机理即是创造沙滩得以稳定或者平衡的海岸动力条件。自然沙滩的基本构成（图6–4，图6–5）。我们在第二章基础理论部分已经做了较详细的介绍。

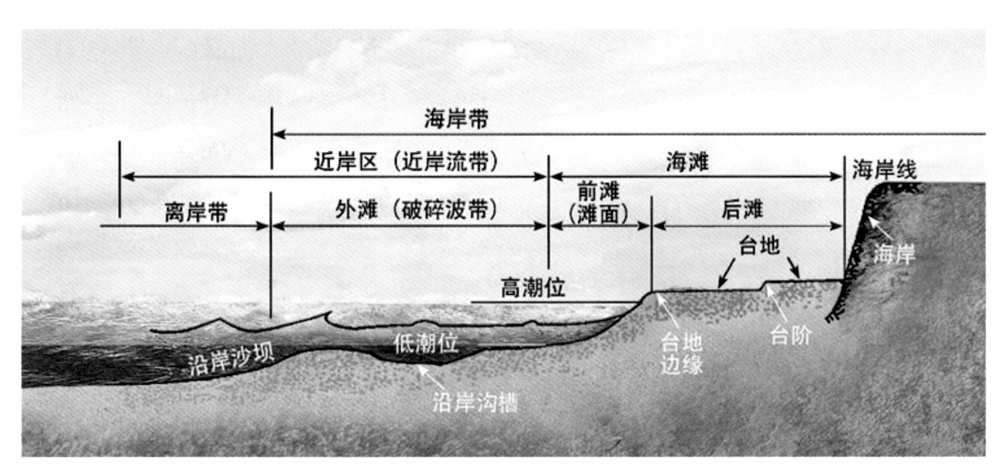

图6-4　沙质海岸的剖面结构

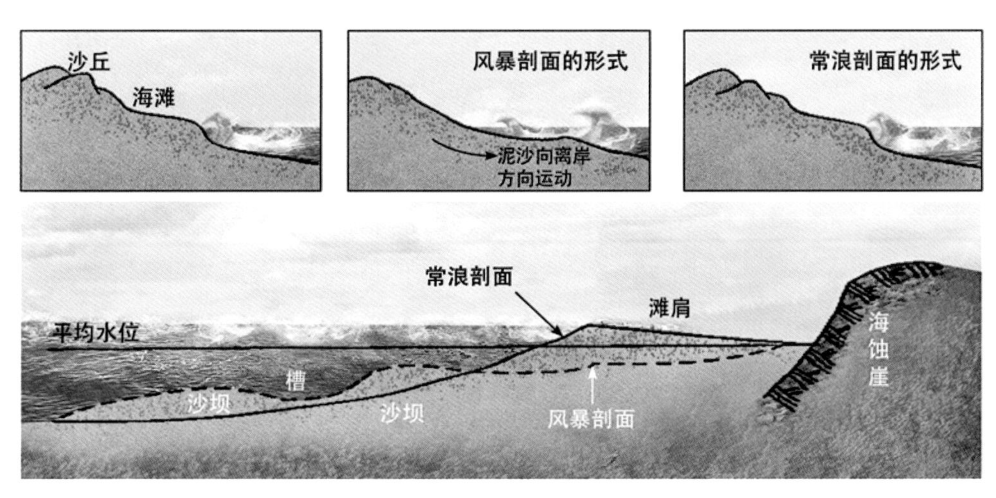

图6-5　海岸沙滩的常浪和风暴剖面结构

陆地与海水的边界是海岸线，由于受海岸潮汐和风浪的作用海面高程不断变化，所以海岸线的位置不是固定的，在横向的剖面上，沙质海岸有下列组成部分：

海滩（shore）也称为海滨，从低潮线向上直到地形显著变化的地方（如海崖、沙丘等），包括后滩和前滩。

滩肩（berm）海滩上缘近乎水平的部分，其为常浪情况波浪作用下形成的粗颗粒泥沙的堆积体。

后滩（backshore）由海崖、沙丘向海延伸到前滩的后缘，其上发育暴风浪所形成的滩肩，有高度不大的陡坎或陡坡。滩肩向海一侧的边界为海滩坡度突变处，称为肩顶或滩肩外缘。

前滩（foreshore）肩顶至低潮线之间的滩地。临近肩顶的前滩部分，通常坡度较陡，也称为滩面。

外滩（inshore）破波点到低潮线之间的滩地。该部分长期处于海底水下，不断受破碎波的作用，泥沙运动强烈。有些内滩存在水下沙坝和水下浅槽。

离岸区（offshore）破波带外延到大陆架边缘的海区[2]。

二、沙质海岸生态修复和沙滩设计

沙质海岸修复或恢复与人工沙滩设计建造的动力机制是一致的，即通过滨水空间的环境引导或改造修复稳定形成沙滩一类临水或亲水开放空间设施。开放式人工沙滩是模拟或顺应海洋自然环境重构局部海岸底质的过程，沙滩修复则是在既有环境条件或基质的基础上，适度增减海岸工程设施，引导、完善、恢复其动力环境和基质形成的机制。从海岸沙滩与岸线的平面形态关系来看，一般可分为港湾挖入式、岸滨式和离岸式三种类型（图 6–6，图 6–7）。

图 6-6 人工沙滩与岸线的关系实例

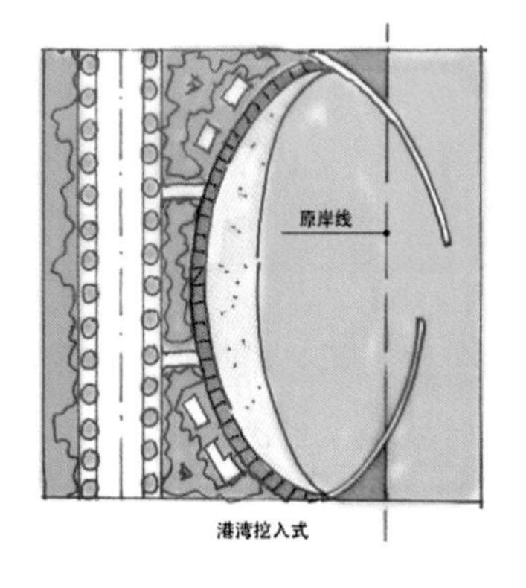

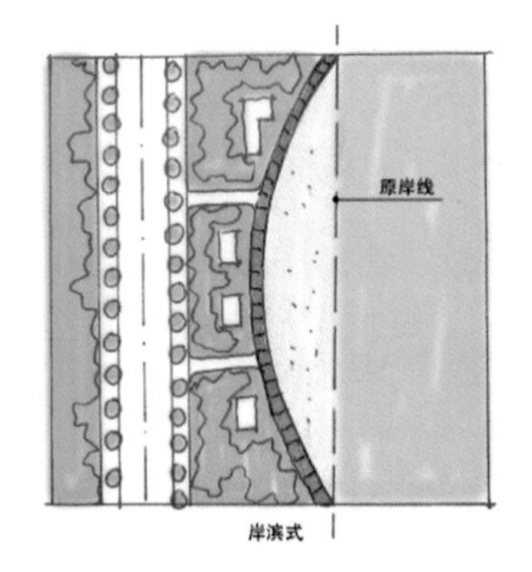

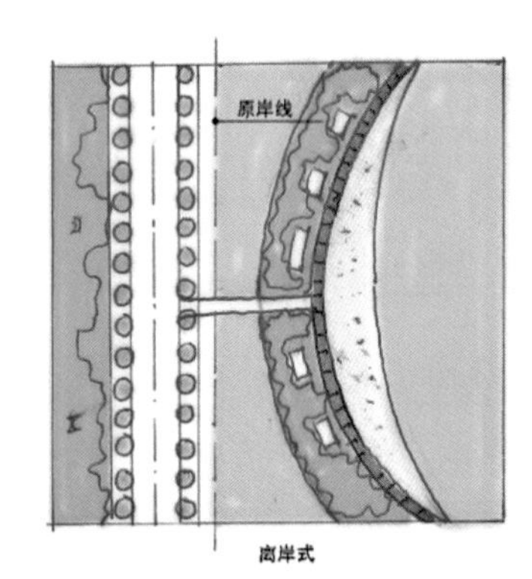

图 6-7 人工沙滩与岸线的关系

按人工沙滩与自然海岸水体的关系，可以分为两大类，即开放式感潮沙滩和干式无潮沙滩。所谓干式无潮沙滩，即沙滩与濒临水体为封闭结构，与外部开放水体如海洋、河流、大型湖泊等不具有自然动力下的水体交换，因而在设计建造运营中，一般可以不考虑海岸动力，如潮汐、波浪、外部水质等的影响。这类设施有的在室外，也有的建设在室内。如澳大利亚布里斯班在世博会期间建设的“南岸公园”干式沙滩（图 6–8），上海金山城市沙滩等都属于室外型干式沙滩；室内形式的如日本的宫崎骏海洋穹顶室内沙滩和造波系统，尺度达 300m×100m，并配置造波设备（图 6–9）。这类旅游设施也可以建设在滨水地带并借景外部大面积浩瀚的海洋水体，以形成视觉关系上广阔开放的感受。干式沙滩由于其与海洋环境相对隔离，不需要考虑外海岸动力如潮汐、波浪和水质的直接影响，可以在不同的场地条件下结合旅游因地制宜建设。但是需要注意到干式人工沙滩由于缺少与外部海水体和地下水的交换，生态价值不高，且由于缺水的浸润和毛细作用和粘结，易松散或板结，且在大风时会形成沙尘污染，在北方沿海使用时应尽量控制其面积、注意其选址和朝向。

图 6-8　布利斯班南岸公园陆上人工沙滩

图 6-9　宫崎骏海洋穹顶室内沙滩和造波系统（300m×100m）

开放式感潮人工沙滩，与外海水体联通可以感应和传导自然界的潮汐和波浪，此类人工沙滩具有与天然沙滩海岸相同的海洋景观和动态体验。其尺度规模一般较大，是一种基于海岸地貌条件的模拟海岸景观工程。人工沙滩在不同的建设环境条件下，技术难度和工程设计方式有很大区别——建设在基岩海岸环境条件下泥沙含量很小的海水中的人工沙滩，除了考虑动力条件的稳定性之外，水质和泥沙条件相对优越；淤泥质海岸的人工沙滩则既要考虑动力条件的影响又要考虑满足水质要求和泥沙动力条件，粉砂质海岸也有类似的特点。人工沙滩的建设应根据其海岸环境条件进行总平面规划和设计，除了因应当地的海岸动力条件和地质地貌条件，大部分都要配备相应的硬件设施，如挡沙、防波堤、丁坝等以调整环境动力条件，满足沙滩稳定和平衡的环境要求。

沙滩本体是指沙滩从陆侧边缘到海侧沙滩底质边缘，具有承担沙滩旅游和公共活动载体功能的空间，部分临水空间与海水动力直接接触并互相作用。沙滩一般由陆向海分为滩肩部分（水上部分），潮间带部分，和水下部分（低潮位线以下部分）构成，这些分区在旅游和公共活动中，应分别根据其特点规划不同的使用功能：譬如滩肩部分经常可以举办沙滩运动项目或者沙雕展览等项目；潮间带部分是人们戏水所乐意停留的空间；而水下部分经常是游泳和水上运动的良好选择。这些不同剖面分区的布置，既取决于对于海岸动力条件的适应和合理设计，也取决于人流和功能的需求。总体上来说，从陆到海，越是与海水界面接触深入的部分，功能设计的自由度相应降低，而对于海岸动力条件的适应性逐渐成为主导。滩肩部分具有较高的设计自由度，且对于公共功能的承载力较强，人流量的弹性也较强，规划中建议有较大的预留宽度。

1. 沙滩修复和规划技术路线

如前所述，自然沙滩修复和人工沙滩的设计，其基本原理是模拟沙滩的动力环境，创造沙滩稳定和平衡的条件，因而人工沙滩建造的技术路线和沙滩修复的技术路线基本秉承了相似的原理。

中国自然资源部（前国家海洋局）发布的《海滩养护与修复技术指南》HY/T 255—2018（图 6-10），对于海滩养护与修复基本要求、流程、工程前期调查与资料收集、工程设计、工程施工和后期监测提供了基本的技术流程。适用于自然海滩、人工海滩的海滩养护与修复工作，人工

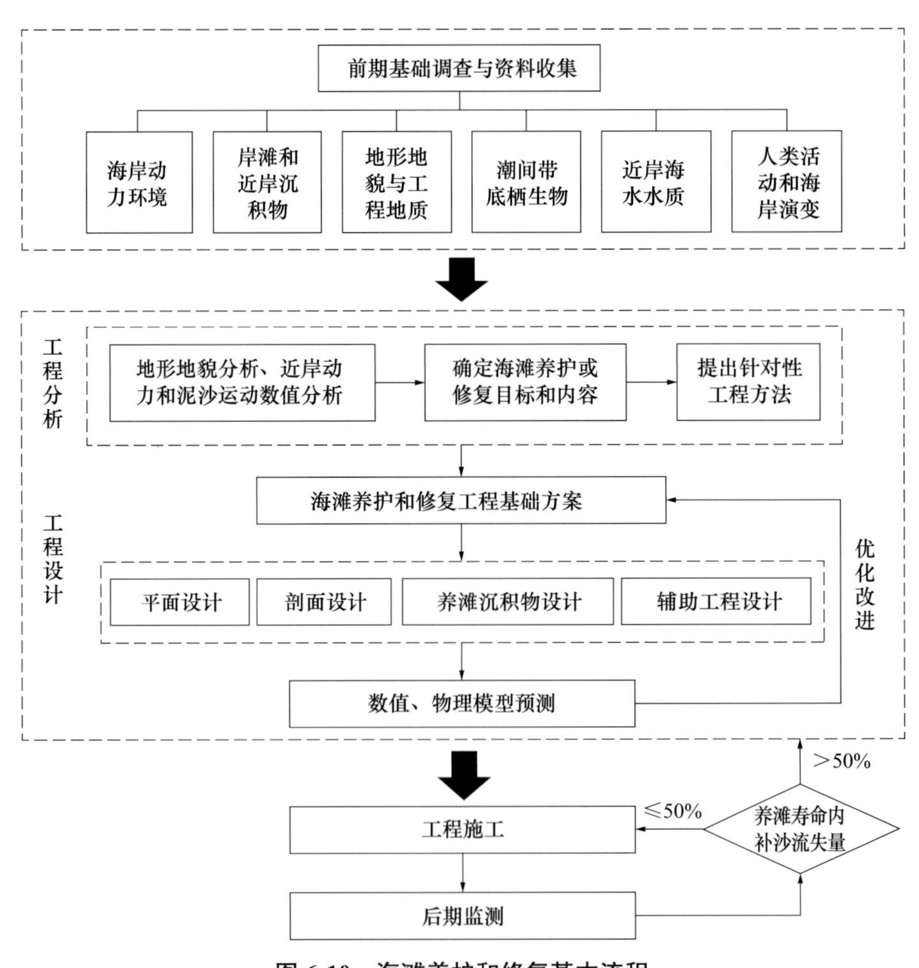

图 6-10　海滩养护和修复基本流程

［出处：《海滩养护与修复技术指南》HY/T 255—2018］

海滩的修建可参照标准[3]。

参考上述技术流程，首先应结合场地水文、气象、地质等条件，通过潮流、波浪、泥沙数值模拟和模型试验，分析研究拟建海域的波浪及海流流场状况、泥沙淤积情况、沿岸物质运移情况、断面稳定情况，采取挡浪或消浪，挑流或缓流措施或工程，为人工沙滩的稳定和海岸平衡以及沙滩维护提供科学依据。其次应从城市规划或旅游规划的需求角度，妥善安排沙滩后方交通基础设施和沙滩与城市的空间关系界面，包括与之相结合的交通规划，景观规划和城市设计，以最大限度发挥人工沙滩作为城市开放空间载体的效率和功能。本章主要讨论沙滩（也包括砾石滩或卵石滩等）的生态修复并结合讨论沙滩海湾与城市设计和城市景观的结合。

① 按照城市规划和旅游规划条件的要求，进行初步的选址方案研究。收集水文、气象、历史人文等自然条件资料，并按照规范对其进行分析整理；

② 对设计或修复区域提出模型试验要求。模拟沙滩修复前后水动力环境条件的变化，综合评价波浪、潮流和海流对沙滩的影响，以及对周边海岸地形地貌变化的潜在影响，论证沙滩修复设计建造的可行性及后期项目维护可能存在的问题。

③ 了解掌握工程地点范围内的施工条件、施工方法、材料来源等，尤其是对于主要沙源进行详细的调研，其来源是决定工程造价投资构成的主要部分。

④ 根据城市设计和景观设计的要求，结合海岸工程的原理，确定合理的沙滩恢复平面布局和剖面设计，规划符合海岸动力条件的防波挡浪硬件设施，采用离岸堤、丁坝、潜堤等水工结构合理布置挡沙、促淤设施，形成初步的设计方案。

⑤ 根据模型试验和对于海岸地貌的理解，对方案进行优化和调整。合理确定补充铺沙粒径、厚度和铺设范围等技术参数。关于数学和物理模型试验的相关方法和专题，请参见本书第四章“海岸带空间规划的辅助技术方法”。

关于海岸沙滩与城市和后方陆域的界面关系。前面曾经对沙滩和海湾的平面构型问题进行了探讨，对于沙滩与后方陆域的空间关系，从总体城市设计的角度，总结世界各地类似区域经验，在规划中应关注沙滩后方第一层界面的道路交通规划问题：大型沙滩一般应定位为公共开放空间，在与后方城市或旅游区或基础设施和建筑的衔接上，应建立易过渡的空间联系，不宜采用宽阔的车行交通切割滨水空间与后方陆域。而在近年中国实际的城市规划中，宽阔的城市主干道切割海岸滨水区与城市中心的案例不在少数，这样就极大降低了公共开放空间的效率和滨水地区的活力（图 6–11）。

在公共滨水空间设计中，除非特殊需要城市主干道一般应布置于滨水街区后方一定距离，由陆向海岸依次布置主干道，次干道，滨水服务型道路，并配合比例适当的地下或地上停车设施。沙滩与城市之间需要引入公共服务性道路，尤其当滨水开放空间或沙滩的尺度较大时更有必要，但道路的尺度和管理运行方式，包括铺装方式可以结合景观和交通需要做特殊的更具人性化和便利度的处理，方便行人穿越。为不影响城市与沙滩和滨水空间的界面活力，通常采用低级别的支路与绿道、与景观结合的铺装。目前中国滨海新城规划存在的主要问题是设置过宽的主干道切割城市与滨水空间的联系，但是我们也应力戒走向反方向，即过分强调滨水与后方城市空间的联系，而削弱必要的交通服务供应能力。

图 6-11　某新城滨海大道与巴塞罗那滨海道路比较

定位在私属服务功能的中小型沙滩，可采用与旅游服务设施紧密衔接的空间形态，作为高端酒店或旅游设施的私属服务沙滩（半公共空间），可以采用建筑与沙滩直接联系的处理方式，以便利游客直接和私密的亲水体验活动，例如海南三亚亚龙湾度假区的酒店与海岸的空间关系。但是这类空间在景观岸线资源的共享的合理性是值得商榷的（图 6–12）。

图 6-12　海岸沙滩与度假酒店的空间关系（亚龙湾）

2. 沙滩规划要素和设计参数

沙滩修复和铺设各设计参数的确定，应主要考虑沙滩的稳定和维护机理，充分考虑自然条件和岸滩成因，必要时利用模型试验进行分析论证。《海港工程设计手册》（第二版），对于人工沙滩设计根据我国沿海海岸条件给出部分一般性的建议：

沙滩宽度：根据近岸海底自然坡度和游人密度需求确定，一般滩肩不小于 100m；潮间带宽不小于 60m。

沙滩高程：根据设计水位和平均海平面确定，一般沙滩顶部高程取极端高水位，沙滩水域边线位置设置在设计低水位。

肩滩坡度：一般取 1：50～1：60；潮间带坡度：1：15～1：20。

沙滩厚度：根据底质情况及设计填沙粒径及冲淤情况确定，一般可取 1.0～2.0m。

陆侧旱沙滩：旱沙滩区域的宽度主要考虑游人密度和景观需求和资金情况确定，比较经济的做法一般考虑从极端高水位至设计高水位，是海水较少侵蚀的区域，在该区域可存放待补海滩沙，也可供游人开展沙滩娱乐和运动项目等项目[4]。

3. 沙滩修复和维护生态结构

海岸工程结构物的设计一向被作为工程型结构，以功能性和经济性作为设计的主导原则，实际上在兼顾到材料的生态融合性，结构的造型美观适宜性，海岸工程结构物可以以功能和经济与生态和美感共存的型式，与整体环境融合到一起，促进生态可持续的海岸景观型式，以下类型的结构物在海岸工程的实践中已经获得广泛的应用，但其生态性景观化设计在中国海岸工程领域尚待提升。

（1）丁坝和人工礁石

当沿岸输沙量较大时，可以通过设计短而低的丁坝或丁坝组群来防止填筑的沙料被沿岸流带走，国内外很多大型沙滩工程，都与丁坝系统相结合[5]。离岸防波堤特别适用于横向泥沙运动较大的情况，对于保护其后的沙滩有明显的效果。对于沙质海岸进行的沙滩设计，在需要时可与建造短而低的丁坝群或离岸防波堤相结合，这种综合治理方案，如果设计合理，最终可使沙滩由侵蚀型转变成堆积型[6]。

利用人工礁石或丁坝结构体分割休闲沙滩，人工礁石突出于岸线，对于波浪和由于波浪产生的沿岸流产生阻断作用，从而有效地防止沙源的流失。其构造顶宽根据施工条件确定，长度根据海岸动力条件确定，松散的抛石结构成为人工礁石，由于其高孔隙率的生态宽容性，可以为海岸生物提供良好的栖息空间。基于安全的考虑，除非特殊的需要，一般不建议设置人工景观构筑物吸引游客到人工礁石活动。块石浆砌结构的丁坝也是一种优良的海岸促淤结构，可与人工礁石间隔布置，并设置适当的景观亭台，以及观鸟类的隐蔽设施等，成为观海和生态科普的景观节点，同时兼具工程功能（图 6-13～图 6-15）。

图 6-13　结合海堤丁坝修复建设的观鸟亭（前、后）

图 6-14　澳大利亚珀斯海岸丁坝及海岸景观

图 6-15　芝加哥湖滨人工突堤和丁坝组合促滩

（2）离岸堤和离岸沙坝

以削减波浪影响和减弱海岸流对于沙滩的侵蚀为目的，离岸堤或潜堤是一类解决方案，离岸堤和潜堤也可以与人造岛礁的型式相结合，形成人工鱼礁或离岸的生态岛。人造沙滩沿海岸纵向布置，对于平直海岸段在离岸适当距离处修建离岸堤，满足挡浪稳沙的需求。潜堤顶高在设计低水位以下，低潮时不露出水面，对景观没有直接的影响；非潜堤型式的海堤，建议采用不连续岛礁型式的平面布置，并模拟自然形态的岛礁布置，以尽量弱化出水海堤对于海岸景观的影响。离岸堤还可以有人工鱼礁的功能，丰富海域的生态多样性。从筑堤材料的选择上，在石材丰富的地区宜采用块石，在人工块体的选择上宜采用孔隙率较高和不规则抛放，亦可结合生态地材，如蚝壳贝壳笼等，以及新型环保材料抛置，以满足生物多样需求的栖息空间。离岸堤的断面和高程宜根据模型试验确定，以达到稳沙养滩的目的。

与离岸堤的原理相似，在离岸一定距离平行于海岸吹填人工沙坝，沙坝位置一般控制在设计低水位以下，其吹沙量宜根据当地的波浪和海流条件模拟确定。沙坝使波浪提前破碎，削弱波能，减弱波浪对岸滩的冲刷。即使遇到较大的风浪，沙坝即便被推移到沙滩上，也不会改变沙滩的基本构成。沙坝方案适应于沙质海岸区域同质人工沙滩和修复的塑造。

除了上述人工形式的辅助结构物，柔性生物海岸的型式取代刚性结构物也是一个非常值得探索的方向，这种型式既可以是近岸的突出式植物如红树林结构，也可以是离岸的线性或簇状植物形成的植物主体的生物岛链。该类型生物岛结构建造的主要困难在于结构植物在种植初期的海流冲刷和波浪打击，因而在设计实践中建议对于生物海岸必须优先考虑对于既有结构性植物海岸的保存和优化，尽量避免其抗风浪流结构破坏后的重新构建。

4. 沙滩生态修复和施工建造

人工沙滩建设的最基本方法就是从其他地方获取沙源或人工补沙，补充和替换当地海岸底质或面层。沙滩补沙工程的规模可自几千立方米至几千万立方米。较大规模的沙滩补沙通常是从水上进行填筑，最经济的方法是用绞吸式挖泥船进行水力吹填，从经济性的角度海底取沙距离一般不超过 10km 为宜。

在稳定的海岸上，为了海滨游乐的目的，需要加宽沙滩，或者填筑质地、粒径、色泽合适的沙料时，其泥沙的流失量要比侵蚀性沙滩的情况为好。但是，应该指出所谓稳定海岸是指其为动态平衡。在稳定海岸地区，仍将有纵向的沿岸输沙，只是对某一海岸地段而言，从沿岸输沙方向的上游进入该地段的泥沙量与输向下游的泥沙量相等。此外，在稳定海岸上也还有横向泥沙运动，可造成季节性的沙滩剖面变化，从而使在沙滩上填筑的泥沙流失。

为了减少填筑材料的流失，可以选用粒径较大的沙粒，或者与建造海岸工程建筑物相结合。人工补沙的材料中值粒径 d50 约可取原来沙滩上的 d50 的 1.0～1.5 倍，当然应注意太粗的沙径将不适合于游乐用的沙滩，但是不同的粒径反而可以造成不同的景观效果和功能，本章所述及的人工沙滩也包括人工卵石滩和砾石滩，也可以为游客提供亲水空间。

单纯对沙滩进行补沙，由于对海岸地带的自然平衡破坏较小，因此已如前述，它对邻近海岸的影响也小。当沙滩补沙与丁坝或离岸堤相结合时，则因沿岸输沙被部分截断，而可能引起下游地段发生侵蚀，所以必须进行较全面的规划设计，必要时应进行数学模型分析研究。

沙滩补沙工程的剖面设计，需要解决填沙的坡度问题。在一定的动力条件下，沙滩坡度与泥沙粒径是相关的。作为设计剖面，在低水位以上的填沙坡度可基本与天然岸坡平行。在低水位以下的坡度可稍陡，以使填沙坡面与天然岸波相交。实际施工剖面可抛筑成较宽的水上平台和较陡的边坡，然后在波浪的局部塑造作用下逐渐接近于可维护的实际剖面。若进行人工补沙的海岸段太短，由于被加宽的沙滩相对突出于其邻近的海滩，将有可能造成局部波能集中和沿岸流速增加，而使这段沙滩较易被冲刷。因此一般来说采用人工补沙的海岸段不宜太短，国内既有的经验最短为 600～1000m。

由于与海岸工程有关的海洋环境条件多且又复杂，因此到目前为止，任何一项海岸工程在实施中都有可能要进行一些调整或局部修改。当采用人工沙滩补沙时，与建造固定的海岸建筑物相比，显然比较灵活。在沙滩补沙工程实施前后，通常应对沙滩演变进行系统的测量，以积累资料，并不断地完善日后的沙料补充方案。[4]

除了上述的水动力条件的设计考虑之外，由于沙滩的颗粒对风动力的作用较敏感，因而在人工沙滩设计中，风是一个重要的设计考虑因素，应分析包括不同季节的风速风向以及沙滩颗粒的构成的关系。对于岸侧地表结构物的遮挡，乃至陆侧植栽的合理布局都是在总平面设计阶段需要综合考虑的因素。就目前的设计经验看，沙滩陆缘与岸滨开放空间的平面高差一般不宜低于 0.75m（5 步台阶），在特殊的大风海区还应该加高，以避免沙滩被风吹向陆地的损耗和对于陆侧景观和设施的堆积影响增加维护难度。

三、人工沙滩及景观设计

东疆港区位于天津滨海新区东北部，整体呈矩形半岛伸入渤海湾，南北长约 10.7km 东西宽约 3km，面积约为 32km^2。东疆港区规划分为“三大区域，五大功能”。“三大区域”依次为西部的港口作业区、中部的自贸物流加工仓储区、东部的城市配套服务区。“五大功能”为集装箱码头装卸功能、物流加工仓储功能、商务贸易功能、休闲旅游功能、生活居住功能，是目前中国北方最大的自由贸易区“东疆港自由贸易区”所在地。港区东海岸包括休闲度假区，约 6km 的景观岸线规划建设了人工沙滩、游艇基地等设施，其人工沙滩建于 2008 年（图 6–16）。

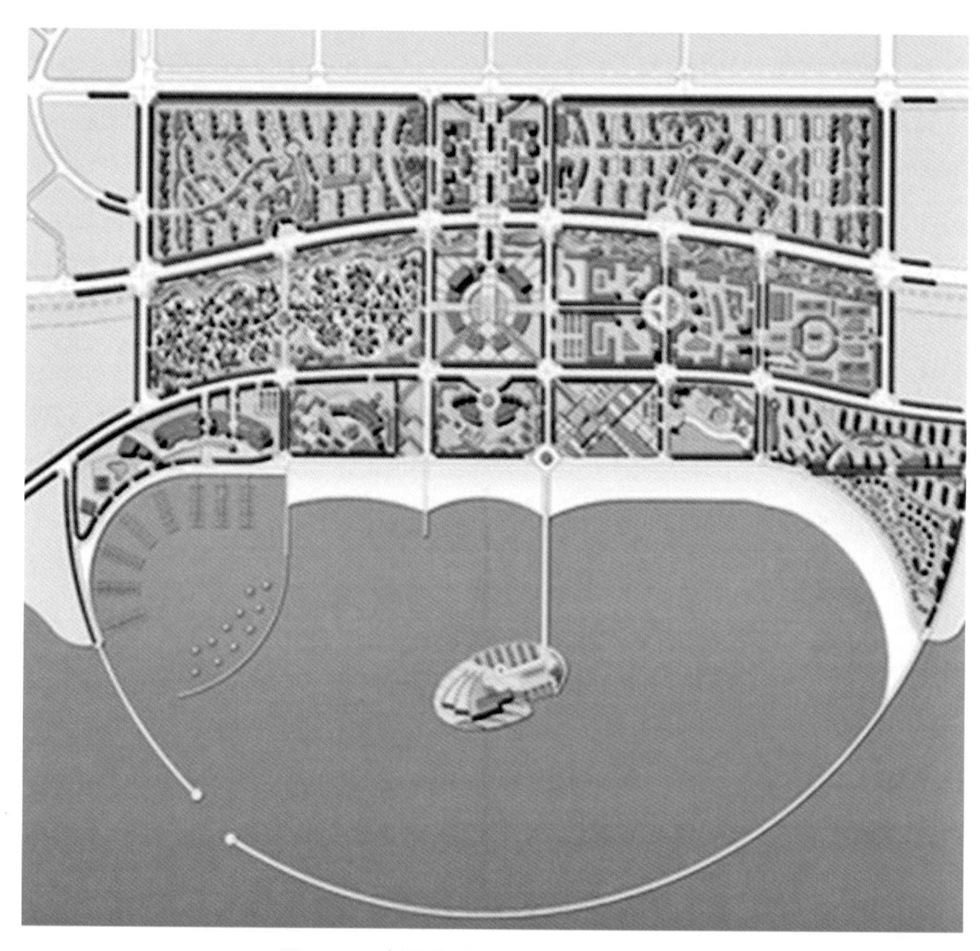

图 6-16　东疆启动区局部城市设计平面

1. 规划设计技术条件

东疆人工沙滩的规划是基于对旅游市场需求的研判，渤海湾地区淤泥海岸一直缺少亲水空间满足游客的亲海需求；对于渤海湾海岸动力条件的深入理解是该项目规划选址的科学基础。

东疆港区地处渤海湾顶部，是典型的淤泥质海岸地区，在天津东疆建设开放式感潮人工沙滩的规划，是基于天津海岸长期科学研究基础的积累（图 6-17）。该海区近岸海水含沙量高，底质为淤泥，“波浪掀沙，潮流输沙”的特征明显。在其破波带之外，海水含沙量和透明度及水质与渤海外海的海水质量趋向一致，海水景观质量有明显的改善。东疆人工岛建设为人工沙滩提供了良好的基础，沿东疆东海岸地区东南端部约 2km 的岸线，通过外部防波堤局部围合，隔断波浪和海流对于人工沙滩的直接作用，围合区的开口东南向处于 -2m 等深线（理论深度基准面）以外，引入常浪下破波带以外的海水以保障水质，保证湾内的海水与外海的交换，通过工程措施维持人工沙滩的稳定性。

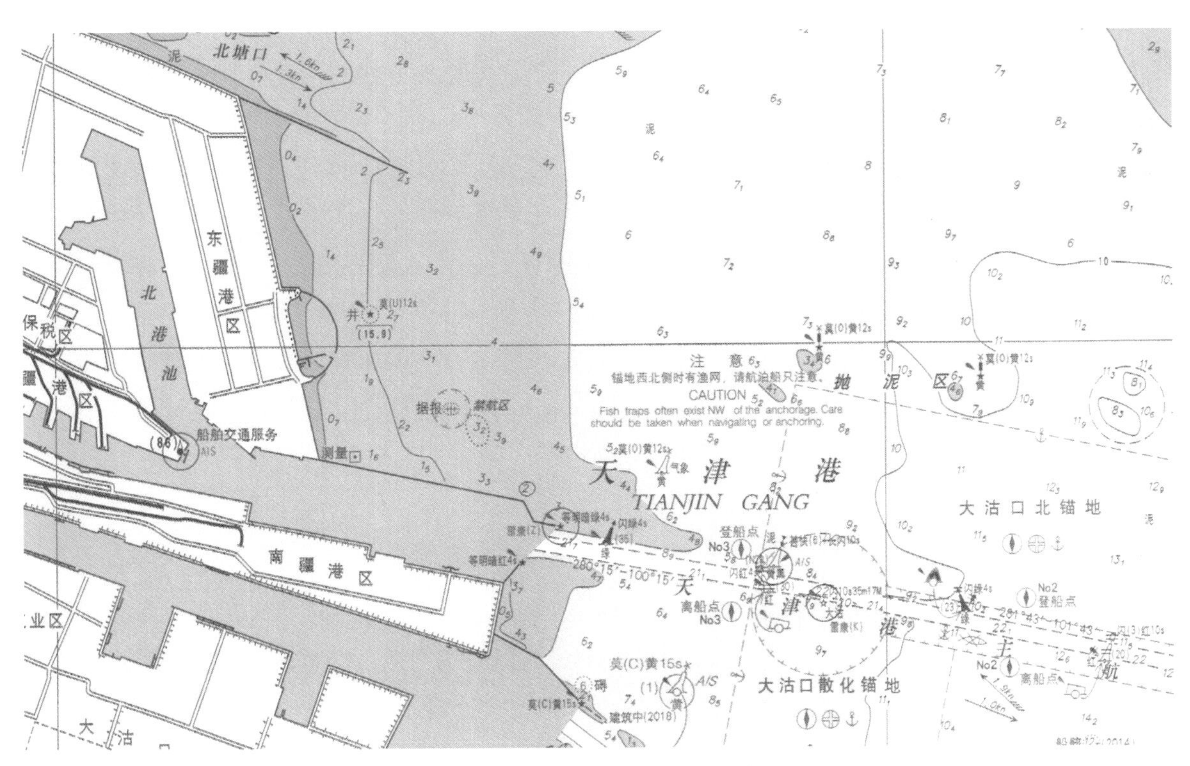

图 6-17　东疆自贸区周边局部海图

人工沙滩布置与陆域岸线功能呼应，沿岸从北向南依次为中低密度住宅区沙滩、公共沙滩和宾馆旅游沙滩三个区域。低密度住宅区人工沙滩长约 650m，公共游乐区沙滩总长 870m，宾馆区沙滩总长约 400m（图 6-18）。到 2019 年游客量已达到 100 万人，并呈持续上升的趋势。

图 6-18 天津东疆人工沙滩建成效果（摄影：薛力强）

2. 东疆人工沙滩设计要点

东疆人工沙滩主体设计沙滩总宽为 165m，根据功能和动力作用条件的需要，划分为两个段落。其中较少感潮和波浪影响的陆侧缓坡段宽度为 105m，可以承载各种沙滩游戏活动；潮间带沙滩坡度 1 : 15，60m 宽，有戏水亲水功能，但由于受海水潮汐和波浪影响频繁，其稳定和平衡要求较高，也是后续运营的主要补沙部分。缓坡段沙滩的顶高程由 6.0m（当地理论深度基准面，下同）逐步下降为 4.5m，潮间带沙滩顶高程由 4.5m 过渡到 0.5m，坡度为 1 : 15。从后续运营效果看，该沙滩的缓坡段顶高程偏高，与陆域建设场地的服务性道路仅有约 0.5m 高差，在较大东风时沙滩表层沙容易上陆堆积，因而在类似的沙滩设计中，根据风力和竖向高程情况，应保证沙滩滩肩与陆域的高差，在自然沙滩的护岸和陆侧场地竖向处理上，也应该采用适当的高差，尤其是对于海风较大的地区，在一些项目中，为了解决海沙上陆的问题，还需要采取特殊型式如反弧型护岸。在东疆人工沙滩的海侧端部设置挡埝，挡埝下部采用充填袋装砂，上部采用袋装，海滩采用外部运沙吹填。设计方案如图 6-19 所示。

3. 人工沙滩陆侧景观设计

人工沙滩陆测景观是城市与沙滩交接的地带，是城市空间向海岸空间的衔接过渡带。东疆港人工沙滩陆测景观依托东疆东海岸，沙滩后方城市设计的道路交通系统遵循了前述的城市设计基本原则：从海向陆依次为临沙滩的服务道路和步行道、次干路、主干路。从后期的运营实践看，沙滩沿防波堤向外延申作为人工沙滩的建设载体，使防沙挡浪堤具备复合功能更有利于沙滩的合理分区，且建设效益有更大的提升——尤其考虑到中国北方地区的气候特点，沙滩向南朝向是利用率和舒适度更好的方案。

沙滩后方细分为沿城市一侧的 6m 宽车行路（含停车位）和紧邻沙滩一侧的滨海步行路结合的景观空间（13m 宽）。设计将 7m 的种植空间结合 6m 步行道设计成曲折多变的滨海步行景观空间，避免了通长滨海路单调呆板。人工沙滩与后方景观结合的剖面如下图断面，步行空间与沙滩紧密衔接，从海向陆与从陆向海的视野和景观融为一体。本处设计后方铺装步行场地与沙滩的竖向高程衔接高差宜进一步提高（一般不宜低于 1m）以避免风吹流沙的影响，同时对于陆侧进入沙滩的人流控制会有更好的引导性（图 6-20～图 6-22）。

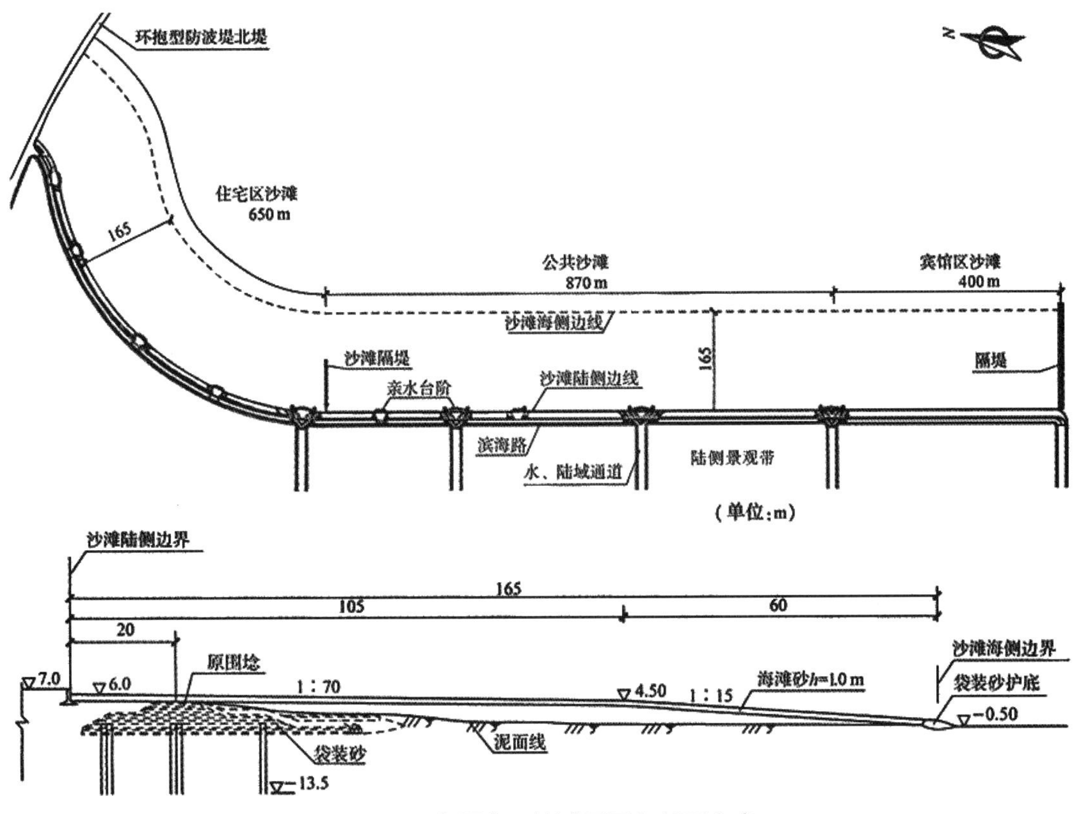

图 6-19　东疆人工沙滩平面和断面方案

［出处：海港工程设计手册］

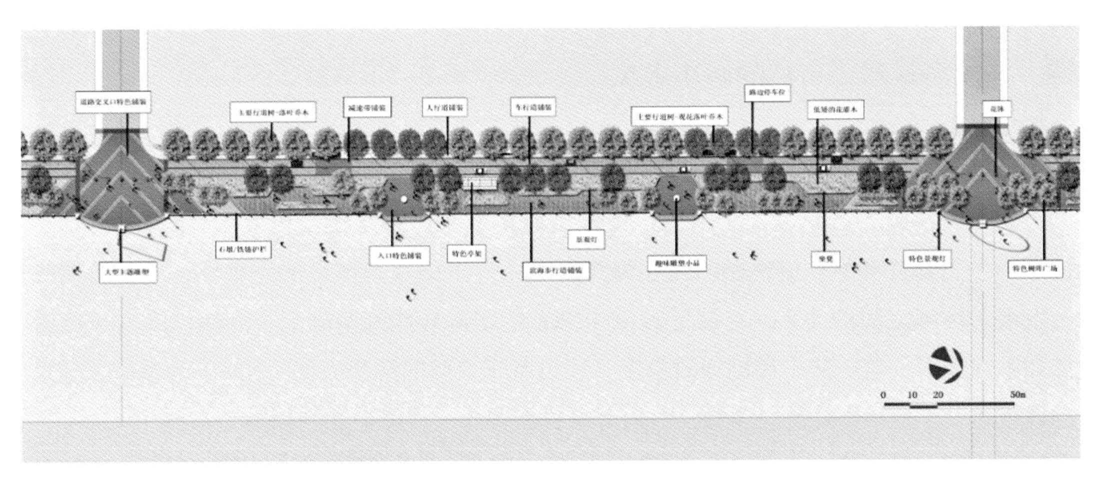

图 6-20　东疆人工沙滩后方服务道路平面

图 6-21　东疆人工沙滩效果图（左由南向北，右由北向南）

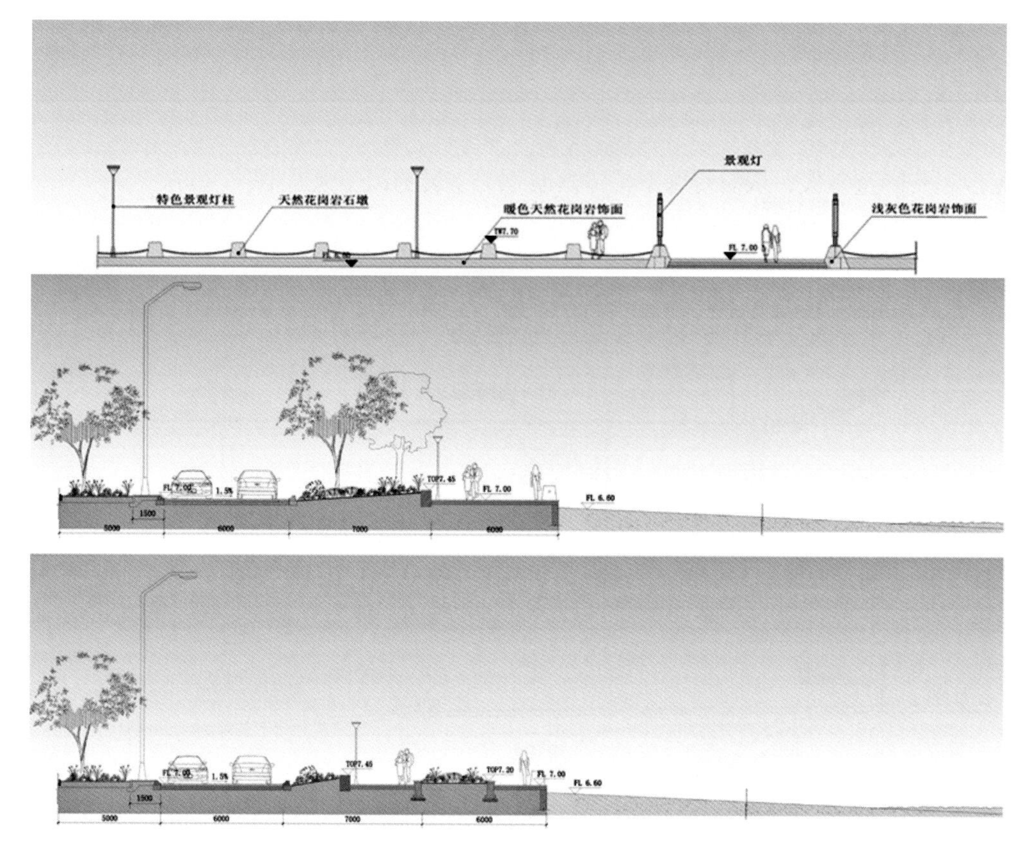

图 6-22　东疆人工沙滩与陆域衔接立面和剖面

四、沙质海岸基于自然的解决方案

生态修复是指对生态系统停止人为干扰，依靠生态系统的自我调节能力与自组织能力使其向有序的方向进行演化，或辅以人工措施，使遭到破坏的生态系统逐步恢复向良性循环方向发展。海岸沙滩的生态修复和维护应遵循沙滩在海洋环境条件下的生态体系的完整性，综合协调开发与整治、发展与环境之间的关系，在保证沙滩生态系统服务功能的基础上，利用沙滩对于旅游度假的载体和景观吸引价值。从工程机理的角度，应以基于自然的解决方案（NbS）为基础，辅以必要的基础设施建设工程，修复受损沙滩，引入海岸更新理念，将保护和利用融为一体。

中国是海岸侵蚀现象较为严重的国家。20 世纪 50 年代末以前，中国海岸线整体处于向海淤进或稳定状态。大约在 20 世纪 60 年代初，情况开始发生变化，首先是砂质海滩岸线发生侵蚀现象，继而黄河、长江等中大型河流的三角洲出现侵蚀。20 世纪 70 年代～80 年代海岸侵蚀已成为普遍现象。近年来，在全球气候变暖、海平面上升、风暴潮增强的大背景下，我国海岸侵蚀呈加剧趋势。海岸侵蚀会破坏海滩景观，导致海滩宽度减小、坡度增大、泥沙粒径粗化，海滩旅游功能下降，海岸空间减少，而且对于依存沙质海岸进行繁衍和产卵的生物如海龟等繁衍造成严重影响。近年来，全球气候变暖、海平面上升成为全球关注的焦点，尽管其发生作用的过程是缓慢的、隐性的，但其累计效果却是海岸长时间尺度变化的决定性因素，全球气候变化导致的风暴潮灾害强度和频率的增加也导致海岸受到的侵蚀威胁日益增加。

海岸侵蚀的直接原因主要是河流供沙量减少、海岸带采砂和海岸工程建设，另外，红树林和珊珊礁被破坏、沿岸地面沉降也加剧了海岸侵蚀。传统的堆积海岸供沙主要是大大小小的河流，全世界河流每年向海洋输沙 100 多亿吨，其中绝大多数堆积在近岸水深小于 50m 的区域，河流输沙量减少是造成全球海岸侵蚀的首要原因。近 40 年来，我国沿岸河流入海泥沙量减少了一半以上，造成我国海岸泥沙收支严重亏失，从而使海岸整体由淤积为主转为以侵蚀为主；[7] 其次，人工采砂也是海岸侵蚀的重要原因，人们在海岸地区的海滩、河口和水下大量采砂，造成泥沙亏损，使岸滩剖面平衡被打破，造成海岸侵蚀；另外，海岸工程和盲目填海也是造成海岸侵蚀的重要原因，不理性的海岸建设会打破海岸平衡，改变岸线形态或走向，引起沿岸动力的改变从而造成海岸的冲淤变化。

沙滩生态修复是以人工养滩柔性工程为主，即以 NbS 方案辅以必要的海岸工程，依靠海洋生态系统本身的自组织和协调能力，利用其动力条件，防止沙滩侵蚀后退，或促进沙滩淤积沉降平衡的生态型防御措施。对于海岸侵蚀严重的砂质海岸，海滩养护是一种软式海岸工程手段，不仅能有效保护海岸免受侵蚀，降低飓风带来的海岸带风暴潮灾害，还能在改善海岸环境、发展旅游业方面发挥巨大作用。当海滩自然供沙相对不足时，将一定粒级的砂石通过水力或机械搬运到遭受侵蚀的海滩，增加海滩宽度，维持、修复或重塑海滩功能。

沙滩生态修复的主要工程机理是利用海岸泥沙运动，波浪和潮流动力作用下的海岸泥沙横向和纵向输移。由于泥沙运动问题和海岸动力条件的复杂性，沙滩修复的研究与应用主要还是经验的方法结合海岸动力地貌的调研和海岸动力的模型。这些措施可以创造亲水宜人的沙滩休闲环境，又可以优化海岸生态，从对抗性工程形态，转化为柔性生态化综合系统，达到人与自然和谐。

人工养滩根据泥沙堆积在海岸剖面上的位置一般可分为以下 4 种形式：沙丘补沙，补给泥沙堆积在平均高潮位以上；滩肩补沙，补给泥沙主要堆积在平均潮位以上形成宽阔的滩肩；剖面补沙：将补给泥沙吹填在整个海滩剖面上；近岸补沙：将补给泥沙抛置在平均低潮位以下，然后依靠自然波浪的作用将泥沙向岸滩输移[7]。在海滩补沙工程实施前后，通常应对海滩演变进行系统的测量，以积累资料，并不断地完善日后的沙料补充方案。

“沙引擎”利用力自然养滩：荷兰代尔夫兰（Delfland）

荷兰海岸的海滩和沙丘一直保护着地势低洼的腹地，其中包括该国的经济中心地带兰德斯塔德（Randstad）。但是，随着河流沉积物供应减少、持续的地面沉降和海平面上升的综合影响，荷兰的沙质海岸一直在受到侵蚀，如果不加以控制，这种侵蚀将威胁到防洪防潮安全和沿海系统的其他功能。

荷兰代尔夫兰的沙引擎项目，目的是评估沙滩在保护荷兰海岸方面的有效性，并设计通过自然动力过程使沙子在岸边、海滩和沙丘上重新分布，部分沙子将在岸上运输，促进沙丘和相关植被沿海岸的发展。该项目于 2011 年完成，并将成为广泛的长期研究的主题，以记录和评估其自然演变，并将这一经验转化为将适用于其他地方的经验。在确保长期的海岸安全的同时，促进自然发展和娱乐活动，并测试养滩护岸的创新方法。

沙引擎（Sand Motor）项目的概念设想通过在指定地点投放大量沙子后，借助自然动力将沙子输送到更大区域的海滩，以提高补沙功效，降低成本，减少对环境的人为干扰。根据测算，该方案预计可以为海岸增加 28～33hm^2 的沙丘，在 20 年内无需再进行人工补沙，在 50 年内结合前滩补沙可保障代尔夫兰海岸的沙平衡。

2011 年 4 月项目正式施工并于 7 月竣工。工程创造了一个长约 2km、宽约 1km 的面积约 $128hm^2$ 的钩状沙子半岛。半岛的西南角形成了一个沙丘湖，北侧半岛末端与现有海岸之间形成了潟湖，在沙引擎尾部形成了连接内部潟湖与北海的水道。工程竣工后两年，沙引擎的形态开始发生变化；4 年后，其向海洋方向宽度缩窄了 260m，而长度则延展了 2.2km。与此同时，沙引擎上零星出现了欧洲滨草、海蚤缀等低矮植物。

比起每 5 年就需进行一次填沙工程，沙引擎的人工干预较少，为自然群落提供了充足的时间进行自我调节适应，有利于系统的生态修复并形成稳固的生态系统。在沙引擎建成 5 年后，原本安静的代尔夫兰沙滩上已经汇聚了多种多样的游憩活动：海滩浴、骑马、垂钓和慢跑，夜晚的游人数量也有所增加（图 6–23，图 6–24）。

图 6-23　2011 年至 2016 年沙引擎航拍图

图 6-24　代尔夫兰沙引擎后方陆域沙丘和固沙植被

五、“退港还滩”生态修复

20世纪80年代初日照港石臼港区煤码头建设需要，沿着原岸线向海侧推进数百米建成煤堆场，自然沙滩不复存在。此外原煤堆场，其东北侧紧邻日照市著名的万平口旅游风景区和城市居民区，其生产作业产生的粉尘废气噪声等污染均对城市环境和市民生活产生较大影响，港城矛盾较为突出，2013年石臼港区规划调整后，石臼港区煤码头海岸线向城市岸线转型。该岸线经修复恢复到自然沙质海岸线状态，与北侧紧邻的灯塔风景区以及阳光海岸、梦幻海滩等日照海岸线的整体协调，实现岸线资源的优化整合。在人工修复与自然力的共同作用下恢复蜿蜒美丽的沙滩。

1. 水文条件和地形地貌

潮汐：平均潮差3.15m；设计高水位4.83m；设计低水位0.57m；极端高水位5.80m；极端低水位 −0.63m。

波浪：常浪向为E向；次常浪向为ENE、ESE向；强浪向为ENE向；次强浪向E向。

海流：该海区潮流为往复流，主流向为NE～SW。

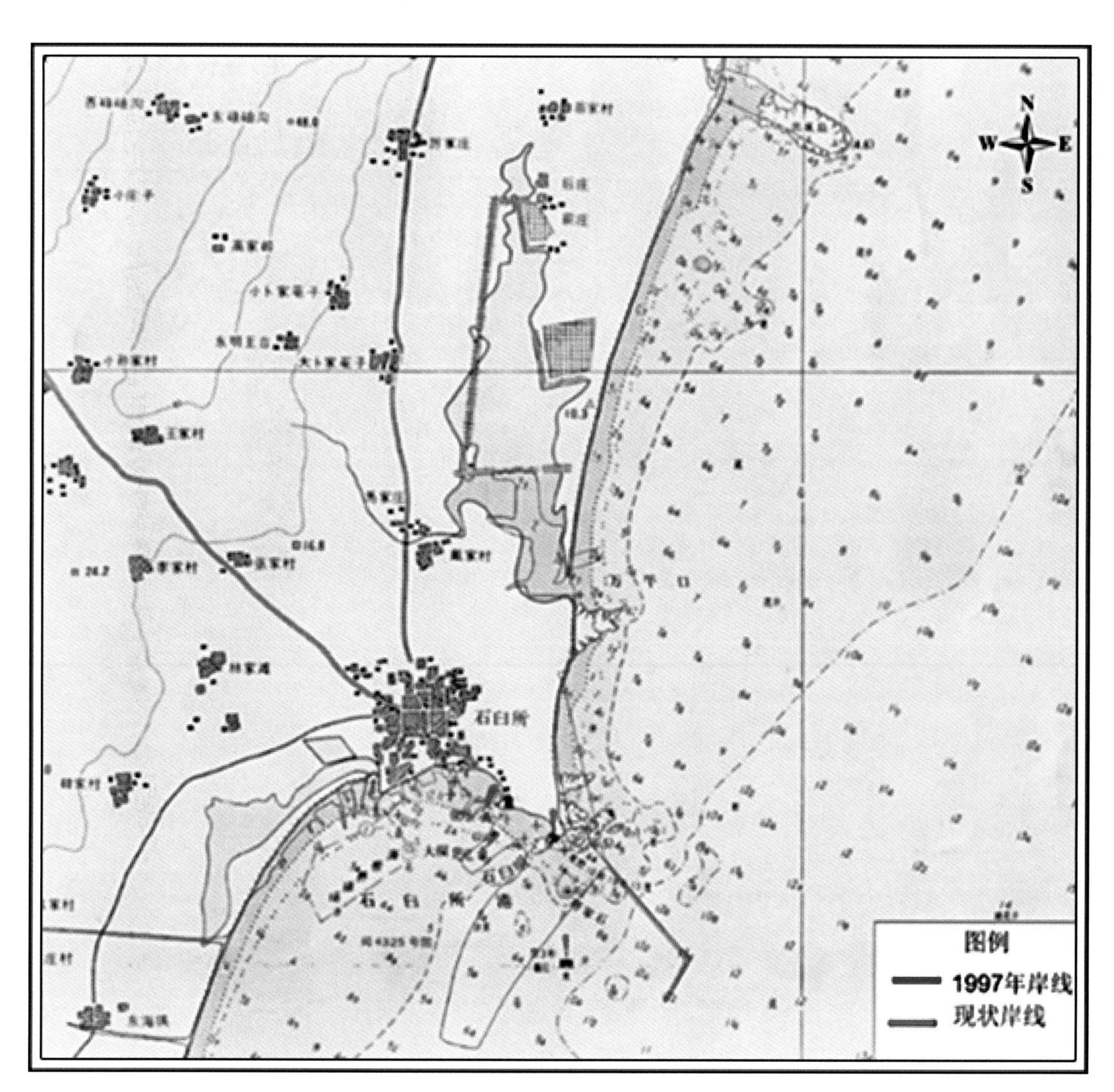

图 6-25　填海前海图以及岸线变化情况

修复区位于石臼咀与万平口之间，属于石臼岬角北翼，岸线走向为 SNE–SW，基岩低山丘陵临近海岸，濒海的山麓和凸出的剥蚀面形成伸向海中的岬角和水下礁滩，岬角间则形成砂质弧形海滩，是典型的基岩岬角和砂砾质海湾相间的波状海岸，该海域水下岸坡大部分覆有较厚的冲积物。项目区属于侵蚀性岸滩，年均冲刷度大于 10cm。沿岸冲积物的主要运移方向是自北向南，港口建设围填海工程形成人工岸线，原自然岸线属性几乎完全消失（图 6–21）。近海地貌分析表明，1962～1997 年工程海域海底基本为 5m 以浅海域冲刷，5m 以深海域淤积的状态，即“上冲下淤”的模式，浅水区沉积物向海搬运，在石臼港外侧海域冲刷尤其明显。

在对该段海域进行生态修复前，护岸外侧海域存在局部露滩即沙滩，但受到该地区强波浪的作用，沙滩宽度较窄且分布礁石，不足以提供旅游休闲用途海滩（图 6–26，图 6–27）。且由于向陆一侧煤堆场的环境安全以及海事安全需要，建有高达数米的挡浪墙，陆海之间的连通性被隔离，不仅带来景观视线上的影响，同时也切断了陆海之间的生态联系。

图 6-26　石臼港建设后附近海区海图（2011 年）

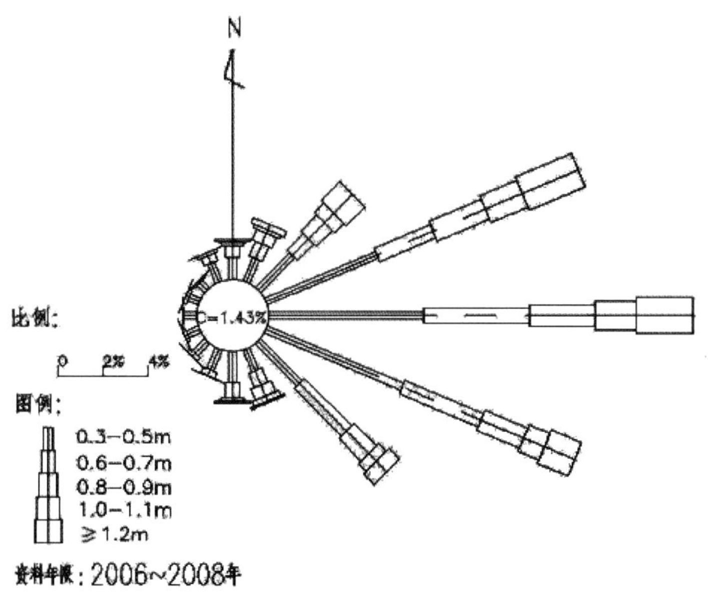

图 6-27　项目所在海区波玫瑰图

2. 沙滩生态修复的技术要点

生态修复方案为自现有护岸往海侧延伸约 354～544m，整治岸线长度长 1882m，预计形成沙滩长度 1844.7m。依次设置预留生态缓冲区、预留公共服务区、黄金海岸带，并在整治护岸北侧端部设置连接平台与灯塔景区的衔接，连接平台海侧为消浪及增强景观效果设置人工礁石区。

为保证方案的合理性以及可行性，邀请多家国内外海岸港口工程科研院校与机构参与了设计或模型模拟，包括结合海岸环境的规划概念方案，岸滩稳定分析数值模拟及隔沙堤形态论证，波浪潮流泥沙数模以及物理模型试验等。

基于上述研究分析和模拟基础，形成了该方案平面布局：现有护岸东侧布置生态缓冲区及公共服务区，公共服务区与沙滩区域之间，公共服务区东侧边界布置了隔沙堤，隔沙堤呈“C”型布置，整体为舒缓的内弯弧形，北侧与万平口岸线相衔接，隔沙堤形态根据工程区域周边自然岸线形态确定。为阻挡工程区南向浪向北侧沿岸输沙，以及潮流向南侧的悬沙输运，需要在工程区南侧建设一定规模的拦沙堤，以截断泥沙沿岸流失。就南拦沙堤长度而言，南拦沙堤越长，掩护条件越好，更利于沙滩的稳定与养护，但过长的拦沙堤会导致沙滩泥化，因此建议堤头采用建至 -10m 水深处。考虑到岸滩稳定性，根据数学模型模拟结果，选取东侧开敞式海域方案，同时在北侧布置拦沙堤，北拦沙堤长度为 410m。隔沙堤东侧为人工沙滩，供市民亲水之用的“黄金海岸”。人工沙滩坡度取值在 1/30～1/40 范围内，建成后将形成一段稳定的曲线形沙滩，俯瞰下蜿蜒平展波光粼粼的沙滩尽现眼前（图 6-28）。

结合后方区域的城市功能因地制宜确定不同区域的防浪安全要求。预留生态缓冲区，按照百年一遇设防，考虑功能为人员、建筑密集区域，在 100 年一遇极端高水位与 100 年一遇波浪作用组合情况下，存在轻微的溅浪现象，基本不上水。公共服务区分为两段设计，海侧 15m 宽度内，考虑供人亲水戏水，在 100 年一遇极端高水位与 100 年一遇波浪作用组合情况下可以少量越浪以提供海岸的适度趣味性活动。

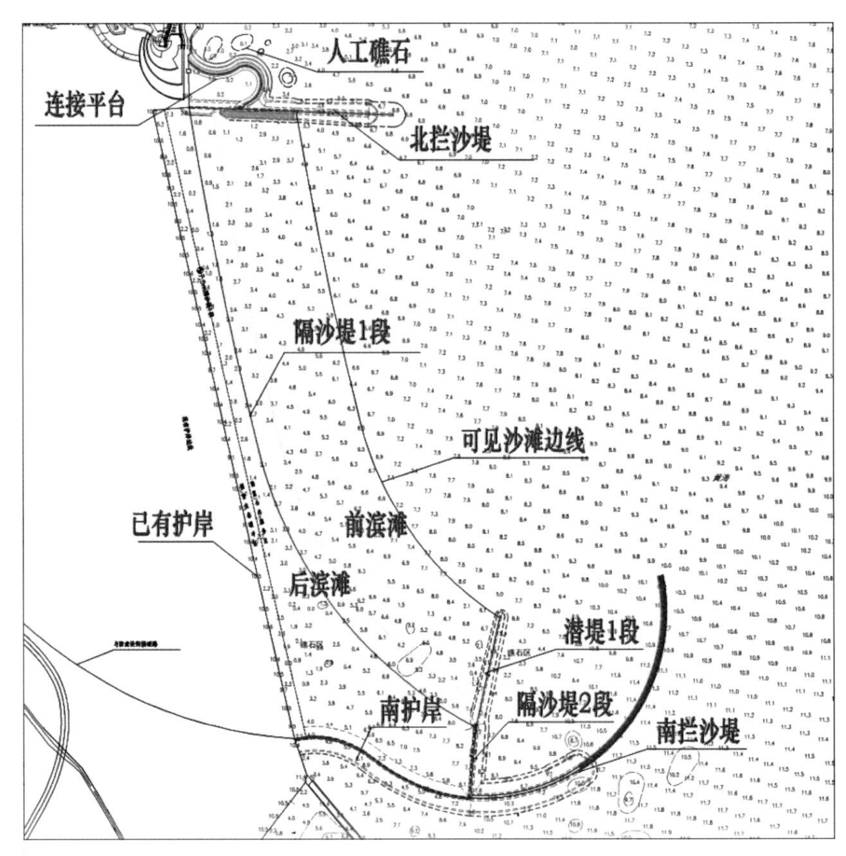

图 6-28 生态修复总平面图

3. 生态修复后的效果

目前该段岸线生态修复工程已结束达到预期效果，南北挡沙堤之间形成优质的人工沙滩，基本恢复了海岸自然属性，人工沙滩未发生大量补沙情况，经济效益以及海岸带生态环境得以改善，进一步推动了其环境、经济以及社会的可持续发展（图 6–29，图 6–30）。

图 6-29 生态修复前航拍俯视照片

图 6-30　生态修复后现场实拍照片

（注：本节技术内容的编写，承“中交水运规划设计研究院”彭玉生副总裁及项目经理张飞惠予提供相关技术资料和图片支持，特此致谢！）

六、沙滩海岸后方的城市设计

港口工业岸线退港还海棕地整治，修复后沙滩岸线具备从城市功能和空间布局上进行全面重组与提升的更好条件。自然沙滩后方的陆域具备优良的岸线景观条件，为滨海地区塑造富有活力的公共空间提供了优良的海岸生态环境基础。基于滨海岸线的城市设计遵从滨水区城市设计的基本规律，又更加重视城市功能、交通组织、开放空间以及建筑控制与引导四个重要层面。

1. 城市功能的更新再造

海岸空间是滨海城市天然的开放空间，滨海岸线的公共性是城市居民和游客共同享有这一公共资源的基本保证，避免岸线私有化开发，促进公共资源的共享是基本原则 [8]。

海岸滨水界面作为广义分层中心带，沿岸的沙滩、绿化和景观，公共开放空间等是吸引功能集聚的要素，要素聚集衍生游乐休闲、旅游度假和生活等活力功能。临海界面紧邻景观优美的海湾、沙滩等，涵盖滨海地区的碧海岸线，规划打造公共岸线、提供活动场地，主体功能以绿地、公园、文化、酒店、餐饮、娱乐休闲等公共服务为主，同时策划多种类型的滨海活动，如海上运动、音乐节、主题游园等，促进多元化的活动，形成滨海岸线公共休闲带以及具有吸引力的都市氛围 [9]（图 6–31）。

2. 交通组织和系统衔接

滨海岸线与城市特殊的空间关系，要求足够的道路交通服务体系扩展到海滨岸线，以确保滨海区域良好的可达性，支撑富有生机的多样化活动以及滨海空间的共享性 [8]。构建人车分流、等级分流的交通组织体系，有机组织梳理车行流线和人行流线（图 6–32）。

垂直于海岸线的城市道路可以通达滨海区域，同时也复合建立了城市与海洋之间的视线通廊，结合公园及广场用地可设置地下公共停车场；平行于海岸线设置沿滨海的服务性道路，在道路断面和尺度设计上，宜适度压缩车行空间扩大非机动车道，以适应慢行交通需求为主（图 6–33）。

滨海的步行道系统不仅满足人们亲近海洋，近距离接触海洋、观赏滨海景观的需要，它还是居住、工作在滨海区域人们的休闲和游憩的场所，同时，它自身也是滨海区域重要的景观元素[10]。紧邻沙滩区域，宜结合滨海绿地设置一条连续的滨海慢行步道，并以此为架构形成安全、连续、舒适的步行系统和街面活动，步行系统设置相应的休憩设施，满足使用者的各种心理和生理需求，将岸线与城市、人与自然紧密联系起来（图 6–34）。

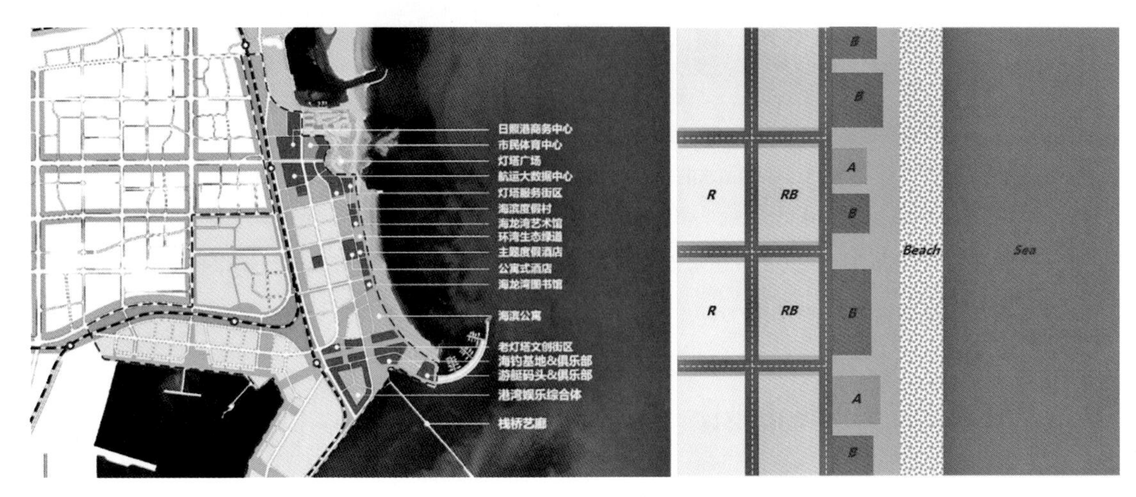

图 6-31 滨海岸线功能分布及空间模型

图 6-32 规划道路系统

图 6-33 公交走廊及站点示意

图 6-34 滨海步行道示意

3. 开放空间系统

滨海区域的开放空间在城市与大海之间相互渗透，其空间特点既要体现出与海及海岸空间的互动关系，又要强调城市功能的协调，根据其环境特性及周边功能的需求，形成不同的空间形态。

（1）带状开放空间

在滨海区域，结合公共绿地、滨海步行道以及沙滩形成带状开放空间，依托连续的滨海步行道，其线性特质将滨海绿地空间与相邻城市内部各个特色的景观节点进行串接，并利用线型公园绿地、林荫道、步道及车行道等多类型的线性空间连通城市的公园、广场、街头绿地等，形成生态空间网络，带来多样化的体验，同时形成空间丰富的景观视廊[11]，通过生态绿道渗透到城市腹地，并强调景观视廊垂直于海面，沿视线廊道设置步行道，鼓励慢行及亲海行为，增强海与城市的联系（图 6–35）。

（2）节点开放空间

结合场地特征以及周边城市功能，在适当地点进行节点的重点处理，放大广场、公园，沿岸线布置不同类型的开放空间节点，促进市民及游客交流并开展不同类型的活动，包括：① 静态型观景节点空间，供人们静态逗留、观景活动，属于内向型空间，具有场所感和领域性，如观景平台；② 动态型娱乐活动空间，供人们动态娱乐，开展各类活动，属于开放型空间，能满足人流的集散，并与周边城市环境相融合，如主题乐园、音乐广场等；③ 群聚型节点空间，供群众聚集活动，空间具有弹性，满足市民非正式的社交以及一定规模的聚集，并配套有零售商业设施，为空间带来活力以及场所的安全感，如节庆广场。慢行系统与城市居住商业结合的“口袋公园”可以有效利用滨海空间的特色地貌和地形，形成有趣丰富的城市文化空间点缀（图 6–36）。

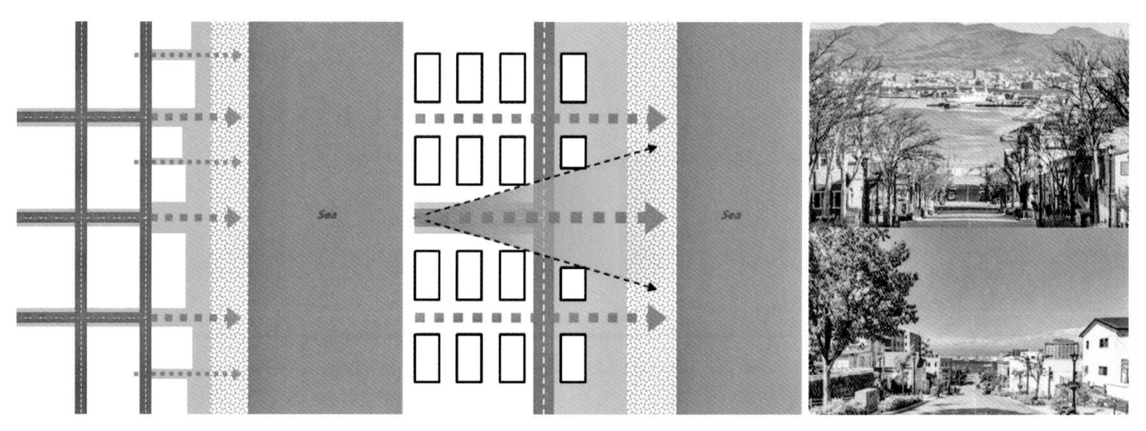

图 6-35　带状开放空间及滨海生态廊道

图 6-36　开放空间示意

4. 建筑控制与引导

海岸空间的建筑控制与引导方面重点关注特色的建筑风貌、合理的建筑布局、合理控制的建筑高度以及地标建筑。对近海岸建筑高度控制、通廊控制，在我国近二十年的城市规划实践中，有许多教训经验值得总结改进。

（1）建筑风貌

各具特色的滨海建筑风采是城市空间构成的主导要素之一，其布局形式、高度控制、造型、色彩等诸方面对城市景观具有重要影响，如青岛老城区以德式建筑为主体与丘陵地貌和海洋形成"碧海、蓝天、红瓦、绿树"的优美城市风貌[12]。城市建筑风貌要因地制宜，发挥滨海的自然特色，并体现出历史文化与地域性文化，避免与其他地区的趋同，创造现代简约、疏朗通透、尺度适宜的滨海建筑风情。

（2）建筑布局

海岸空间建筑和街道布局上，应预留快速到达海滨的通道，一方面利用开敞的通道和空间形成水陆之间的空气环流，起到自然调节城市滨海地区微气候的作用，另一方面，预留足够的视线通廊，使陆域腹地更多的建筑空间从视觉上感受到大海的魅力（图6-37）。建筑布局遵循以下原则：① 调整临水空间的建筑、街道的布局方向，在不阻挡视线的情况下，使单体建筑获得观海视角，并形成风道引入海面的水陆风；② 降低建筑密度，或将临水建筑底层架空，使滨海地区开放空间与城市内部空间相通；③ 控制临水一侧的建筑外墙与滨水空间的距离，包括底层部分的外墙和在一定高度以上的退后要求，以保证面海空间开敞，形成亲切的近水空间[13]。

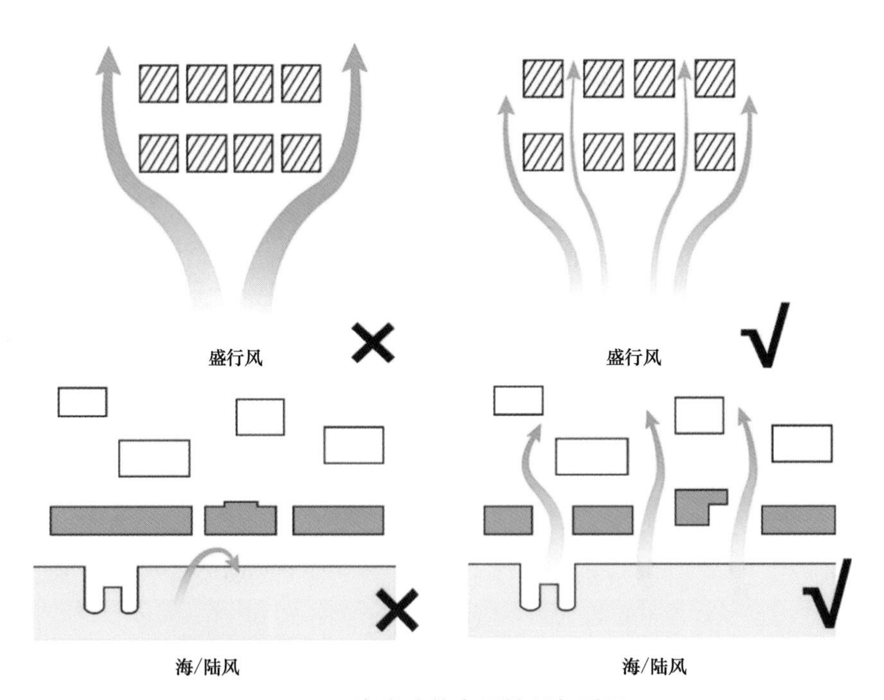

图 6-37　海岸建筑布局控制与引导

（3）建筑高度

海岸空间建筑恰当的高度控制能保证滨水环境的视野空间开敞丰富，形成良好的空间尺度和优美的天际线。临水建筑宜以低层为主，随着建筑位置后退，高度逐渐可提升，对于滨水建筑，通过高度控制引导建筑向滨海跌落，并形成向上收分的建筑形体，为更多的居住工作者提供观赏海洋景观的条件，并丰富沿岸天际线的层次（图 6–38）。

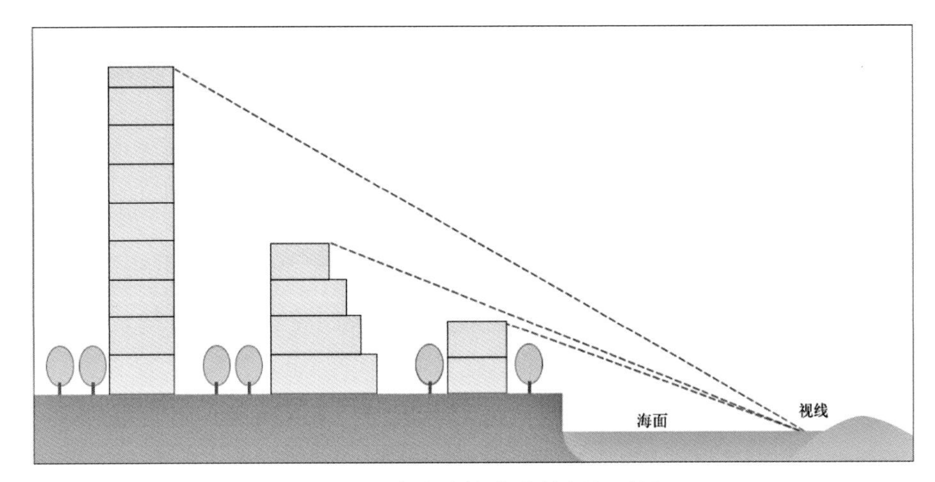

图 6-38 海岸建筑高度控制与引导

（4）地标建筑

结合城市风貌、基地场所精神等因素，设置设计形式超前、具有鲜明识别性的特色文化建筑，体现城市的特质与品格，成为人们的视觉焦点和海岸历史与文化演变的象征性因素。但对于海岸空间，应谨慎并控制地标建筑的数量，且地标建筑并不一定是高大体量的建筑物，由于海岸空间的文化特质，特殊的文化构筑反而会成为有重要文化意义和价值的地标，例如青岛的栈桥、水族馆，尽管体量不大，但却以其海洋文化特色成为经久不衰的地标建筑。

七、海岸沙丘与基础设施景观——荷兰卡特韦克海岸沙丘

在本书第二章，我们对海岸沙丘的形成机理和结构进行了初步介绍，本章就海岸沙丘在海岸空间规划中的价值提供了一个与自然结合的沙丘防护案例。

海岸沙丘通常是平行于海岸的砂质堆积地形，在开阔且有大量松散沉积物源的海岸地带，向岸的强劲海风将沙粒吹到离岸不远处堆积，同时又不断拦截从海滩刮来的物质加宽、加长、加高，从而形成沙丘。海岸沙丘适应性广泛且具有良好韧性，与适生地被结合的沙丘比刚性护岸具有更大的结构韧性，它能经受波浪和风暴潮的冲击，吸收并减弱海岸风暴和波浪的能量。这在中低开发强度的城镇和海滨地区以及生态保护区具有突出的优势，以海岸空间换取海岸高度达到安全目标，是一种生态高效造价节省的防护策略。即使在城镇开发强度和密度较高的地区，在与基础设施建设相融合的条件下，依然有很强的优势，并由此会衍生出创新的理念和设计方案。对于海岸沙丘的地貌与建筑以及基础设施的结合，国内目前亦有相应的探索，如秦皇岛阿那亚黄金海岸的沙丘艺术博物馆在此方面也进行了创新的设计探索。

著名环境设计师、规划师和教育家，宾夕法尼亚大学景观建筑与区域规划学院创始人伊恩·伦诺克斯·麦克哈格在其《设计结合自然》一书、“海洋与生存——沙丘的形成与新泽西海岸的研究”一章中，引用荷兰以柔性沙丘作为海岸防护的重要工具的设计结合自然理念，对于海岸沙丘形成和运用机理做了详细的分析，同时也就新泽西海岸在海岸建筑对于自然沙丘破坏导致的

灾难性后果，进行了对比研究。可见海岸空间规划和景观规划领域是设计结合自然具有重要启迪意义和重要应用价值的领域[14]。

荷兰 OKRA 景观设计公司在荷兰卡特维克镇沙丘海岸的设计实践，利用海岸沙丘的修复与地下停车库结合，同时将防洪与景观设计融合，为海岸景观的生态化和防洪设计融合基础设施建设提供了创新的理念，获得了广泛的赞誉。本书结合作者现场考察进行该案例总结。

荷兰卡特韦克镇海岸沙丘项目

众所周知，荷兰国土空间至少有 26% 的领土都是低于海平面以下，荷兰最高海拔的区域也不过 300m。根据 2014 年“荷兰气候中心”（climate central）的研究分析，承载将近 47% 的荷兰人口的土地将在 21 世纪末面临由于海平面上升淹没的风险。历史上，荷兰人民为了与海洋的抗争做了很多的努力，所谓“上帝创造了世界，荷兰人创造了荷兰”。例如，著名的“三角洲计划”（DELTA WORKS）就是荷兰为了对抗全球变暖而做出的保护措施。“三角洲计划”针对荷兰的十个不同薄弱点进行针对设计改造，将莱茵河、马斯河和须耳德河的河口封闭制造出形态各异的淡水湖，让海潮无法涌入，为荷兰人民创造出一个相对安全的环境。

卡特韦克就是这十个薄弱点的其中之一，卡特韦克原有两个防洪等级的区域，分别是沿海的区域和靠近城市的区域（图 6–38）。沿海区域的防洪主体是临海沙丘，在洪水来临时起到缓冲作用，靠近城镇的区域则是风暴潮洪水入侵后保护城市的第二道防线。但在两道防线之间还居住着 3000 多的居民，当第一道防线失守时，这些居民将会受到洪水灾害。同时沙丘的防御安全系数很低，不足以抵挡住洪水来临时强大的冲击力。截至 2007 年原堤坝的防御能力预测已经无法再支持下一个 50 年的防洪要求，需要在 2015 年之前完成加固提标工作（Oerlemans, H., & Baldwin, C.，2013）。卡特韦克的旅游业发达，是荷兰的著名滨海旅游度假胜地，当地经常组织举办很多活动比如跳蚤市场、垂钓活动还有花车游行等吸引大量游客的到来。除了防洪不健全的长期问题，在旅游业方面停车也成为小镇旅游的障碍问题。

为了解决这两个问题当地政府在 2008 年正式开展了卡特韦克海岸 1500m 堤防的改造提升，取名为“Kustwrk Katwijk”即“卡特韦克海岸项目”。考虑到不能将堤坝往小镇方向拓宽，所以只能在向海的方向将堤坝拓宽并加高。原有沙丘高 6m、宽 30m，需要增高 1.5～4m、加宽 50～170m（图 6–39）。从图中可看出，如此则沙丘的高度与宽度的大规模调整将会对村庄和沙滩及海岸之间的联系产生较大的影响（图 6–40）。鉴于在项目开始时设计者就确定了卡特韦克城镇区域的重要价值在于村庄与沙滩之间的关系，设计思路聚焦于加强防洪的基础上保持村庄与沙滩之间的紧密联系，实现“与海共同成长的”的目标。但是设计的挑战在于既要加强防护又要顾全当地公共空间的质量与社区的紧密联系[15]。

设计团队邀请本地居民和利益相关者加入设计过程中并参与决策，得出了以下两个目标：首先，在解决城镇与海的关联问题时，应该考虑主要购物街和林荫大道的视线与海岸的关系，但这与从海到城的实际空间距离关联度不高；其次，如何运用新的堤防巧妙地将自然、防洪和公共空间相结合，增加公共活动设施并扩大现有停车场面积。结合调研结果，设计师们讨论出两个方案方向，即增加沙丘的厚度和将防洪墙与沙丘结合。整个设计不断改进为在原有沙丘基础上增加沙丘体积，以及在沙丘内整合防洪墙，后期整合的方案又提出将停车场隐藏在沙丘堤坝之中的大胆想法，以解决地上设置停车场则空间不足的问题，一系列的演进方案。最终获得了项目参与者的一致支持，并且经过国家水务局的研究，停车场整合入沙丘堤坝（Dyke-in-dunes）符合相应安全等级（1：10000 safety level）。

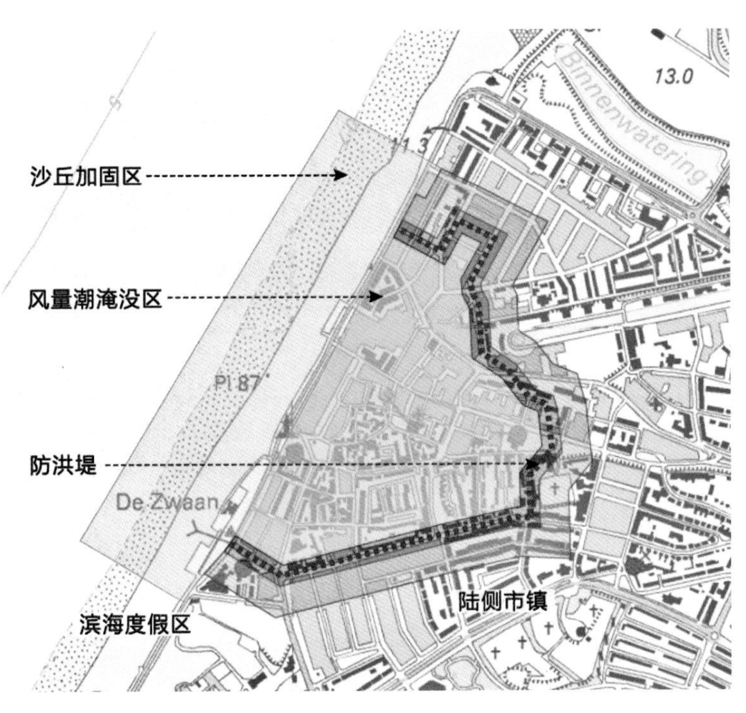

图 6-39　卡特韦克原防洪规划防御

图 6-40　现有沙丘的空间尺度分析

在确定了沙丘内堤坝和停车场的位置关系后（图 6-41），专家依靠各种不同的时间模型计算出最合适的混合式堤坝的结构数据（图 6-42）。从图中可见地下停车场处于林荫大道和堤坝之间，看似与防洪墙一样都被覆盖在沙丘之下，但它与防洪墙的结构功能是隔离的，并不参与结构防洪。

防洪墙的存在不只用于防洪，还为停车场提供了稳定性的地下结构支撑。停车场长 500m、宽 30m，可容纳 667 个车位，由 7 个出口和 4 个单独的紧急出口构成（图 6–43）他们与地表景观有机融合设计成地面景观建筑 [16]。

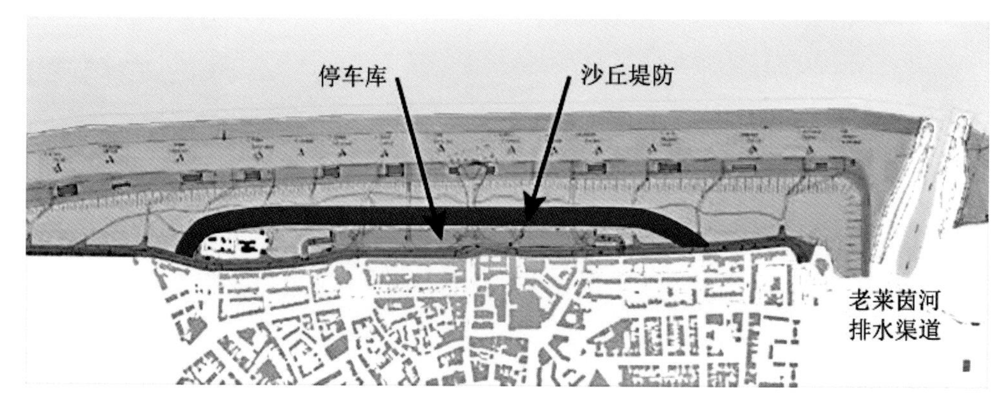

图 6-41　沙丘堤与地下停车场的关系

［出处：作者修绘］

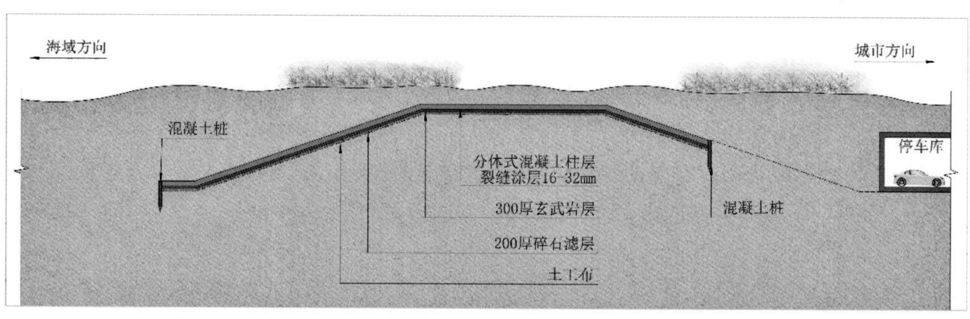

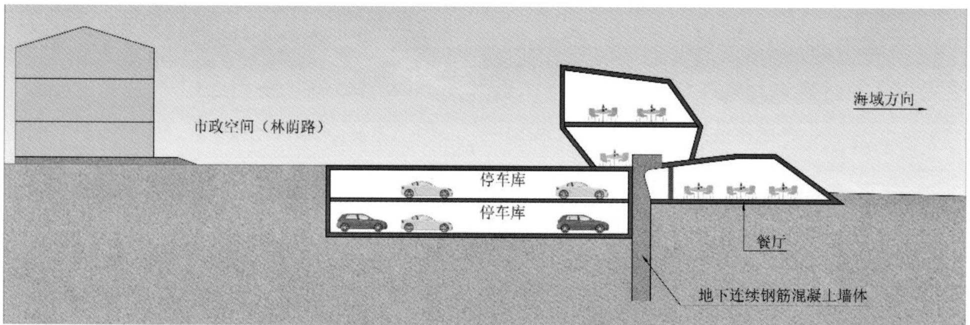

图 6-42　沙丘堤防及停车场的方案演进（上）效果（下）图

［出处：作者修绘］

图 6-43　停车场内部和地面出口（左）和紧急出口（右）地表景观

处于中心区域的“沙丘过渡区”（dune transition）是沙丘的主要活动广场空间，为游客和居民创造出休息和停留的空间。在沙丘和海洋之间的地带也设置了一些商业，为夏季海滩活动提供服务。[17] 沙丘地表植被采用荷兰海岸原生固沙植物，丛株健壮呈倒伏状但根系发达，对于流动的沙丘有很好的固定效果，沙丘地表塑型由此得到了良好的保持，并与地下结构一起形成了海岸刚柔并济的防线（图 6–44）。

图 6-44　卡特维克沙丘车库地表植被和景观小品（一）

图 6-44　卡特维克沙丘车库地表植被和景观小品（二）

参考文献

[1]（日）芦原义信著；尹培桐译．街道的美学［M］．百花文艺出版社，2006.6.

[2] 邹志利，房克照．海岸动力地貌［M］．北京：科学出版社，2018.2.

[3] HY/T 255—2018，海滩养护与修复技术指南［S］.

[4] 中交第一航务工程勘察设计院有限公司．海港工程设计手册（第二版）［M］．人民交通出版社，2018.6.

[5] 赵薛强．海湾综合整治研究［D］．国家海洋局第三海洋研究所，2011.

[6] 谢世楞．桂林洋海滩整治工程概况［J］．港工技术，1993（1）：1–8.

[7] 林峰竹，王慧，张建立，付世杰．中国沿海海岸侵蚀与海平面上升探析［J］．海洋开发与管理，2015，32（6）：16–21.

[8] 程鹏．滨海城市岸线利用方式转型与空间重构——巴塞罗那的经验［J］．国际城市规划，2018，33（3）：133–140.

[9] 徐晓光，杨磊．滨海地区圈层模式的规划应用——以大连市北海湾规划为例［J］．规划师，2014，30（9）：41–46.

[10] 陈晓宁．滨海港口区域景观规划与设计［D］．北京林业大学，2007.

[11] 刘晨阳．城市滨海重点地段城市设计方法研究［D］．山东建筑大学，2019.

[12] 郁珊珊．城市滨海环境景观设计表现海洋文化初探［D］．南京林业大学，2007.

[13] 胡伟．城市滨海地区城市设计研究［D］．武汉大学，2005.

[14]（英）伊恩 · 伦诺克斯 · 麦克哈格著；黄经纬译．设计结合自然［M］．天津：天津大学出版社，2006.10

[15] Oerlemans, H., & Baldwin, C.(2013). Coastal Resilience：planning with communities for sea level rise.In Proceedings of the 2013 Planning Institute of Australia Queensland State Conference (pp.1–19). Planning Institute of Australia, Queensland Division.

[16] Voorendt, M.(2017). Case Study：Katwijk aan Zee. Integral Design of Multifunctional Flood Defenses.

[17] Cardno, C.A.(2015, March 24). Sand Dune Conceals Underground Parking Garage.Retrieved fro. https://www.asce.org/magazine/20150324-sand-dune-conceals-underground-parking-garage/.

第七章　海岸湿地景观规划设计

湿地是地球自然生态系统的重要组成部分，被称为地球之肾，是自然界生物多样性丰富的生态系统和人类重要的生存环境，具有强大的环境功能和生态效益。对湿地的定义分为两类，一类为从湿地管理保护角度出发的“管理定义”，另一类为从湿地特性出发的“科学定义”。“管理定义”主要代表为1971年签署的《关于特别作为水禽栖息地的国际重要湿地公约》（The convention on wetland of international important especially as waterfowl habitat）（简称湿地公约），1992年，我国正式成为缔约国，该公约列入保护的国际重要湿地包括在中国的重要湿地并经常更新增加。《湿地公约》将湿地定义为：“天然或人工，长久或暂时性，淡水或咸水的，静止或流动的沼泽地（Marsh）、湿原（fen），泥炭地（peatland）包括低潮时水深不超过6m的海水水域”。我国现行的由国家林业局于2013年颁布的《湿地保护管理规定》中对湿地的定义基本延续了《湿地公约》中的定义。采用“科学定义”的国家为美国及加拿大，此类定义根据湿地的三个属性，即湿地水文，湿地土壤，与湿地动植物为基础对湿地进行界定。[1]湿地在广义上不仅仅是我们日常所理解的沼泽、滩涂、水生植物茂密的浅水区等，还包括河流、湖泊、水库、稻田以及水深不超过6m的浅海水区。

本章讨论的海岸湿地，处于海陆相交的区域，受到物理和化学生物，尤其是海洋和陆地等多种环境因素的影响，生态多样性高，构成条件复杂，对保护岸线和维持海洋及陆地的生态功能和生物多样性具有重要意义。海岸湿地是海岸空间资源开发和利用的前沿也是生态脆弱环节，近年的海岸空间开发，围填海活动大部分发生在海岸湿地范围内。

一、海岸湿地的分布和类型

广义的海岸湿地通常是指沿着海岸线分布，在波浪和潮流为主要动力作用下改造的原地基岩或泥沙堆积的倾斜平地，其在潮汐周期内被海水周期性淹没，或在风暴潮时暂时淹没，或经常处于浅层海水之下（根据1971年“国际湿地公约”定义为水深6m以浅），其上生长和栖息着各种海陆生物。[2]美国鱼类和野生动物管理局将此部分湿地进一步分为两个类别，海洋湿地与河口湿地，二者间以盐度30‰作为分界，盐度高于此为海洋湿地，盐度低于此为河口湿地[3]。此外，其中一类湿地类型，即处于咸淡水交界处的海岸河口湿地和潮上带区间分布的湿地，在本书讨论的海岸空间规划设计的实践中具有重要的生态景观学意义，是本章关注的重点。中国的海岸线穿越温带、亚热带和热带，气候暖热，湿润多雨，沿海岸线广布海岸湿地，且南北方海岸湿地在不同气候条件下的植物类型和地貌构成有较大的差异化，因而在海岸空间的利用和景观设计中，湿地的规划设计既具有统一性也具有特异性。

1. 海岸湿地的分类

海岸湿地从海岸带的空间关系角度，可分为潮上带湿地、潮间带滩涂和潮下带浅海这三个部分：

潮上带湿地：潮上带土地位于高潮位以上延伸至陆上一定范围内的地带，潮汐作用不及，只有当较特殊的风暴潮时，海水暂时侵浸，地貌及植物基本上属陆相。潮上带中包括由海浪堆积的海岸沙坝和连岛坝，或由风力加积在海岸沙坝、平原和坡地上的沙丘和沙脊，长旱生植物，均不属湿地，而由冲积和海积成因的平原，因富含水分或季节性渍水，则属于湿地。现行潮沟和河流河口段，在潮汐和径流双重影响下为半咸水。老海积平原土壤多已脱盐，生物为陆相，少数为未完全脱盐或存在“返盐”现象的盐碱地，则生长耐盐植物。

潮间带湿地：潮间带湿地界于大潮高潮位与大潮低潮位之间，在潮汐周期内被海水涨淹退露。潮间带湿地主要是现代沿岸流、潮流和海浪的作用冲刷和堆积而成，通称滩涂或潮滩（tidal flat）。河口输出的泥沙，沿岸流从远处河口和侵蚀岸段带来的泥沙，海浪从大陆架上推来的泥沙，在适宜岸段堆积下来，咸水植物起着促淤作用。

在河口三角洲、邻近大河口伴生沉积体系影响的岸段和废弃大河口三角洲残迹上一般以“波浪掀沙，潮流输沙”，泥沙落淤方式发育的湿地，通称海涂。水网繁复，滩涂块多面积大，宽可超过 10km，长逾 100km，组成的物质多为粉砂、淤泥以及少量砂，为淤泥质滩涂。

潮下带湿地：包括海岸低潮线以下水深 6m 内的水域和海底。潮下带湿地范围的工程建设，其环境和动力作用更适应于以海岸工程的解决方案，而在生态方面则更多的适应以海洋生态和海岸河口生态的综合体系提供解决方案。

赵焕庭从沉积学、地貌学和生态学视角，按形态、成因、物质组成和演变阶段将海岸湿地划分为 7 大类，即：淤泥质海岸湿地、砂砾质海岸湿地、基岩海岸湿地、水下岸坡湿地、潟湖湿地、红树林湿地和珊瑚礁湿地 [4]。

美国海岸湿地分级式分类可供参考了解（图 7–1）。

2. 几类典型海岸湿地景观

中国滨海湿地分布于沿海的所有省区和港澳台地区，海域沿岸约有 1500 多条大中河流入海，形成浅海滩涂生态系统、海岸湿地生态系统、河口湾生态系统、红树林生态系统等。其中有黄河三角洲湿地、辽河三角洲湿地、大沽河河口湿地、莱州湾湿地、天津滨海湿地、鸭绿江口湿地、盐城湿地、长江口湿地、钱塘江口—杭州湾湿地、晋江口一泉州湾湿地、珠江口河口湿地和北部湾滨海湿地等十余片国内外著名湿地 [5]。海岸湿地环境受季风波浪、潮汐与大河影响的河海交互作用为特征，地跨 39 个纬度带，其面积约占我国湿地总面积的 1/5。鉴于设计实践需要和中国海岸的湿地分布特点和种类众多，本书重点关注在海岸生态修复和景观建设中涉及的三种典型湿地类型：海岸河口湿地，平原海岸草滩盐沼湿地及红树林海岸湿地。

海岸河口湿地：排入大海的入海河口湿地，沿海流域会从海岸向内陆延伸（图 7–2）。海岸河口湿地的功能价值既取决于又影响着周边流域的健康情况。这些湿地的价值体现在：

防洪：沿海湿地保护海岸高地地区，包括有价值的住宅和商业性质区域，免受海平面上升和风暴造成的洪水。

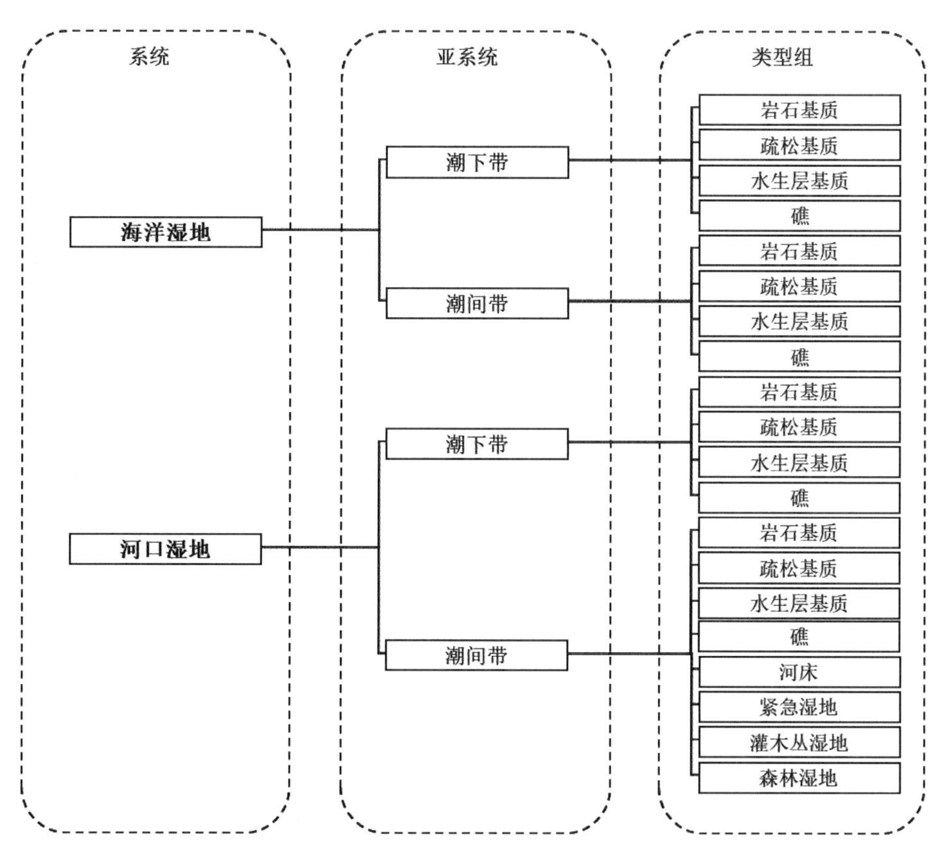

图 7-1　美国海岸湿地分级式分类

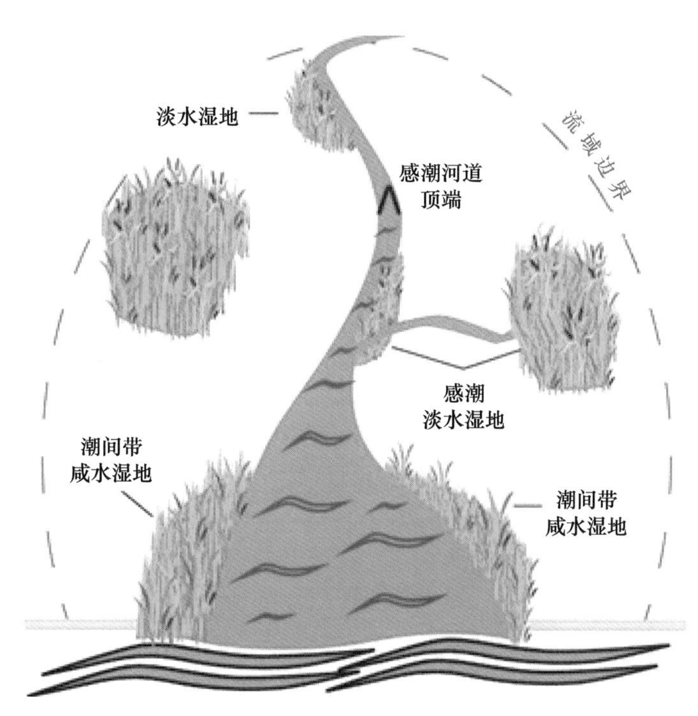

图 7-2　海岸河口湿地构成模型示意

侵蚀控制：沿海湿地能够吸收海洋产生的能量，从而防止海岸线侵蚀，否则会降低海岸线和相关发展的稳定性。

作为野生动物食物和栖息地：沿海湿地为许多受威胁和濒危物种提供栖息地。包括北美和亚洲的多条候鸟迁徙路线穿过太平洋和大西洋海岸，那里的沿海湿地为水禽和候鸟提供了临时栖息地。

水质维持作用：湿地在排入海洋之前过滤水中的化学物质和沉积物。

休闲：沿海湿地的休闲项目可能包括划独木舟、皮划艇、野生动物观赏和摄影、休闲钓鱼和狩猎。

平原海岸草滩盐沼湿地：多数由于河流带来丰富的粉砂和粘土以及部分砂堆积在海岸，并受潮流作用冲淤而形成的。此类湿地形态面貌较单一，堆积地形宽阔而平坦，如渤海湾从黄河口到曹妃甸海域分布平原海岸湿地，就是因为河流搬来的大量细粒物质，再经过潮流的搬运和堆积而成的，外部与海滩相连，滩涂宽度可达 4～5km，低潮只见一片平坦的泥滩。淤泥质海岸湿地的组成物质较细，属于粘土到粉砂等类型，宽度大坡度小，坡度一般在 1∶1000 左右（图 7–3）。在某些基岩海岸的海湾顶部地区，也存在着类似局部平原海岸的湿地片区，这类湿地片区丰富了海岸的生态类型和生物多样性，对于海洋环境具有积极的保护和缓冲作用（图 7–4）。

图 7-3　渤海湾淤泥质平原海岸湿地肌理

图 7-4　胶州湾底大沽河口湿地

红树林海岸湿地，主要由红树林作为骨干植物构成。红树林是热带、亚热带沿岸海涂上生长的喜热、耐盐、耐湿乔灌木。涨潮时树冠冒出海面上，一片翠绿，被称为“绿色长城”（图 7–5）。我国红树林面积有统计历史上曾达 25 万 hm^2，目前仅存 1.5 万 hm^2，近年生态修复呈增加的趋势。红树林湿地主要分布在海南、广西、广东、福建及浙江南部，由南向北随着纬度增高红树林分布面积及真红树树种均显著降低，林相也由乔木变为灌木。红树林植物长期受潮间带生境条件作用形成了许多具有特殊生理功能的独特的根、叶和果实形态。红树林虽有一定程度的抗浪能力，但在比较隐蔽的河口湾和港湾的湾头、潟湖和潮汐水道内生长较多较好，在潮间带的不同部位因潮水淹浸时间长短的差异而生长不同的红树林植物 [4]。

图 7-5　海南东寨红树林湿地

在一些红树林植物树枝上，固着生物，底栖生物，林中鸟类很多（图 7–6），以涉禽和水禽为主，冬天还有过境或驻足的高飞候鸟，如雁鸭类和苍鹰等。红树林生态系统在环境、资源和人类社会可持续发展中其生态价值和影响亟待引起更广泛的关注，其生态修复和合理规划利用对于海洋蓝碳、海岸生态、海岸防护及旅游都具有很高的价值。

图 7-6 深圳湾公园红树林

二、湿地教育中心（WEC）规划

较大规模的湿地保护区通常规划核心区、缓冲区、试验区等，其具体功能和人类介入的深度和开发内容应遵从相关的湿地保护规定。在其中植入湿地教育中心（Wetland Education Centers）具有重要的科普教育和旅游价值——“湿地教育中心（WEC）”是指人们能够和湿地及其生态系统互动的地方，往往包括典型湿地示范地和相关的解说性标志、路线、展览，讲解湿地的历史及其生物多样性保护的专用游客中心，能定期举办以湿地保护为前提的 CEPA 活动并为访客提供硬件设施服务。现代信息技术的发展为湿地科普中心的规划提供了更具吸引力的与自然互动的技术条件，譬如通过声音和音响等设施将声音和图像实时引进湿地中心，使人们可以与自然近距离接触而不惊扰自然界的动植物。湿地中心游览展示区的尺度根据背景湿地的面积可大可小，但是通常以步行游览的尺度和作为主要的规划范围控制，并与背景湿地的生态体系有联系及必要的区隔。

自 2003 年，CEPA 活动已经列入《拉姆萨尔公约》中，其全称为“Communication，Education and Public Awareness”，这也是 CEPA 活动的初衷，即沟通、教育以及公众意识。湿地教育中心可以以自然保护区、环境教育中心、野外研习中心、动植物园、自然历史博物馆等多种形式呈现。经历近一个世纪的发展，全球目前拥有数百个湿地教育中心（图 7–7），广泛分布在除南极洲以外各个大陆。

湿地教育中心没有固定的规划和运作模式，但应该符合当地环境和生态，并与当地的生物、文化以及湿地环境紧密相连，从而带动各方的参与，真正实现 CEPA 活动的意义。在保护现存野生生物不受破坏的基础上，通过建立湿地教育中心使人们通过 CEPA 活动与自然产生互动，提供众多自然生活体验，催生公众对环境问题的长期的兴趣与关注，借此支持湿地生态保护。

湿地教育中心的生境特点、想要传播的内容和开展的学习活动、资金的差异性导致每个湿地教育中心的类型、面积大小和复杂程度均会有所不同，因此湿地中心的规划手段以及需要重视的要素也不尽相同。

1. 湿地中心规划要点

（1）制定目标愿景

任何湿地中心在规划前都应设立目标愿景，明确湿地中心建设相关各个利益者，考虑可能面对

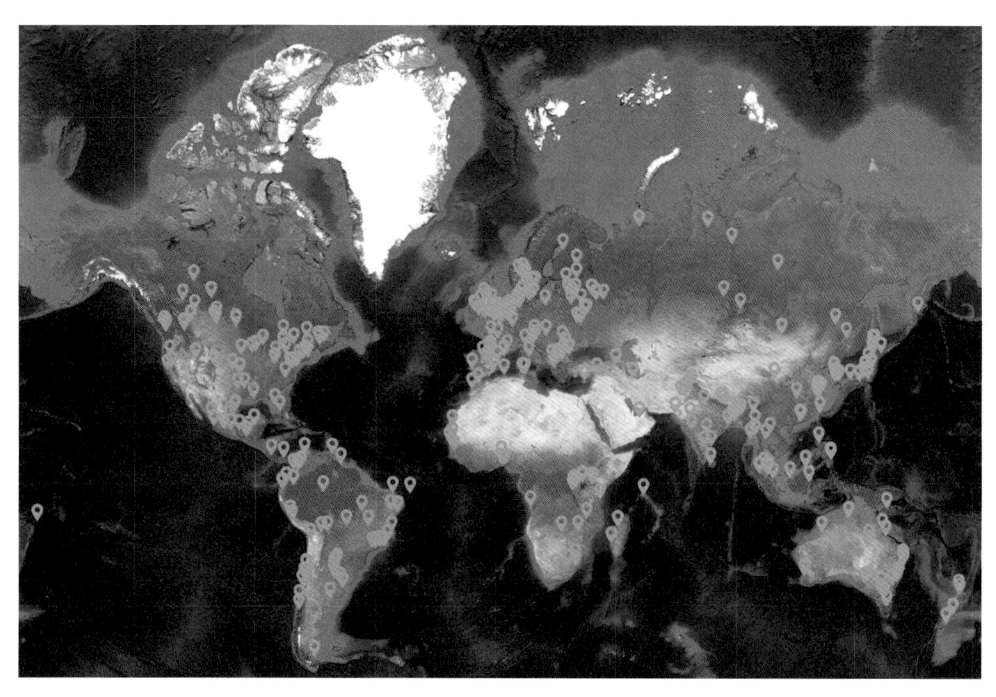

图 7-7 全球湿地教育中心分布示意图

的各类限制，通过对各个相关利益者的走访，需要时还可借鉴其他湿地教育中心的实践经验，最终确立的目标愿景需要满足实际要求、确认能够达成并且能用一到两句话进行简明深刻的概括总结。

双溪布洛湿地位于新加坡西北部，2002 年被指定为新加坡第一个湿地保护区，首个湿地中心和自然示范区（图 7-8）。该中心为湿地公园的形式，公园区域地形低洼，由咸水池塘、河口以及潮汐泥滩构成，拥有混合淡水、半咸水以及海水多重生态系统，是典型的热带海洋红树林湿地。除此之外，双溪布洛湿地也是 30 个国际候鸟重要中转站之一。因此，双溪布洛湿地中心达成的愿

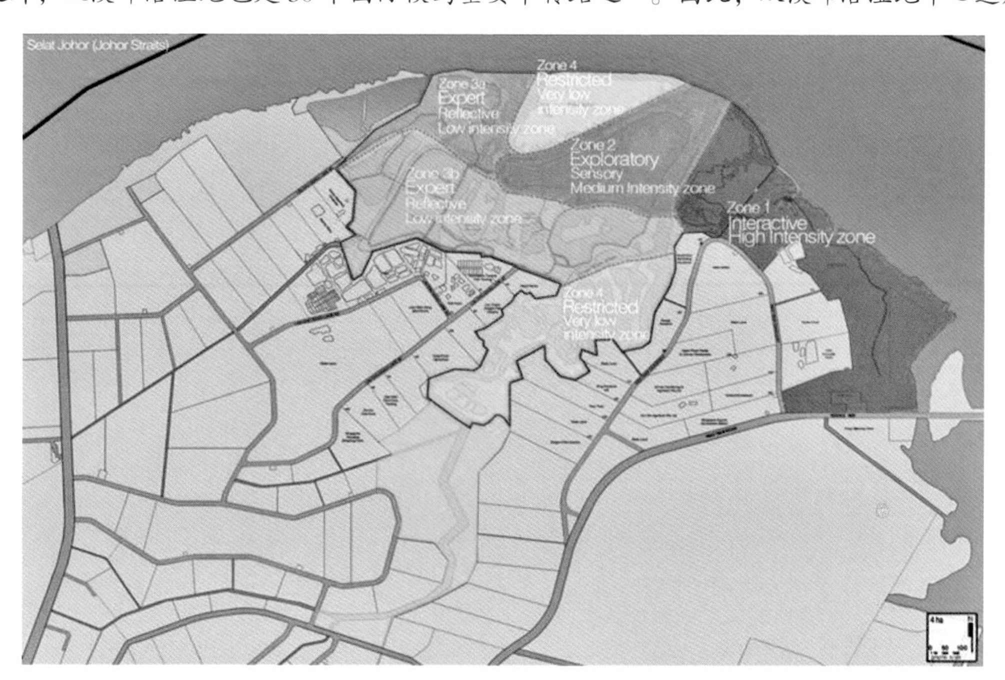

图 7-8 双溪布洛湿地中心分区图

［出处：新加坡双溪布洛湿地中心官网］

景：一是促进双溪布洛湿地的生物多样性，二是在克兰兹水库和双溪布洛湿地之间维持一个公共接入点。为实现两者的平衡，该公园设计了四种不同活动等级的区域，分别规划设计了不同CEPA的活动以及管控措施。

（2）访客类型以及需求的确定

湿地中心的规划对预期的游客进行详细的分析很重要，项目立项之初就应分析访客类型，了解访客的文化和教育背景（态度、以前的体验和知识）等。问卷调查、调查、采访、开幕前的预演、邀请当地居民座谈、本地相关社区咨询、历史资料回顾等都是了解潜在游客的方法。在分析和评估访客的类型后，才能针对不同访客传达不同的信息，为此英国野生鸟类和湿地基金会对访客类型进行了研究，虽然不是每个中心都是同样的情况，但这个分类仍然提供了一些实用的群体类别，包括：

正规教育团体：学校或者其他机构组织的教育团体；

家庭：希望一起科普学习的家庭，主要是想娱乐孩子的家庭；

自然爱好者：对自然历史有兴趣的人们，并将享受以亲近自然当作社交体验活动的人们；

一般旅游者：将愉快的出游日当作社交活动，对自然环境有一定兴趣的人们。

不论是哪种类型，人们前来湿地中心主要是为了休闲和娱乐。根据不同的群体喜爱规划他们的参观经历，让不同类型的参观对象能够使用各自的方式学习，使他们更享受这次经历，将参观经历转变成热爱大自然的行动。

（3）生境整合

湿地教育中心的目的主要是让人与自然产生直接互动以及体验自然，因此湿地及其相关的生境是湿地教育中心成功的要素。通过这项核心硬件和环境要素，获得实境体验，并且用有趣和精彩的方式传达信息。然而，天然湿地以及湿地内的野生生物对周围环境改变很敏感，因此需要考虑周全的规划整合。

首先，湿地教育中心选址应具有典型性、代表性，同时如果可以用组合型式在尽量统一的规划范围内概括尽量多的适宜湿地生态类型，则有更有利于空间效率的发挥，这一目标的达成应该基于对于原始地貌和生态环境的尊重，同时又适度的通过人工干预和整合资源来获取。其次，湿地教育中心的活动应避免对湿地的生态特征造成影响，兼顾人与野生生物，确保最初促成湿地中心建立的重要生物栖息地和物种不受访客打扰。采取系统性的生态和环境影响评估不仅是针对特定的具有珍稀或其他象征意义的物种，而是要综合考虑为湿地生态系统服务。评估影响也需要考虑其他的元素，包括该湿地的土壤、水文和文化。另外，工程性和非工程性的影响同样需要考虑，例如更改建筑物、道路或其他基础设施建设所带来的影响、访客参观的道路、来自停车场的光，或是户外活动的噪声等。

生境整合工作的时机把握也非常重要，因为生境的建立、发展、成熟，需要一段时间。在有些时候，湿地及其相关生态系统的创建或恢复，需要在建筑工程开始前就提前完成。而另外的一些情形可能是，某些生境在特定的季节对干扰特别敏感，从而需要限制一些工作的进行，以便分期分区进行详细规划。

（4）区域划分

充分考虑湿地教育中心的各种功能属性，在访客和野生生物之间找到平衡。在访客需求的角度来规划中心的设施，同时不能忽略野生生物，做适当的区域划分是实现各种功能属性的有效途径。考虑野生生物对外界干扰的承受能力，以及有关活动将会造成的影响，并且依据干扰程度来做区域划分是较为常见的一种方式。其关注的规划要点如下：

湿地教育中心宜为干扰性高的活动划定区域，并在此规划主要建筑物、洗手间，以及纪念品销售、儿童游戏区等设施和建筑，集中访客的干扰行为区，并且和湿地其他区域分隔开。

将离中心主要设施越远的地方规划为低干扰区域，为野生生物提供栖息地，同时也可以在较少干扰环境下观察野生生物。在划分区域的方案中，通常还会建立缓冲区域，种植本地树木或灌木林作为分区的天然屏障，保护其他区域不受干扰。

湿地可以和建筑设计结合，如处理废水，或是管理洪水风险，或是创建湿地来增加景观，以及创造和场地完美结合的象征性建筑景观。每个中心的建筑物数量、类型、设计和功能，应因地制宜，有些中心可能只需要一个小型停车场、适度的展示区域和少量隐蔽观察站，而其他中心则可能需要高科技建筑物，提供放映厅、演说厅、办公室和餐厅等设施。建筑物的规模应根据中心的愿景、财政预算、湿地的敏感性和市场调查等因素确定。

所有湿地中心，都应该创造令人印象深刻的特色、景观、展览等来触动不同访客，提供令人难忘的经历，刺激访客采取正面的湿地保护行动。建筑设计加入低耗能和低碳绿色设计元素，以及建筑物中的节水和回收功能，可以成为整体保护信息传递和学习的一部分。中心建筑物和相关停车场的整体地点和面积大小，也应该纳入考虑，因为拥有较大硬件设施的中心，也许会导致野生生物栖息的湿地环境面积相对减少。

（5）解说、访客和通达性规划

解说是中心将访客和湿地连接的方式，解说可以通过图形展示板和展览与工作人员互动的活动等各种方式呈现，访客实际参与的活动。解说是实地参观最基本的构成部分，是影响访客的感受和学习经历的机会，在中心的每一位置和每一个的机会都应当适当利用，以传达解说信息。制定解说计划应该融合工作人员和志愿者的专业知识，借鉴学习（教育）、设计、生态和市场等专家的意见。

解说规划，要应用“访客角度与思考方式”。访客的身份往往引起不一致的效果。例如，对保护生物学家来说有趣又吸引的信息，对大部分的访客来说可能是乏味的。同时，相比起以聆听来学习事物，动手做或者亲身体验的可获得更佳的学习效果。同样的，不同的访客会对不同的学习方式和策略有不同回应。评估访客和他们的需求，对于成功执行健全的湿地 CEPA 项目，是必不可少的工作。

访客的通达性规划是湿地中心规划的重要物理空间条件，在这里所指的“通达”，可以是物理性的因素，也可以是指限制访客通达性的障碍或因素，要综合考虑生境整合区域划分等因素，满足访客进入体验的需求和保护要求。标识系统也是重要的规划要素，为行动、听觉、视觉、认知或其他障碍的人们，提供无障碍通行，必须考虑到感官、实体、社会和文化等因素。

2. 海岸湿地中心案例：米埔湿地公园

米埔湿地公园位于中国香港天水围北部，占地约 61hm^2，展示了香港湿地生态系统的多样化并突显了保护它们的重要性。于 2006 年 5 月正式开幕，其所处的土地原本拟用作生态缓解区，以弥偿因天水围的都市发展而失去的湿地（图 7–9）。该湿地是国际重要保护湿地之一，一个与自然相和谐的环境生态可持续发展的典范，同时也是大量野生动植物的天堂，其主要的保护对象为鸟类及其栖息地。记录在案的鸟类品种超过 300 种，并且还包含大量不同品种的昆虫及蝴蝶，米埔自然保护区及邻近的湿地素以雀鸟天堂而闻名，在米埔可找到香港 72% 的鸟类品种，也可找到多种全球濒危的鸟类。

图 7-9　米埔湿地

［出处：香港湿地官网］

（1）定位分析

香港 1999 年完成《香港国际湿地公园及访客中心可行性研究》，其中确定了湿地公园在国际上的重要作用及其功能。随后香港建筑署结合市场顾问公司提供的市场定位策略、品牌策略及调查访客概况的数据得出公园的初步定位即“一个世界级的自然保育、教育及生态旅游地”。并在设计之初制定了规划目标[6]：

提供可与米埔沼泽自然护理区相辅相成的设施

切合本港居民的康乐活动需求

展示香港湿地生态系统的多样性，并强调必须予以保护

提供教育机会和加强市民对湿地生态系统的认识

建设一个国际级旅游景点，服务市民、游客、及对野生生物和生态学有专门兴趣的人士

提供一个有别于一般观光地方的景点，以扩展游客在香港的旅游体验[7]。

（2）功能分区

湿地公园的分区特点取决于其核心功能和保护的需要，一般结构上呈环状分布，最外侧作为休闲游览和科普区，方便游客的活动休闲（图 7–10）；中间区域设置为缓冲区，缓解外部对核心区

的干扰，减轻生态影响；最内侧为核心保护区，保护最为脆弱的自然生态环境（图 7-11）。香港米埔湿地公园就是根据上述标准分为旅游休闲区和湿地保护区[8]。

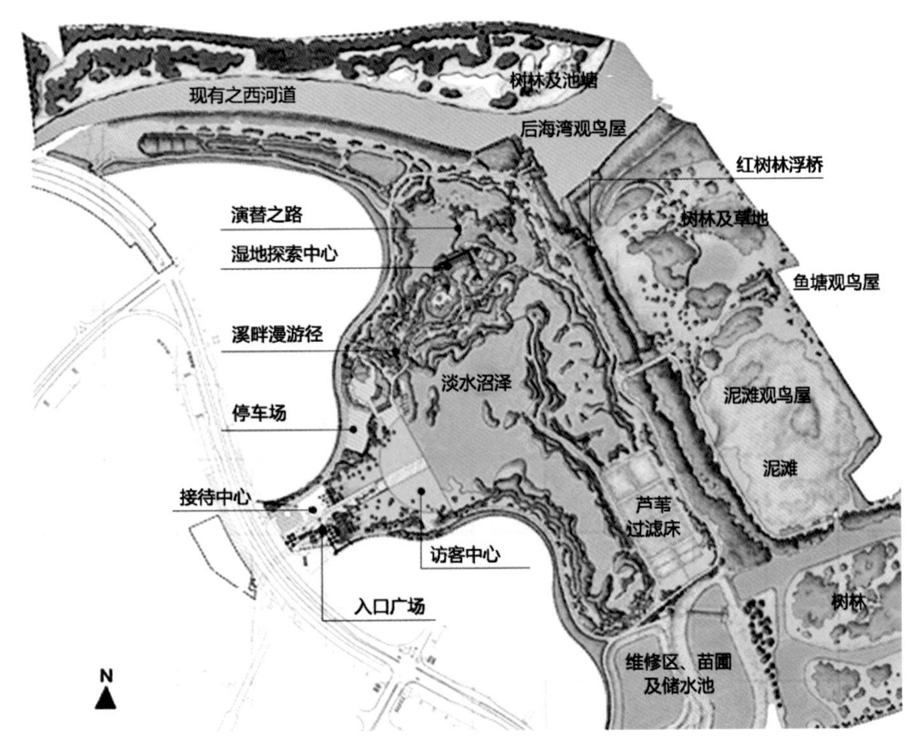

图 7-10　米埔湿地中心总平面图

［出处：香港湿地官网］

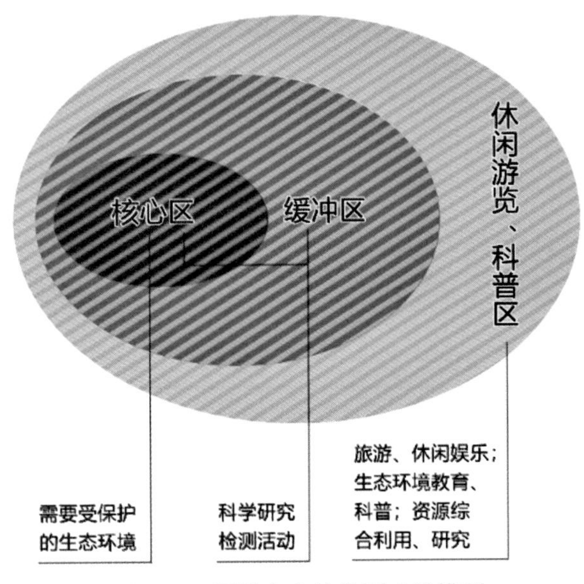

图 7-11　湿地中心的分区功能模型

从游客中心进入经过湿地探索中心，通过红树林上的浮桥到达观鸟塔可以观赏不同品种的野生动物，如果继续往前走就是外围生境，这里将会有禁止游客进入的保育区。整个公园的布局遵循合理的湿地公园布局理念，是一个从城市到自然的过程，让公园的核心湿地和栖息地得到全方位的保护。

访客中心

入口处的访客中心是一个占地约一万平方米的覆土建筑，建筑师巧妙地将空间、天与水三者结合，屋顶的绿地不仅增加了公园景观、休闲空间还与自然完美的融为一体（图 7–12）。中心的功能设置共分为五个系统（协助服务系统、知识科普系统、消费供应系统、交通集散系统和管理办公系统），系统之间相辅相成构成一套完善的服务体系。其中知识科普和协助服务系统在基础功能上增加了教育的概念，满足常规旅游活动的同时，加强对湿地生态系统的认识和对生态环境保护的意识。

图 7-12 香港湿地公园访客中心

知识科普系统就是通过设置不同展厅通过活物展示、实物情景展示、平面展示、多媒体、交互游戏、虚拟体验等，让游客从不同感官亲身体验场馆带来的多维度立体展示。位于地下一层的资源中心包含图书馆、教室、乐趣实验室也让全年龄段的游客更加亲身体验了解湿地及环境保育相关的知识，协助服务系统无障碍设施完善。环听式感应系统是帮助使用助听设备的游客能够随时随地在获取公园的信息。

湿地保护区

米埔湿地保护区包含有多种不同形式的生境种类，保护动植物的多样性，打造最接近自然原本风貌的栖息地（图 7–13，图 7–14）：

淡水沼泽：是全公园最重要的景观之一并且也是占地面积最大的湿地景观，面积约为 10 公顷。包含的多种生境，是不同种类的野生物的理想栖息地和觅食环境。

林地和红树林：在原有林地的基础上，增加本地植物种类，增添植物多样性，打造更丰富的多层次林地景观，是林鸟和哺乳动物的主要栖息地。红树林同样也是在公园建设之初就存在于潮间带河道的两侧，是许多野生生物的理想栖息地。为了保护红树林的生境设置了浮桥（图 7–15），随着水位的潮起潮落出露红树林的 4 种不同部位让游客近距离观察了解，也为研究人员提供更方便的方式来记录红树林的变化。

观鸟区和设施：米埔湿地公园是著名的鸟类保护区，内含丰富的鸟类资源。为方便游客在不干扰鸟类活动的情况下观赏鸟类活动，在公园的不同位置设置了三个观鸟屋（图 7–16）。河畔的观鸟屋为三层建筑，高层可以俯视整个湿地及周围景观，下层在退潮的情况下观察河道上其他种类生物的生活习性；鱼塘观鸟屋为两层，屋内设有渔业和记录后海湾湿地变化的展板；泥潭观鸟屋为单层，更容易观察到更多种类的野生动物。不同层数的设置增添了游客观鸟的趣味性，观鸟屋的设置应当尽量隐蔽并与环境融为一体，材质选择以环保型材料为宜，且不宜设置有反光能力的过大的玻璃和门窗。

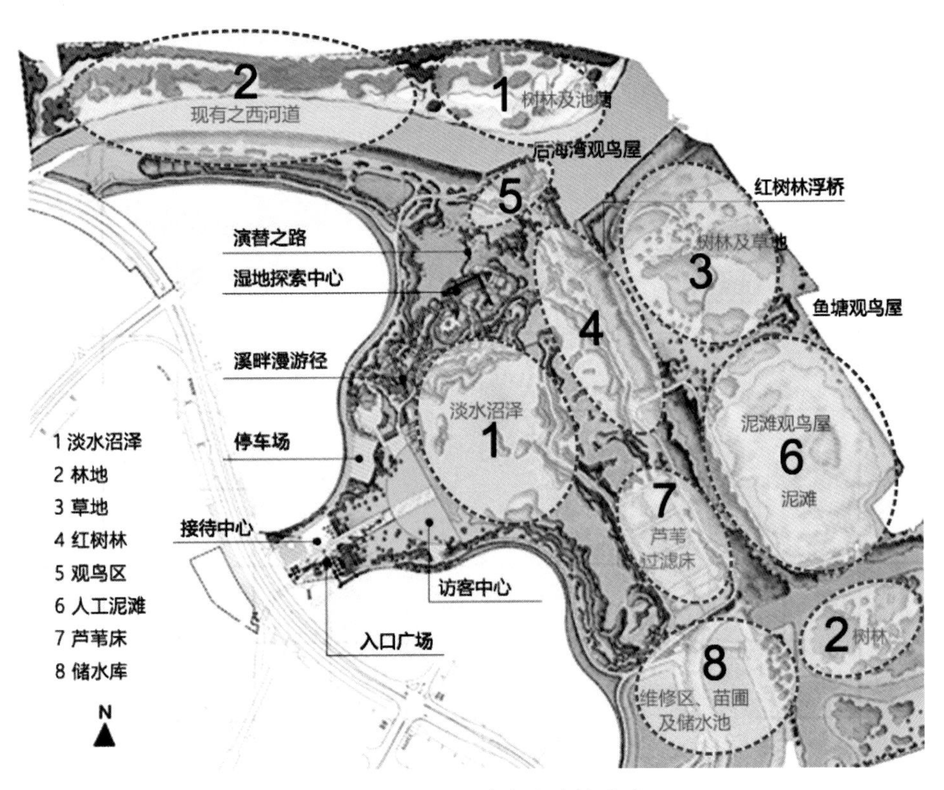

图 7-13　香港湿地中心生境分布

图 7-14　淡水沼泽鸟瞰图

［出处：香港湿地官网］

图 7-15 红树林栈道

［出处：香港湿地官网］

图 7-16 河畔观鸟屋（左），鱼塘观鸟屋（中），泥滩观鸟屋（右）

［出处：香港湿地官网］

人工滩涂：滩涂是公园为吸引涉禽人工模仿后海湾潮间带泥滩建成的，占地约为 $5hm^2$（图 7–17）。同样泥滩也会受到潮汐影响，所以在周围设置了水闸，控制水位，保障鸟类的觅食与栖息环境。

图 7-17 泥滩景观

［出处：香港湿地官网］

芦苇床：芦苇床占地约为 $1hm^2$，由砖块、蚝壳和大片的芦苇组成，是用于过滤雨水、为公园内的淡水沼泽提供水源。并且周围的芦苇沼泽同样为野生动物提供了觅食地、栖息地和繁殖地等。

储水库：芦苇床与南部林地之间是公园的天然储水库（图 7-18）。主要作用为过滤和分解水中污染物，改善水质。保存雨水和湿地的水分，为旱季提供水源。

图 7-18 芦苇床

［出处：香港湿地官网］

湿地公园丰富的生境不光为游客提供了多层次的观景体验，也同时让游客更深层的接触并了解湿地。在规划和发展教育项目时重视如何传达恰当的信息，使用各种媒介来创造多元化的参观经历，通过定期市场调查研究中心的访客类型，检讨中心的市场定位，实现湿地保护和旅游开发、科普教育和休闲娱乐的多重目标。

三、海岸湿地修复的景观规划设计

海岸湿地生态修复基础上的景观规划，包括基地的调查研究，湿地生态修复的整体定位和在环境中的角色演绎和更新，湿地生态本底和环境调查，修复主要影响因子、重点空间（点、线、面）的确定；环境和生态修复方案，河流和海岸动力条件，水质、泥沙条件等环境及景观方案结合的数模验证和优化，塑造优良的环境生态基底；生态空间与城市和人文空间的结合，生态分区与城市（旅游）景观分区结合，结合城市或生态环境的重要廊道、节点、防护堤岸等点、线、面空间的特色景观规划设计等多个方面的综合内容，是一个生态、环境、城市规划、景观设计等多专业综合的系统过程。作者选择了中国南方和红树林海岸湿地修复和北方的河口滩涂修复两个典型地区案例进行案例解析。

案例一，泉州洛阳江河口海岸湿地生态修复结合城市景观。本案例研究了泉州市洛阳江入海口感潮河段以及泉州湾红树林湿地自然保护区的生态修复，并在此基础上对洛阳江沿江驳岸，总长约 8km 河口段进行了基于海岸河口生态修复和城市总体格局进行景观提升。本案例的特点在于将河道的综合整治与海岸生态修复城市规划几个方面进行了统筹的考虑，生态修复与景观设计和城市规划密切互动。本案例的规划方案虽尚未获得全面的实施，但是对此类项目的规划要素和结构具有示范作用。

案例二，中新天津生态城永定新河口生态修复，在此基础上建设了南堤滨海步道公园。永定新河口是天津北部重要的生态廊道，中新天津生态城南部的生态屏障，也是维系河海陆地生态系统的纽带，城市区域与海岸河口相邻，海岸生态修复与城市公共开放空间的建设有机结合—堤外潮滩湿地生态修复，堤内绿色基础设施与公园建设结合，“潮来波涛汹涌，潮去鸥鸟飞翔”。本案为已建成项目，防潮堤外侧感潮河口滩涂湿地完成了生态修复，内部结合湿地生境和城市公共开放空间建设了 35hm^2 湿地公园。

1. 红树林海岸河口——洛阳江河口海岸生态修复景观规划

本案例研究了泉州市洛阳江入海口以及泉州湾红树林湿地自然保护区的环境修复和湿地修复，并对洛阳江入海口约 8km 河口海岸段结合城市规划进行了基于生态修复的景观提升规划。规划区内“洛阳桥”是中国古代海岸和桥梁工程建筑的杰作，具有重要文物保护价值。

（1）海岸河口数学模型模拟湿地修复方案

通过数学模型试验，对上游来水、洛阳江河口潮流进行模拟，研究了河口清淤、维护、红树林湿地布局优化等方案的优化选择。红树林修复应注意结合河口湿地资源条件与红树植物生长习性，确保涨落潮通道通畅。从地理位置、浸淹条件、红树林种类等多项因子，对红树林生境适宜性进行评估，最终形成可持续的河口景观生态背景提升方案，这是红树林湿地生态修复的环境动力和基础。

模型采用了如图 7–19 的技术路线。数学模型分别从海区层面、湾区层面以及入海口段建设大、中、小三套模型，水文信息逐层传入，并针对重点区域如古桥附近进行网格加密（图 7–20）。在多方案中分析讨论流态特征、淹没时间、大潮高水位、半潮平均流速、纳潮量变化以及泥沙回淤情况及清淤促淤方案，并由此确定了红树林生长潮滩的整体布局。根据红树林影响因子、促淤能力、生态环境系统、景观格局等方面，在满足红树林生态保护和河道水流畅通的前提下，合理安排红树林种植策略。

（2）河海联治修复海岸河口生态

规划范围位于洛阳江入泉州湾河口，洛阳江作为区域重要生态廊道，供给区域水源，并承担着防洪、排涝、防潮安全功能。规划根据对区域自然环境的深入分析（潮汐、波浪、水深、海流、洪水、水位、径流、水工设施），通过水安全、水环境、水生态三方面解决生态修复议题。

上游河段（自然山溪与淡水水库）修复营造连续的滨水缓冲带体系，兼具污染阻截能力与生态廊道组合功能；下游河口感潮段实施河口疏浚、治理互花米草和滨海滩涂，保护修复红树林湿地等，形成健康河口滩涂湿地生态系统。本书着重就下游海岸河口段落的生态修复规划进行分析，水环境和水生态治理的工程措施包含：对现状洛阳江水质上游地表水达标率，近岸海水水质，及其污染源进行分析；依据污染负荷，甄别流域内主要污染源。水环境整治方案结合城市建设，全面实施工业污染治理、生活污水管网完善、城镇面源污染控制、农村面源污染控制等工程，系统布局点源、面源、内源污染治理措施。

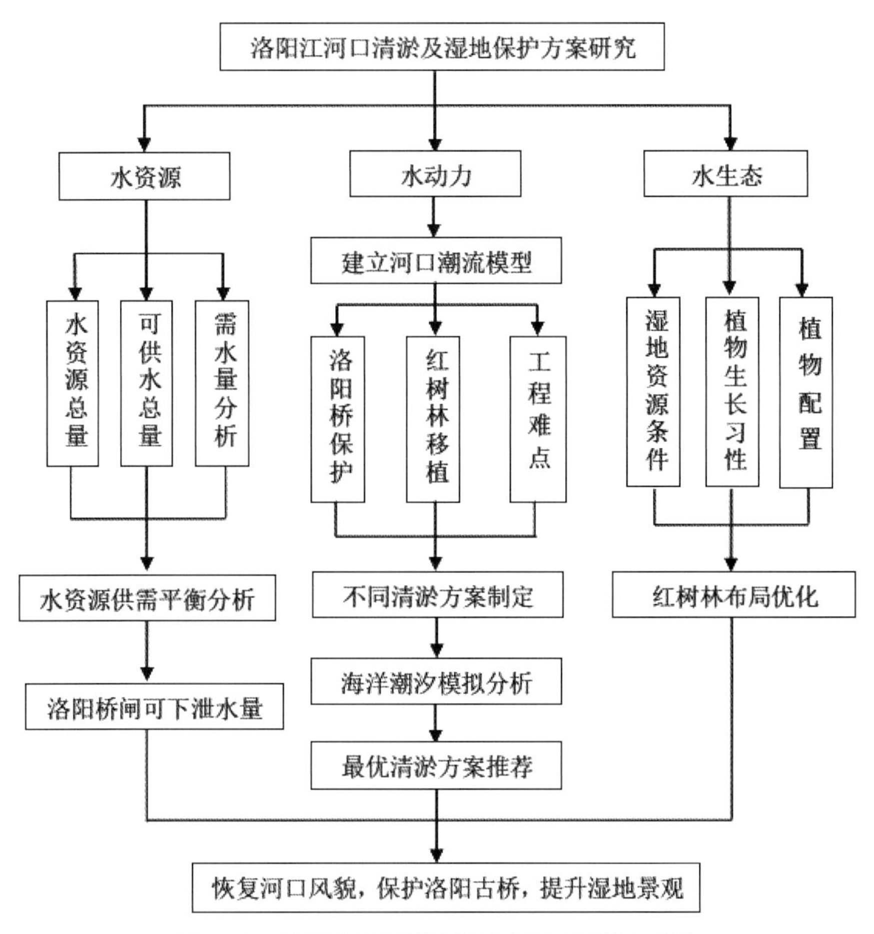

图 7-19　河口清淤及湿地保护方案模型技术路线

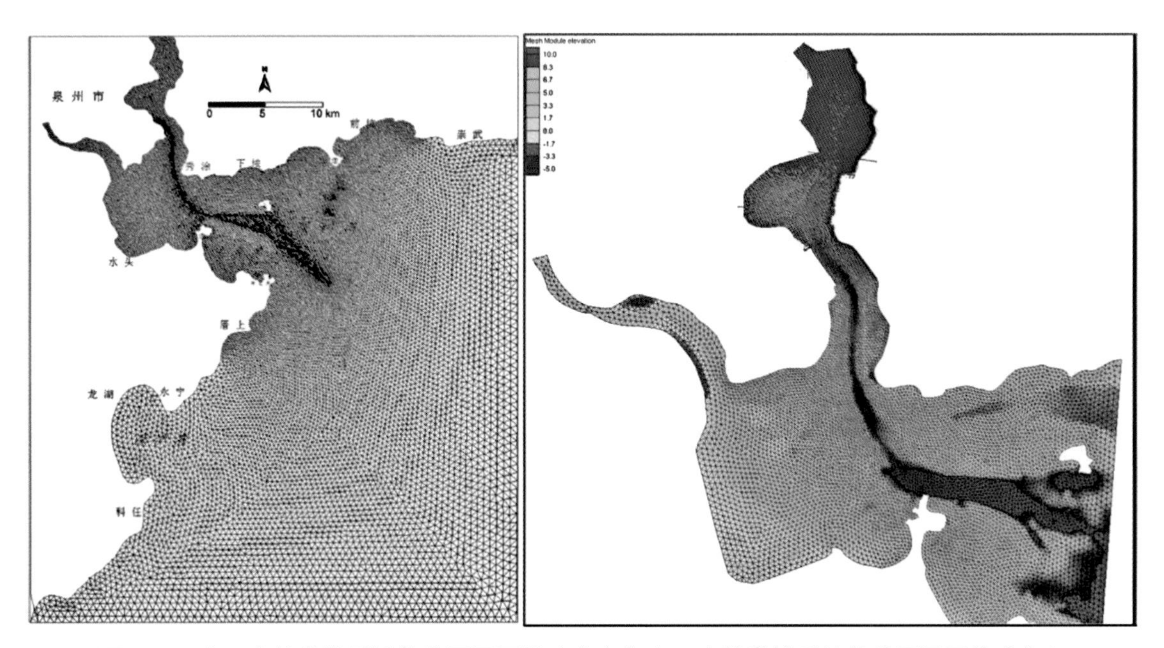

图 7-20　中尺度数学模型计算范围及网格（左）与小尺度数学模型计算范围及网格（右）

［出处：《泉州市洛阳江河口清淤及湿地保护方案研究（报批稿）》］

根据规划分区叠加多个层面的分析，通过山水城市联动，将山水生态廊道与景观的轴线结合，实现城市功能提升，植入景观节点，优化滨水交通（图 7–21）。

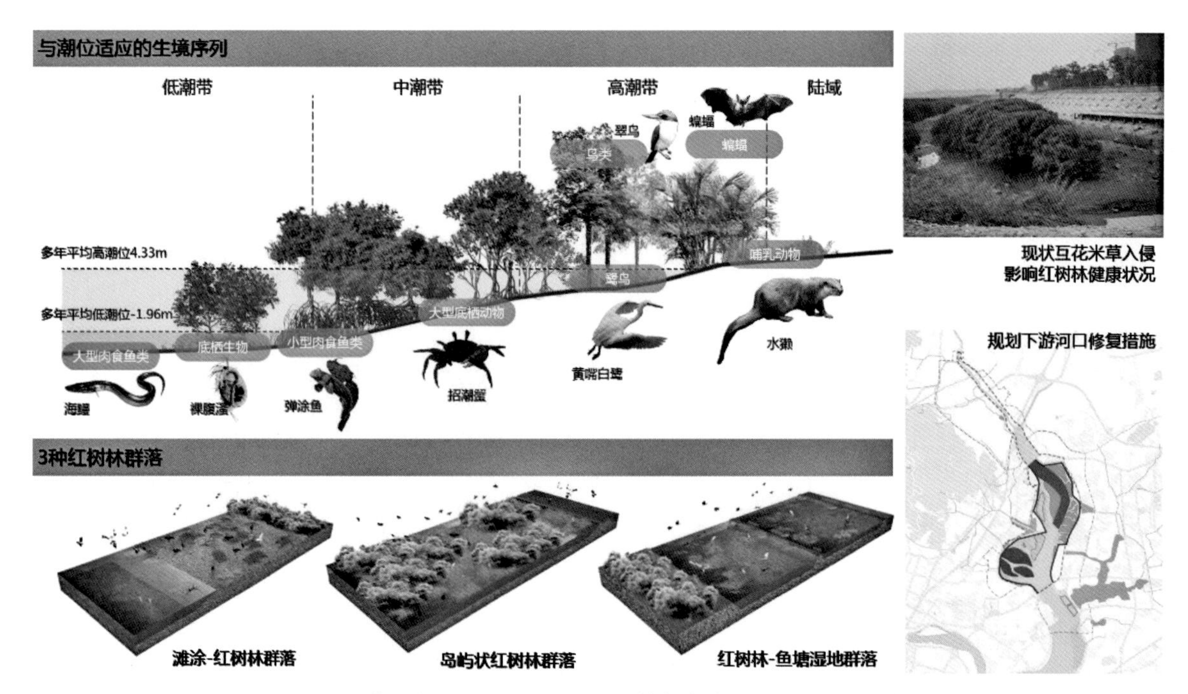

图 7-21 下游河段——感潮河口：保护与修复河口红树林滩涂湿地

（3）陆海统筹重塑城海空间关系

结合上下游分段考虑，上游生态八公里为山水田园区，以生态保护为主线，利用绿水青山再现生态；下游人文八公里是魅力生活区，将生态与城市、文化和生活的充分融合，强调海山碧城与古为新。在下游海岸河口结合红树林湿地生态，分别规划了桃花山红树林湿地区，和科普教育型潮汐公园，以及与城市运动休闲功能结合的水上运动基地，形成绘山海、智水岸、近自然、兴风尚城市与自然融合的海岸景观节点，示例如下：

① 生态＋教育——桃花山海

在尊重山鱼塘人工地貌肌理基础上，修复复育红树林，与桃花山形成山、海、红树相依的系统生境。城市统筹上，守住桃花山海的生态底线，依据山势优化交通连接，强化桃花山—观鸟中心、观音山景观轴线（图 7–22）。

图 7-22 桃花山海平面及鸟瞰图

② 生态＋生活——红树碧岸

遵循潮汐、波浪原理，营造立体多层次的滨水碧道空间。修复半红树过渡植物带，并适当调整优化江滨路交通路线，增加红树林保护区与城市之间的缓冲空间；同时结合多元化的功能体现，强化景观轴线，满足城市活力需求，横向渗透实现陆海协调，城海联通，让城市受益于河口海岸的生态修复和景观提升（图 7–23）。

图 7-23 红树碧岸分区鸟瞰图

③ 生态＋科普——潮汐公园

河口收缩部位潮差大潮汐动力观感突出，设置潮汐公园并适当增加周边商业文化类用地，聚集人气。在保护红树林的前提下，增强潮汐公园与红树林之间的互动。在城市绿地空间中，利用感潮河口的潮位变化营造可进入的红树林科普教育湿地，同时渗透到城市之中，使红树林湿地成为河口生态旅游与教育的重要节点和城市特色景观（图 7–24）。

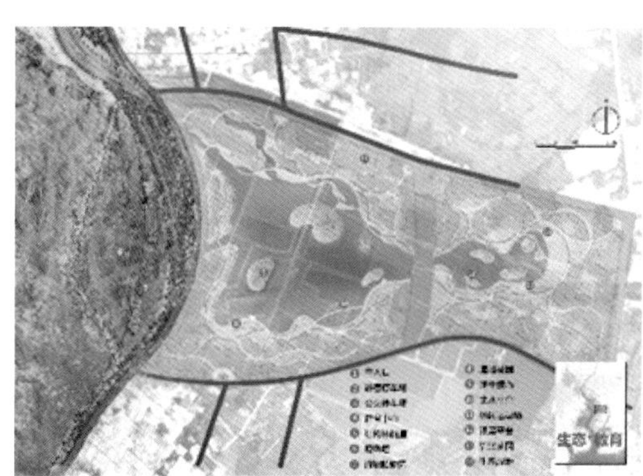

图 7-24 潮汐公园平面及鸟瞰图

④ 生态＋运动——游艇码头

游艇码头分区将功能空间融入绿化景观之中，强化河口海岸生态属性基础上运动休闲功能。利用水上运动作为亮点激发时尚运动生活，提供交流和商业展示空间；利用生态公园、游艇码头、运动水岸、风情沙滩、城市绿廊等共筑文化风情水岸（图 7–25）。

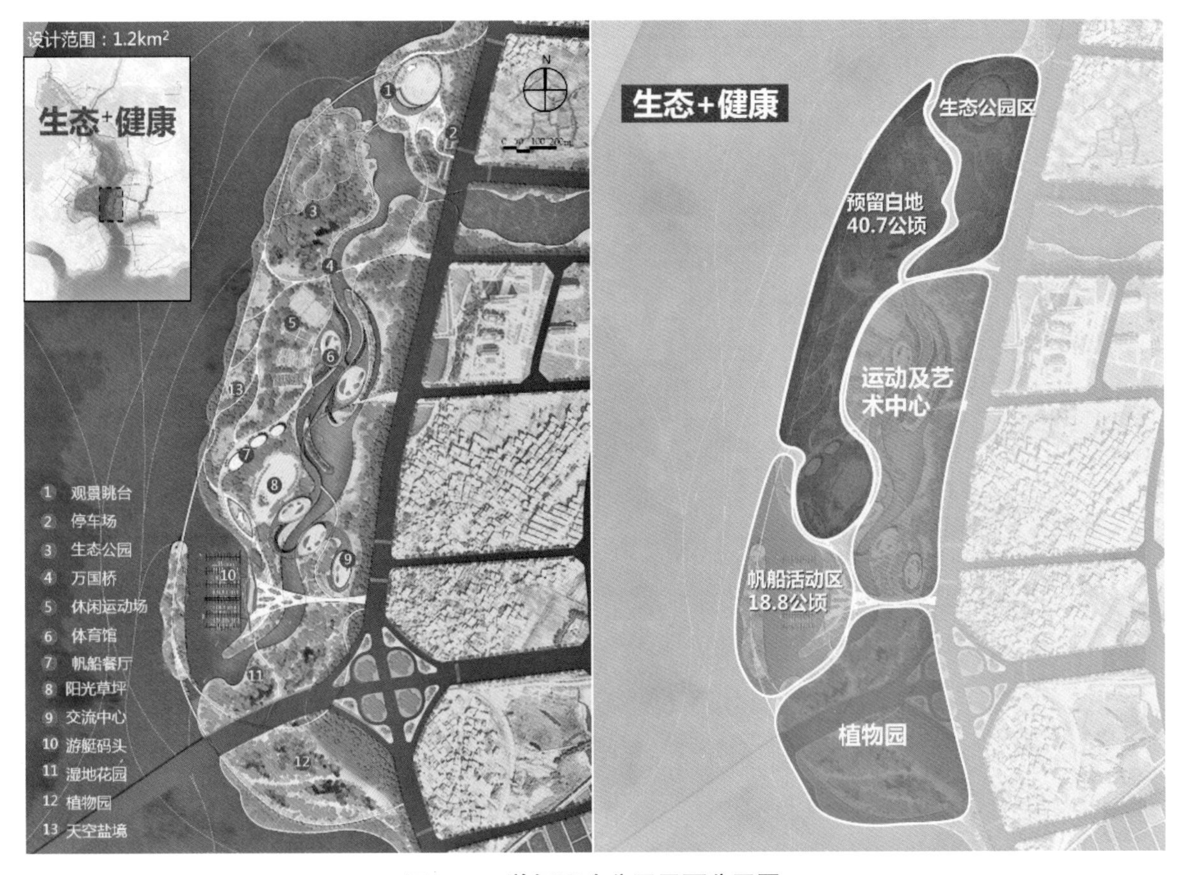

图 7-25　游艇码头分区平面分区图

（4）护岸生态化改造和景观化策略概述

海岸河口水文、海岸动力条件复杂。驳岸综合治理首先要满足整体的安全保障，将堤岸的防洪 / 潮达标；对于驳岸的生态修复，在现有基础上注重改造硬质驳岸，柔化边界进行生态廊道串联，借此构建蓝绿融合的生态网络；以沿岸的功能提升，打造多样化亲水岸线，强化城市功能节点，植入景观节点，营造都市生活特色与生态休憩特色的风貌，以此提升场地生物多样性价值与城市功能。

① 针对防洪 / 防潮标高达标——采取因地制宜的综合统筹的驳岸加高设计方案：

在上游山溪段落利用较宽的滨岸缓冲带空间，增加靠近交通道路的绿地高度，通过地形高差形成双重隐形生态堤岸，提供亲水观水平台的同时满足了防护标准；

在下游感潮河段落中重要景观设计节点位置，结合方案增设具有活动空间的堤顶平台，满足市民休闲活动，平台的高度同时保障防洪 / 防潮的防护标准。

② 降低驳岸硬质化比例——设计兼具防护和生态功能的岸线

设计兼具防护和生态功能的岸线，统筹城市安全防护、生态功能及滨水亲水空间（图 7–26），一般有三类解决方案：

多级河漫滩地：设计模仿自然驳岸将河岸地形进行了重整整理，优化滨水湿地和滨岸缓冲带植被，选用草坡入水、抛石、松木桩、活枝桩四类生态工法措施，营造多级河漫滩地生态系统，并应对洪涝灾害，保障防洪安全。

图 7-26 驳岸综合治理分析

红树林隐形之堤：利用“三重生态防护子堤”，对应特征潮位，实现防潮防浪安全。改变硬质岸线对于生态的阻隔，利用现状地形条件，依据多年平均高潮位、百年一遇设计高潮位以及不同重现期的设计浪高三个特征值，设置抛石和生物抗侵蚀防护生态工法，通过三重隐形子堤的逐级掩护，“以空间换高度”保障防潮安全。利于联通城市与滨水空间，打开滨水与后方绿地的视线通廊，增加滨水宜人场地。

植物＋抛石驳岸：改硬质混凝土结构为高孔隙率率抛石和两段式抛石护岸，增加生态相容性，结合植物形成自然生态岸线，一方面转化单一大面积硬质驳岸为高生态相容型，另一方面补充岸线多样性，成为市民亲水娱乐、观光的理想场所。

③ 提高亲水性提升复合功能——多元功能与弹性亲水的岸线设计

结合区域上位规划、岸线后方用地，在满足安全防护的基础上，关注岸线的景观空间、景观体验，与多元化功能的弹性考虑，改善生硬边界，形成自然生态向城市生活景观过渡的丰富多重界面（图 7–27，图 7–28）：

生境丰富风貌段：规划保护与修复红树林滩涂湿地与群落，重塑湿地风貌，营造自然过渡的生境序列和动植物栖息地，提升生物多样性和自然群落演替，同时也增加了与城市之间的缓冲林带空间，成为自然屏障。

亲水生活风貌段：依托周边居住商业用地，赋予城市界面人文活力，强化轴廊链接，强调生态与城市、文化和生活的充分融合。充分发挥滨水区段效能，聚集人气，增强可达性，提升土地价值，成为城市与滨水的双向引擎互动。

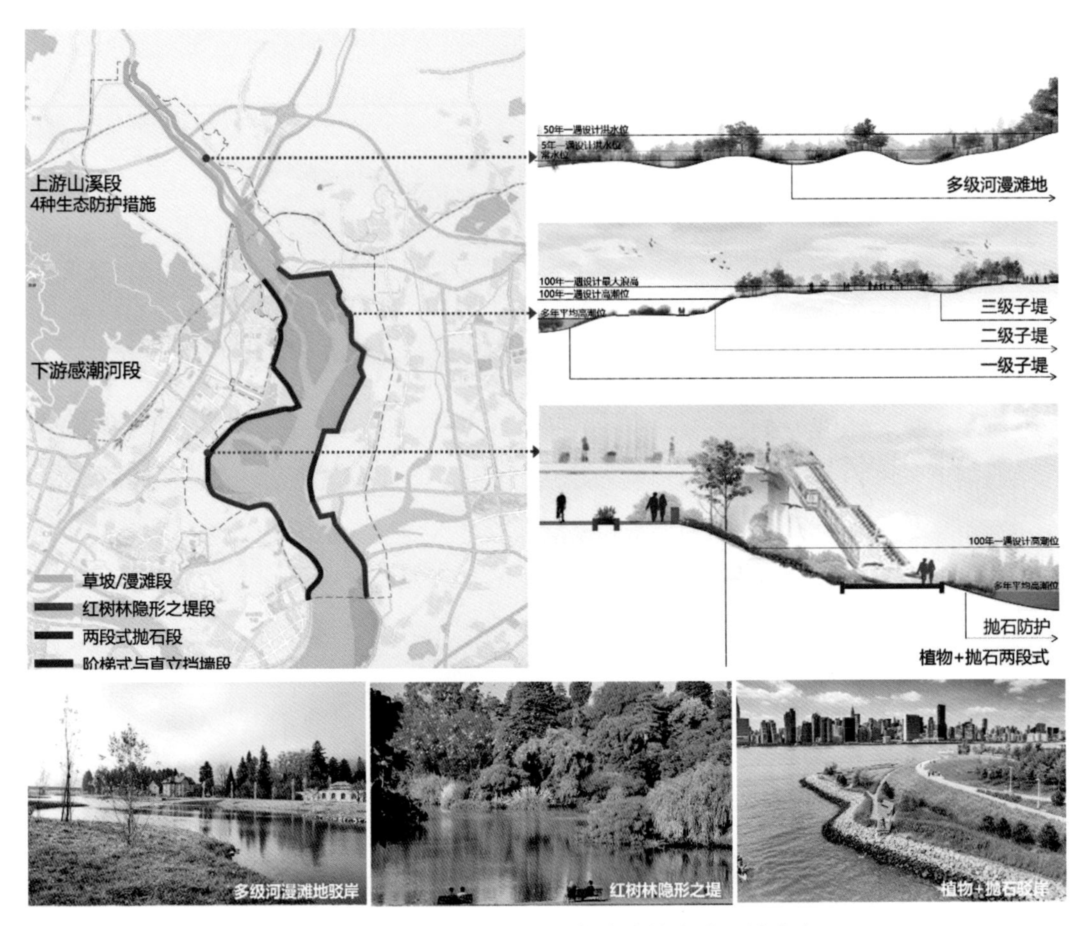

图 7-27　三类兼具防护和生态功能的岸线设计意向

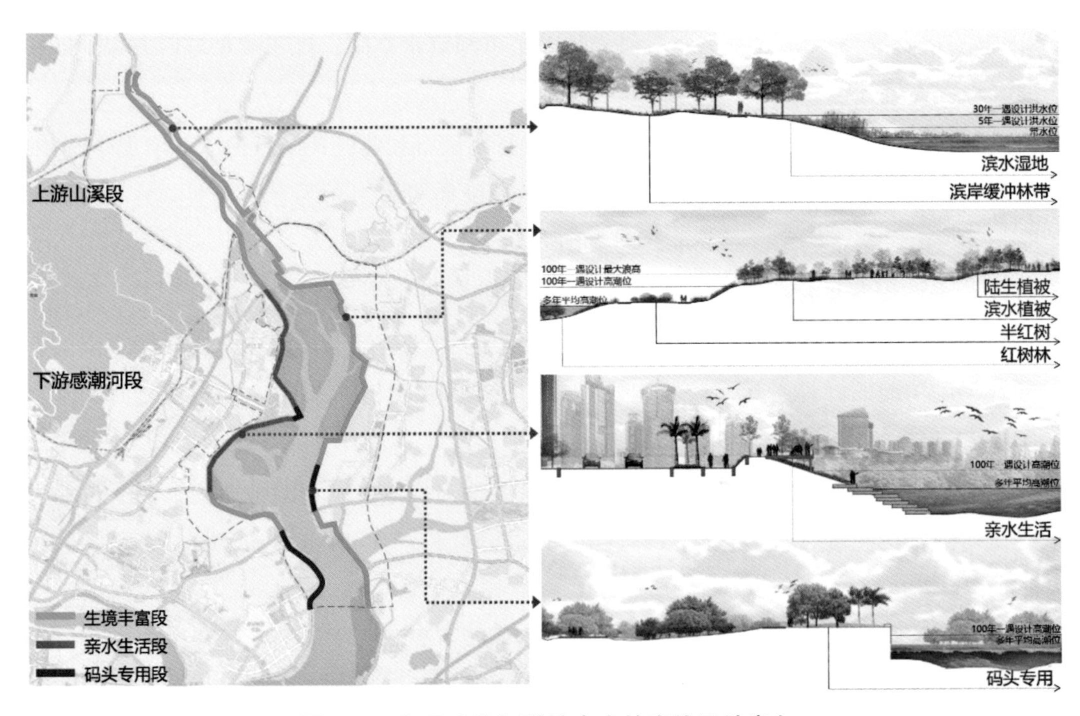

图 7-28　多元功能与弹性亲水的岸线设计意向

（本案例及案例相关图片由北京正和恒基水环境公司上海设计院提供，参与本项目规划设计的主要创作人员：李宝军，刘世华，熊斯顿等，在此一并致谢）

2. 河口滩涂湿地——永定新河口海岸生态修复

永定新河口是天津滨海新区重要的生态廊道，中新天津生态城南部的屏障，维系河海陆地生态系统的纽带，河口北段落西起永定新河闸沿生态城南侧防潮堤东延至渤海湾海域。外部感潮河口滩涂湿地进行生态修复，内部滨海步道公园总面积约 35hm^2，其中生态复绿面积约 26hm^2，水域面积约 9hm^2。从而形成了堤外生态修复，堤内生态湿地公园建设的过渡与结合（图 7–29）。

图 7-29　基地环境与修复规划范围

临海侧，在原有滩涂湿地的基础上，进行生态修复，营造河海交接半咸水湿地生境，为鸟类和动植物营造栖息地（图 7–30）。

图 7-30　河口侧历史照片（拍摄于：2017.2）与临河口侧现状照片（拍摄于：2019.8）

河口临陆域侧，通过湿地修复、植被营造、水系连通、海堤步道的实施，市民于海堤上可远眺候鸟飞舞，近赏湿地风光，打造亲海观海的公共空间（图 7–31）。

图 7-31　临陆域侧历史照片（拍摄于：2017.2）与现状照片（拍摄于：2019.8）

（1）河口湿地—基于自然的海岸修复解决方案

场地由防潮堤分为两部分。海堤外侧，修复保护入海口感潮区域自然河口滩涂，营造海岸河口滩涂独特的湿地生境。海堤内侧，根据场地淡水、半咸水、咸水的不同梯次，优化湿地群落配置，提升湿地的涵养、净化功能，构建良性循环的湿地生态系统，规划建设郊野湿地公园（图 7–32）。

图 7-32　海堤内外侧河口湿地

① 场地环境和修复策略

本区潮汐性质为不正规半日潮，河口为弱潮汐河口，海流基本属于沿河口主槽的往复流。波浪的变化特点是与风场的变化特征对应，具明显季节性，项目区仅有 SE 向波浪能够影响基地，受到波浪的影响较小。永定新河口位于海河下游冲积平原，属于典型的海积河岸滩地地貌，物质成分以黏土质粉砂、粉砂质黏土、粉砂等细颗粒物质为主，潮间带宽度大，泥沙运移的主要形态是悬移质（图 7–33）。

图 7-33　河口海岸场地条件

修复场地西侧为永定新河与蓟运河交汇处，河水经项目场地流入渤海，北侧为中新天津生态城南堤滨海步道公园，城市排洪的部分淡水经公园并通过外部滩涂场地排海。

基于对场地的研究提出的修复策略，恢复水文水动力环境条件，疏通潮沟，增加纳潮量；先期人工干预修复滩涂生态功能；宜滩则滩、宜荒则荒，以本土盐生植物驱逐外来入侵植物优化丰富湿地多样性；后续利用自然力恢复岸线自然特征和功能。

自然做功：引导模拟河口自然形态，恢复水动力条件。对于河口区基底修复分为两步："先期人工引导"，上游河口区模拟自然河口形态，梳理岸线，修复形成河口岛链，恢复自然形态；第二步以自然做功，通过河流入海以及渤海湾潮涨潮落的环境力量，自然冲淤局部平衡修复岸线。

滩绿相宜：整理荒废滩涂，宜滩则滩宜绿则绿。首先"梳理现状"，梳理现状滩涂区地形地势，坑塘、水系等元素，塑造区域南低北高的缓坡地形；根据类型进行"生态活化"，保留现有水系、坑塘湿地，利用滨海盐生植物进行生态复育，形成泥滩涂，沙石草甸，滨海灌丛、盐生滩涂、坑塘湿地等多种生境。原生植物生境稳定生存后，富含潮涨潮落遗留海洋生物的滩涂区会吸引部分留鸟和过境候鸟，成为"动植物群落稳定入驻"栖息地。

调节净化：河海洪涝调节器，陆源淡水净化器。通过理水和活化两种方式来塑造河海洪涝调节器与陆源淡水净化器。理水，从河流来向，洪期河流水量充足，开闸放水，淡水由西北侧进入两大坑塘水系；从海洋来向，大潮期间，渤海湾咸水由南侧涌入水系及坑塘区。活化，通过塑造基底，进行基底起伏地形引导，呈现水域区湿地活化和自然选择，提升滨海湿地环境。其次形成弹性缓冲，陆源净化，通过塑造陆源半咸水湿地环境群落，增加湿地多样性，同时具备水源排入渤海之前的净化功能。

② 修复方案和修复断面

场地临堤一侧，在现状稳定的缓坡滩涂上，种植原生植物群落，复育形成湿地生态岸线。在现状滩涂边界区域，营造稳定的缓坡岸线，利用原生植物群落自然复育提升（图 7–34）。

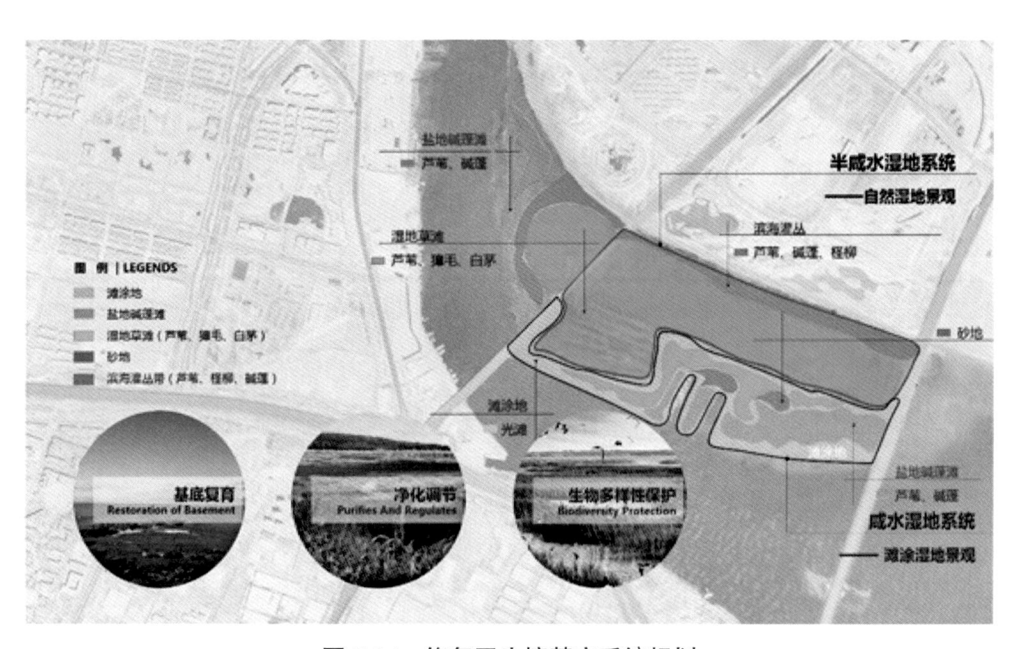

图 7-34　修复区生境基底系统规划

基底植物规划考虑基底复育、净化条件、保护生物多样性等功能，模拟自然植物演替群落，从海边向陆地方向过渡生态类型依次为无植被的光滩、盐地碱蓬滩、芦苇草滩或獐茅、白茅草滩。其中河口区中间区域种植以芦苇、獐毛、白茅为主，形成湿地草滩，临水区域以芦苇碱蓬为主，形成盐地碱蓬滩。水域区结合滩涂区部分区域，种植芦苇、獐毛、白茅、碱蓬、柽柳等植物，以湿地草滩结合滨海灌丛，形成半咸水湿地系统；滩涂区以滩涂地、湿地草滩、盐地碱蓬、砂地等，形成咸水湿地系统（图 7–35）。

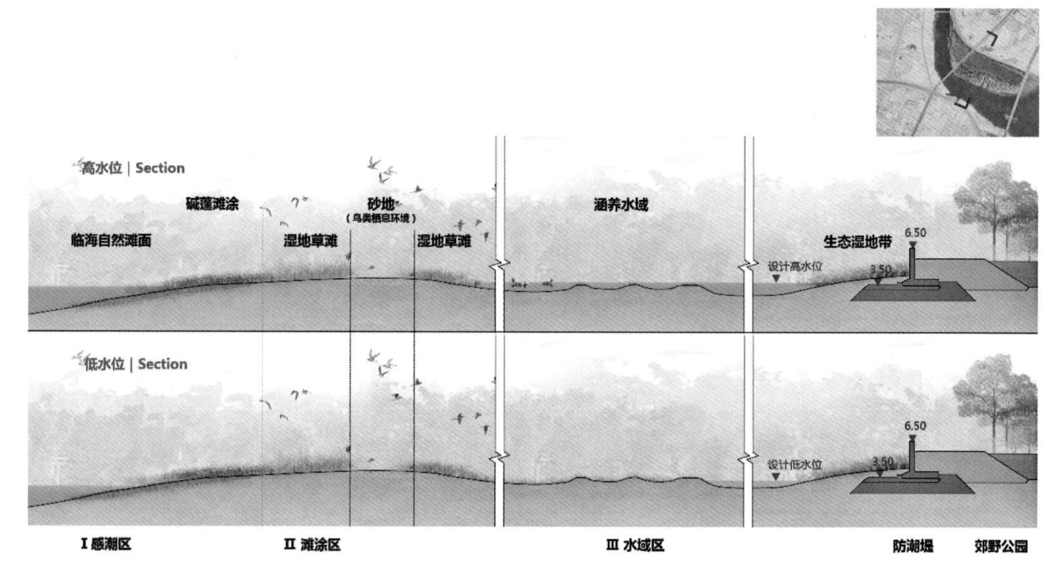

图 7-35　不同水位呈现的修复断面

修复区植栽规划在场地高水位时形成临海自然滩面，水位没过水域区基底，形成涵养水域；低水位时，水域区临郊野公园处出露形成生态湿地带。

3. 南堤滨海步道湿地公园

与上述修复场地相邻的海堤内侧为南堤滨海步道公园，是建立于滨海滩涂背景上的生态修复型湿地公园。公园以“服务 • 休闲 • 游憩 • 科普 • 康体”为核心内容，充分考虑场地的功能需求、空间布局、交通组织、特色营造、海绵城市等内容，将项目建设成为生态城城市绿道网络中的重要节点，同时也是功能复合、充满活力的滨水休闲景观带，为市民及游客提供憩息、休闲、健身场所，“让湿地成为人民群众共享的绿意空间”（图 7–36）。

图 7-36　项目规划设计平面图

（1）海岸湿地增强城市韧性

利用海岸湿地为城市雨水排海末端缓冲水体的条件，优化人水和谐的生态关系，保障水安全、打造水环境、提升水景观。湿地公园作为生态城南部循环水系的重要组成段落，承担防汛排涝、雨水调蓄、生态净化等功能，南部循环水系总蓄水量达86万m^3，赋予了城市雨洪管理更大的弹性，提升了城市韧性（图7–37）。

图 7-37　项目建成后湿地局部鸟瞰

贯通水系提升水体循环：公园通过暗涵或管道，实现场地之间、场地与外界的水系联通。通过水系贯通，提升水体循环，改善湖体水动力效能并连接区域水体生态系统，静态的河湖水系变为可循环流动的水系，形成了成熟的水体生态驳岸、水域湿地系统和水系自然景观，湿地涵养搭配本土适生水生植物进行水体净化。进一步释放了“吸水、蓄水、净水、释水”的生态功能，在保证空间生态性的同时可创造更丰富的滨水界面（图7–38）。

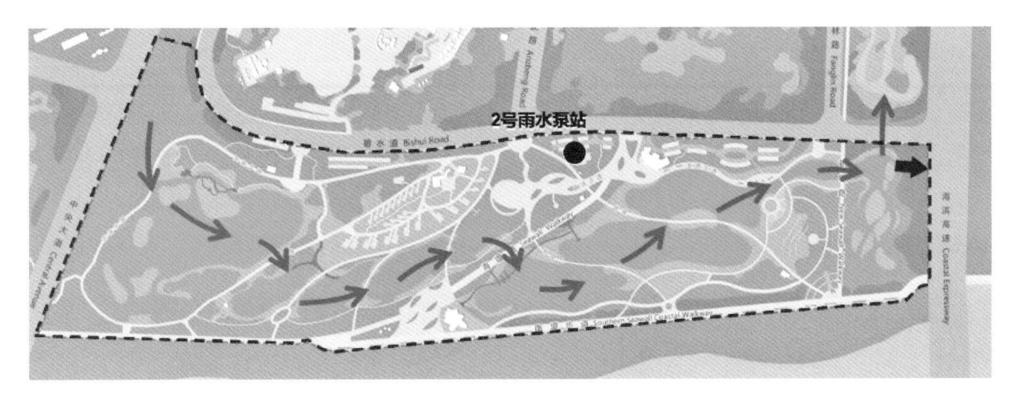

图 7-38　公园水系贯通示意图

景观水体：雨水通过地表径流，倒坡入景观水体；净化地表初期雨水，减小周边市政雨水设施压力；雨（汛）期前，集中排放部分存水，降低水位，提供调蓄容积。降水期间，周边泵站的雨水可排入水体，起到一定的调蓄作用。本项目内置湖体，雨水可顺地形可自然排入湖内，故利用湖体进行调蓄，湖体面积 90000m^2，容积约 135000m^3，可满足 90% 径流总量控制率的需求（图 7–39）。

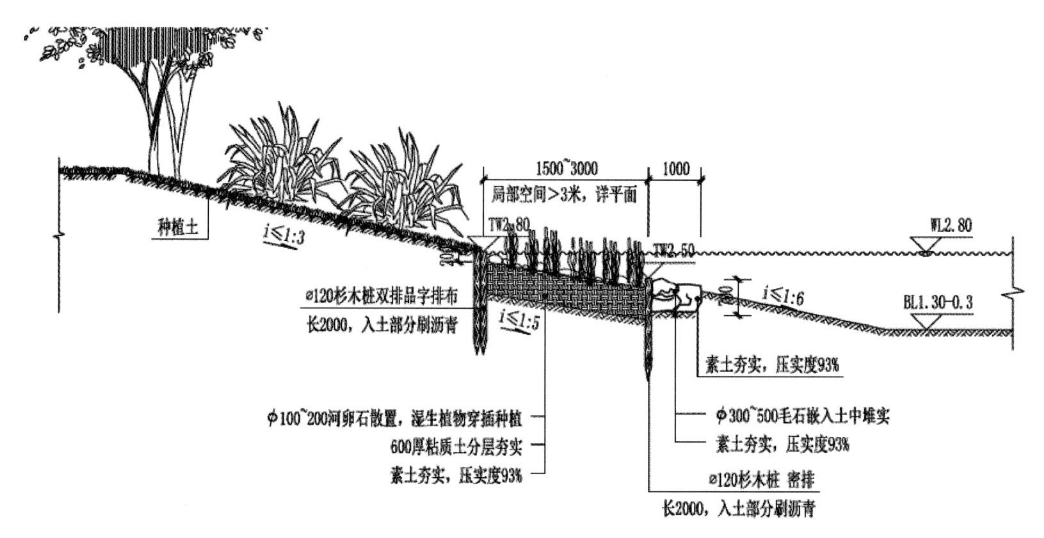

图 7-39　内湖双木桩湿地驳岸断面

（2）绿色基础设施与海岸公共空间

水景观营造海堤特色空间，融入丰富城市生活的景观活动场所，打造具有生态城地域特征的魅力海岸和城市活力空间，充分考虑人的需要，创造适于休闲、生活、交往的场所。加强滨水景观与周边环境的联系，提高人们的亲水性与水岸的可达性（图 7–40）。

图 7-40　建成照片（拍摄于 2019 年 8 月）

设计结合场地的地形地貌、海洋动力、气候特征、本土植物和盐生植物，地域特色进行设计创作，因地制宜，营造具有地域特色的滨海 / 河景观。南堤公园湿地曾经是历史上永定河入海处，设计从海岸历史变迁、老海堤保护、在地文化等发掘特色元素，展现了独具特色的海洋文化景观。

① 与海堤防潮功能结合的绿道系统

利用新老海堤的线性特点，结合提升为兼具绿道功能和健康步道的慢行功能系统，融入城市绿道和慢性交通网络，结合城市需求在湿地配置中心服务驿站，串联园区景观节点。在本书海岸复合空间章节我们曾经专门对于绿道系统的案例做了深入的剖析，在此不再赘述。

绿道与防潮海堤结合，贯穿公园东西向，一方面起到了防潮挡浪的作用，满足防护城市安全的需要；另一方面利用防潮堤线性特点构造复合功能的绿道，利用新海堤建成宽度将人行空间与车行空间进行了纵向功能分割，在保证巡堤路基础不变的前提下，细化装饰面层及材质，形成具有车行（巡堤防洪）、骑行绿道、人行漫步道的复合线性景观空间（图 7–41，图 7–42）。

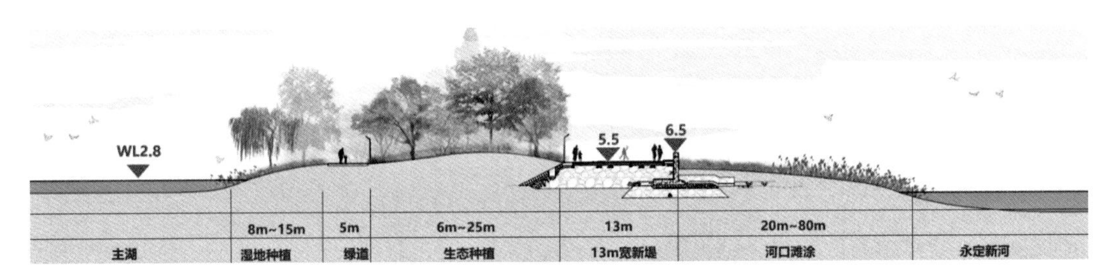

图 7-41　海堤与步道结合的断面

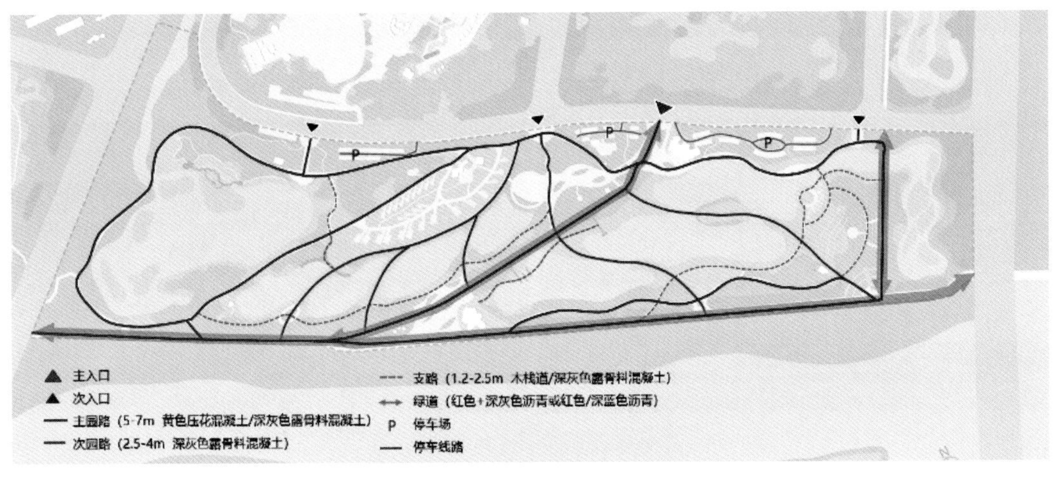

图 7-42　绿道和园路系统图

② 湿地植入旅游休闲功能

“让湿地公园成为人民群众共享的绿意空间”，在生态修复尊重原始地貌的前提下，因形就势植入设计创意大地艺术“绿叶 • 方舟”。在湿地生态背景上植入了海畔营居、童梦乐园、海韵广场、乐舞草阶、丘澜亭、花影留香等合理分布的公共空间节点，并合理设置了中心驿站及游客服务中心等公共服务建筑（图 7–43，拍摄于 2019 年 8 月）。

本项目以海岸河口不同区位湿地生态修复为背景，将海岸生态修复与景观设计和海岸防护、公共开放空间统筹，实现了本书作者推崇的生态、工程、艺术融合，综合协调海岸工程、湿地生态修复、水环境综合整治和景观设计、植栽体系多专业的交叉，构建一个相互联系、相互支持、相互促进生态友好的海岸河口湿地，创造了海岸绿色基础设施建设的一个优秀范例。

主入口现状（左），湖光塔现状照片（右）

童梦乐园方案效果图（左），现状照片（右）

中心服务驿站（左），海畔房车营（右）

图 7-43　主入口、湖光塔现状等照片

参 考 文 献

[1] 孟伟庆，莫训强，李洪远. 基于生态系统视角的湿地概念规范化分析［J］. 湿地科学与管理，2015，11（1）：55-59.

[2] 杜丽侠. 我国湿地类型自然保护区布局现状分析［D］. 北京林业大学，2010.

[3] FGDC-STD-004-2013, Classification of wetlands and deepwater habitats of the United States, Second Edition. [S]. Washington, DC：Wetlands Subcommittee, Federal Geographic Data Committee and U.S.Fish and Wildlife Service, 2013.

[4] 赵焕庭，王丽荣. 中国海岸湿地的类型［J］. 海洋通报，2000（6）：72-82.

[5] 丁东，李日辉. 中国沿海湿地研究［J］. 海洋地质与第四纪地质，2003，23（1）.

[6] 鲍小莉. 香港湿地公园植物景观规划分析研究[EB/OL]. http://www.tourleader.group/Product/researchdetail/cat_id/21/id/160,2018-03-21.
[7] 赵小艳. 香港湿地公园生态规划设计理念剖析[EB/OL]. http://www.shidi.org/sf_FC8948481F0F4D869D7222F2BC1DA64A_151_ftourzx.html，2014-08-14.
[8] 李雪，张现丽，谢珊珊，孔德政. 香港湿地公园分区规划及生态设计[J]. 湿地科学与管理，2015，11（3）：8-11.

第八章　海岸旅游景观规划设计

海滨旅游是以海洋与海陆交接处的壮丽景观，滨水及浩瀚海洋上的体验活动和运动以及休闲捕捞、海洋文化等吸引构成的以观光体验、休闲度假等为主体的综合性旅游活动。以海岸为依托的旅游形式丰富多样，在与大海亲近的同时集娱乐性、参与性、猎奇和知识性于一体，一直以来就是世界旅游休闲度假行业的主导内容。与欧美发达国家比较，我国的海滨旅游出现得较晚，但是一些伴随着海岸景观旅游资源条件优越的海滨休闲度假地而形成的海岸旅游地及景观吸引点[1]，在上世纪初即初步形成，譬如北戴河海滨，青岛海滨，厦门的鼓浪屿等，都以海滨风光和旅游度假休闲地而著名。近年，随着城市化的快速发展，人民生活水平的提高，人们回归自然的愿望日益强烈，海滨的自然景观与波澜壮阔的大海就成了城市居民回归自然的一个好去处；旅游地产项目开发助推，第二居所的兴起，导致滨海旅游的大规模开发和景观建设和填海造地的增长；高铁与高速公路等交通条件的改善也为海滨旅游的爆发性增长提供了良好的交通条件。中国海岸线名胜景点众多、风光秀美、海岸形态和地貌丰富多样、观光体验资源丰富，随着人民生活水平的不断提高，到海滨度假的需求增强，滨海旅游成为最重要的旅游目的地和形式之一。

由于沿海地区普遍处于经济发达或较发达地区，既有的优质海岸景观旅游资源大部分已获得了开发利用，但部分海滨旅游开发的规划设计非但不恰当，甚至造成了优良海滨生态和景观资源的不可逆性破坏，一些优质海岸带生态和景观资源既没有得到良好的保护，其旅游特质没有得到深入挖掘，一些利用海岸资源规划建设的旅游地产项目，配套设施不完善，导致社会和自然资源巨大浪费。沿海某些地区以旅游开发为名房地产开发为实的建设，不但对于不可再生的海岸景观和土地资源造成破坏，而且由于对于海岸带和海洋的科学规律认识不足，规划不当，导致投资商本身也深陷泥淖，使项目所在地城市和经济发展错失良机。再者，以各种名目在海岸进行填海造岛建设，在选址和规划不当的情况下，造成沿岸环境动力和生态条件的破坏，优良海岸资源譬如沙滩侵蚀或泥化，既破坏了原始的地貌特征和优良的海岸生态、景观自然特征，也给投资者自身可持续运营造成很大问题。

海岸旅游规划和景观设计，应尊重海岸环境的规律和原始地貌的景观特点，对大自然持敬畏的态度，以科学性、生态性、前瞻性、创新理念，进行规划设计。即使对于前述已经形成环境负面影响的海岸旅游或地产项目，通过对环境的优化提升和生态修复，依然具有挽回和再生的余地。

一、海滨旅游资源的分类

依托于特定空间环境的旅游资源是旅游目的地吸引游客的基本因素，也是发展旅游业的前提和基础。旅游资源的基本含义是：对旅游者产生吸引力并具有一定旅游功能和价值的自然空间和人文要素的组合[2]。

旅游资源具有如下内涵：（1）旅游资源可以是物理空间的，也可以是形态和行为的，抑或是精神和文化的；（2）一定的旅游资源必然占有一定的环境物理空间，并定位于旅游目的地；（3）多数旅游资源需要开发后才能为游客利用并具备市场价值，即观赏、游览、体验等。

海岸旅游资源从成因的角度可以分为：海岸和海洋自然赋存、演化或经人类改造形成的自然地貌和生态型主导旅游资源；人类在与海洋博弈共生的过程形成的人文和空间遗存型旅游资源；另外就是在此基础上，衍生出来的自然与人工相结合的旅游资源，尤其是特殊的地貌人文介入形成的旅游资源；以及依托海岸和海洋资源以人工创造主导的旅游资源。对于前两者我们在规划设计中强调的是保护优先，生态化建设的策略；对于后两者我们应重视其规划设计过程与环境的相容性和互相促进，近年，借用海岸自然环境的动力和生态能量，基于自然的解决方案（NbS）方兴未艾。本章的海岸空间旅游景观规划设计，是指在旅游景观资源的角度，主要依托和尊重自然形成的海陆两侧的地貌景观特点，对其自然特质以及附着的文化特质进行强化或提升，结合适度的人工设施配套规划建设的旅游区。从旅游景观对象的原生态与人的关系影响角度，海岸旅游可以分为以下几类：

1. 海岸自然生态型旅游

基岩海岸的惊涛拍岸，浩瀚湿地和候鸟栖息地、河口潮声涌动、姿态万千的海岛、河口海岸广阔的红树林、珊瑚礁岩等，这些属于自然景观型旅游资源，在适当条件积累下通过保护型开发的策略，规划成为自然景观旅游的胜地。

自然景观型旅游资源生态敏感度高，因此在规划设计中，需特别重视旅游承载量的预测和管控规划，譬如对于进入旅游区的交通方式和体系应该进行综合考量，同时在旅游景观的规划中要践行生态优先原则，配置对旅游资源和其生态环境低影响乃至无影响设施。例如，使用当地自然材料，适合本地生境的植栽等，且不应引进外来动植物干扰生态。在规划设计中，应为海岸动物或植物预留生态廊道系统，这是一个需要特别关注的方面，在国际上已有的优秀的示范和案例，尽管目前在国内规划设计中尚鲜有采用，规划设计者应予的特别关注。

对于具有较好空间环境和适宜的安全条件的沙滩及亲水性海岸，规划参与性旅游设施是一个方向，例如可发展游泳、潜水、滑水、冲浪、风帆船、热气球、滑翔翼等多种海陆空参与体验型乃至极限运动的活动。在这类参与性海岸区域，对于气象气候、海洋地理或交通环境条件应在进行安全性调查与评估的基础上开展规划设计。[3] 例如，船艇基地的规划设计应该遵守海岸旅游用途小型港湾规划设计的基本原则，在此领域国内的规范建设尚不完整，因而经常借用大型货运港口等的设计规程和规范，则在生态型设计的细节上更需要予以重视。

本书就多种类型的生态修复和景观规划进行了系统的介绍，从中我们可以注意到，以海岸自然景观资源为基础的旅游规划在生态保护和生态修复的要求上，较之于一般的海岸空间旅游规划的生态标准和品质有更高的环境、生态标准要求。

2. 海岸人文景观型旅游

人文旅游资源以其存在的方式可分为三类：第一类固态型，这类资源一经形成，则较少受时间和空间的影响，而保持其原已有形态和造型。与其他资源比较，在长期使用过程中较少遭到破坏或损耗，在一定环境条件下具有相对的稳定性，如泉州的洛阳桥，平潭岛的石头古厝、青岛的栈桥、浙江沿海遗留的海塘，近现代海港的灯塔，防潮防波堤以及海防工事等。但是环境的影响、游客剧增、人为的破坏影响，是导致此类资源损失乃至破坏的重要原因。第二类为动态性，这类资源本身没有固态形式，但有一定的环境空间（区域或区位）限制和时间限制，它主要是通过人类活动而成为旅游吸引资源。例如海滨的渔获活动、海神庆典、妈祖庙会等；第三类产业服务型，主要是指为旅游者提供给游乐、欣赏、体验性的服务，例如广袤的盐田、海岸捕捞作业，港口码头靠泊装卸，乘船出海的捕捞和海钓活动属于产业服务类型。有些旅游资源随着人们社会生活方式的转变已经逐渐淡出社会活动，其保护利用面临很大的难度，或者成为一种脱离日常社会活动的表演，其活力的可持续性成为问题。这三种类型在海岸旅游的规划中经常是互为依托互相融合成为旅游规划的综合构成（图 8–1）。

图 8-1　鼓浪屿，海岸景观与人文积淀共同构成的旅游目的地

对于人文景观资源的规划设计利用，由于其产生的年代与当时当地的生产力发展水平有着密切的联系，因而在现代化条件下，除了物质性人文景观的保护外，如何结合旅游规划和景观设计对这类“化石型”文化遗产予以激活，从单纯的表演展示转型到社会生态复育型、活化型资源，需要规划者更具创意的思想和借鉴国际海滨海岸旅游的新视野。

另外，前述海岸自然生态型旅游和人文景观型旅游两种基础资源的旅游景观规划设计，通常互相支持互相渗透，作为一体化的规划对象和过程而呈现，因而应考虑两种类型的互相协调、互相支持、互相叠加带来的复合积极影响。

3. 海岸主题公园型旅游

建设于海滨的主题乐园，属于依托海岸资源的人造景观类型，其规划涉及多种专业类型和方向。海滨地区的景观开发或主题乐园开发，通常会结合当地环境特色作为主题，例如海滨高尔夫球场、度假会馆以面向海洋观赏海景为主题特色，博物园、海洋馆以海滨海洋动植物或生态环境为主题。中国香港的海洋乐园（图 8–2）、泰国普吉岛与新加坡的圣陶沙岛都是很成功的开发案例 [3]。

图 8-2　香港海洋公园

4. 综合性海滨旅游度假

依托海岸资源，建设综合性度假疗养旅游区，集成了以上多种类型的旅游规划和景观譬如北戴河、青岛、烟台、鼓浪屿、三亚等地的旅游度假疗养区，或利用季节气候反差，植物花繁叶茂，气候宜人，大海波澜壮阔，沙滩细腻温柔，形成舒适健康的度假疗养型的旅游区，同时由于其良好的滨海景观和人文资源，成为以海滨旅游为特色的大型综合型海滨旅游休闲目的地（图 8–3）。

图 8-3　海南亚龙湾度假区

二、海岸旅游景观规划的技术路线

海岸旅游景观规划设计过程是在对规划设计对象所处区位和环境，综合海岸空间资源、景观资源、人文资源的分析研究基础上，遵循和利用海岸环境条件和规律，整合及提升自然景观的生态属性和空间特质，融合人文价值，结合市场和游客旅游需求，构造对于游客有吸引力的海岸旅游景观系统的综合过程。海岸旅游景观规划具有旅游规划的共性，也有其特殊性，本书着重讨论海岸景观规划与一般旅游规划中有其特殊性的技术路线和方法。

1. 游客需求和市场调查、预测

规划区游客需求和市场调查、预测是进行海岸旅游景观规划的基础。客源量除受自然景观价值的影响外，还受依托城市的经济、交通状况、社会环境等因素的影响，与门户城市的空间关系、人口密度，经济状况，交通供应都密切相关。调查中既要调查既有的客流量和客容量[4]，而且要以此为基础，使用恰当的模型，客观分析和预测未来的客源量和客流量，为规划、开发、保护提供科学依据。关于游客需求的调查和预测的具体技术方法，在旅游规划的相关规范和书籍中都有详细的描述，并且不同的规划者都有自己所擅长的模型、方法和技术路线，在本书中不做赘述。

2. 海岸旅游资源的调查和分析

通过对海岸旅游资源的调查，了解旅游景观资源结合人文资源的特色和价值。对海岸旅游资源的分布范围、规模等数据进行调查测量，为规划提供详实的基础资料，掌握其开发、利用和保护的现状以及景观生态资源的分布和容量。

旅游导向的海岸景观资源须具备较高品位的资源构成和良好的外部配套条件。资源构成一般要求景观沿岸线分布相对聚合，又有一定的海陆两侧纵深空间，数量合理的节点构成。通过规划设计提炼更高的观赏性、体验性，结构节奏更紧凑合理，景观和文化重点突出，自然景观和人文景观组合连接巧妙合理且独特。旅游景观资源的外部区域的条件支持也十分重要，与其依托的旅游门户城镇应空间关系合理，交通条件匹配，并具备适宜的经济和社会环境条件。前期的调查一般包括以下内容：

（1）规划区依托的城镇的经济、交通和人文环境条件

硬件包括规划区和依托城镇或门户城市的空间关系，交通关系，基础设施；软件依托城镇的经济状况、风土人情、文化背景、主导产业类型及分布等。所有这些外部条件都直接影响着旅游资源开发的经济技术可行性。

人文环境包括规划区海岸的各类建筑和遗址、渔港渔村、海洋文化遗址、宗教场所等。人文景观资源调查不仅要调查现存的资源，也要调查过去存在而今已损毁的遗迹、遗存以便恢复或加以延伸利用。

（2）规划区气象、气候和环境条件

包括规划区及相关区域的年降雨量及其分布、气温、光照、湿度等，为资源评价开发提供准确的数据。环境条件包括调查区及外围的大气成分、水质及其污染情况，人与自然环境的关系，自然资源、生态环境状况。气象、气候和环境条件对自然景观的形成和破坏都可能有影响，作为气候和气象本身可形成具观赏价值的景观，如云海、海市蜃楼等。[4] 对中国海岸，尤其东海、南海、黄海南部，台风的侵袭是一个重要的因素，台风的数量统计，及其造成的风暴潮等灾害历史纪录，是海岸旅游规划的重要安全因素。

（3）旅游资源调查区的海岸水文特征

海洋水体是海岸景观的重要观赏对象之一，也是环境条件的影响来源，海洋水文特征包括潮汐、波浪、海流等海岸动力要素。按照相应规范，应根据多年的潮汐数据推算不同设计潮位的数据，以及不同重现期的波浪数据，了解和判断海流的基本特征。较之于传统的海岸工程和港口建设，海岸旅游景观属于更精细化的规划设计，因此对于海岸数据的分析有更细分的要求。譬如对于低重现期的波浪和潮汐（例如 3～5 年重现期的潮位，以满足短周期淹没水位的高程设计参照）的数据要求，以细化海岸旅游景观的规划设计。由于海岸水文数据实际测量的代价较高，海洋科学对于利用附近区域数据推算到规划区乃至设计点附近已经有较成熟的技术方法，在项目规划阶段可以满足要求，为辅助规划决策可通过经验模式或数学模型推算到场地附近。

规划区的地下水和地表水不仅构成水体景观，对水源供应以及由水带来的灾害的预防等更是重要依据。陆地水文调查应包括：地表和地下水的类型和分布及其季节变化；水景观的类型、特征分布；水资源供应；发生和可能发生的水灾害，如暴雨洪水、泥石流等。

（4）海岸景观地貌自然资源调查

作为空间规划载体的海岸自然地貌景观是调查的重点。海岸地貌是指在各种动力作用下岸线轮廓、海滩剖面形态、地貌类型及其成因、演变特征等。地貌勘察成果可供旅游区规划，观赏或体验性活动的选址和布局，旅游服务港湾或建筑物规划布局，判断海岸旅游项目建设后沿岸输沙、岸滩演变及冲淤的趋势和地貌演变的形势。

地貌调查是基于自然的景观规划的基础，其调查内容包括岸滨和离岸岛屿、礁石、沙滩、海蚀崖洞、海岸河口、湿地等的分布和特征，从而对调查区总体的地形地貌特征和重点景观构成有系统了解。本阶段应结合规划深度收集合理比例尺的地形图和海图，并调查分析形成海岸景观地貌要素分析，预测布置适度的防护或干预设施或以景观手法直观反应工程的效果。

（5）景观生态系统调查和动植物资源

景观生态调查以整体海岸景观为研究对象，了解景观中自然资源的特性、生态系统之间的相互作用以及人类对生态可能的干扰等，在景观异质性明显、生态系统在水平和垂直高度变化较大的海岸景观规划中具有重要价值。要用系统的观点了解海岸带景观生态系统的结构、功能和动态。在野外调查（包括利用航空遥感资料）获取资料，有条件时可以通过地理信息系统建立提出海岸地形地貌模型来进行相关的分析。

规划区的动植物特征和分布是生态构成的重要部分。海岸动植物有其独特的特点，调查这些资源既要考如何保护这些动物、植物，维持生态平衡，又应兼顾供游人观赏和吸引游客，因此调查其分布和活动规律十分必要。

3. 海岸带旅游景观规划要素和流程

图 8–4 总结了旅游景观规划的构成要素和流程，下面予以展开解释。

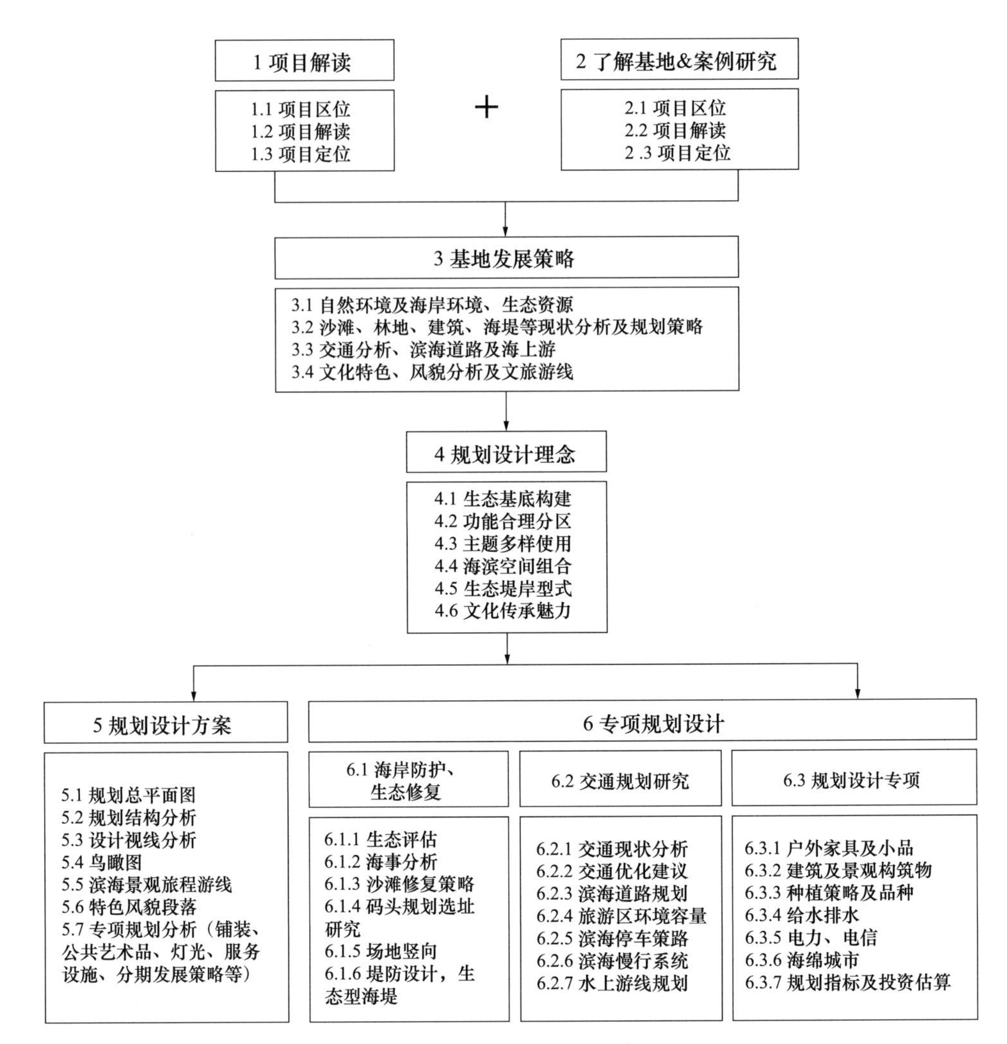

图 8-4　海岸旅游景观规划要素和流程

（1）项目区位的解读：包括对项目宏观、中观区位的理解

外部空间关系，陆上、海上交通，结合场地和旅游区的经济发展目标，项目发展愿景等，形成的规划区在整体旅游系统中的定位。

了解基地：合理确定项目范围，包括核心规划设计范围和相应的关联研究规划范围。综合前述资源调查的成果，对于基地内部的条件进行相应规划层次的分析，并以规划图面表达方式，表述基地。

借鉴案例：综合国内外类似项目，进行相对应的案例分析。案例分析一般应包括综合案例和特色借鉴两个层次。对于案例分析，应该注意到案例分析的三要素：环境相似、项目尺度可比较、功能内涵可借鉴；对于局部特色案例，应注意案例分析的发散性和集中性的适度平衡，既能散得开提供项目以广阔的视野和借鉴要素，又能结合项目功能和市场需求客户体验度，做到有的放矢。

（2）规划理念的引领性和实现策略

通过对于规划区位环境的解读及场地条件的分析，以及上位规划的理解和相关案例的研究，达成对于规划区域发展理念和实现策略的认识，这些将统领和指导后续的规划方向。应当考虑的重要方向包括：如何尊重和适应环境条件和地形地貌条件，保育和激活生态系统的功能；通过交通系统链接或隔离不同的规划段落和空间分区；在文化传承的角度，保持地缘海洋文化的特色并有机的传递到项目规划的方案中。

海岸旅游规划的实现策略应该重点关注以下几个方面：生态基底构建和修复保护；合理的功能分区划分；在功能划分的基础上，主题的引入和相应特色空间的构建；交通系统，包括服务性交通体系和游客的交通体系（车行和步行）的构建以连贯海滨景观和旅游体系；同时，沿岸的堤岸系统与交通系统的结合，构成线性的旅游和海岸防护体系；当地文化和人文景观与自然景观设计的结合。

（3）旅游景观规划的总体空间表达

规划空间结构分析，以系统的设计逻辑分析规划的总体结构关系，挖掘设计者对于规划总体结构点、线、面，轴、带、片区布局的链接合理性和创新性，以及游客体验的空间节奏转化为时空节奏的推演；

以上过程的产成品即旅游景观总体规划平面布局，进而结构性划分为旅游功能规划分区和与之对应的景观规划分区。

为了体现和验证空间表达的效果，一般应附有表达规划设计和效果的总平面图和鸟瞰图、人视图等。

（4）海岸环境和生态修复规划

规划旅游区海岸及环境容量分析和海岸环境及海岸动力条件对于规划及景观的影响分析。

场地竖向规划条件和合理设计是海岸旅游景观规划的重要内容，从陆向海岸的剖面竖向规划与潮汐、波浪的影响息息相关，其合理应对对于旅游设施的功能、投资和景观效果有着较大的影响，这在后续的案例中可以得到佐证和借鉴。

要特别关注海岸生态修复和保护的重点区域和对象，尤其如沙丘、湿地、红树林、连岛坝、潟湖等特殊海岸生态斑块和地貌特征区，他们经常是吸引游客的重要资源，也由于其脆弱性成为需要予以特殊保护的对象。

（5）旅游交通基础设施规划

交通现状和交通可达性分析，以及沿海岸的线性交通规划，与海岸堤坝等整合的交通设计策略。

海岸旅游基础设施，如游艇码头和观光游船码头的选址和规划设计是海岸旅游景观规划的特点，由于海岸环境条件对于人工构筑物性能的主导性影响，合理的规划选址和方案既可以结合自然条件增益项目的景观环境价值，又可以节约投资，对于投资和项目的吸引力具有事半功倍的影响；不合理的选址和方案不仅仅会造成投资浪费，还可能对于海岸生态环境造成破坏性。围绕游艇港湾和游船码头，可以创造丰富的旅游商业服务业态和休闲空间，是旅游项目投资回报的重要载体。

海岸工程及堤防安全的规划，可以统筹融合海岸工程与景观生态，滨海步道、绿道等慢行系统，构成具有海岸韧性的复合型景观生态廊道。

（6）其他基础设施专项规划

如给水排水，电力、电信规划；海岸植栽和防护林规划；海岸湿地植栽系统的规划；和海岸防护林带的规划；海绵城市成为旅游景观规划的重要构成部分，并与景观和旅游设施结合成为海岸韧性绿色基础设施的重要构成。

值得注意的是海岸建筑和景观小品，由于常年受海边大风和盐雾侵蚀的影响，因而对于结构和材料的选择应特别注意到应对海岸地区环境特点的耐久性、防腐蚀能力，尺度上应与大海的波澜壮阔和巨大能量相匹配，不宜过于纤细。

以下案例对海岸旅游景观规划进行解读和诠释，这些案例是基于海岸自然生态和地貌的旅游景观规划方案，类型分别是：其一，基于基岩地貌结合沙质海岸的生态修复与海岸动力条件的利用；其二，是以中国北方淤泥质海岸跨越破波带的人工海岸为对象的旅游景观规划。

这些规划案例的共同特点是基于海岸环境和生态特征进行的旅游资源整合和优化，并以设计结合自然的谦逊态度展开规划。需要说明的是笔者选取的案例并非最终的实施成果，而是以案例区域为空间载体的概念方案的开放思考和探索，这使案例可以较少受实施条件约束，阐述规划方案的思考过程、技术逻辑和关注要素。为节省篇幅起见，涉及项目所在地的文化历史和经济环境背景，读者可以在相关城市的介绍中获得更详细的资料，在此不做更多的赘述。

三、基岩海岸旅游景观规划

除非处于较大河流的入海口附近，基岩海岸地貌一般具有清水、沙滩、嶙峋的礁石，有些在近岸通常还有易成为视觉焦点的小型岛屿等较优越的海岸景观条件。平潭岛形态如同一只奔腾向海的麒麟，海坛湾处于向海的腹部，是基于海岛和基岩海岸环境与地貌特征的旅游景观，依托平潭国际旅游岛定位，沿 12km 的海岸融合海岛生态和地貌景观资源，挖掘石厝村落、渔耕文化（图 8-5），协调主城区和旅游区功能和空间关系。

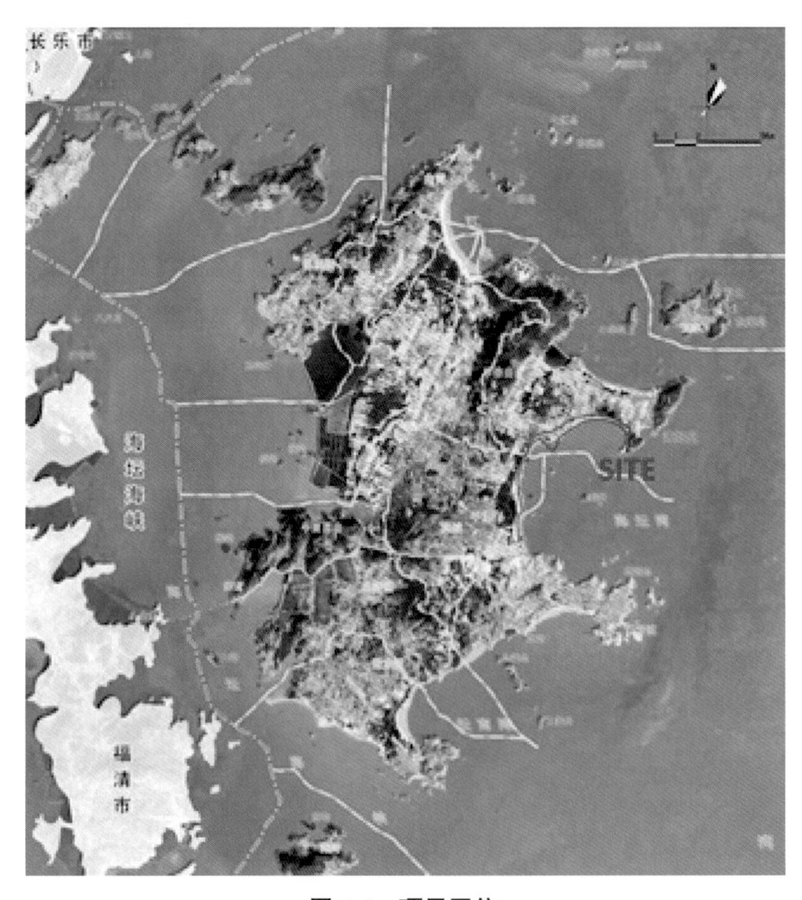

图 8-5　项目区位

1. 海岸环境与生态基础

（1）海岸环境条件

海坛湾整体呈耳状海湾，面向东南。受强风向（NNE 为强风向，所占频率 30%，NE 为次强风向，所占频率 22%），强浪向（NE 为常浪向，所占频率 67.43%，E 为次浪向，所占频率 20.98%）影响，随着风浪暴露程度逐渐减弱，由南端的基岩海岸至北部的湾底，呈现水深逐渐变浅、坡度逐渐变缓的趋势（图 8–6）。

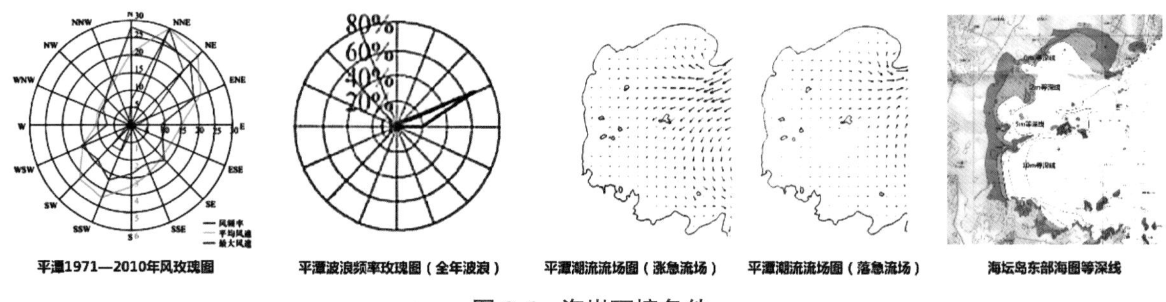

图 8-6　海岸环境条件

岸滩分布和特点：海坛湾朝向正东，沙滩连绵 9.5km，有数个岬角山丘将其分为六段。沙滩平均坡度 2.2°，粒径为中细沙，品质纯净含泥量低。本区潮差较大，落潮时沙滩平缓宽阔，涨潮时沙滩宽度较窄，高潮干滩狭窄，大潮落潮时滩面露出约 200～500m。同时既有人工海堤扰动了海滩剖面的平衡，堤前海滩局部冲刷，堤上风积沙严重。区域南部海岸基岩出露，底质为沙或泥沙，环绕南部基岩的龙凤头海滩，坡度平缓，沙白水清，是优良的天然海滨浴场选址；北部、西部多为沙质岸线，干滩窄且水下潮滩面积大，垂直海岸向外粒度粗化（图 8–7）。

图 8-7　海坛湾场地岸滩特点与条件分析

（2）海岸环境生态修复和维护

作为旅游景观规划建设的基础，根据海岸动力特点和沿岸沙滩的粒度分级特征，规划中不同段落采用滩肩补沙，适当布置离岸堤或者丁坝促淤等人工养滩方式，同时结合引入挡风沙型海堤断面，利用海岸动力重塑海岸景观效果。

海湾南部直面强浪向，以固沙稳滩为主。龟模屿与岸线连接的天然连岛坝提供了良好的契机，可为潜堤增长提供沙源借由海岸动力塑造稳定龙凤头沙滩；同时此潜堤随潮汐变化或出露或淹没，宛若“潮汐天路”连接龟模屿。北部受岬角遮避波浪影响较小。海底坡缓水深浅，规划补沙增加滩肩宽度，增设丁坝兼具养滩和景观效果（图 8–8）。

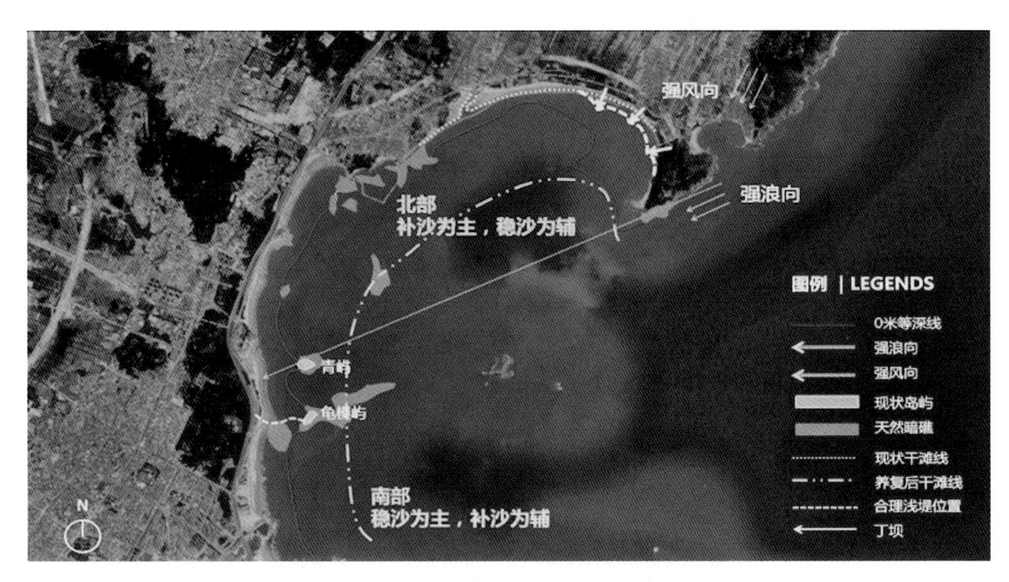

图 8-8 海坛湾海岸生态修复概念规划

以上海岸修复策略在实际建设阶段需要相应的数学模型和物理模型支持，其中引入的因循海岸动力和生态条件，遵循自然设计以自然做功基于自然的解决方案是本规划的突出特点。

（3）水上交通和游艇码头选址

南部岸线水深条件好但受波浪影响，在此段设置码头应选择掩护条件较好，内部水面开阔的水域；北部岸线受波浪影响小，水深较浅，设置较短航道即可到达深水区，港池回淤较少。依据海洋环境条件结合陆域功能布局，陆海统筹规划选址三个条件优良的旅游码头（港湾），“近期水上运动湾，中期心海游艇港，远期白犬山旅游港湾”，结合海上岛屿形成观光与旅游水上线路（图 8–9）。

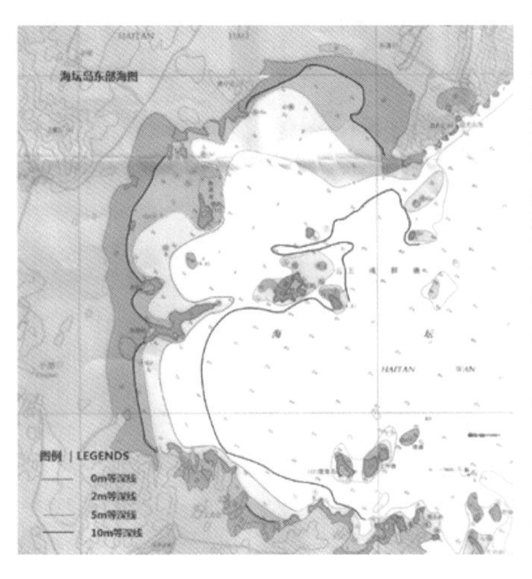

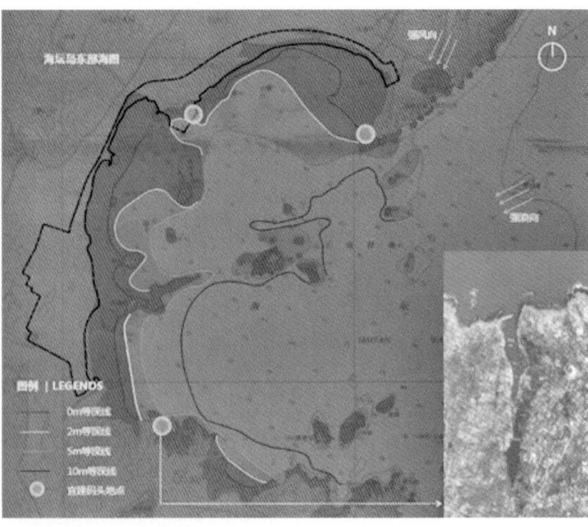

图 8-9 海坛湾旅游码头选址规划

（4）海岸绿化与植栽

海坛湾大风频繁且强风级天数时间长，以北风和东北风为主，全年 7 级以上大风日数为 125 天，大部分区域位于燕下埔风口，植被系统既是海岸景观生态的结构基底，也是缓冲和防范大风影响的有效措施。

根据风向特点结合生态环境现状，基于适地适树的原则规划四种类型防护林：生态防护保育林，生态防护强化林，主题景观保育林，生态景观改造林（图 8–10）。南部现状拥有大规模木麻黄国家森林公园成为平潭老城的生态防护带；中部位于燕下埔风口，临海侧规划不少于 150m 防风固沙基干林带；另外，结合污水处理厂排水重塑红树林湿地，提升水质净水固沙；村落里的相思树组团保留形成特色植栽。

图 8-10　海坛湾场地植被现状与植栽规划

2. 旅游景观规划

根据区域的气候，海洋条件（潮汐、波浪、海流、泥沙），林带植被等海岸环境指引景观生态基底结构的生态修复，包括：保育激活沙滩、林地、岛礁、海堤、建筑场地、村落塘池等在地资源；结合海岸带相邻的区域功能，以城市公园，自然风光，民风度假合理分区；规划交通系统与分级，实现横向城海链接，纵向景点串联；策划了海滨休闲城市游、海岛地质博物游、原生渔耕文化游、国际海滨嘉年华四条主题游线，强化旅游活动特色（图 8–11）。

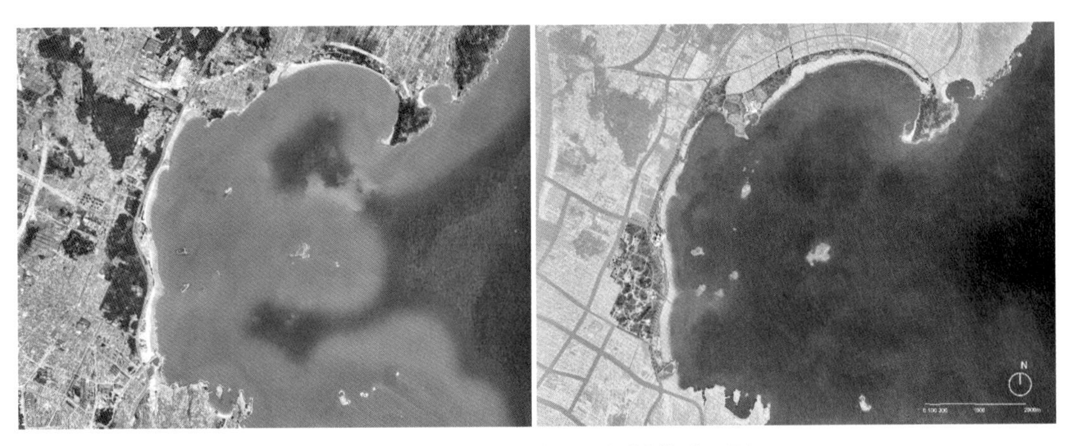

图 8-11　海坛湾旅游景观规划前后平面

（1）海岸可达性与贯通性

密切城市与海岸的联系，既有沿海纵向城市交通，保留交通主干道，设置天桥或下穿通道，链接后方城市与海岸关系。但是正如我们在本书其他章节涉及的此类问题，国内大规模的新城新区建设中，滨水城市规划中滨水道路规划建设很多存在割裂滨水区与城市关系的问题，后续可以局部的改善，但是彻底改变从程序和投资花费方面的代价都较大（图 8–12）。

以现状滨海旅游路为基础南北延伸，形成滨海旅游服务路。沿滨海旅游路与海岸景观之间，增设贯通的海湾绿道并与城市绿道连接形成统一体系。

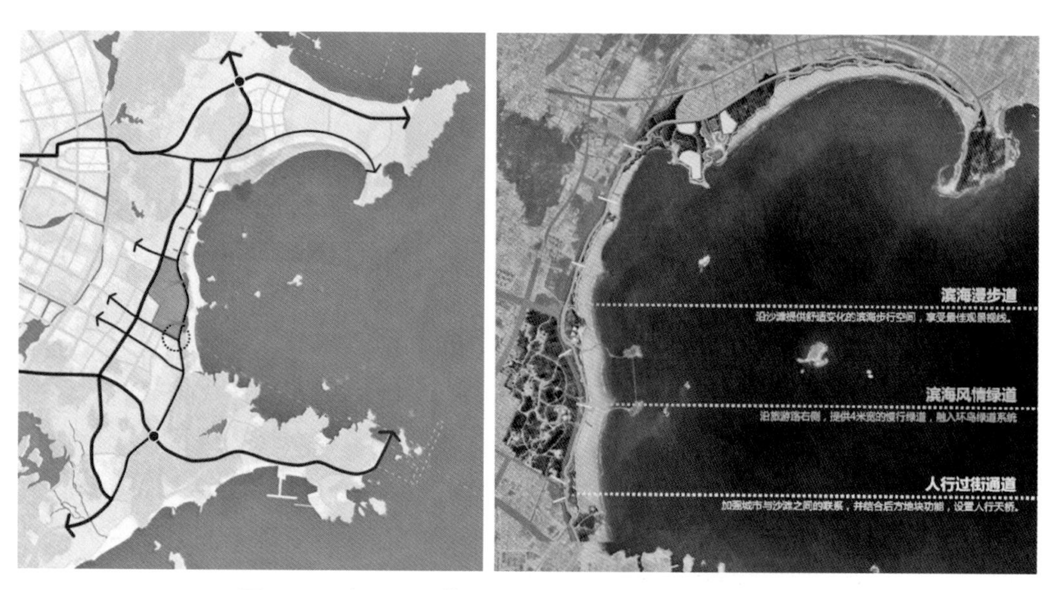

图 8-12　交通规划横向城海连接与纵向分级系统贯穿

（2）功能分区与风貌控制

贯通海湾的旅游服务路，绿道系统，海滨步道三重复合旅游服务交通系统，连续的绿植生态廊道，优良的沙滩海湾，共同串联三个区段：南段城市活力海岸，中段生态浪漫蓝湾，北段闲适民风田园；以及相应主题组团，包括海渔广场、森林海岛公园、浪漫星光海岸、红树林湿地公园、心海游艇港湾、石厝渔耕田园。形成“三带，三区，六园”的海岸旅游景观规划结构（图 8–13）。

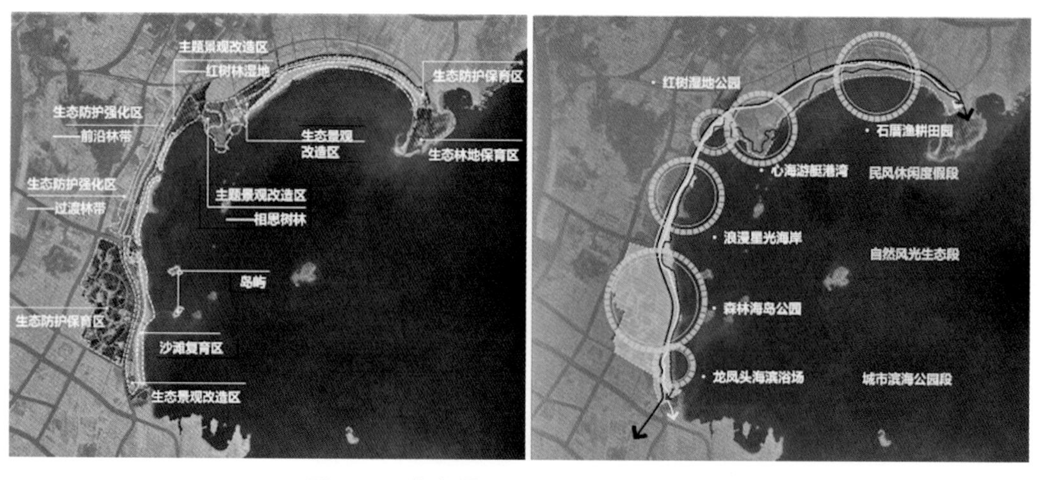

图 8-13　海岸景观规划生态与功能结构

① 南段——城市活力海岸

规划区南段邻平潭老城，接森林公园，位于龙凤头海滨度假带主要活动区。

龙凤头海渔广场：规划提升考虑强化海岸与城市的联通，包括道路局部下穿，增设步行天桥等措施，解决场地的可达性。公共空间解决场地遮阴以及与文化元素结合营造海洋活力氛围（图8–14）。

图 8-14 海滨浴场公共广场景观提升前后效果

［出处：原图（左）与作者自绘（右）］

森林海岛公园绿色森林公园向海延伸，连接海岸沙滩，以外部海岛为端点，构造林—滩—海—岛一体的海坛湾旅游地标区域（图 8–15）。该处景观设计与海岸动力结合，利用海岛后方的连岛坝效应塑造潮汐天路，并起到对于南部沙滩的养护效果。

图 8-15 森林海岛公园景观规划效果

② 中段——生态浪漫蓝湾

结合场地既有元素以星空海岸和红树林湿地公园为主体构造浪漫休闲与生态缓冲段。

星空海岸：平潭以夜观银河的浪漫海滩著称，本段落结合平潭海洋气象站，提炼“星空银河”，“蓝眼泪”辉映大海波涛，结合周边海蚀崖洞地貌塑造“斗转星移，海枯石烂”的爱情主题旅游区（图 8–16）。

红树林湿地公园：场地西侧污水处理厂净化后一级 A 出水排海。该区既有淡咸水交互的条件，亦有净水固沙需求，在潮滩范围内具备红树林生态修复的基础（图 8–17）。

图 8-16 星空海岸景观规划效果

图 8-17 红树林湿地生态修复景观效果

③ 北段——闲适民风田园

在白犬山与沙滩海岸的自然背景下，突出乡境渔耕人文历史，以心海游艇休闲港湾和裕藩湾，提供石厝古韵渔耕山海的度假风情体验。

心海游艇港湾：港湾选址综合考虑海岸动力特征，结合原渔村主题规划现代活力的风情商业组团，复育现有特色相思树组团。在海岸旅游景观规划中，游艇港湾的规划布置除了考虑本地市场的长期需求，也应与海岸景观的塑造结合成为景观空间载体之一，而非单纯的功能型基础设施（图 8–18，图 8–19）。

裕藩湾民风度假带：利用海岸鱼塘肌理，以渔耕田园为主题，梳理叠层梯田海岸景观，后方特色街坊延伸至海岸沙滩，丰富度假功能体验。并以当地特有石材元素与色彩贯穿，成为场地气质的历史记忆传承。

3. 海岸工程与景观的结合

鉴于海坛湾大风流沙的影响，海堤断面设计结合国际国内海岸工程经验，采用挡沙型断面并与景观结合。以斜坡堤，双层海堤，弧型海堤为主要形式，配合海岸平台和阶梯结构，在满足海岸安全结构要求且形成丰富的景观（图 8–20）。

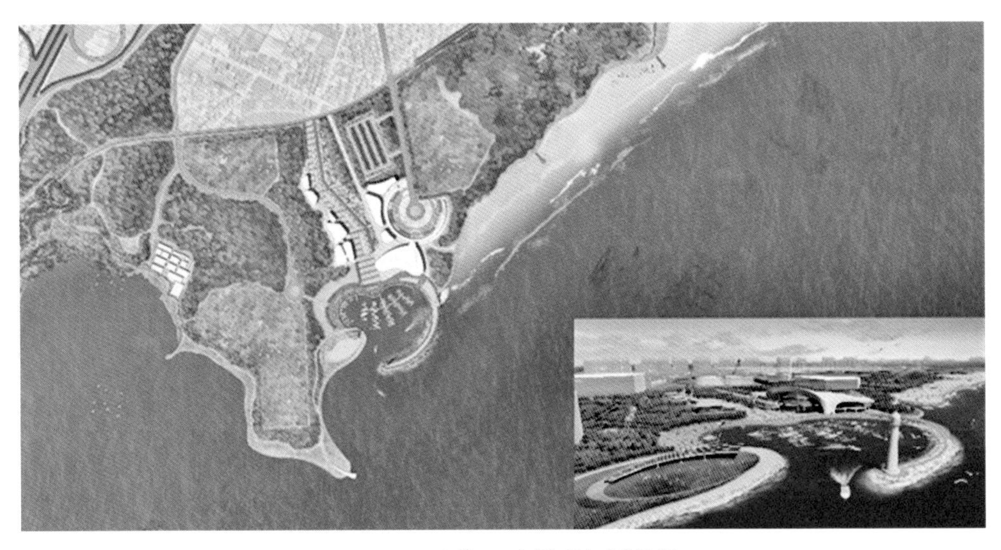

图 8-18　心海码头景观规划效果

图 8-19　裕藩湾海岸梯田景观规划效果

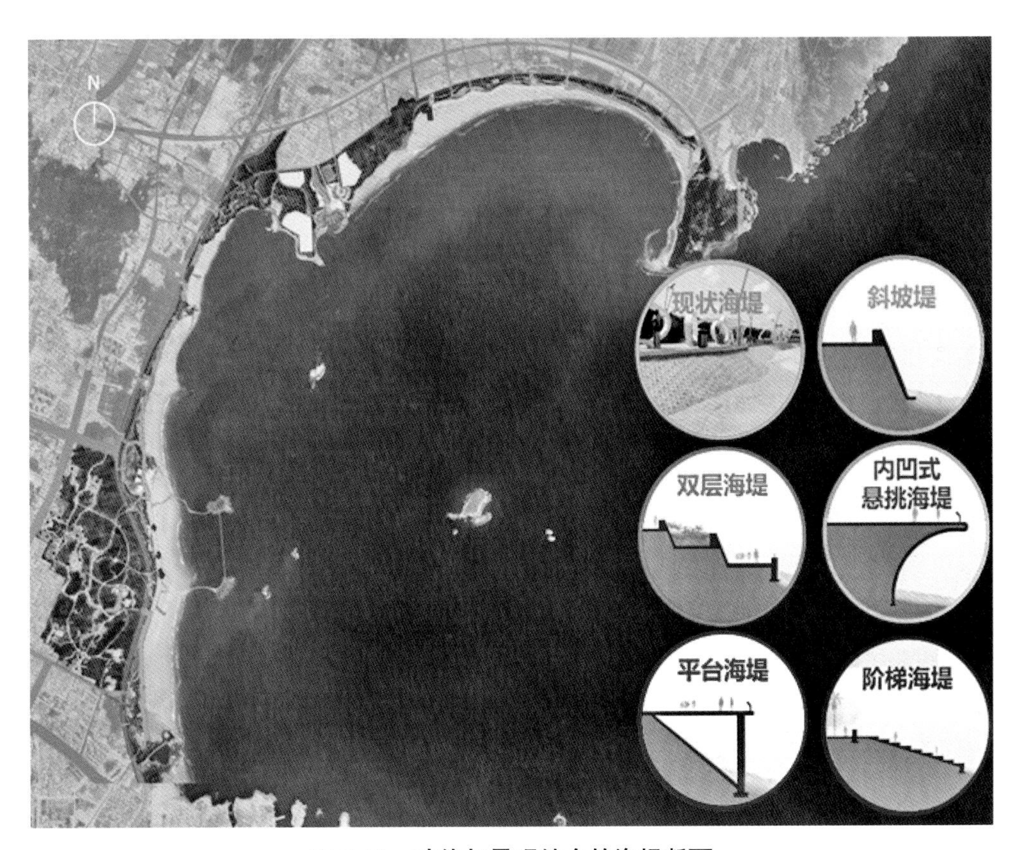

图 8-20　功能与景观结合的海堤断面

四、淤泥质海岸旅游景观规划

中新天津生态城东临渤海湾底部，海岸线涵盖规划区域东、南、北三个沿海边界，南临永定新河口，北至中心渔港，岸线长度约 36km（图 8–21）。该岸线整体为渤海湾底部典型的淤泥质海岸，后随着填海造陆，逐步演变为人工海岸、河口湿地、淤泥质海岸，成为自然及类自然海岸，人工海岸并存的多元复合型海岸类型。

拟规划区域（图 8–21）的历史背景和城市规划，赋予了场地临海新城，海岸湿地（两个保护区，河海湿地，清水岸线），渔盐文化（长芦盐场，赶海拾贝，妈祖文化），人工海岸等丰富的规划背景。

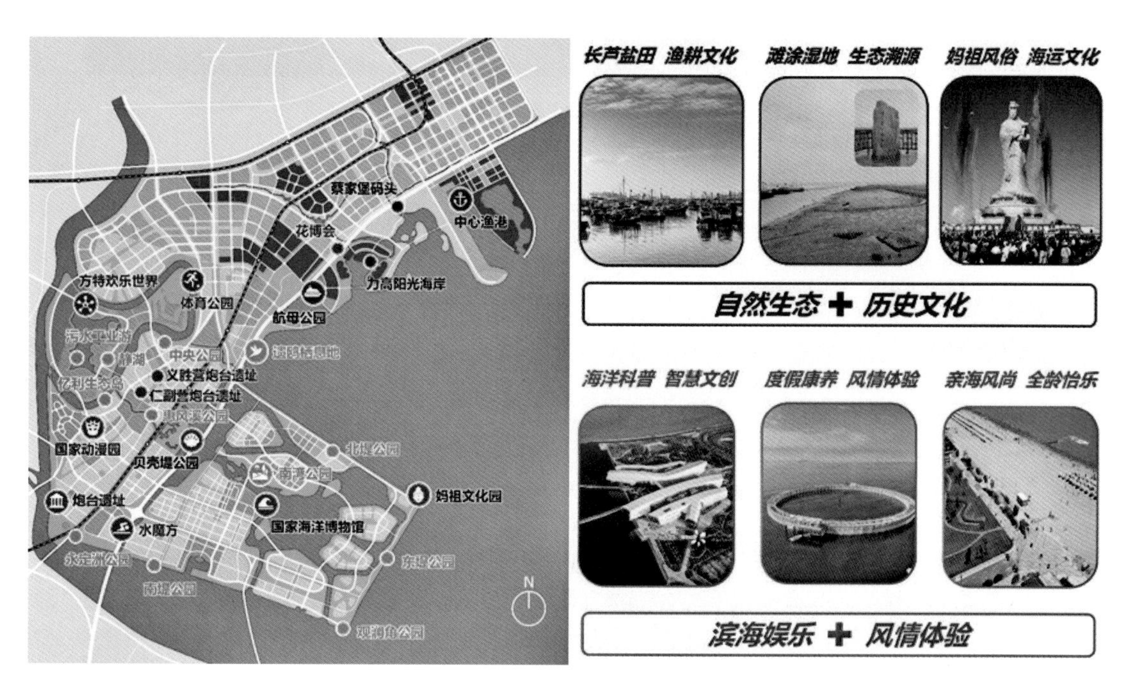

图 8-21 项目区域景观规划背景

1. 海岸环境特点和动力条件

永定新河作为天津市北部的防洪屏障，和河海交接处，形成了半咸水、咸水、湿地、滩涂等多种生境，永定新河及其入海口的生态保育生态修复，是生态城滨海旅游区维持地区稳定的生态系统的重要内容。

由于围海造陆的原因，生态城东部岸线最远已经推进到海图深度 3.3m 水深，如我们本书分析，渤海湾“波浪掀沙”的特点决定了破浪带以外水体悬沙含量低，除冬季偶发强大东北风影响（该季节对旅游影响相对较弱）绝大部分季节和时间呈现碧蓝的清水岸线，是渤海湾难得的具有清澈良好景观水体的岸线，是离京津两大都市约 5000 万人口最近的海岸和大海。

（1）潮位特征

本区潮汐性质为不正规半日潮，每日两潮，潮差为 2～3m。海流基本属于往复流，涨潮主流向 NW、落潮主流向 SE（图 8–22）。

港口设计数据（大沽零点）

历年最高高潮位	4.81m
历年最低低潮位	-2.08m
历年平均高潮位	2.77m
历年平均低潮位	0.34m
历年最大潮差	4.37m
历年平均潮差	2.43m
设计高水位	3.30m
设计低水位	-0.50m
极端高水位	4.88m
极端低水位	-2.29m

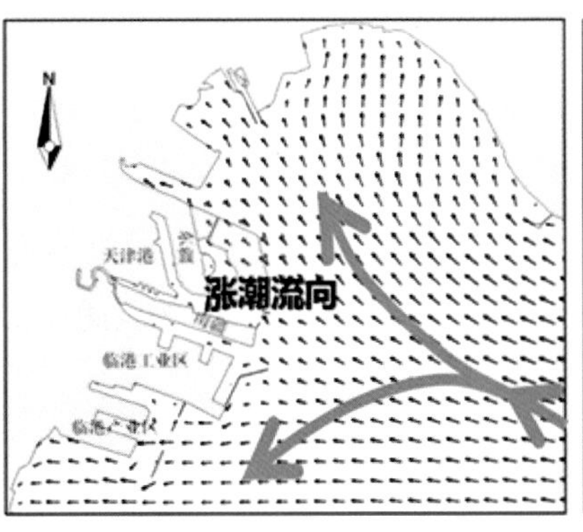

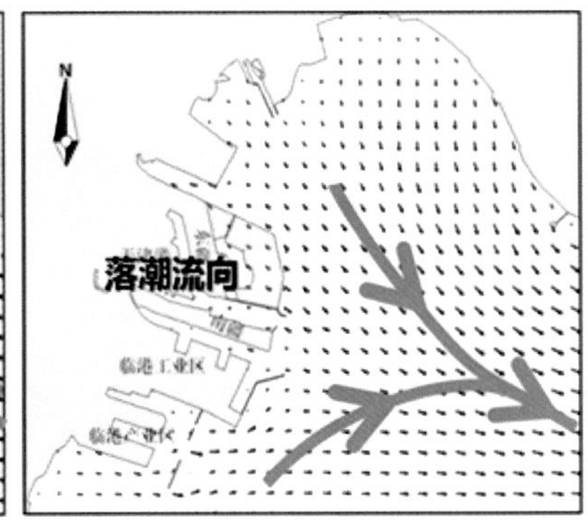

图 8-22 规划区域潮流场概化

（2）波浪

规划岸线南向波浪被东疆岛遮蔽，北向波浪被中心渔港遮挡，东部海岸直接受到波浪作用，向河口内受到波浪的影响逐渐减小。对于旅游景观规划设计来说，这为结构设计增加了工程量提高了设计标准和设施布置的难度，但是同时，也使中心生态城东海岸具有波澜壮阔的海岸景观（图 8-23）成为渤海湾稀有的人工清水海岸旅游资源。

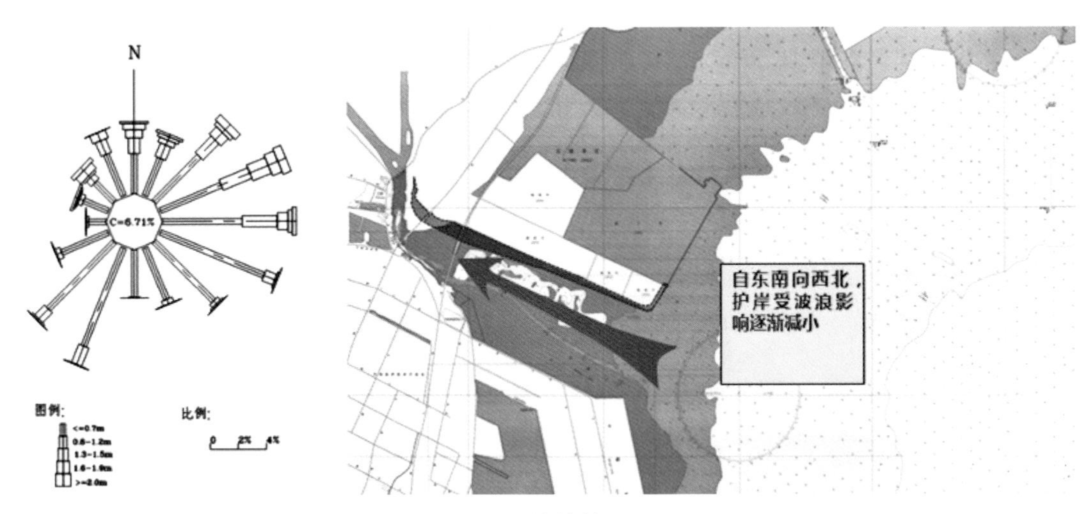

图 8-23 波浪情况

常浪向 ENE 和 E，强浪向 ENE，本海区波浪的变化特点是与风场的变化特征相对应的，波浪的变化也具有明显的季节性变化特征。

（3）地形、地貌、泥沙

“波浪掀沙，潮流输沙”是本区塑造水下地形的主要动力。地形、地貌：本地区以堆积地貌为基本特征，物质成分以粘土质粉砂、粉砂质粘土、粉砂等细颗粒物质为主，岸滩坡度平缓（$i=1/1000\sim1/2000$），潮间带宽度大，泥沙运移的主要形态是悬移质。

泥沙：附近海域泥沙主要来自浅滩，河向来沙极少，波浪掀起滩面重新分配是泥沙的主要来源。水体含沙量的大小与风力的强弱有着密切的关系。不同季节海区的水体含沙量的分布见下图（图 8-24）。这一分析与在东堤人工观察获得的直观印象是一致的，进一步印证了本区本岸段作为旅游海岸在渤海湾海域的景观优势条件。

东堤滨海公园南起南堤与东堤交角（永定海角），北至现妈祖文化园，东临大海，滨海岸线长度约 5km，该段填海后推进至 −3m 等深线，形成渤海湾沿海岸线难得的清水岸线资源（图 8–25）。结合规划中东面大海西接内湖的空间和区位优势，具备成长为“京津冀”游客的海滨旅游载体的良好自然条件。

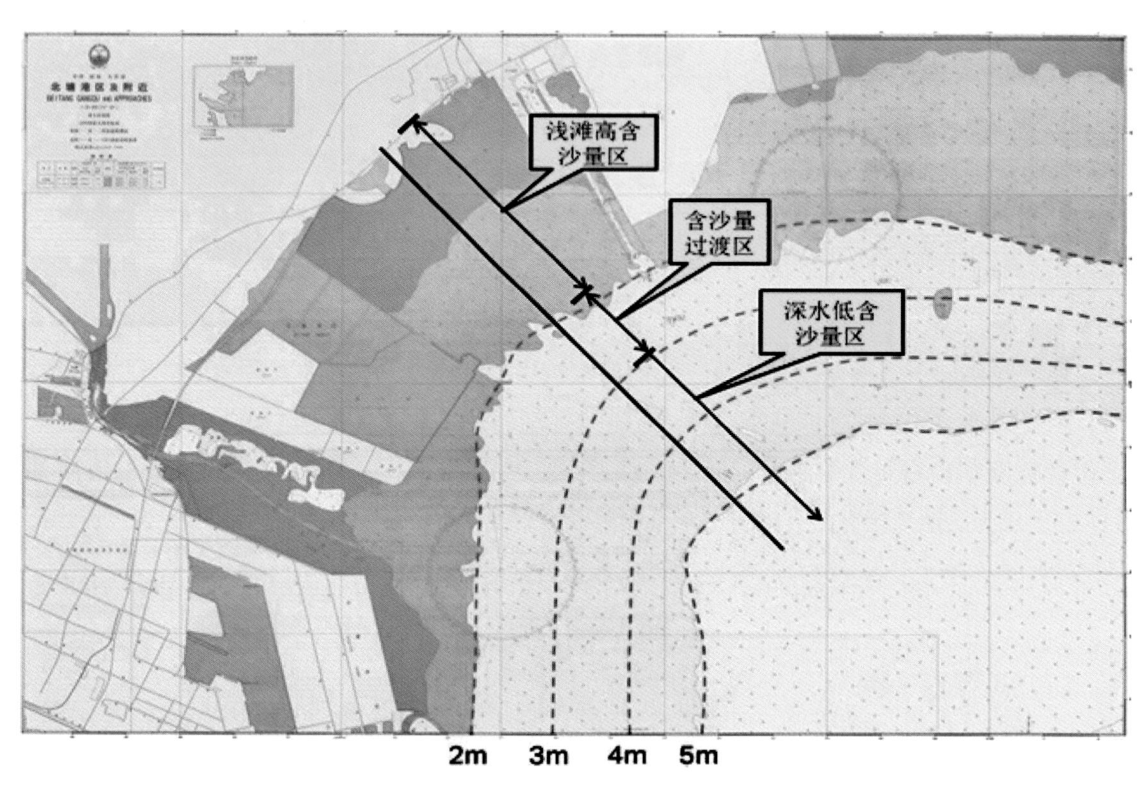

图 8-24　含沙量分布概化图

图 8-25　东堤滨海公园规划范围及现状人工清水岸线

2. 规划建设历史和愿景

东堤建设之初的首要目标是解决海岸防护，结构型式着眼海岸防护和造价的经济性，在建设过程中随着定位的调整，逐渐形成利用海岸景观资源提升为优良的旅游岸线的愿景。这一过程演变显然存在海岸空间形态与功能定位的差异，因而总结其经验和教训并提出改进的方案，对于类似岸线的规划具有重要的参考意义。

随着规划优化和对于滨海景观资源价值的认识，东堤的定位从原有紧邻城市的防护岸线为主功能，成为内临湖湾，外向海面的“旅游休闲复合岛链”。改造核心为通过开阔面海空间，敞开城海界面，优化海滨环境（包括植物和服务），以实现充分利用自然资源，将滨海空间价值最大化（图 8–26）。

将游线景观体验与海岸防护功能融合，提升海岸结构的景观效果，激活滨海空间活力，以自然、文化与休闲旅游岛链，营造内外观海界面，满足亲海、探海、观海的滨水旅游体验（图 8–27）。

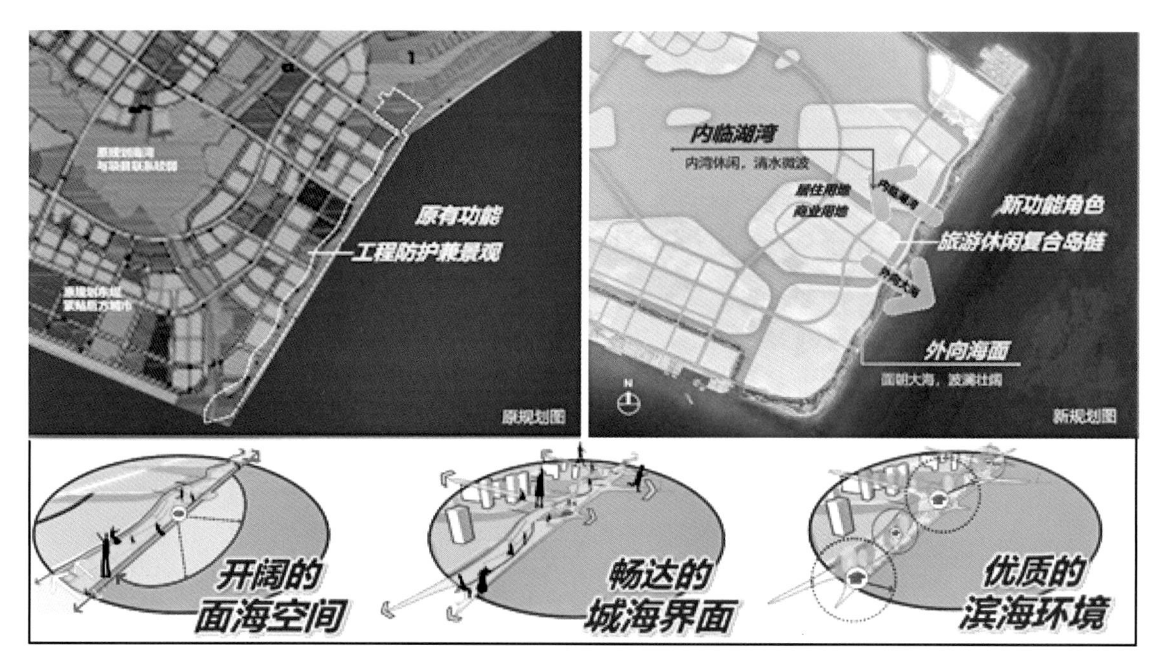

图 8-26 东堤滨海公园规划策略

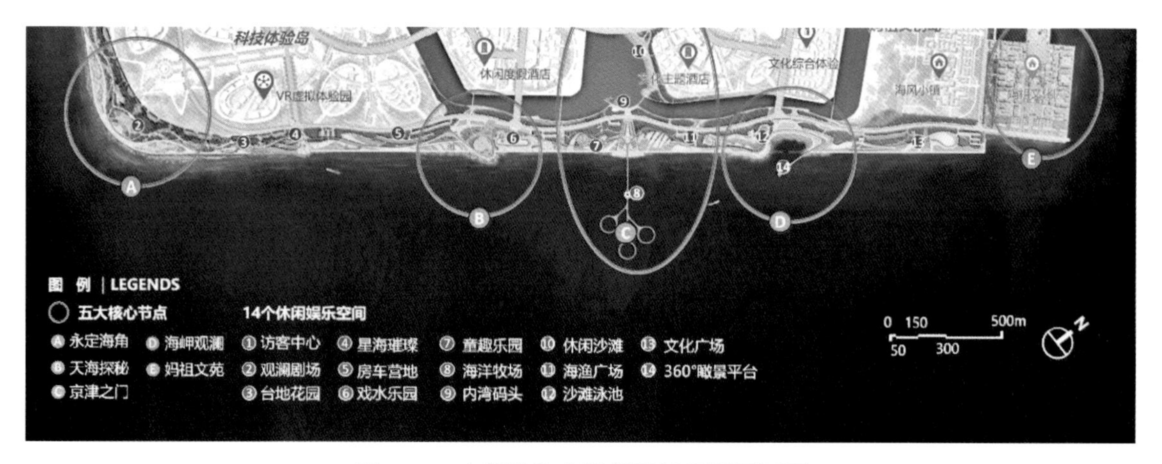

图 8-27 东堤滨海公园新愿景规划平面图

从现状工程设施的适应性上存在如下问题，现状滨海步道后方 1.5m 胸墙，阻隔了海岸前沿与陆域空间联系，切割视线，阻碍生态交换；现状 7m 的滨海步道宽度无法容纳较大的游客量，空间承载力不足；海岸绿化由于受到盐雾影响，植物长势不佳。在此基础上，需要提出新的规划平衡亲水、观海体验功能，使场地坚硬的堤岸与亲海景观功能得以平衡考虑（图 8–28）并强化内外海之间的生态联系，重建工程海岸下的生境系统。

图 8-28　东堤滨海空间现状与问题

3. 人工海岸旅游景观提升策略

（1）丰富游线体验（图 8-29）

市政路保证可达，兼顾外海内湾，设置节点、停车场，营造路径体验；

明晰绿道（主园路）链接节点空间，保证内部慢行贯通；

亲海观光路实现多层级交流的游线布置，丰富观览层次和细节。

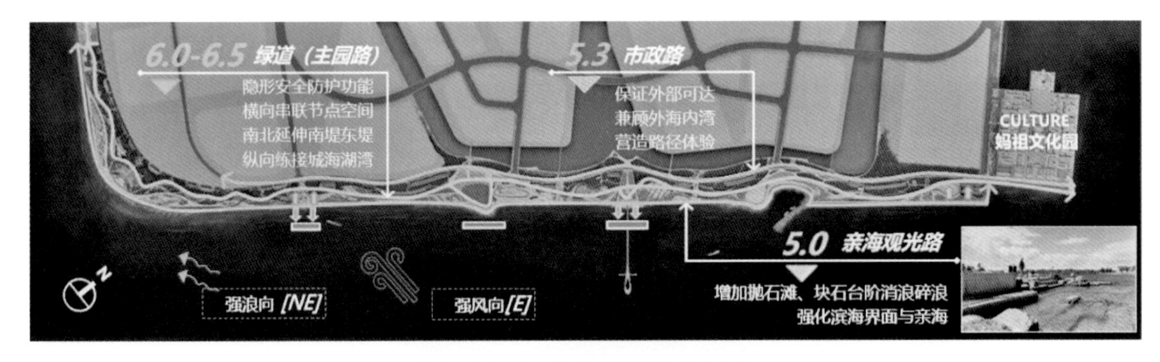

图 8-29　三条旅游道路的布局

（2）统筹海岸防护与旅游空间品质

挡墙后移、近岸标高降低，局部前移消浪功能，联通城海空间并根据景观功能，设置隐形安全防护线，提升游人近海亲海感受，创造有吸引力的滨海体验空间。

转换形式、升级改造——解决“挡墙高，道路窄”造成的空间局促问题，在整体的线性界面上，采用局部打开方式，既满足观海休闲，同时台阶和观景台承载防护功能。在主要节点，则突出空间强化，包括增加前方亲海，后方公共活动场地（图 8-30）。

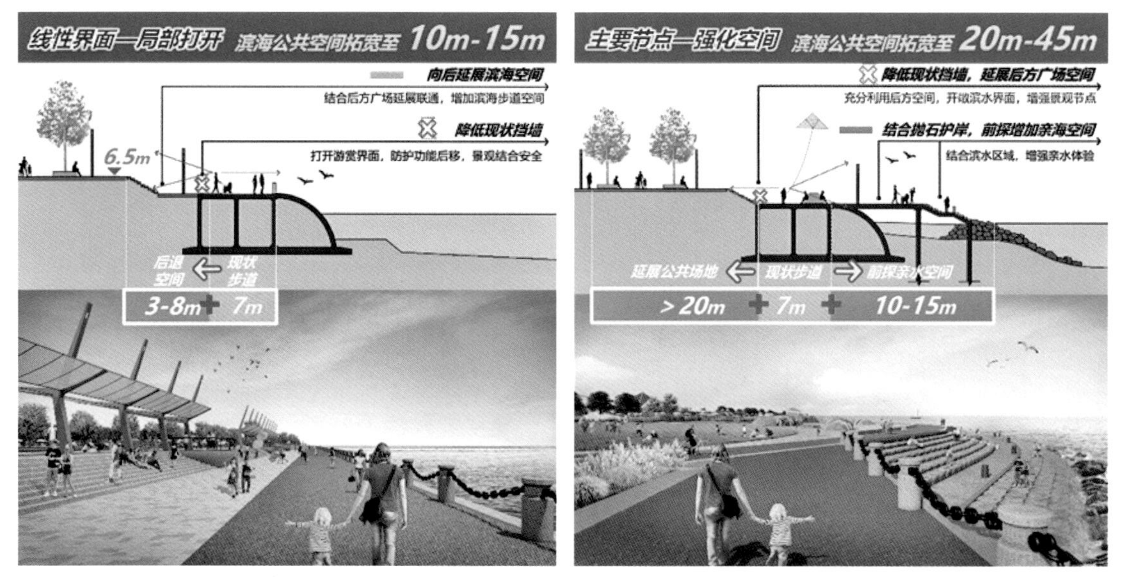

图 8-30　海防工程转换形式

保留结构、提升美化——大部分现状灰色海岸工程进行艺术化提升，可通过形式上，外部装饰上，结合艺术形式，提高品质，作为观赏界面（图 8–31）。

图 8-31　海岸工程结构的艺术化处理

（3）以尊重自然的理念统筹环境提升

植栽：由于植物受离海宽度距离和高程的影响，应规划植物分区控制线，规划如红色线位所示；控制线以内组团地形，开合变化；控制线以外向海方向，复育滨海灌丛的广袤韧性，同时也打开广阔视野（图 8–32）。

设施：提升重要节点配套综合力不足问题，考虑重要节点和服务半径，缺乏成体量的综合服务配套建筑，以两主四副完善服务功能。同时注意到现有设施材料和结构受到风浪影响损坏，在提升规划中考虑滨海风浪影响，使用坚固耐久、抗风抗盐雾的材料和结构（图 8–33）。

4. 旅游节点功能和景观优化

依托规划后方城市“康旅文化体验”规划功能导向，东堤滨海公园景观带联动后方城市功能，交通，空间与视线轴廊。打造 5 大核心节点及复合功能的休闲空间，激活城海轴和 5km 生态观光生态景观廊（图 8–34）。

借由东海岸清水碧波，自南向北依次规划五个核心景观节点：永定海角、天海探秘、京津之门、海岬观澜、妈祖文苑。这些节点的设置，既考量了旅游人群的滨海体验，也与本地文化进行了结合。

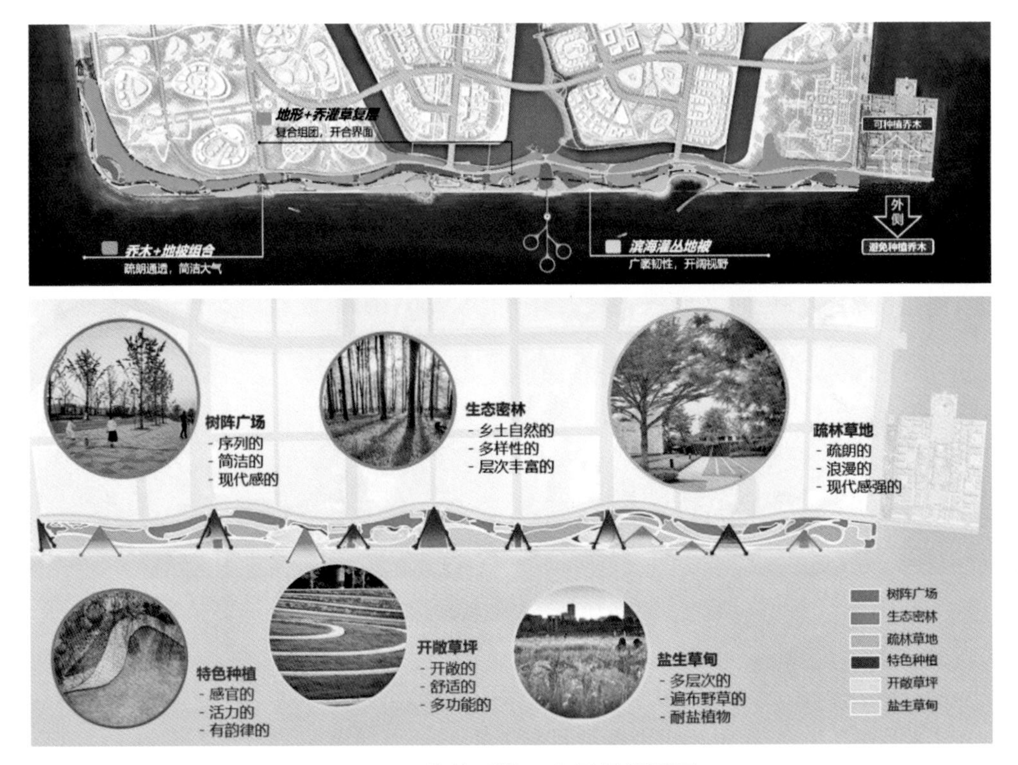

图 8-32　种植系统开合及视线引导

图 8-33　场地需提升设施现状问题

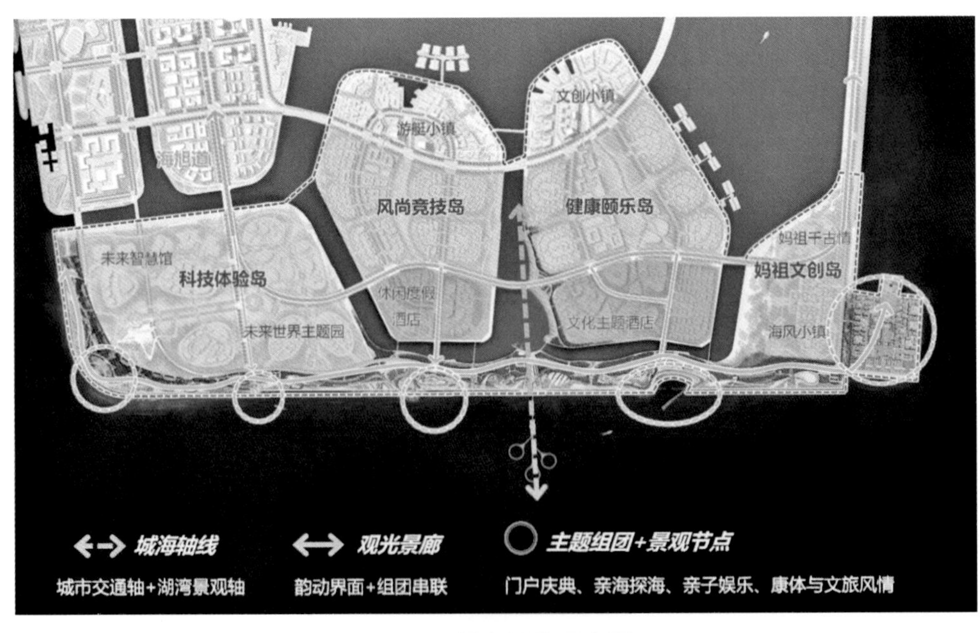

图 8-34　景观结构示意图

（1）永定海角

地处永定河与大海交汇点，在此节点回望蜿蜒的河流，追溯历史具有特殊的空间和时间况味。站在永定海角回望历史溯源追流，打造以永定河沿线历史文化及水利科普为主题，展示“京津冀”生态协同的户外博物馆（图 8–35）。

图 8-35　永定海角效果图

（2）天海探秘

增设户外海滨剧场等公共活动空间，提升旅游承载力。中尺度宜人的开合空间，如绿色宝石镶嵌于海。滨海广场空间将现状防浪墙转换为台阶结合平台形式，并向海面延伸，成为亲水平台，让人们能更亲近海洋，满足游客的不同亲海需求，提升旅游舒适度（图 8–36）。

图 8-36　天海探秘效果图

（3）京津之门

弱化胸墙的空间阻隔，打通对于后方场地与海岸的空间联系，通过探海通廊延伸至海中。中期结合智慧海洋牧场建设，发展休闲旅游养殖、垂钓、近海观光等业态（图 8–37），栈桥结构采取浮式或透空结构。

图 8-37　京津之门效果图

（4）海岬澜湾

依托海堤，以内凹小型海湾平面形态丰富岸线，增加滨海景观体验的多样性。玻璃廊桥为游人提供海岸眺望瞰海界面（图 8–38）。

图 8-38　海岬澜湾效果图

5. 旅游休闲产品植入和协同

基于该段落“渤海之翼——海洋风情旅游带”的主题定位，规划适宜的旅游产品植入本段落，如海洋文化体验、海上休闲运动、海上休闲娱乐、滨海主题度假等（图 8–39）。

图 8-39　旅游休闲产品意向

参 考 文 献

［1］张红霞，苏勤．中国海滨旅游研究进展［J］．资源开发与市场，2005（3）：256–258.

［2］卢云亭．现代旅游地理学［M］．南京：江苏人民出版社，1988.9.

［3］杨达源，刘庆友，舒肖明．乡村旅游开发理论与实践［M］．江苏科学技术出版社，2005.10.

［4］辛建荣等．旅游地学［M］．天津大学出版社，1996.6.

第九章　海岸空间城市更新和“新遗产”

海岸空间是滨海城市发展的载体，也是滨海城市特色风貌的代表区域和景观带。在产业发展和城市化进程的不同阶段，海岸空间的利用方式和滨水区域的空间格局呈现出不同的特征。从20世纪60年代起，伴随着后工业时代产业转型和临海、临港新产业发展趋势，海岸空间关系调整，使海岸城市空间的更新利用和转型，尤其是以港口转型为代表的空间更新，在北美和欧洲等发达国家沿海城市兴起[1]。而在中国，自改革开放以来，滨海城市扩张的过程中沿海岸城市增量发展与港口和产业更新并行，经历了老港口的规模快速扩长，新港口的大规模扩张建设，和旧港区和临港临海产业（如造船业、石化工业、仓储物流产业等）的城市化转型。随着经济全球化和产业结构的优化升级，中国的港口吞吐量和货种及港口规模均跃进全球港口的前列，港口呈现出大型化、集约化、智慧化、生态化等现代化发展的主导方向，自21世纪初以来，沿海港口城市滨水地区再开发的规划和实践更是大量展开。20世纪60年代伯德（Bird）就港城关系提出了港口发展六阶段模型，2005年近年来诺特伯姆（Notteboom）提出港口发展三阶段模型[2][3]，港口与城市关系的理论不断拓展和修正，从港口地理学的角度揭示了港城空间关系演变较具普遍性的不同发展阶段特征。但是各个国家乃至城市在资源、产业背景，城市化的进程的差异，必然使港城关系的时空发展格局呈现不同的特点。

自20世纪90年代中期以来，中国沿海城市的滨水地区更新和再开发已进行近30年，目前仍然有更多的城市在以更高品质和逐渐升级的产业导入和拓展。在城市更新转型的需求推动下，中国城市规划领域对于后工业时代滨水区域空间重构，针对交通、功能、公共空间和生态文化等要素，达成可达性、混合性、公共性和亲水性、延续性等多项共识性原则[4][5][6]。经历多年以房地产为主导的海岸空间转型改造的经验，公众对于海岸空间的需求亦日益提高，而城市更新海岸空间改造中存在的一些问题也日益显现，塑造城市海岸个性、保护特色文化传承，成为海岸空间更新的后发优势和共同追求。同时我们必须注意到，房地产业的政策环境、运营模式、市场环境等，也已经有了根本的变化。因此在新的形势下，探索海岸空间资源转型利用的创新方式、优化滨水城市空间关系、塑造滨水区域空间特色具有重要的现实意义。

一、海岸空间更新的推动因素

在世界范围，20世纪60年代以来，随着世界经济格局的转变，许多传统工业开始走向转型和衰落，新兴产业崛起，传统港口水运行业的少灵活性和欠弹性缺点显现出来，常规内贸物流逐步被铁路、公路、航空等更加便捷的交通方式所取代，港口运输与城市交通的矛盾亦逐渐突出并需要解决。全球化推动船舶大型化、港口作业自动化，集装箱运输方式的普适性增强，海铁联运等导致港口大型化和专业化并产生迁移的需求。在此背景下，传统港区和临港仓储及加工区日渐失去重要性，致使城市滨水区、码头区闲置荒芜和废弃，与传统的港口作业方式和加工物流方式相配合的城市基础设施也相继退化和产业人口迁移，形成了失落的城市空间。在二战以后经济复兴告一段落的沉寂之后，这些地段随着城市的空间扩张逐步切入城市核心区域，其空间价值被再发现和认识，并成为城市再开发的热点。在中国这类城市更新的高峰期至今，与中国房地产业快速发展的高潮互相推动叠加。

在中国各沿海港口城市，尤其自2000年以来，新港口的建设与旧港口的改造高峰亦处于重叠期。中国现代城市的形成和发展与现代航运港口发展基本并行，如青岛港、上海港、大连港、天津港、广州等港口，且多以河口型、内海港湾为主，这与当期的建设能力，地理区位有很大的关联度。1949年以来，中国沿海港口的发展基本可以划分为四个阶段，即：恢复发展期，快速建设期、高等级建设期、智慧生态建设期。自20世纪以来的高速高等级建设发展期（2000～2010年）以来，伴随着对老港址的更新改造，与此同时城市快速扩张，港城矛盾突出并与港口更新重叠，滨海城市海岸空间更新转型的主体是港口改造和部分临海产业的升级改造和区域性产业的转移（如修造船业、海洋化工、大型能源基础设施等临港传统产业）。围绕港口区域城市扩张发展，港口的区位从城市边缘逐渐中心化，港口被城市所包围，在土地价值剧增的同时港口的集疏运条件恶化，与城市环境和管理、交通等矛盾突出。

从世界范围来看，中国的港口更新改造与欧美等国既有相似之处，亦有不同的过程和特征：从更新的时间上看欧美等发达国家的港口更新改造高峰在20世纪七八十年代，同时欧美等国家港口区的改造，基本上是以产业升级导致港区产业衰落，服务需求和商业居住功能转移，以城市存量更新的模式重启老港口区域的改造。中国的老港口区域改造，更多的是在港口尚处于生命周期旺盛期，以城市土地升值和产业转型推动城市的增量更新，港口移址扩张新建推动港区改造。从经济补偿机制上，老港区的地段优势和土地价值为新港区提供了输血机制。中国新港口的建设还呈现出来与临港产业园区牵引城市空间同步扩张，对城市空间形态具有较大牵引作用，潜藏着在新的“港城矛盾”的形成。“港产城”一体化是对立统一的辩证关系，需要对于港口的发展阶段、运输结构与城市的结构进行具体分析，才能达成可持续发展的双赢。近年热议和各地政府热衷推动的“港产城”融合问题，应该更侧重从城市产业与港口产业链的一体化构造角度理解和落实，而不完全是“港产城”空间关系。不同港口规模、货种类型，“港产城融合”的模式、深度、空间关系等具有不同的选择，尤其对于大宗散货和液货化工港口，产业链的融合是方向，而港口空间与城市安全和生态的适度空间控制和隔离缓冲，环境的可持续，依然是重要的城市安全保障基础。

1. 推动海岸空间更新的因素

在全球范围内，推动海岸空间更新转型的动力主要有以下几方面：

经济因素，城市滨水而建并资源积聚空间效率提升，一个重要的原因是水运提供了便利交通，20世纪60年代后，自欧美发达国家始，产业结构开始发生变化经济地理意义上的产业转移拓展。同时交通运输技术的发展，大吨位船舶需要更深的泊位，内湾和内河港口开始向城市以外水深条件更好地地方迁移，原有老码头大量仓库、厂区的萧条和闲置，另一方面，城市当局推动地产开发，而最先开始的老港区改造也主要为这一类型[7]。

社会因素，老港区及其延伸的附属产业用地主要属于产业工业带，大量建筑由于原功能丧失陈旧闲置成为无业和闲散人去聚集地构成城市安全的威胁。同时，经济的发展使人们对于城市活动更为重视，需求更多的活动机会，政府也可通过这些活动从而催动经济、触发商机，滨水地区由于得天独厚的地理条件而成为音乐节、露天演出、体育比赛等活动的主要舞台。

城市经营因素，老港区城市化改造是经营城市有效的手段。老港区一般是城市形成过程中最早的建成区，其产业功能退化，但随着城市的发展土地价值提升。滨水地区的改造和再开发满足了城市更高生活质量的追求，原有的滨水空间成为推动城市建设的新动力和新产业注入的引擎区。对于城市而言，老港区的城市化改造规模恢宏，对城市建设、市民生活的影响深远，通过对老港区的开发与改造，使得再开发的这片区域成为城市亮点甚至成为城市客厅，新的城市名片能够带动城市的人才流动、贸易额度以及国际知名度等等。

生态环境因素，港口工业区用地是城市众多用地类型中最为复杂和特殊的一种，一般是城市的现代工业源头，亦是城市中敏感和脆弱的生态区域[8]。良好的生态环境可以为城市提供更好的发展空间，不但可以环境上平衡工业污染，也能从景观上丰富城市的风貌形态。老港区在生态环境、交通等方面与城市的矛盾，是港口更新改造的重要因素之一。

历史文化因素，港口城市在时间上的积淀形成滨海城市的历史文化，也伴随着港口的发展和其中各种因素的变迁，在空间上的延续分布构成了城市的文化特色。其保留下来的文物古迹、场所、文化遗址、历史性建筑物和构筑物、临水的街区地段包含着有较高价值文化和美感。这种城市人文景观和历史特色的架构，通过人文和历史的高度维护和合理组织，不但能够延续港口城市的历史文脉，提升城市的文化内涵和品质，使之历久弥新，更使老港区成为现代城市文化和城市形象的有机组成部分和窗口。

传统的货运港口是大宗货物运输，以及临港产业发展的载体，一般具有良好的岸线和水深条件，在其产业功能退化后，与城市商业和生活宜居业态更趋融合的新的港口需求出现。在各国的历史实践中，由于港口与城市空间的融合，邮轮码头和游艇码头，滨水娱乐设施的建设，水上观光旅游设施的建设，成为港口功能转型的重要方向。而这类设施与城市商业和旅游具有天然的融合性，且可以利用老港口的岸线和水深条件，为城市海岸空间的转型利用创造了良好的基础条件。

2. 海岸空间更新的类型

纵观世界各国海岸城市空间转型更新改造的历史，大致可以划分为如下三个阶段：初期的房地产开发主导阶段，是老港区改造最初的动因。典型代表如美国波士顿老港，盛行于20世纪70年代；旅游人文历史保护，兼容房地产开发阶段，以发展旅游业，保护自然和历史为出发点，例如悉尼、旧金山等，这是老港区改造理念的深化，形成于20世纪80年代；20世纪末至今，则以综合型城市改造整合为特点，对老港区的开发与改造是从完善整个海岸空间的一体化和城市布局的系统性角度去构思和定位，形成于20世纪80年代，主体实施至今，如早期的汉堡港，目前尚在进行中的丹麦哥本哈根东港等[9]。中国的海岸空间转型更新利用，尽管起步较晚但是基本上也在二十余年的时间内按照上述三个阶段和功能逐步深入，在目前尤以综合性海岸空间利用转型为主体，从统筹城市规划的角度到分步实施的步骤。按照功能海岸空间转型可分为以下的类型：

住宅居住：为解决市中心住宅用地不足，房地产投资的高额回报成为直接驱动力。大面积住宅、别墅及高档公寓等；

商贸办公：解决城市中心商贸办公用地不足，如餐厅、旅店、商店以及公共写字楼等；

历史保护：对历史以及自然环境的反思，使得发掘历史遗迹的价值、维护可持续发展自然环境的开发项目逐渐增多，投资取向转向长期受益和社会效益，如维修原有古建筑群，保留历史遗迹等；

公共空间：治理环境污染，解决社会问题，形成新的游览观光区，如建设和修复人工沙滩，滨海公园工业遗址公园等；

交通整合：经济发展带来交通便捷的需求，新型交通枢纽更加得到开发者青睐，如改造码头客运站，建设现代火车站、汽车站、大型停车场以及综合中转枢纽等；

文化娱乐：随着生活质量的提高，开始对文化娱乐活动更加重视，全球旅游业空前发展，休闲经济日益繁荣，如博物馆、音乐厅、生态公园、水族馆等；

城市综合：对于老港区改造规划区域具有一定规模的项目，以完善城市总体功能为目标。

有的项目由于规模较大，或者同时具有某些优势，可能以某种为主，兼容几种模式。

二、海岸城市空间更新案例

港口及临港工业是海岸空间利用最广泛的具有代表性的类型，而且在产业进化过程中具有最突出的与时变革的功能和空间特征。海岸空间更新的功能定位与规划模式决定未来的发展方向，体现了所在城市的个性，反映当地的经济、社会、地理、自然等因素特点，并随着科学技术的进步、社会和政策背景的变迁和人们对于海岸空间利用和保护的认识深度和经验教训而发展。不完全统计，近 30 年来世界各国海岸空间城市更新项目已有近千个，大多以文化娱乐型和城市综合型为主，其次为历史保护型和商贸办公型，完全以住宅居住型和交通整合型模式开发的相对较少[10]，本书总结了以下四类案例，为读者提供案例参考。

1. 商业地产开发驱动模式

美国波士顿罗尔码头改造

波士顿是美国东部新英格兰地区的中心，是美国东海岸因内河冲积而形成的一个半岛，其城市地理环境独特，拥有 290km 的海岸线，同时波士顿拥有 118km^2 的海湾水面以及众多的海岛和深水港设施，是一个典型的滨水城市。

波士顿城市重建局要求新的建筑必须提供不少于 50% 公共的空间用地以及其他相关建议。在后来两年时间里，SOM 事务所和波士顿的城市设计组织与波士顿建筑协会共同制定了建筑设计导则。导则中提出：应强调罗尔码头项目的建筑造型及混合使用功能，提供一个公共使用的城市空间，作为连接市中心和波士顿海湾的连接体，建筑物最高不超过 15 层[11]。

波士顿罗尔码头改造项目，总用地面积为 2.2hm^2，总建筑面积为 61780m^2。其中有一个 230 个客房的酒店、30658m^2 的办公楼、929m^2 的商店、100 个单元的高级公寓以及 700 个停车位。

它是美国 20 世纪 80 年代杰出的滨水地区的改建项目，在波士顿具有历史价值的金融商贸区设计了一个古典建筑的现代版本（图 9–1）。

图 9-1 罗尔码头改造后实景

挪威奥斯陆市阿克布吉（AkerBrygge）改造工程

20 世纪 80 年代，运营了 130 多年的尼兰（Nyland）造船厂倒闭。政府希望通过与私营公司的合作对该地区进行用地功能改造和房地产开发，使该地区重现活力（图 9–2）。

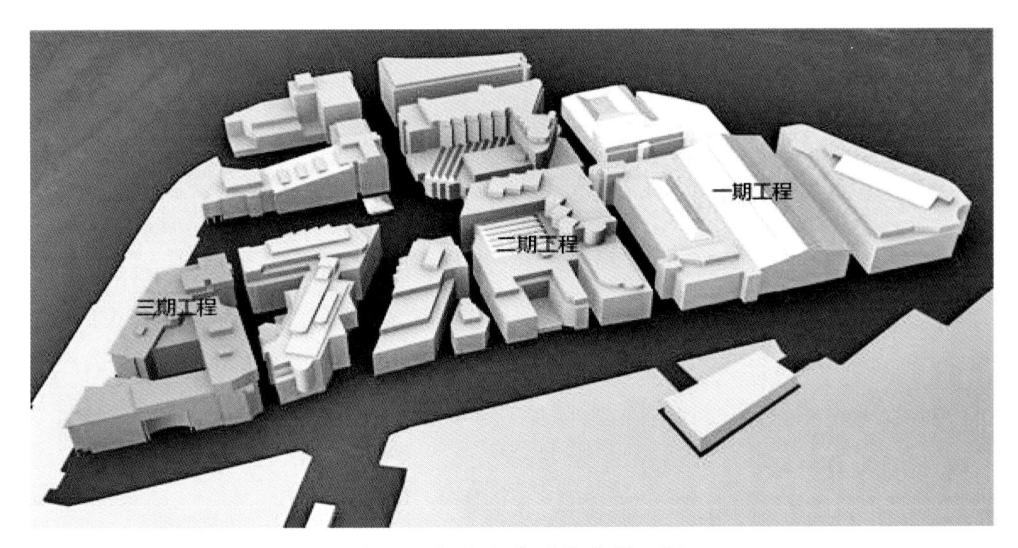

图 9-2 阿克布吉改造分期工程

一期工程：1986 年完成，位于市政厅和码头之间，更新工程由 3 幢主要建筑组成，其中 2 座是旧建筑改造，1 幢是新建的零售商业和办公楼，包括一座电影院和电影研究中心。

二期工程：以新建建筑为主，面积 10 万 m^2，包括 4 座主要的新建筑和一个庆典广场，通往湾岸的强烈视线通廊，新建筑底商上住，中间局部还有办公层。在整个工程中，商务办公仍然是主要功能，底层主要是吸引市民的公共活动空间。

三期工程：主要包括 120 个居住单元和小部分办公空间的公寓楼，地面层同样作为商店和餐馆用途。

经过三个阶段不同建筑公司的参与主导，将新建建筑与既有建筑组合形成综合建筑群，改造之后的阿克布吉（AkerBrygge）成为奥斯陆市中心继挪威皇宫、卡尔约翰斯（KarlJohans）商业街、市政厅、市政厅前广场及 Bygdoy 码头之后的又一重要旅游景点，每年吸引游客约 600 万人次；同时作为奥斯陆最重要的商业文化中心，提供了 5000 多个工作岗位[12]（图 9–3）。

图 9-3　阿克布吉改造后实景

2. 环境生态修复整治导向模式

新加坡河沿岸改造工程

1972 年新加坡第一个集装箱码头建成运行，这是当时东南亚第一个能够接收拥有集装箱货源的港口，此时的新加坡港是全球集装箱航线东南亚地区的重要枢纽。2000 年集装箱吞吐量达到 1704 万 TEU，名列世界第二，成为世界数一数二的大港，港口所在的新加坡河地区汇聚着复杂的人群和多元的商业业态。

20 世纪 70 年代，随着历史积累，由于缺乏管理的商业和当地居民将新加坡河当作垃圾场合排水沟，港口已完全被污染。1977 年新加坡政府开始着手对新加坡河的环境全方位的进行整治，从改迁当地居民、解决安置非法移民到污水处理、老货船迁移、商贸区的建筑改造和经济结构的调整，解决了一系列城市规划与环境问题和社会问题。从 20 世纪 80 年代开始清理和改造工作陆续接近尾声，新加坡河从此变为了环境优美的河流，变成新加坡花园式城市的标志区[13]。

1990 年初期，新加坡重建局对新加坡河沿岸滨水地带，主要是驳船码头和克拉码头，进行全面整治。1992 年起，重建局开展新加坡河滨河步道工程，将基础设施建设、环境整治、古建筑群的维修更新与为商业发展提供空间有机结合起来（图 9–4）。

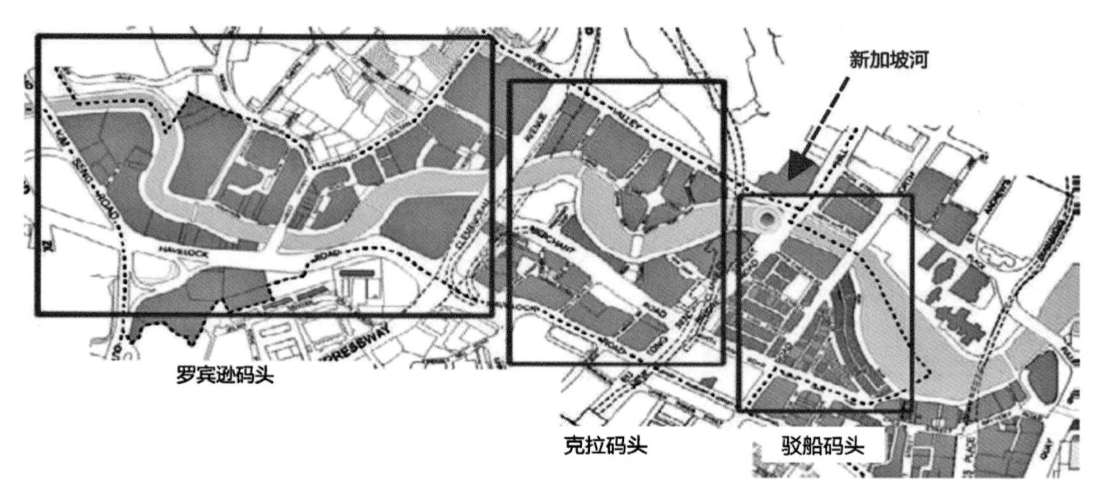

图 9-4　新加坡河沿岸改造主要码头分布

通过对全流域的准确定位，将散布于两岸的各类景点串连到新加坡河上，达到城市更新、河流净化、旅游化改造同步实现的效果。一方面治理新加坡河的水质，使其达到观赏水标准，新建兼具观光和通行功能的滨水步道；另一方面，对沿河历史建筑依照原貌进行修复，按商业服务的功能要求全面更新内部配置（图 9–5）。

图 9-5　新加坡河沿岸改造前后对比

改造后的新加坡河沿岸，历史建筑焕然一新，但传统风貌依旧浓郁，CBD 的摩天大楼建筑群作为背景和城市天际线，与传统的商住民居形成强烈视觉对比与时空呼应。

3. 文化娱乐产业引导模式

（1）美国旧金山 39 号码头

美国旧金山 39 号码头位于海滨大街和内河港区钓鱼码头以东两个街区处，曾为装卸繁忙的码头。由于集装箱运输方式的出现与船型的增大和装卸方式的调整，码头运营逐渐没落[14]。

美国旧金山码头在之后被当地政府确立改造为旅游休闲型的渔人码头，整体风格改造为美国西部小镇的风格，公共建筑多为两层，这种小体量的形态和原始材质的使用使得给人们一种亲近感和回归感。具有本土性和多样性的各种商店以及十分有创意的各种游乐项目使旧金山号码头变为购物天堂和游乐圣地（图 9–6）。

图 9-6　美国旧金山 39 号码头实景

（2）中国高雄驳二艺术特区改造

20 世纪六七十年代，港口码头是高雄人谋生的重要依托，据《高雄港史》记载，当年自各地运来的香蕉均露天堆积于出口码头，容易腐坏而影响外销，故新建香蕉出口专用仓库。1973 年，位于高雄港的第二号接驳码头落成，用作港口仓库，即为“驳二”。之后由于香蕉输出渐趋没落，远洋渔业开始繁盛，香蕉码头是内港，无法停靠大吨位货轮，因而随之衰落，“驳二”作为存储货物的仓库没有了用武之地，2000 年，高雄市政府开始对其进行改造（图 9–7）。

图 9-7　台湾驳二艺术特区实景

规划将“驳二”闲置空间景观化，产业空间转变为文化空间，2002 年完成改造。伴随着都市空间的新政策和文化旅游的方向扩展，“驳二”艺术特区已经逐渐成为实验与艺术的重要展示模块，并将文化创新精神和自然风光结合起来创造出了一种新兴的观光模式，成为游客来台湾的艺术场所的代表，原本的破旧仓库，通过规划改造，转变成高雄最具成功的艺文特区 [15]。

4. 海岸空间城市更新综合模式

（1）巴尔的摩内港改造工程

巴尔的摩港是美国主要的工业港口之一，港口贸易非常繁荣，紧邻巴尔的摩的核心用地 12.8hm^2，港口处于切萨皮克湾（Chesapeake Bay）和帕塔普斯科（Patapsco）河口相交处，是景色优美的滨水区。从最初以港口运输、海产品贸易产业为主的小镇，逐渐发展为以钢铁、石油化工为主导产业的现代化的城市，同时其港口贸易也非常兴盛，曾是美国主要的工业港口之一 [16]。

在第二次世界大战之前，钢铁和石油化工是主导产业，而之后，重工业的衰退使港口的重要性降低，随着港口的集装箱化和深水化，这一港区逐渐被弃置，内港区走向衰退。巴尔的摩港区日益萧条，码头仓库空闲，城区的楼宇空置，街道上呈现出颓败的景象。衰落的港区占据着城市最有力的自然资源和人文资源，对城市进一步拓展发展空间，寻找城市发展的动力提供了空间资源条件。

1964 年形成的巴尔的摩发展概念新规划，内容主要包括将内港区的海岸线向公众开放，改造水边的公园和景点等。内港区改造开发的基本构思是：以商业、旅游业为功能定位，在商业中心周围布置住宅、旅馆和办公楼。在项目布局上，接近水边的安排商业、休憩和旅游设施，稍靠后是高层公寓。在高层公寓开发成功之后，在其旁边开发适于家庭型住宅区（图 9–8，图 9–9）。

在交通组织上，将通向滨水区的普拉特（Pratt）街改为封闭的准高速道路，以高架人行系统将市中心和购物中心相连，并与主要停车场连接，为游人、购物者提供了快速通道。

到 1990 年，吸引游客达 700 万人次，市政府每年从该项目获得的税收达到 2500 万到 3500 万美元，创造了 3 万个就业岗位，彻底改变了原有旧港区的落后面貌（图 9–10）。

图 9-8　巴尔的摩内港功能示意图

图 9-9　巴尔的摩内港鸟瞰

图 9-10　巴尔的摩内港实景

（2）巴塞罗那空间重构与海岸转型

巴塞罗那（Barcelona）濒临地中海，是西班牙第二大城市也是最大的海港和著名旅游城市。著名建筑师高迪大部分建筑作品坐落在该城市，同时作为一个滨海城市，这个城市的海岸线利用和转型重构的历史也非常具有借鉴意义。巴塞罗那海岸空间及港口与城市空间关系贯穿了城市发展的不同阶段，是城市发展的重要历史空间脉络。

巴塞罗那背靠科塞罗拉山面向地中海的丘陵地带，公元前 5 世纪罗马人建立了紧邻海岸线的防御性城市，构成了今天巴塞罗那老城哥特区的雏形。随着城市的扩张，在老城的西侧逐渐建立了新城，新城与旧城之间的河流改造成为通向港口的道路。从历史上城市与港口的关系，巴塞罗那城市空间始终与海岸线保持着一定距离，港口与城市两者的空间关系相对独立，城市与海岸的关系并不密切。进入工业化时代后城市向外扩张阶段，塞尔达规划方案（1860 年）为巴塞罗那城市扩展奠定的基本框架影响至今，塞尔达方案的规则网格突破传统的城市格局，提供了开放弹性的城市发展空间。其方格路网加对角线道路的几何格局延续至今，依据城市与海岸的空间关系，通过道路将城市与海岸联系起来，成为巴塞罗那的城市特色[17]。

在工业化时代，尽管城市道路体系考虑了与海岸线关系，但是在巴塞罗的城市结构与同时代的大部分海岸城市相似，靠近港口区域工厂、仓库集中，为此集聚的产业人口急剧增长。通过 1992 年奥运会、2004 年世界文化论坛等大事件，巴塞罗那于 20 世纪 80 年代开始实施“城市向大海开放”（Open the City to the Sea）的发展构想，推动了海岸空间转型更新（图 9–11）。

图 9-11　巴塞罗那滨海开放空间体系

作为 1992 年奥运会举办城市，在城市向大海开放的目标下，政府结合奥运会的场馆设施布置契机引导城市向海。奥运主场馆布局在紧邻滨海地区的蒙特惠奇山，奥运村和奥林匹克港选址在滨海地带；滨海陆域通过拆除沿海铁路线、环城快速路局部入地、延伸城市道路至滨海地区等方式强化了滨海区域的交通可达性；规划建设的商业娱乐设施和住宅楼，在奥运会期间作为运动员驻地，奥运会后成为面向城市中产阶级的滨海居住区，这些居住区通过通往滨海的步行天桥可以便捷的抵达海滨，从而提高了游客与本地居民对于海岸空间的利用效率；沿滨海岸线建设奥林匹克港和新的海滩，奥运会期间作为水上项目比赛区域，奥运会后成为游艇码头和公共开放的海滩。在此期间启动了巴塞罗那旧港和巴塞罗内塔区的改造，将原先封闭管理的货港改建成为城市滨海休闲娱乐中心，并在其西南建设了新的深水港口，巴塞罗内塔区也沿滨海大道建设了新的海滩 [18]。

奥运会后，结合 2004 年举办的世界文化论坛城市向大海开放的发展目标延伸至城市东北角的贝索斯河入海口区域，延伸城市的主轴线对角线大道至海边，实现了塞尔达建立从高地到海岸连续的规划。改造利用该区域原有的发电站、垃圾和废水处理厂等基础设施，增加会议中心、酒店、游艇码头和大学校园等城市功能，建设滨海广场、公园、步道等公共空间，实现了该区域与西南部城市滨海岸线区域在交通和功能上的衔接，并在会后成为城市的一个新中心 [19]。

结合奥运会和世界文化论坛等大事件改造和开发城市滨海岸线区域，使得巴塞罗那滨海区域成为城市重要的公共开放空间，滨海岸线的修复和再开发引领城市的结构转型，整个城市第一次真正面向大海，成为地中海首屈一指的滨海旅游城市（图 9–12）。

从以上不同类型的海岸滨水城市更新案例不难看出，功能置换、产业转型的更新改造的基础，由于城市发展背景不同，具体的改造目标和实施手段有所不同，但都要找到促使当前社会经济的稳步提升和维护环境的可持续性发展的核心引擎和空间布局最优方案。避免老港区海岸空间沦为城市发展的历史包袱，将其转化成城市真正有价值的文化基础和社会财富，与城市良性协调发展。分析总结不同类型案例的规划特点以及成功经验，为我国海岸滨水城市更新改造提供了多种可能借鉴。

图 9-12　西班牙巴塞罗那滨海实景（摄影，张天扬）

三、海岸空间城市更新和特色塑造

海岸空间具有海陆相邻的特色，同时也是构成滨海城市空间风貌的最重要部分，在“千城一面”的城市风貌中，海滨城市具有独特的地理和文化优势以及景观特色基础，以海岸空间为依托形成自己的特色风貌凸显城市文化文脉的源流。遵循城市规划基本原则更应关注到陆海统筹规划的落实。由于岸线功能的转型，市场的需求和公众以及管理当局对海岸空间的需求理解，随着城市开发进展的不同阶段和不同的城市性质，也在不断重新协调和变化。

本章以港口城市海岸空间城市更新为主，说明作者对于海岸空间城市更新转型的理解与实践。

1. 港口城市海岸空间特点

港口城市随着时代的发展，城市与港口之间既互相依存又在空间上存在矛盾与冲突，长期的港口运营，也形成了港口的工业文化特色与遗产，港城衰荣共济又相互分离。从空间关系上通常都具有以下几个方面的特点：

（1）内外交通条件

港口为城市和腹地通往外部世界创造了条件，但从腹地城市空间上看一般存在区域交通衔接不畅的问题，随着港城关系成长，矛盾亦相应显现，港口区域周边城市路网骨架形成，但由于现状港口功能及疏港通道和铁路制约，城市道路对拟更新场地内部延伸不足，导致区域对外交通的通达性较差。

内部交通以满足货运服务为主，交通体系不能满足城市服务系统尤其是人性化交通功能的需求。受制于作业港区、大尺度的货运堆场和货运铁路的切割，港口内部一般不具备服务城市的完善的交通体系，路网密度粗疏，内外空间缺乏有效的交通联系；长期存在的港城的分离式管理机制，导致城市公共交通系统的组织避开了港区，对于场地的交通辐射带动作用弱，形成“交通孤岛”的局面。补足补强包括轨道交通系统在内的城市交通系统是港口海岸空间城市更新的基础。

（2）开放空间体系

在中国现行的城市和港口管理体制下，城市的开放空间体系难以延伸进入港口，沿滨海的开放空间体系以及城市的通海廊道也大部分止步于港区，同样受制于港城分离式发展，港区孤立于城市开放空间系统之外，目前国内主要港口城市莫不如此。

（3）港城风貌关系

由于港城的分离式发展，城区、工业区和港区的城市风貌有着明显的差异，港区及周边区域由于受到工业港口的堆场和货运交通的影响，周边的建筑品质与风貌和城市形象一般不一致，尤其是散杂货码头以及大宗液货码头的整体风貌呈现强烈的工业感，难以与城市空间尺度协调和匹配。

受工业港口影响的滨海区域，转型前在空间上阻隔城市的向海通道，并会削弱城市的亲海性，港区围网、货运铁路、防波堤成为城、港、海隔离的物理边界，封闭的港口横亘于城市界面与大海之间，使城市和海的关系变得不亲密（图 9–13）。

图 9-13　港口城市的港、城、海的关系

（4）文化遗产的保护

港口经常是城市的经济动力和产业精神源泉，其文化记忆深刻于城市基因中。当港口功能逐步转型后，所留下的港口或工业遗产将成为重要的资源禀赋，也是区别于其他部分非常具特色的资源禀赋，需要在规划中有选择的进行保护及活化利用，延续港口的工业文化与在地记忆。港口所记载的近现代工业文明，如海上栈桥和铁路，见证海岸变迁的灯塔，具有地方特色的历史文化和码头文化需要得到继承与发扬，是城市未来转型发展的关键依托，也是提升城市文化软实力的重要载体。

2. 海岸空间城市更新规划原则

海岸空间转型利用的基础理念是陆海统筹，在港口产业空间向城市空间转型时，以自海向陆的双向视角界定海侧边界，结合生态、经济、环境等多目标优化决策。统筹海陆生态系统和环境系统的完整性和可持续性，规划目标转向与生态性、社会性与保护统筹的多目标优化。在滨海城市港口空间和土地是宝贵的资源，是存量城市空间城市更新难得的载体，应达到对象统一、生态连续、产业协调、空间优化的目标：

（1）生态优先保护和发展平衡

由于历史原因，传统港口的建设在港址选择及建设中对于生态关注度相对较低，由于理念和技术条件的限制，生态干扰也相应较强。生态优先是海岸空间城市更新的前提，生态环境修复，保护和发展应是相辅相成的，是可持续的海岸空间转型利用的基础。

实现海岸空间更新的可持续发展是辩证统一：一要以修复生态、保护环境，继承历史文脉为前提，二是在此基础上对转型岸线和功能进行综合开发，修复老港口区域生态系统再造生态型可持续城市空间；海岸空间的生态系统是动态的，是一个动态的持续的过程，可持续发展的理念是以生态为基础，以人为核心，对生态空间系统合理的开发利用，在保护与发展中寻求平衡点，实现最优化发展。

（2）历史文脉延续

大部分现代沿海城市的发展雏形，是由港口和传统沿海产业及其衍生产业积淀而来，最终从港口海岸空间与城市空间的对接而成，港口是滨海城市发展的引擎，尤其是海岸空间塑造的引领者，港口自身也在不断的发展并且经历了不同时期的历史文化积淀。所以对老港口的改造和城市更新除了要延续其自身的空间，还须保证历史文脉的完整性和延续性，使各个历史时期的建筑和谐共存并能为以后的发展利用提供更多的可能性。后续我们将专题探讨本书作者近年提出的“海岸新遗产”的保护和转型，“海岸新遗产”既是海岸空间转型的要素之一，也是一种特殊类型人工与自然结合的物质文化遗产。

（3）空间共享性

滨水区域作为城市的发展起源地，经历不同时期，是城市发展的年轮，但同时也容易给人留下杂乱感觉，不仅体现在城市肌理，同样也体现在历史人文方面的多层叠加，更新改造的目的就是要让杂乱变为丰富。应充分发挥“混合使用”的效益，在土地和空间在使用时兼容和混合多元业态。这种共享性体现在老港区内就是一些建筑可承担多种功能，提高用地效率和使用频率，可根据不同时段、不同项目进行复合利用，推动公共场地具有多种属性和功能，可供不同性质的活动使用。推平重建的港口更新形式，已经给一些港口城的更新带来破坏性影响，经验教训值得总结。

（4）综合性更新原则

港口城市更新区域原有功能，主要是以运输、海陆货运和客运为主导，属于工业港口用地，也有少量配套的生活设施及场所。随着经济的发展，人们生活质量的提高，老港口改造的内容和对其发挥的作用也在不断的丰富和提高，综合性系统性审视规划对于海岸空间的更新改造具有重要意义。综合性更新有两种内涵：一是功能多元化。满足多元城市服务功能，如住宅、商业、公共服务设施等。二是使用对象的层次，包括为不同社会阶层和社会角色的服务和多元游客及原住民的混合。

（5）渐进式更替原则

海岸空间更新需要巨额的投资，并可能有更长久的建设周期和更为复杂的经济活动。若集中过度开发，大拆大建，切断历史的脉络、割裂文化的渊源，破坏基础性的肌理，忽视对老建筑的保护，导致老港口及周边地区生态被进一步干扰，环境、空间肌理遭到更严重破坏，则发展是不可持续的。相对于大规模更新，“更替式”适度规模的“渐进更新”具有以下优点：对历史风貌建筑可以采用“多样化”“灵活化”的处理方法，有利于保护历史建筑；资金筹措、建设实施具有“灵活性”；有利于公众参与；有利于了解居民要求和缓解由此引发的社会矛盾。城市存量空间更新的渐进性原则更适宜于老港区的时序多元化风格多元化和文化继承性。

3. 海岸空间更新转型特色塑造

（1）海岸空间在地性优化

海岸空间更新转型例如“退港还城”的城市新型海岸空间，是城市发展宝贵的空间载体，也是滨海城市风貌的代表区域和景观带，是滨海城市空间的稀缺资源。根据滨海城市发展的阶段性特征，岸线功能转型过程中的在地性优化应成为合理利用岸线资源的首要原则。这种在地性更新优化包括对于海域环境条件和功能的适应性和城市的功能的适宜性。随着港城关系的调整，岸线的利用方式从海侧应遵循深水深用、浅水浅用、宜生态则生态、宜人工化则适度干预的原则，从陆侧配合现代产业空间需求和城市空间需求。

于 2008 年奥运会投入使用的青岛奥帆基地，是在原北海船厂场址的港湾和修造船设施基础上建设的游艇港湾，利用了原海湾内船厂的基础设施，并进行转型提升，成为青岛市重要的 CBD 核心和海滨旅游景区（图 9–14）。

图 9-14　青岛奥帆中心

按照滨海岸线主导功能类型，首先是港口和生产性岸线和城市服务性岸线的合理划分。海水的流动和一体化是近海的特征，在生产型岸线和城市岸线的划分上，要合理的利用海岸线的地形地貌特征作为分区依据，并与后方的城市功能结合。早在近百年前青岛的城市规划即利用青岛半岛海岸地形特点遵循这一原则（图 9–15）。规划将西部胶州湾内的岸线作为港口生产型岸线，提供了良好的掩护条件降低港口基础设施投资，城市利用南向岸线，并因应海岸特点获得最大化的景观海岸界面。这一岸线的功能分配延续至今，奠定了青岛近现代城市空间的基本格局，直到 20 世纪 90 年代以来黄岛港区大规模的开发逐渐替代青岛老港区，此区域的城市更新改造。

（2）用地功能互动重组

海岸空间是滨海城市空间结构的重要组成部分，滨海区域的用地功能格局应与岸线的特点和利用方式相协调，统筹兼顾陆域和水域发展。以 20 世纪 80 年代巴塞罗那旧港改造和奥林匹克港选址建设为起点，巴塞罗那每一段滨海岸线的利用方式转型都伴随着其陆域腹地区域用地功能的重组，腹地功能与岸线利用相匹配有效衔接了滨海岸线与城市主体，使得城市活动与城市肌理向滨海岸线区域延续。总体上，随着巴塞罗那新港朝城市南部的深水方向发展，港城关系的演变塑造了巴塞罗那城市空间结构的新格局（图 9–16）。

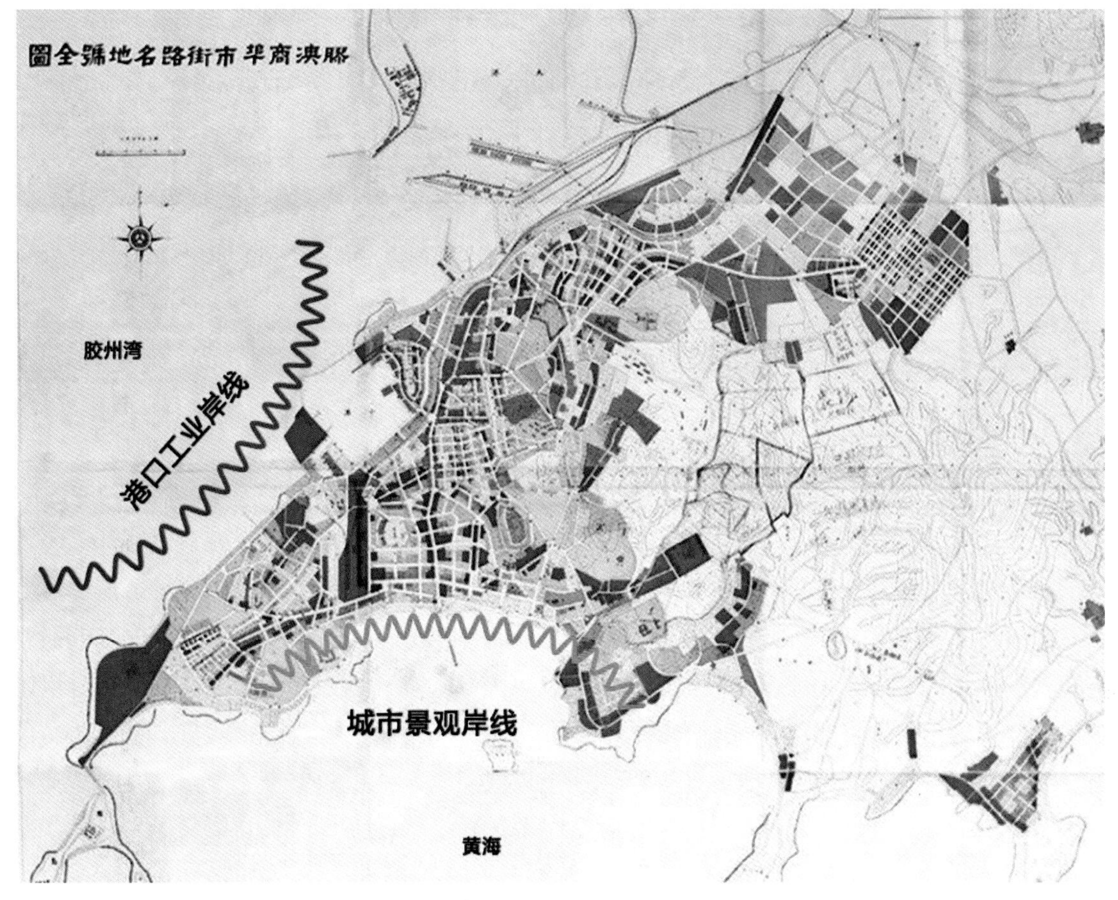

图 9-15　1926 年青岛城市规划 - 港口岸线和生活岸线

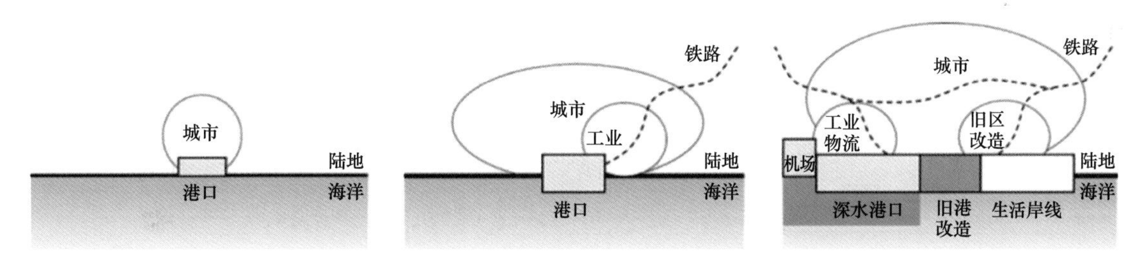

图 9-16　港城关系空间演变模型图

（3）基础设施多元化体系

滨海岸线与城市用地的交界地带的海岸空间是一个复杂的区域，在海岸空间向城市休闲和消费空间转型过程中，能否发展成为具有活力的城市区域是评价转型成功与否的重要标准。从以港口和工业为主的单一功能区域向多元功能的城市活力区域的转型，多元化的公共基础设施服务体系是良好的空间环境之外吸引城市居民和游客的又一重要因素，包括滨海岸线公共休闲带的多元业态和完善的配套设施。

多元化的公共服务设施可以充分利用滨水的特色，使滨水地区成为功能高度混合的区域，公共生活得以向滨海岸线地区转移，牵引城市中心向滨水地区延续，提高滨水地区的效率和城市活力，如哥本哈根北港的更新（图 9–17）。

图 9-17 哥本哈根北港更新结构规划

（4）道路交通可达性与城市肌理

滨海岸线与城市特殊的空间关系，道路交通体系扩展到城市港口更新区域，以保证滨海区域良好的可达性，支撑富有生机的多样化活动。工业时代遗留下来的铁路，以及疏港通道经常会构成与海岸线之间的障碍，规划应通过改善道路交通体系的措施，缝合了城市与海岸线之间的裂痕。借港口更新改造的契机，延续优化城市肌理，结合未来动态弹性用地发展需求，以合理的格网道路形态布设用地空间，既能较高效利用土地，适用未来动态成长的开发需求，又能形成条条道路通海，同时，便于内部交通与联外干路的串接及快速导出。

以世界诸多魅力城市滨水空间区域（如波特兰、波士顿、温哥华、旧金山、伦敦、巴塞罗那、上海外滩等）的街廓尺度看，开放且合理细密的地区路网，不但可以创造尺度亲切的街道、利于人际交流以及社区守望相助的环境，也有利于发挥增加道路交通容量、分散流量，达到降低干道交通承载压力的效用（图 9–18）。

（5）复合景观格局的公共导向及亲水性

滨海岸线一般为线性空间，视线开敞，兼具自然和人工景观的特点，有利于营造远近高低各不同的丰富景观层次，往往使其成为滨海城市中景观最美、最具特色的区域。“山—海—城”是海滨城市最重要的景观结构组成海岸空间，城市更新使城市有机会向大海重新开放，也为重塑城市的整体景观格局魅力创造可能，使滨海景观及与之结合的“海、滩、山、城”成长为城市意象的主导因素。

以某港口城市海岸空间更新规划为例，结合城市总体规划中城市绿化格局，规划方案将西部规划的城市森林公园，周边山丘等绿色丘陵节点，以及南部和北部山群，通过绿色城市通廊和线型街心花园引向湾区；并通过南北向的滨海景观大道，将这些通廊在老港湾区内组织起来，借由慢行绿色交通网络，这些绿色通廊同时也是由海观城、将城市的山景呈现于海上的主要景观走廊，它们与城市相互映衬，强化立体化的城市特色。

该规划概念在整体空间结构的基础上，打造了四级开放空间系统。其中，第一个层级为优良的山海基底，作为老港湾区生态本底系统，山海景观资源不仅是独特的旅游观光目的地，同时也为提升地区发展魅力提供独特的自然景观资源；第二个层级通过岸线的景观生态柔化处理，增强亲水感受，将人的活动引向水岸，打造丰富多彩的活力滨水空间。

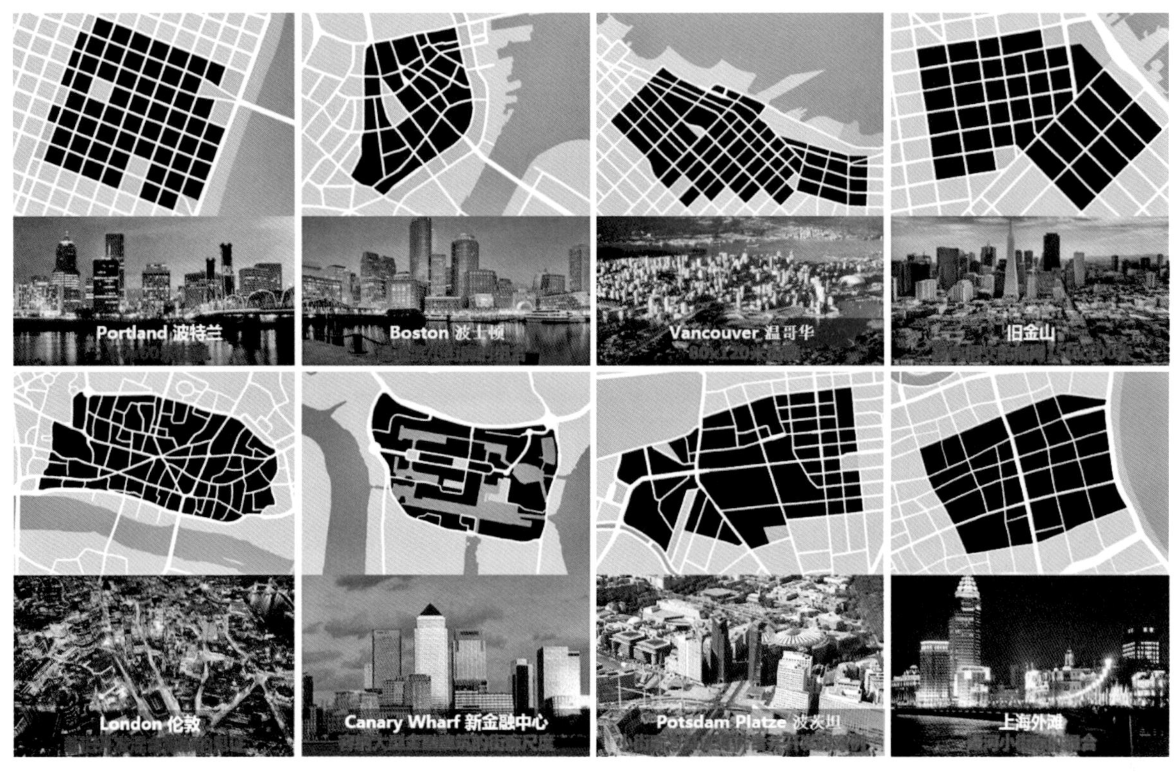

图 9-18　城市滨水空间衔接的肌理

第三个层级通过各类公园规划，为地区居民提供休闲生活空间，也为地区雨水净化、洪水滞留、污水净化，提供海绵城市的基本载体；第四个层级为城市绿道，包括社区绿园、绿街道以及学校体育场地等，形成高度可及、整体连续的绿地系统和景观格局。

在开放空间系统大框架之下，规划方案还尝试建立了连续而多元的景观空间结构，不仅塑造了连续且完整的滨海线性开放空间，并且以次一级的绿廊串联各个主要开放空间及外围山体，形成整体连续，多元丰富的景观系统（图 9–19，图 9–20）。

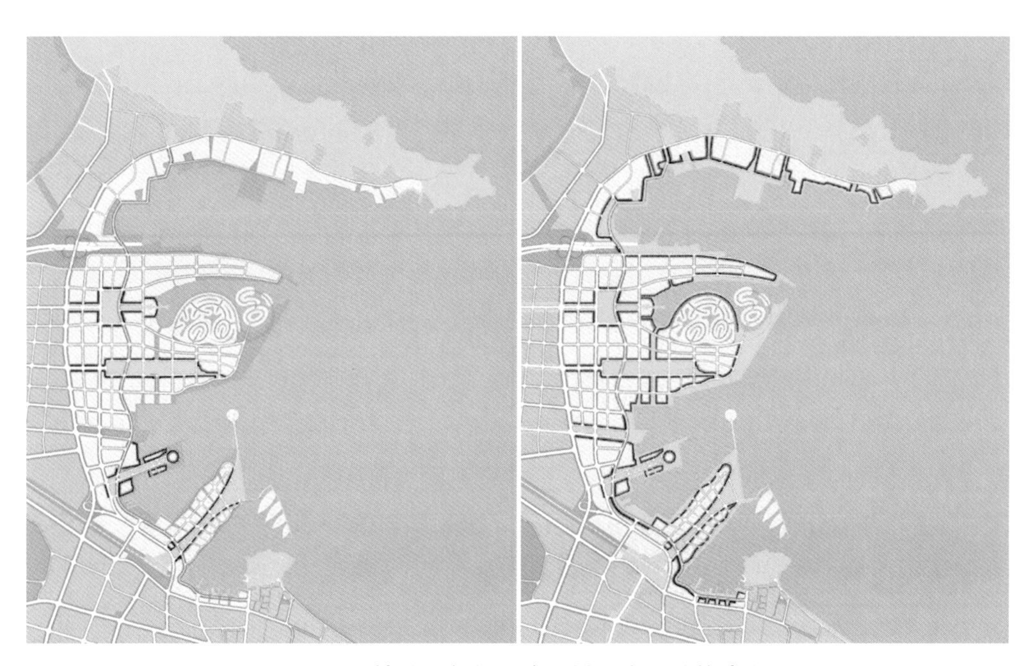

图 9-19　某港更新规划湾区景观空间结构意向

图 9-20 孤立山地景观视廊控制（左）及多点山地景观视廊控制（右）

本概念规划案例尚未实施，但其中构造复合型景观格局的设计思想，港口岸线更新中以岸线更新带动海城一体统筹“山海城一体化”，对于类似港口的更新改造具有较好的参考借鉴意义。

在海岸空间复合型景观结构中，滨海岸线是最重要的环节，是滨海城市天然的开放空间，滨海岸线的公共性是城市居民和游客共同享有这一开放空间的基本保证。滨海城市的生活性岸线的利用，应避免私有化的封闭性和内向型，充分体现公共性和共享性。保证滨海岸线在空间上的贯通和开放空间体系的完整性，发挥滨海岸线的公共社会价值，利用人流的导入为滨海区域带来生机与活力。岸线区域的开放空间可以因地制宜，根据海岸的地貌和景观特质，尽量以步行或绿道串联沙滩浴场、游艇码头、公园绿地和道路广场等。

同时作为海岸公共开放空间的滨海岸线，承载了城市居民和游客大量的游憩行为和滨水活动。人们的亲水需求不仅局限在对大海远观的视觉和听觉感受，更要求舒适宜人的亲水环境能提供近距离、直观的触觉感受，这就要求海岸的空间形态规划设计处理好安全与亲水的矛盾，协调工程与景观、建筑和开放空间与海侧的关系。

从生产型岸线到城市景观型岸线的转型，宜努力继承和优化原岸线的工程结构特点，在后续的“海岸新遗产”部分中，我们将论及对于“海岸新遗产”的定义和其规划设计理念，除了工程原因，文化延续和历史记忆的留存也是其重要的意义所在。例如老港的硬质岸线，无论是高桩结构还是重力式结构，延伸至水面的平台、栈桥等，以及具有工业质感港口设备，可以通过平面和竖向形态的线形变化丰富亲水空间界面，塑造亲水环境氛围。防波堤围合的港湾、港池，与沙滩形态呈内湾曲线相呼应，水体界面自然流畅，创造更友好的亲海体验性，也塑造了海滩环境的动感与活力。反之，大规模的结构性改造，既对历史文脉的继承有切割，又会造成投资的浪费，因而应合理区分不同岸线的型式，设计因地制宜的亲水型式，针对不同岸线的区位，以及与城市腹地的关系，采用不同的岸线处理方式，呈现丰富的景观型式和亲水体验。

四、海岸空间转型——退港还城规划案例

重塑城海关系及海岸空间的规划应该解决两个基础性问题：首先，在总体城市空间结构层面

以老港区与城市的融合为目标，重构城市空间与港口更新空间的关系，并通过这种重构达成城市与港口更新空间的双赢；其次，聚焦基地内部，根据场地特征推演更新改造区域的用地布局、道路交通、慢行系统、功能植入，形成城市与港口肌理的一体化耦合，港口更新首先是港口更新区域与城市空间、生态、经济等多元关系的提升和更新。本章以日照石臼港区的更新为案例进行说明。

构想一：通山海——构建南北向山海轴线，融合山、城、港、海

轴线是组织城市空间的重要手段，通过轴线把城市空间布局组成一个有秩序的整体。石臼港区的更新为构造北以黄山为起点，贯穿城市中央活力区，直达南部海滨的南北向山海轴线提供了良机。打通“观山”—“入城”—“越港”—“达海”的南北向空间廊道，与既有的东西向轴线共同构成中心城区的空间结构，强化港城一体的整体架构（图 9–21）。

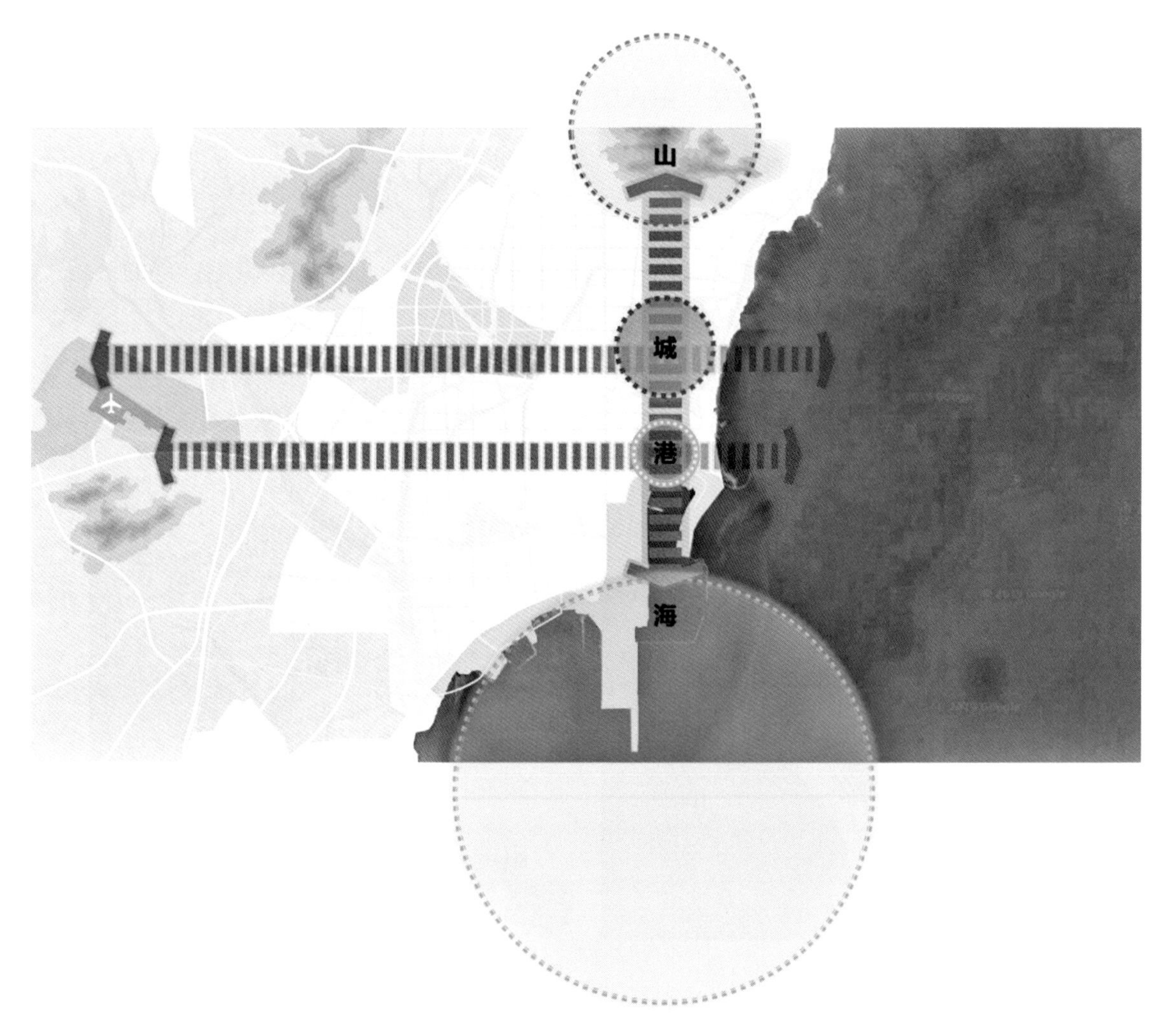

图 9-21　山海通廊空间意向图

山海轴线南端与港区交汇处设置“城市阳台”，集文化、休闲、娱乐、观海、商业等多功能于一体，是一个开放和充满活力的城市区域，城市南面海界面的核心（图 9–22）。

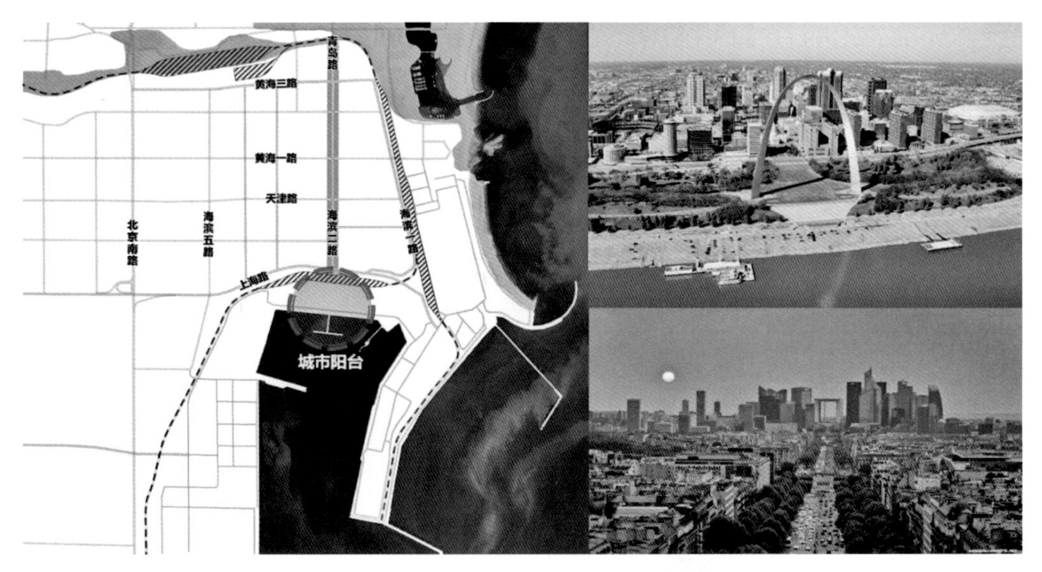

图 9-22　城市阳台区位及空间意向

构想二：疏经络——打破交通壁垒，融入城市系统

老港区两面临海，从交通条件上作为城市尽端区域，为了打破交通壁垒，提升区域交通可达性，规划提出两项策略：

（1）延伸肌理，疏解道路交通：延续城市总体规划路网格局，打通进入老港内部的道路；以“小街区、密路网、开放街区”进一步细化内部支路（图 9–23）。

（2）活化旧港铁路，构建公共交通：旧货运铁路线转为联结中心城区和周边旅游的滨海观光火车，与高铁站等交通枢纽相联系，并串联城区轨道交通系统转型为城市公共交通（图 9–24）。

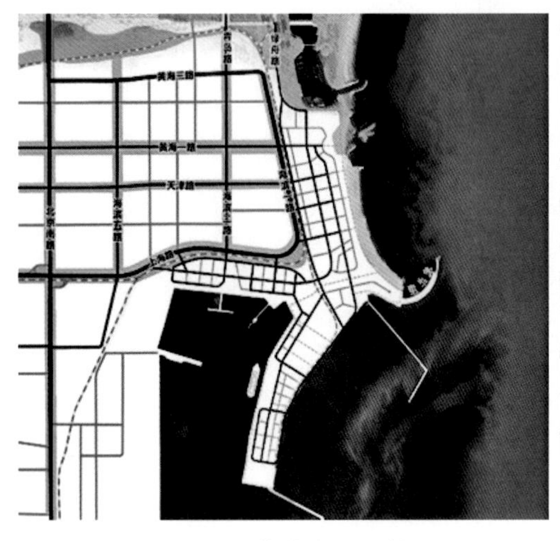

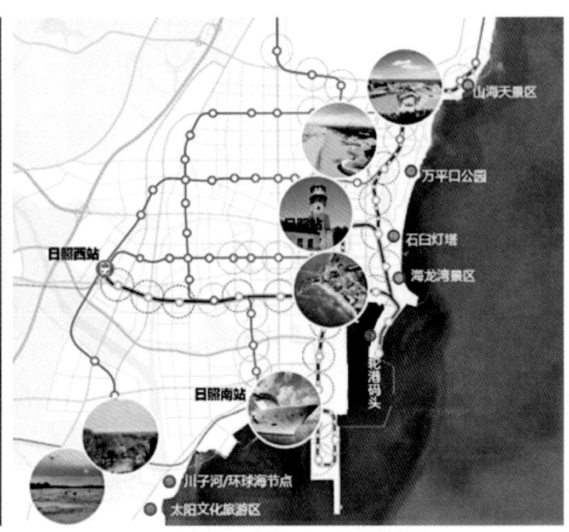

图 9-23　道路交通网络图

图 9-24　观光火车线路及周边景点布局

构想三：引绿脉——三级绿地体系，重构生态本底

通过对港口更新区生态资源的梳理，构建三级绿地体系：

依托火车线路腾挪的开放空间，构建铁路森林公园，北侧衔接海滨潟湖南至海湾尽端，构造港城南北绿廊；延伸沿路绿色空间，织补港城向海绿色廊道；修复港口棕地，重构内部绿色生态系统形成高品质的公共开放空间（图 9–25）。

图 9-25　网络化绿地空间及空间意向

构想四：塑湾区——多彩风情城市内港

结合内港湾后方关键功能节点，对沿岸空间赋予不同的主题定位及混合的多样功能，实现经济活力和商业吸引力的提升，并进行合理的业态分布，打造引擎项目，为内港湾区提升人气及商业盈利的双丰收，打造多彩风情城市内港，塑造景色优美的滨水空间（图 9–26）。

图 9-26　多彩湾区及空间意向

构想五：立节点——形塑城市热点，引领区域发展

结合土地发展潜力及历史文化脉络，在更新区内设置城市核心节点，赋予不同的城市服务功能，包括：城市南北轴线的城市阳台；内湾泊位更新为旅游港 / 邮轮停靠港，布局港口旅游服务综合体；东侧突堤端头三面环海的地标建筑等（图 9–27）。

图 9-27　核心节点布局及空间意向

五、“海岸新遗产”保护及其设计实践[20]

在城市化的背景下，旧有基础设施由于功能更迭或区位的变化，逐渐丧失其原始功能，他们的存在历史被忽视甚至变成城市的“障碍物”“现代城市生活的隔离”，与之关联的空间也逐渐演变成了消极空间。城市的个性和历史在不同类型空间的记忆和渐进积淀中形成，每个建筑和场所空间都会经历年轻到衰老的过程。或者说，没有几十年的历史积累就没有百年甚至几百年的历史遗产，实际上正是点滴的城市基础设施的足迹，累积成为城市发展的历史和空间记忆。对应于城市和乡村历史建筑“历史建筑是指经不同级别的人民政府确定公布的具有一定保护价值，能够反映历史风貌和地方特色，未公布为文物保护单位，也未登记为不可移动文物的建筑物、构筑物，是城市发展演变历程中留存下来的重要历史载体。”我们将以近、现代工程方式和工艺建设的包括海事（岸堤，港口设施），运输（铁路，高架，隧道），水利（库渠，堰坝），能源（矿坑，塔架）等在内的近、现代工程基础设施，定义为“新遗产”。这些基础设施的历史并不悠久，但近几十年的快速城市化进程中，使他们失去其原始功能价值，从其作为城市空间的历史记忆和符号性上，又具有其特色和特殊性，因而更新后具有保护记忆性的意义。在此认知角度下，规划设计工作者有责任和义务通过恰当的设计手段保留并转化其特有的价值，标识城市文脉的沿革，形成空间文化资源积累（图 9–28）。

图 9-28　哥本哈根港口结构物更新改造建筑

1. “海岸新遗产”概念提出和定义

在海岸地区的空间规划和功能转型中，这一类新遗产的特色更加明确突出，我们称之为“海岸新遗产”。海岸新遗产因应海岸的地形、地貌并依托海洋海岸作为空间载体的海岸工程和沿海工业建筑和港口设施、修造船设施，具有特殊的区位和特色的建构筑物形式，对于其所在城市的历史具有标志性，对于市民的历史记忆构成深刻的印象，是一种特殊类型场所记忆。这类海岸遗产区别于成片的区域性更新改造，以点状、线性或局部范围的组团为特征，具有一定特色的建构筑物而存在。它们以近现代工艺和施工方式建造，曾经在不同的产业领域发挥其历史功能价值，在空间区位上有标志性（譬如天津中新生态城的老海堤，标识了20世纪70年代到21世纪初年天津海岸的边界），造型上具有特殊的意义（譬如特殊的栈桥结构，港口的灯塔吊机，船厂的船坞，粮食码头的筒仓等代表了现代港口兴起城市的产业属性和建设年代）和地标性及不可移动性（图9-29，图9-30）。但是随着产业的转型或地区的空间功能更新，因而失去了其核心功能，但是其在记录当时当地的空间和时间坐标以及人们的记忆中依然留有强烈的印象。

图 9-29　天津中新生态城老海堤

图 9-30　日照港灯塔

“海岸新遗产”是一个历史阶段的海洋文化的物化或物理载体，是海洋文化前进的脚印，是人类与海洋博弈共处的物质空间遗产，是滨海城市和海岸带空间演化的年轮和标志。由于海岸建筑和场所的独有特点，应区别于一般历史建筑的保护利用方式，在保持海岸新遗产建筑的外观、风貌等特征基础上，合理利用、丰富业态、活化功能、实现保护与利用的统一，充分发挥其海洋文化展示和海洋文化传承价值。

2. “海岸新遗产”保护设计的内涵

基于对“海岸新遗产”的定义，其更新保护方向并不是作为“标本”陈列，而是通过设计的重组以物质文化空间更新的方式，使其以活态和新的结构型式，赋予新的功能，成为城市中新的共享空间。通过对新遗产中功能结构，特殊工艺（材料、技法）、文化意义（时间属性、事件、城市历程）等不同方面的保留与转化，改善与之关联的公共空间质量，唤醒城市记忆，提供直接而便利的人文接触机会，重新诠释新遗产与现代社会服务之间的联系。

（1）功能结构：功能结构主要指既有工程设施的基础载体，包括防护功能，服务功能，生产功能。例如海陆交界边缘的海防堤、城中的高架铁路、矿坑堰坝，这些新遗产的功能结构是人类活动发展过程中的“足迹”。“立新”并不必须“破旧”，在这个框架和平台上，通过结构的保留，功能的更新，一种全新的参与关怀在此交集，形成现代城市与历史和时间的对话。

（2）特殊工艺：特殊工艺常常伴随着生产力的发展水平，在特有时期和环境下呈现的，包括材质材料、技艺工法等。例如不同年代惯用的出产材料、排布肌理、色彩属性，即便在同一时期下，不同地域也有相异的工法特征。这些在新遗产中独具当时特点的工艺元素，就像可以抚摸的时间坐标与地理信息。通过对有价值特殊工艺的择优展示与利用，使场景不再单纯为“景”，而是成为具备历史情愫与城市辨识度的纽带。例如，我们注意到天津海岸的老防潮堤是由人工砌筑的浆砌块石护面结构，这类工艺在中国近海岸的防潮堤建设中近年已经基本消失。

（3）文化意义：文化意义作为新遗产共性之中的个性，反映城市历程中不同方面的特殊节点。例如象征着一段发展变革，或是某些重要事件的标志。通过新遗产中文化意义集合的提取，形成今昔城市中展现过往的“户外文史博物馆”，为公众提供直接便利的引导，教育，追溯和思考的机会。

3. “海岸新遗产”设计的策略

（1）融合碎裂化的景观格局

城市空间中，新遗产由于曾作为旧有基础设施的功能属性，往往占用区域较大地块或者延续较长距离。这就使其在以往的市政景观规划中，分隔孤立了空间，形成延续或围绕这些新遗产地块各自规划的现象，造成城市整体景观脉络的碎裂化。提出新遗产保护的思路方向，可有效改善城市空间被分隔的问题，以景观规划与城市设计结合为载体，依托这些新遗产可再利用的属性，构建成为融合绿色基础设施的线性或面性空间。根据新遗产的区位和其重要程度标识性，形成城市边界，主轴，网络与斑块的融合，释放公共空间活力。例如如下的思考方向和定位：

边界——新遗产与河、海资源为依托的资源背景系统。

主轴——新遗产与城市水道、绿廊为连通的复合景观系统。

网络——新遗产与绿色交通为支撑的人本慢行系统。

斑块——新遗产与各种公共绿地为代表的参与渗透系统。

（2）提升公共空间使用价值

每一个因子都可能是影响城市的缩影。对于新遗产，只有在成为我们解决问题的依托载体和资源时才具备活化的条件。新遗产通过重新定义公共空间，在建立与现代城市新联系的同时，让旧有工程设施重焕光彩，也改变着人们对于公共景观的传统认知感受。在新转化的公共空间中与周边的社区、商业共同扮演着积极的角色，从而带动综合性区域的振兴，成为生活、工作、商业以及经济可持续发展的有力催化剂。在提高城市公共空间整体价值的同时，对于场地本身，通过强化新遗产在规划中与自然、艺术和城市基础设施的融合，使其成为有温度，能参与的生态人性化场所。例如根据新遗产周边地块类型，城市轴线、区域风貌、公园与节点广场等，规划相应使用诉求与新遗产场地结合，包括自然怡人的环境，安全舒适的游线，交流展示的平台，文化场景的载体和城市便捷服务等多元角色功能，营建具有吸引力的共享使用空间，实现非停滞、非孤立、非固化的符合区域未来发展的公共景观价值。

（3）唤醒活化城市记忆

“城市是一本打开的书，从中可以看到它的抱负”。新遗产是城市历史发展进程中突破了时间和空间的局限而遗留下来的部分，具有隐性和显性的人文社会价值，是对城市发展过程的追溯和记忆。隐性价值除了记录新遗发展过程中各类材料和工艺使用信息外，还在一定程度上反映了当时的历史文化及精神传承，是地域气质的记录。新遗产保持了时空跨度的痕迹，作为一个城市历史的叠加，以空间展现时间，找寻场所历史的物质存留，挖掘并重塑场所的潜在价值与精神，留住城市成长的记忆足迹，也慢慢凝聚新的生活场景和气息。显性价值体现在，由于新遗产的存在，使得景观规划不会再仅仅是对于未来建设的回应，还有对场地旧时记忆的回顾，成为场地价值归属感与文化互动的公共空间。

（4）转化新遗产资源提取场地内涵

梳理转化新遗产资源，将独具代表的场地内涵提取发扬，例如通过原貌展示（保留历史构筑），保护性观赏（复原部分场地与植物特色），文化元素表达（运用当时材料、工艺小品）以及活动组团本身的规划方式，成为整合重现历史遗迹，渗透文化要素，形成具有地域性和文化识别性的生活与旅游主线，实现这一区域的复兴，使之重新回到公众的生活之中，对于城市而言难能可贵。这些历史不只存在于博物馆和档案馆，它滋养了地域文化，保留在城市居民的记忆中，新遗产的未来，向往来市民讲述自己的故事，也是城市发展中对这片土地贡献敬意的绝佳机会。

4. “海岸新遗产”保护规划设计案例

中新天津生态城“印象海堤”是“海岸新遗产”保护转化的优秀案例（图 9–31）。项目对现代海岸构筑遗存提出保护性利用并付诸实践，活化链接城市边缘界面成为中央活力景观带，这一设计理念开创了解决城市空间整合、海陆资源共生、海洋文化传承、防潮功能延续等多目标综合利用的新路径。项目落成后赢得广大市民和游客的高度评价，成为区域旅游和海岸公共空间的典范。

图 9-31　中央印象海堤前后对比

（1）城市空间的“绿色拉链”

中新天津生态城段落老海堤，因填海退居第二防潮线，其原始路由穿越古海岸贝壳堤保护遗址以及规划的临海新城与生态城界面，面向滨海湿地滩涂，在规划城市中处于中央景观带，具备激活各区边缘界面，链接东西两翼的核心生态轴功能。

在保留古海岸遗址、滨海湿地等原生自然资源前提下，规划团队将 8km 老海堤定位为“海岸新遗产”，将现有防潮堤巡堤路更新为贯穿南北的绿道，与片区之间绿道系统融合。转化后的老海堤通过与城市绿道、轨道站点、周边公园出入口以及滨水步道及水上游线的链接，形成渗透于城市的慢行和游憩系统。对生活空间、滨水空间及公共休闲绿地等城市开放空间的链接和延伸，提高了城市公共空间价值（图 9–32）。

图 9-32 实景——更新海堤为绿道基础设施

海堤绿道形成的公共服务路由，以“海岸新遗产”为主线营建生态与景观、文化与教育、休闲与体验的带状共享空间，形成自然亲海体验区。在提升使用公共空间价值方面，海堤沿线结合周边地块社区功能，规划康健休憩的口袋公园、海绵雨水花园、海洋文化科普平台等。通过保护并转化新遗产价值的方式，成为解决平衡生态与促进地区发展的“绿色拉链”，有效实现了对于空间、生态、文旅多角度的活态链接（图 9–33）。

图 9-33 实景——公共开放空间前后对比

（2）文旅服务的“户外海洋博物馆系统”

印象海堤工程在解决区域发展问题的同时，转化已有生态条件和海事工程约束，依托自身拥有的资源底蕴，如现状老海堤古海岸等强化文旅功能诉求，形成尊重历史、传承记忆的户外海洋博物馆系统。以规划叙事的手法，重新诠释海洋新遗产与文化记忆，建立过去、现在与未来的文化连接（图 9–34）。

图 9-34　实景——海洋文化元素设计

核心区中的古海岸、青坨子、贝壳堤和牡蛎礁，作为海陆变迁的地域记忆和“户外海洋博物馆”沧海桑田的见证；在核心区外围规划缓冲区，以保护性观赏为主，包括规划地质断面观测平台和保护站；实验区规划游客中心，并结合主题游线，通过对贝壳堤古海岸遗址的原貌展示，形成保护性展示和科普。老海堤曾经是城海的第一道防线，体现了人海博弈的工匠精神，利用防潮堤线性载体串联盐田景观、风暴潮科普墙（潮位标示和水文小品）、世界著名海堤及海洋事件。

新遗产作为一座城市的特殊历史资源积累，在景观规划中探索了一种积极的路径，去搭建海岸工程更新与城市空间记忆的模式。在社会快速发展和城市快速扩张的今天，新遗产或许没有强烈的地标感，但以其独特区位存在、意义深远的潜力，延续着海岸和城市的历史，展开大海与人类，时间和空间的对话（图 9-35）。

图 9-35　实景——海堤历史记忆再现

参考文献

[1] 王建国，吕志鹏．世界城市滨水区开发建设的历史进程及其经验［J］．城市规划，2001（7）：41-46.

[2] BIRDJH. The major seaports of the United Kingdom [M]. Hutchinson, 1963.

[3] NOTTEBOOMTE, RODRIGUEJP. Portregionalization: towardsanewphaseinportdevelopment [J]. Maritime Policy&Management, 2005, 32(3): 297-313.

[4] 黄翼．城市滨水空间的设计要素［J］．城市规划，2002（10）：68-72.

[5] 钱欣．城市滨水区设计控制要素体系研究［J］．中国园林，2004（11）：31-36.

[6] 杨保军，董珂．滨水地区城市设计探讨［J］．建筑学报，2007（7）：7-10.

[7] 李立．滨水城市老港城市化开发研究［J］．武汉交通职业学院学报，2005（2）：20-23.

[8] 赵建翔．基于城市更新背景下的老港区更新再利用模式研究［D］．青岛理工大学，2011.

[9] 曹宇．基于可持续发展理念的老港口更新改造设计研究［D］．厦门大学，2014.

[10] 全球600多老码头城市化转型开发［J］．港口经济，2011（9）：61.

[11] 汪淑芳．滨水地区城市设计研究［D］．合肥工业大学，2008.

[12] 王嘉祺．老港区城市化改造发展研究探析［D］．青岛理工大学，2014.

[13] 周铁军，陈威成．港口码头空间性质变化与城市肌理关系探讨［J］．建筑学报，2008（5）：43-46.

[14] 祁东．青岛港老港区改造方案研究［D］．中国海洋大学，2013.

[15] 李炜娜．驳二艺术特区：高雄“798”［J］．两岸关系，2013（8）：49-50.

[16] 李颖佼．老港区功能置换与城市空间协调发展探析［D］．青岛理工大学，2014.

[17] 程鹏．滨海城市岸线利用方式转型与空间重构——巴塞罗那的经验［J］．国际城市规划，2018，33（3）：133-140.

[18] 刘和，卜菁华．从货物港到休闲娱乐中心——重建巴塞罗那VELL港的启示［J］．规划师，2004（3）：52-54.

[19] MONCLÚSFJ. The Barcelona model：and an original formula from reconstruction to strategic urban projects (1979—2004) [J]. PlanningPerspectives, 2003, 18(4): 399-421.

[20] 张天扬．基于渤海湾海岸带典型地貌景观规划与生态修复研究——以中新天津生态城滨海景观规划为例．天津大学建筑学院硕士论文，2019.8

后　记

1973 年 4 月父亲因公奉调，搬家的大解放车沿 205 国道驶向彼时尚是孤岛的黄岛。车过大珠山口，大海扑面而来，灵山岛如巨鲸浮于海面，那是我第一次与海相遇。少时，在海边看海上巨轮，隔岸望幽暗明灭的城市灯火，向往遥远的海外世界。大学毕业后浮山湾北海船厂燕岛平房夜读画图，天津海岸带、海岛调查，岭澳、阳江、连云港核电海域工程规划设计；东疆港区、中新天津生态城规划设计。几十年来，我的工作从船、海到岸，从港口到城市，从大海向陆地，参访过四大洋多处海岸及城市，故乡海岸依然是记忆中最美的山海乡愁。

优化国土空间结构和布局的核心思想之一是陆海统筹，构建陆地与海洋空间的和谐可持续发展，海岸带是国土空间发展和保护的重要空间载体，是海洋生态文明建设的核心地带。作者酝酿本书多年，以海岸环境、港口、海岸工程，到城市规划、景观设计等互相联系又跨领域的专业实践思考为基础，比较基础理论、技术工具、设计表达、工程建造等，致力于海岸空间多专业的交叉融合，这是本书写作的缘起。因此，无论是从国家战略需求，还是行业的技术进步，以及个人和团队的学术积累，《海岸空间：规划・修复・景观设计》一书的写作和出版都生逢其时，期待它能为中国城乡的可持续发展、中国魅力生态海岸的保护修复和建设贡献绵薄之力。

感谢书中相关项目的投资建设方合作方，如中新天津生态城、天津市规划与自然资源局等的支持，作者主持的海岸空间规划、生态修复和景观项目既是引发作者思考的源泉，也是诠释本书理念的最好案例。感谢多位年轻同事在工作之余给予作者的帮助，刘昱工程师协助作者进行了本书的主要术语的整理，多版文字修订完善和文献索引校订，帮助作者与出版社的编辑技术沟通等；张天扬高工参与了本书体例结构的讨论，本书关于淤泥质海岸景观，以及“海岸新遗产”部分内容，是在她的硕士论文基础上完善形成；边运红高工、苏娜高工、常勤高工、富楷王军、王冠琪、田一诺设计师等对于本书的部分案例整理提供了协助，何丽莹、安亚平帮助完善了本书部分制图工作。

本书还得到了众多国内外设计界同行的支持，如北京正和恒基滨水环境有限公司李宝军副总裁和深圳院常务副院长李丽娜，李小艳博士等。丹麦 DHI 中国区杨正宇总经理、顾晨高级工程师为数值模型提供了素材案例。书中亦有部分案例来自作者访问过的荷兰、丹麦、美国等同行专家提供的资料，在此一并致谢。

本书的写作过程伴随着新冠防疫的紧张时日跌宕起伏，2020 年 3 月初稿完成时，在天津中海广场大厦俯瞰八里台立交桥，车辆稀疏人迹罕见，现在俯瞰街市已重归车水马龙摩肩接踵。人类在与自然博弈和共生中成长，并不断调整与自然相处的姿态和方式，随着人类开发和保护海洋的经验积累，对于海洋的敬畏爱护会更深入，本书既是作者规划设计实践的总结，也是与海岸大地相处，认知不断加深的过程记录。

最后，谨以此书，致敬故乡青岛西海岸，它曾经有个名字叫胶南！

杨　波

2022 年 3 月于天津中海大厦